中国石油气藏型储气库丛书

相国寺储气库建设与运行管理实践

熊建嘉 文 明 毛川勤 等编著

石油工业出版社

内容提要

本书详细介绍了相国寺储气库方案设计、施工建设和运行管理等,主要内容包括储气库的地质评价、储气库老井处理及新井钻井技术、储气库地面工程建设、储气库的运行与管理等。最后总结了相国寺储气库建设与运行取得的主要成果。

本书可供储气库设计、施工及运行管理人员阅读,也可供石油院校相关专业师生参考。

图书在版编目(CIP)数据

相国寺储气库建设与运行管理实践/熊建嘉等编著. —北京:石油工业出版社,2020.8

(中国石油气藏型储气库丛书)

ISBN 978 – 7 – 5183 – 2607 – 5

Ⅰ.①相… Ⅱ.①熊… Ⅲ.①地下储气库–天然气开采–华蓥 Ⅳ.①TE822

中国版本图书馆 CIP 数据核字(2018)第 245203 号

出版发行:石油工业出版社

(北京安定门外安华里 2 区 1 号楼　100011)

网　　址:www.petropub.com

编辑部:(010)64523583　图书营销中心:(010)64523633

经　销:全国新华书店

印　刷:北京中石油彩色印刷有限责任公司

2020 年 8 月第 1 版　2020 年 8 月第 1 次印刷
787×1092 毫米　开本:1/16　印张:18.25
字数:420 千字

定价:148.00 元
(如出现印装质量问题,我社图书营销中心负责调换)
版权所有,翻印必究

《中国石油气藏型储气库丛书》
编委会

主　　任：赵政璋
副 主 任：吴　奇　马新华　何江川　汤　林
成　　员：（按姓氏笔画排序）

丁国生　王　平　王建军　王春燕　王皆明
毛川勤　毛蕴才　文　明　东静波　卢时林
申瑞臣　冉蜀勇　付建华　付锁堂　刘存林
刘国良　刘科慧　李　彬　李丽锋　吴安东
何　刚　何光怀　张刚雄　陈显学　武　刚
罗长斌　罗金恒　郑得文　赵平起　赵爱国
班兴安　袁光杰　董　范　谭中国　熊建嘉
熊腊生　霍　进　魏国齐

《相国寺储气库建设与运行管理实践》编委会

主　　任：熊建嘉

副 主 任：文　明　付建华　党录瑞　方　进　毛洪光
　　　　　毛川勤

成　　员：（按姓氏笔画排序）
　　　　　宁　飞　许清勇　冉红斌　刘文忠　刘晓旭
　　　　　孙风景　何轶果　李力民　杨　健　杨　颖
　　　　　罗　明　胡连锋　蒋华全　彭　平　熊中琼
　　　　　黎洪珍

《相国寺储气库建设与运行管理实践》
编写与审稿人员名单

章	编写人员	审稿人员
第一章	方 进 杨 颖 周 建 李 涧 雷 达 尹 浩	毛川勤
第二章	宁 飞 彭 平 刘晓旭 党录瑞 任 科 周道勇 王 岩 许清勇 张海杰 杨学锋 吴建法	宁 飞
第三章	刘文忠 杨 健 黎洪珍 濮 强 何轶果 王东波 汪传磊 孙风景 熊 伟 范兴亮 周光宪 赵大鹏 周 朗 梁 兵 邓 勇 焦利宾 李玉飞 马辉运	刘文忠
第四章	胡连锋 冉红斌 马科笃 陈桂平 王 好 张 傲 屈 彦 陈俊文 张 登 王海兰 黄 强 谢黎旸 王 畅 盛 勇 吴钊光 熊 雄 李茂文 陈 刚 谢 凌 洪荣琳 刘 伟	罗 明
第五章	宁 飞 刘晓旭 李力民 孙风景 任 科 王 岩 陈家文 马 骏 周 堤 杨江海 陈 虎 吴 勇 庞宇来	方 进
第六章	蒋华全 何轶果 熊中琼 陈家文 李力民 汪传磊 汤 丁 张明鑫 禹贵成 陈 浩 黎 明	蒋华全
第七章	毛川勤 杨 颖 彭 平 王 好 周 建 杨仕青 师凌冰	毛川勤

丛书序

进入 21 世纪，中国天然气产业发展迅猛，建成四大通道，天然气骨干管道总长已达 7.6 万千米，天然气需求急剧增长，全国天然气消费量从 2000 年的 245 亿立方米快速上升到 2019 年的 3067 亿立方米。其中，2019 年天然气进口比例高达 43%。冬季用气量是夏季的 4~10 倍，而储气调峰能力不足，严重影响了百姓生活。欧美经验表明，保障天然气安全平稳供给最经济最有效的手段——建设地下储气库。

地下储气库是将天然气重新注入地下空间而形成的一种人工气田或气藏，一般建设在靠近下游天然气用户城市的附近，在保障天然气管网高效安全运行、平衡季节用气峰谷差、应对长输管道突发事故、保障国家能源安全等方面发挥着不可替代的作用，已成为天然气"产、供、储、销"整体产业链中不可或缺的重要组成部分。2019 年，全世界共有地下储气库 689 座（北美 67%、欧洲 21%、独联体 7%），工作气量约 4165 亿立方米（北美 39%、欧洲 26%、独联体 28%），占天然气消费总量的 10.3% 左右。其中：中国储气库共有 27 座，总库容 520 亿立方米，调峰工作气量已达 130 亿立方米，占全国天然气消费总量的 4.2%。随着中国天然气业务快速稳步发展，预计 2030 年天然气消费量将达到 6000 亿立方米，天然气进口量 3300 亿立方米，对外依存度将超过 55%，天然气调峰需求将超过 700 亿立方米，中国储气库业务将迎来大规模建设黄金期。

为解决天然气供需日益紧张的矛盾，2010 年以来，中国石油陆续启动新疆呼图壁、西南相国寺、辽河双 6、华北苏桥、大港板南、长庆陕 224 等 6 座气藏型储气库（群）建设工作，但中国建库地质条件十分复杂，构造目标破碎，储层埋藏深、物性差，压力系数低，给储气库密封性与钻完井工程带来了严峻挑战；关键设备与核心装备依靠进口，建设成本与工期进度受制于人；地下、井筒和地面一体化条件苛刻，风险管控要求高。在这种情况下，中国石油立足自主创新，形成了从选址评价、工程建设到安全运行成套技术与装备，建成100亿立方米调峰保供能力，在提高天然气管网运行效率、平衡季节用气峰谷差、应对长输管道突发事故等方面发挥了重要作用，开创了我国储气库建设工业化之路。因此，及时总结储气库建设与运行的经验与教训，充分吸收国外储气库百年建设成果，站在新形势下储气库大规模建设的起点上，编写一套适合中国复杂地质条件下气藏型储气库建设与运行系列丛书，指导储气库快速安全有效发展，意义十分重大。

《中国石油气藏型储气库丛书》是一套按照地质气藏评价、钻完井工程、地面装备与建设和风险管控等四大关键技术体系，结合呼图壁、相国寺等六座储气库建设实践经验与成果，编撰完成的系列技术专著。该套丛书共包括《气藏型储气库总论》《储气库地质与气藏工程》《储气库钻采工程》《储气库地面工程》《储气库风险管控》《呼图壁储气库建设与运行管理实践》《相国寺储气库建设与运行管理实践》《双6储气库建设与运行管理实践》《苏桥储气库群建设与运行管理实践》《板南储气库群建设与运行管理实践》《陕224储气库建设与运行管理实践》等11个分册。编著者均为长期从事储气库基础理论研究与设计、现场生产建设和运营管理决策的专家、学者，代表了中国储气库研究与建设的最高水平。

本套丛书全面系统地总结、提炼了气藏型储气库研究、建设与运行的系列关键技术与经验，是一套值得在该领域从事相关研究、设计、建设与管理的人员参考的重要专著，必将对中国新形势下储气库大规模建设与运行起到积极的指导作用。我对这套丛书的出版发行表示热烈祝贺，并向在丛书编写与出版发行过程中付出辛勤汗水的广大研究人员与工作人员致以崇高敬意！

中国工程院院士 胡文瑞

2019年12月

前　言

进入21世纪,中国天然气产业发展迅猛,天然气已成为国计民生不可或缺的重要清洁能源。随着中国能源消费结构战略调整,天然气年消费量快速增长,2000—2017年天然气消费量年均增长14.1%,天然气在一次能源消费结构中占比不断提高。我国气源远离消费市场,冬夏峰谷用气量相差4~6倍,对外依存度快速增长,安全稳定供气形势严峻。地下储气库是最有效的调峰保供手段,可以"夏储冬采、快速吞吐",我国储气能力严重不足,远低于世界11%的平均水平,加快储气库建设是国家能源安全重大战略需求。

相国寺储气库是西南地区首座地下储气库,位于四川盆地东部,距重庆市区60km,距中卫—贵阳管线83km,由相国寺气田石炭系气藏改建而成。该库具有优越的地理位置,对于解决川渝天然气市场和中卫—贵阳管线的季节调峰具有重要意义。储气库建设自2010年启动,2011年10月正式开工建设,2013年6月首次试注成功,截至2018年3月,实现"五注四采",累计注入气量$61\times10^8m^3$、调峰采气$40\times10^8m^3$。

相国寺储气库建设面临狭长高陡复杂构造、薄储层、超低压、复杂山地(特别是库区下方有煤矿采空区和巷道)、超大流量和高效安全运行等技术难题,西南油气田分公司坚持科技引领、自主创新,通过8年攻坚克难和探索实践,创新形成了一套枯竭碳酸盐岩气藏型储气库建库达容技术系列。为全面总结相国寺储气库建设技术和经验,提高储气库设计、运行和管理水平,指导今后储气库设计、建设和生产运营,编著了《相国寺储气库建设与运行管理实践》,本书为《中国石油气藏型储气库建设丛书》分册之一。本书重点介绍了相国寺储气库建设启动以来,从方案设计、施工建设到运行管理方面的经验做法,注重理论与实践的结合,充分阐述这些技术在储气库建设、运行中的应用,可以作为储气库从业人员的参考书籍。

本书由熊建嘉组织编写,并确定总体编写思路和编写框架。各章编写人员主要为参与相国寺储气库设计、建设和运行管理的工程技术人员。为提高稿件质量,编委会多次组织有关专家和编写人员对稿件进行审查,参与审查的专家主要有蔡雪阳、熊友明、马金华等。

在本书编写过程中得到了西南油气田分公司有关领导和技术人员的大力支持和帮助,在此致以由衷的感谢!参与相国寺储气库建设、运行和管理的相关人员较多,对他们所做的贡献表示敬意!

鉴于编者水平有限,书中难免有不完善之处,诚望广大读者批评指正!

目　录

第一章　概述 (1)
- 第一节　建库概况 (1)
- 第二节　建库必要性 (2)
- 第三节　库址选择 (4)
- 第四节　建设运行历程 (6)
- 参考文献 (7)

第二章　建库地质评价与气藏工程方案 (8)
- 第一节　气藏开发简况 (8)
- 第二节　地质特征评价 (9)
- 第三节　建库气藏工程方案 (22)
- 第四节　井网优化及地质目标设计 (28)
- 参考文献 (39)

第三章　钻完井工程 (40)
- 第一节　老井处理 (40)
- 第二节　注采井钻井 (61)
- 第三节　注采井固井 (75)
- 第四节　注采井完井 (83)
- 第五节　钻完井QHSE管理 (109)
- 参考文献 (114)

第四章　地面工程 (115)
- 第一节　特点及难点 (115)
- 第二节　区域总体布局 (117)
- 第三节　集输工艺设计 (126)
- 第四节　储气库注采与采气系统工艺设计 (131)
- 第五节　主要设备选型 (139)
- 第六节　标准化设计 (151)
- 第七节　主要配套工程 (160)
- 第八节　绿色储气库建设 (168)
- 第九节　地面工程QHSE管理 (175)
- 第十节　设计总结及回顾 (183)
- 参考文献 (185)

第五章　多周期注采优化运行 ……………………………………………………… (186)
　　第一节　试运投产 ……………………………………………………………… (186)
　　第二节　运行动态监测 ………………………………………………………… (197)
　　第三节　多周期注采动态分析与评价 ………………………………………… (207)
　　第四节　适应性优化调整 ……………………………………………………… (219)
　　参考文献 ………………………………………………………………………… (230)

第六章　全生命周期运行风险管控 ………………………………………………… (231)
　　第一节　风险管控技术体系 …………………………………………………… (231)
　　第二节　地质完整性管理 ……………………………………………………… (242)
　　第三节　井筒完整性管理 ……………………………………………………… (254)
　　第四节　地面完整性管理 ……………………………………………………… (258)
　　参考文献 ………………………………………………………………………… (263)

第七章　建设运行成果 ……………………………………………………………… (264)
　　第一节　建设运行管理模式 …………………………………………………… (264)
　　第二节　技术集成与创新 ……………………………………………………… (274)
　　第三节　建设运行成效 ………………………………………………………… (280)
　　参考文献 ………………………………………………………………………… (282)

第一章　概　　述

相国寺储气库位于重庆市渝北区华蓥山南麓,海拔950m,距重庆市60km,距中卫—贵阳管线(以下简称中贵线)83km,是国家"十二五"重要能源战略部署项目,2010年由中国石油负责建设,2013年6月投产,承担着云、贵、川、渝等省(市)及全国的天然气调峰、应急以及国家战略储备任务。相国寺储气库设计库容量 $42.6 \times 10^8 m^3$,工作气量 $22.8 \times 10^8 m^3$。

作为国家天然气管网战略枢纽,相国寺储气库建成后在保障川渝及全国天然气大管网季节调峰、事故应急及战略天然气储备方面发挥着重要作用。近年来,京津冀地区环境治理及清洁能源利用推进,同时进口气源中断状况频发,冬季调峰保供压力不断增加,通过中贵线调集相国寺储气库气源,驰援华北地区冬季保供,串换东输保障两湖地区,南下可保滇黔桂,最高应急日调峰达到 $2196 \times 10^4 m^3$,有力地配合了全国大管网的应急气量调配,为保障京津冀地区用气季节调峰做出了重要贡献。

第一节　建库概况

相国寺储气库由四川盆地相国寺气田石炭系气藏改建而成,属枯竭气藏型储气库。功能定位为中卫—贵阳联络线和川渝地区季节调峰、事故应急,同时具备国家战略储备。因此,相国寺储气库建设任务重大、使命光荣,承载着补齐川渝与国内天然气管网调配与配送短板的重要任务。

相国寺储气库作为西南地区首个碳酸盐岩枯竭气藏型地下储气库,国内没有类似储气库建设的先例可借鉴,且因地质条件复杂、建设质量与完整密封性要求极高,给注采井、地面场站、管网等建设带来了诸多挑战。工程技术建设者与管理者不畏困难、直面挑战、敢于拼搏,牢固树立"安全第一、环保优先、质量至上、以人为本"和建"百年储气库"的理念,从方案论证、设计、优化到规范化大型施工、组织和专业化运营管理,创新地解决了复杂地质条件下建库的诸多挑战与困难,创新建库系列技术,保证了相国寺储气库安全、高质量建成与运行。

相国寺储气库建设工区横跨重庆市五个行政区(渝北区、北碚区、铜梁区、璧山县、合川区),一是需建1座大型集注站,它是储气库管理与运行的中枢核心,包括集气、输气、分离、计量、增压和脱水等六大功能设施。二是需建7座注采场站,它是向地层注入天然气与采出天然气的重要设施,是无人值守、丛式井组管理井站,包括13口新钻注采井、6口监测储气库安全的监测井以及部分封堵治理的老井。三是需建设集输及注采管道157km,包括新建连接相国寺储气库集注站与中卫—贵阳联络线的铜相线84km、连接相国寺储气库集注站与川渝管网旱土站的相旱线35km和连接注采站之间的注采同管与异管等内部集输管线38km。

相国寺储气库设计库容量 $42.6 \times 10^8 m^3$,工作气量 $22.8 \times 10^8 m^3$,最大日注气量为 $1380 \times 10^4 m^3$,季节调峰最大日采气量 $1393 \times 10^4 m^3$,同时考虑季节调峰和应急时最大日采气量 $2855 \times 10^4 m^3$。采气期120天,注气期220天,平衡期25天。

截至2018年3月,完成"五注四采",累计注气$61×10^8m^3$,累计采气$40×10^8m^3$,实现了实际最大日注气量$1274×10^4m^3$、最大日采气量$2196×10^4m^3$和库存最高达库容量90%以上的多周期注采。

第二节　建库必要性

随着国家产业结构调整的不断深入,国民经济可持续发展对清洁能源的需求更加迫切,天然气作为最主要的绿色能源呈现高速增长。"十一五"以来,全国天然气消费量从2000年的$245×10^8m^3$增至2017年的$2373×10^8m^3$,国内天然气对外依存度从2006年的1.6%快速增长到2017年的39.5%。

由于我国的天然气资源分布不均匀,供给侧与需求侧局部失衡,近年来在部分地区出现了"气荒"现象,其中民用天然气消费极不均衡,川渝地区冬夏相差2倍以上,北方地区高达10倍,季节调峰矛盾十分突出。2010年国内仅建有8座储气库(群),主要分布在京津冀和长三角地区,川渝地区无储气库。为了平衡我国季节性用气的不均匀性,保障国家能源安全,国家于2010年部署开展国内天然气储气库建设工作,以增强用气高峰时段的调峰能力。

一、中贵线及沿线市场调峰应急需要

中贵线起于宁夏回族自治区中卫市,终于贵州省贵阳市,途经44个县市区,全长1898km。管道设计压力为10MPa,管径为1016mm,北接西气东输管线及陕京线,中连川渝管网,南接中缅天然气管道,可实现中亚和缅甸天然气的南北互通,将我国天然气管道连成一张网络,实现天然气在全国范围统一调度与配置,对保障我国天然气供应安全具有重要意义。为充分发挥"中贵线"的输气能力,确保川渝地区用气季节性调峰和供气的安全性,迫切需要建设配套的地下储气库。川渝地区处于中贵线中段,天然气市场需求旺盛,加之该地区天然气资源丰富、开发历史长,具备利用枯竭性气藏建设地下储气库的技术条件。

"十二五"以后,随着天然气市场规模扩大,川渝地区原有供气管网在冬季用气高峰期间的供需矛盾更加突出。川渝地区长期以来依靠管网管存能力、气田加大负荷生产及工业用户配合进行调峰的措施已难以为继。川渝地区下一步将建成$300×10^8m^3$的战略大气区,紧急工况下的应急处置问题将更加突出。一旦天然气净化厂、集输干线出现临时故障停产、停输,将直接影响$1000×10^4m^3/d$左右的产量,而川渝地区又无其他应急供气设施及手段,届时将会对整个供气系统造成较大的影响,产生的社会影响也将十分严重。

地下储气库是天然气产业链中一个重要的不可或缺的组成部分,国外几十年来的天然气利用经验和京津地区近十年平稳供气均充分证明了地下储气库是最有效、最可靠的天然气调峰和储备手段。

二、川渝地区天然气调峰应急需求

天然气消费需求量存在不均衡性,主要分为小时不均衡性、昼夜不均衡性、月(季节)不均衡性[1]。自2002年以来,川渝地区因天然气消费不均衡性造成天然气供需矛盾一直十分突

出,特别是因城市燃气用量的不稳定性造成冬夏季用气峰谷差已超过 $1000 \times 10^4 \mathrm{m}^3/\mathrm{d}$[2]。川渝地区的调峰需求主要体现在季节调峰,其季节调峰需求量主要根据不同用户的月不均匀用气量计算。

(一)天然气调峰需求量分析

1. 城市燃气月不均匀系数

城市燃气月不均匀系数体现了一年中月用气量的变化。通过停、减工业用户满足部分季节调峰需求后,2008 年川渝地区城市燃气用气量月不均匀系数为 0.79~1.29,2009 年月不均匀系数为 0.82~1.34[3]。

2. 川渝地区气量总体分配及需求结构

川渝地区气量总体分配见表 1-2-1。

表 1-2-1 川渝地区气量总体分配安排表($10^8 \mathrm{m}^3$)

年份	2011	2012	2013	2014	2015	2016	2017	2018	2019	2020
中石油分配总量	155.3	174	200	225	240	253	266	281	295	310
缅气供攀枝花气量			2.4	5.7	9.2	11	12.8	14.6	16.4	18.2
西南油气田供应量	155.3	154.5	151	164	177	191	209	227	250	274
中贵线补充气量		19.5	46.6	55.4	53.8	51	44.2	39.4	28.6	17.8

在西南油气田公司天然气川渝市场销售的分配中,川渝地区城市燃气、工业燃气、发电和化工分别占总需求量的比例分别为 27.1%、25.7%、2.5% 和 44.7%。川渝地区气量用气结构见表 1-2-2。

表 1-2-2 川渝地区气量用气结构表($10^8 \mathrm{m}^3$)

年份		2011	2012	2013	2014	2015	2016	2017	2018	2019	2020
中石油分配总量		155.3	174.0	200.0	225.0	240.0	253.0	266.0	281.0	295.0	310.0
用气结构	城市燃气	42.09	47.15	54.20	60.98	65.04	68.56	72.09	76.15	79.95	84.01
	工业燃气	39.91	44.72	51.40	57.83	61.68	65.02	68.36	72.22	75.82	79.67
	发电	3.88	4.35	5.00	5.63	6.00	6.33	6.65	7.03	7.38	7.75
	化工	69.42	77.78	89.40	100.58	107.28	113.09	118.90	125.61	131.87	138.57

3. 季节调峰需求量

经预测,川渝地区 2011 年至 2020 年城市燃气需求量年均增长率为 8%(表 1-2-3)。其中 2015 年以前增长较快,年均增长率为 13.2%,2015 年至 2020 年城市燃气需求量增长速度放缓,年均增长率为 5.5%。

表 1-2-3 川渝地区季节调峰需求量($10^4 \mathrm{m}^3$)

年份	2011	2012	2013	2014	2015	2016	2017	2018	2019	2020
季节调峰需求量	533	620	713	802	855	902	948	1001	1051	1105

(二)现有调峰方式下的效果分析

天然气的储气方式主要有储罐储存、管道储存、液化储存和地下储气库储存等[4],调峰方式主要有气田调峰、储罐调峰、管道调峰、用气项目调峰和地下储气库调峰等。其中气田调峰主要是依靠调节上游气田的产量达到调峰的目的,需要新增的投资和运行成本较少,但是对气田气质、设备稳定性要求较高,对气田科学开发、经营成本和利税产生不利影响,调峰能力非常有限。储罐调峰和管道调峰能力有限,多用于满足小时调峰和日调峰需求。用气项目调峰主要是利用天然气发电、化肥等工业用户消耗多余的天然气,该方式仅能够消耗掉多余的天然气,不会对其他用户的大量需求产生影响。而地下储气库调峰具有库容大、安全性好、储转费低等特点,是最主要和最经济的城市供气调峰方式[5]。

相国寺储气库建成前,川渝地区主要有川渝骨干管网调峰、放大气田压差调峰和可中断用气调峰3种调峰方式。

1. 川渝骨干管网调峰

"十一五"末,西南油气田共有净化气管线约8600km,输配气站400余座,其中DN400以上的管道4200km,川渝骨干管网基本形成"两横、两纵"及"高低压分输"的格局,实施高低压分输的条件初步达到。其中,北干线和北内环构成"两横";南干线东段和南干线西段构成"两纵";新建的南干线东段复线和新建的南干线西段复线与北内环构成高压输送环网;原南干线东段和南干线西段管网与北干线构成低压输送环网。此外,川渝气区在忠县与忠武线连通,连接全国管网。

川渝骨干管网调峰主要满足日调峰和小时调峰,调峰能力约 $100 \times 10^4 m^3/d$。

2. 放大气田压差调峰

因冬季调峰能力不足,川渝地区被迫放大气田压差进行调峰[5]。"十二五"初期,为了保障冬季极端气温时的天然气供应,西南油气田开足马力生产,气田不均衡开采易造成有水气田的底水锥进,增加开采的难度。

3. 可中断用气调峰

在没有储气库时,可中断用气调峰是川渝地区常用的应急调峰手段。即冬季遇到气温骤降导致城市燃气用气量激增时,通过压减化肥用户用气及其他可中断用气的工业用户用气来满足城市燃气用户等优先保障类用气。

第三节 库址选择

一、选址原则

借鉴和对比国内外地下储气库的建设条件和经验,结合川渝地区气藏特点,制定了枯竭气藏建设地下储气库的选择原则[6]:

(1)地理位置优越。为解决调峰和应急问题,储气库应建在输气管线末端或是靠近主要用气中心。在川渝地区主要应选择靠近重庆和成都市区,或是用户较多的蜀南地区。同时要毗邻大型长输管线。

(2) 地质条件符合建库要求。建库条件简言之为"注得进、存得住、采得出"。地质条件主要反映前两点,即:储层区域内断层少,上覆盖层不存在构造断层;储层渗透性和连通性好;不含水或水体不活跃;气藏埋藏深度适中(介于 1000~3000m 之间)。

(3) 注采能力及库容满足应急与调峰需要。

(4) 储气库气源有保障。川渝地区天然气市场成熟,近年来呈现出供不应求的局面,本地气源无法满足储气库垫气需求,必须要有其他气源提供垫气保障。

采用上述原则,对川渝地区的枯竭气藏的地质特征和开采现状进行了分析(表1-3-1),最终优选出建库条件最好的相国寺石炭系枯竭气藏改建地下储气库。

表1-3-1 川渝地区地下储气库库址筛选表

储气库名称（库址）	距离中心城市（km）	距离中贵线（km）	地质条件	工程难度	垫气需求量	调峰能力	储气库规模
相国寺	50	80	好	大	较大	大	大
铜锣峡	50	>100	一般(裂缝性)	大	较大	小	中
高都铺	>200	>300	好	大	中	大	大
沙坪场	>200	>300	好	特别大	特别大	最大	特大
黄草峡	>100	>200	一般(裂缝性)	中	中	小	中

二、选址工作

(一) 石炭系气藏具有改建优势

(1) 地理位置优越,气源有保障,市场前景好。相国寺气田位于四川盆地东部,毗邻大型长输管线,距中卫—贵阳天然气管道仅83km,同时靠近主要用气中心,社会依托条件好。

(2) 地质上具有完整性。断层未破坏构造、地层的完整性,对气藏起到封闭作用;有良好的储盖组合,盖托层的封闭性好;储集空间以孔隙为主,裂缝和洞穴也较发育,分布十分稳定;在整个开发史中,气藏产水量较小,动态监测也表明,边水未侵入气藏,气藏内水体不活跃。

(3) 注采能力大,能满足气库强注、强采的要求,具有一定的储气规模。相国寺石炭系气藏储层分布稳定、储渗性好,单井产量高。从1989年和2010年试井资料分析表明:储层渗透率高,且未随地层压力下降而降低,现有生产井原始无阻流量均大于$100 \times 10^4 m^3/d$,具备了强注强采的条件。同时气藏井间连通性好,无明显压降漏斗,有利于气库均衡注采。气藏动态储量较大,利用压降曲线来设计工作气量,具备一定的建库规模。

(4) 石炭系气藏埋藏浅,气质条件好,有利于钻井和老井封堵施工。气藏埋深在2000~2500m,储层分布成片,平均孔隙度7.5%;气质以干气为主,甲烷含量超过97%,不含H_2S。原始状态时压力系数为1.24,气藏温度约62℃,属常温常压气藏。

(二) 气藏资料完整

相国寺地震勘探始于1973年,1993年对相国寺构造进行了详查。2005—2006年对老资料进行重新处理,编制了1∶50000须底、嘉二²底、飞四底、飞底、上二叠统底、下二叠统底共六层地震反射构造图;采用相变法、振幅属性提取及速度反演低速异常解释编制了石炭系厚度分布及石炭系储层分级预测图。根据下二叠统底界构造解释成果及石炭系厚度预测成果叠合编制了石炭系构造地层复合圈闭预测图。完钻井37口中,36口井均在不同层位进行了测试,有21口井在嘉陵江组、茅口组、栖霞组、石炭系等层位进行了取心,累计有心长418.57m。测井资料较全。各类岩心分析化验结果、测试、试气资料齐全。1980年气藏干扰试井,为气藏连通性分析提供充分的依据,表明气藏各井连通性好。1989年的试井成果表明储层的储层渗流能力强。1989年进行了全气藏的测试,为储气库注采井产能分析提供了依据,建立了产能方程及二项式产能分析图,进行了不同压力下的无阻流量计算,分析表明气井产能高。

气藏生产30余年,具有丰富的动态资料。

(三)地质论证充分

为获得气井储层渗透能力参数,改建前进行了井底测压压力恢复试井,对盖层和石炭系开展岩心分析;利用川东石炭系3口井岩石压缩率实验数据进行了应力敏感性分析,分析表明石炭系气藏应力敏感性不强,不会对气藏储集空间造成影响;并开展反复注采条件下储层物性变化及岩石渗流能力研究、盖层及断层密封性研究等专题研究,研究表明储层渗透能力强、密封性好。

第四节　建设运行历程

相国寺储气库项目于2010年2月启动前期工作,2011年10月开工建设,2013年6月开始注气,2014年12月调峰采气。在储气库建设过程中,加强项目管理、沟通协调,实现"安全、质量、进度、投资"受控,建成了"阳光工程、绿色工程、样板工程"。截至2018年3月,通过试运投产、大规模注气、注满垫底气、调峰采气和应急采气等,基本实现达容达产。

一、建设历程

中贵线配套相国寺储气库工程于2010年2月开始前期工作,标志着项目全面启动,项目建设、运行管理全面委托西南油气田分公司负责。2010年12月中国石油天然气集团公司明确储气库建设主体为四川石油管理局,主要完成以下工作:

(1)三维地震:2011年完成三维地震160.88km²。

(2)老井封堵:2010年选取相25井和相12井开展老井封堵先导性试验,至2013年1月老井封堵18口井全部完工。

(3)钻完井工程:2011年开钻相储7井和相储22井两口先导性试验井,2014年底完成11口,至2017年10月13口注采井全面完成。

(4)地面工程:共包括38个单位工程,2011年10月开始建设施工,2013年6月集注站、铜相线完成建设具备试运条件;2013年8月相旱线完工具备试运条件;2017年11月地面工程全面完工。

二、运行历程

2013年6月29日,相国寺储气库通过铜相线向相储8井实现首次不增压试注,于7月6日压缩机增压试注;2013年8月20日相旱线投运;全年累计注气 $1.63 \times 10^8 m^3$。

2014年7月,2号、7号井场相继投运,7口注采井实现日注气量 $1000 \times 10^4 m^3$。2014年10月23日注满垫底气库容;2014年11月15日第二注气期结束,注气量达到 $16.72 \times 10^8 m^3$,库存量 $21.90 \times 10^8 m^3$。

2014年12月1日开始试采,截至2014年12月31日,累计采气 $1.21 \times 10^8 m^3$,库存量 $20.68 \times 10^8 m^3$。

2015年2月15日至10月31日,第三注气期注气 $15.42 \times 10^8 m^3$;2015年11月16日至2016年3月4日,第二采气期采气 $9.26 \times 10^8 m^3$。

2016年3月11日至10月12日,第四注气期注气 $12.13 \times 10^8 m^3$;2016年11月13日至2017年3月20日,第三采气期采气 $13.78 \times 10^8 m^3$。

2017年4月1日至10月16日,第五注气期注气 $15.38 \times 10^8 m^3$;2017年11月13日至2018年3月20日,第四采气期采气 $16.19 \times 10^8 m^3$。

参 考 文 献

[1] 吴忠鹤,贺宇. 地下储气库的功能和作用[J]. 天然气与石油,2004,22(2).
[2] 王良锦,等. 油气田企业践行天然气调峰合理职责探讨——以川渝地区为例[J]. 天然气技术与经济,2014,8(5).
[3] 胡连锋,等. 季节调峰型地下储气库注采规模设计——以川渝气区相国寺地下储气库项目设计为例[J]. 天然气工业,2011,31(5).
[4] 李忠,刘明赐. 天然气储存方法及其应用[J]. 油气储运,2002,21(11).
[5] 吴洪波,何洋,周勇,等. 天然气调峰方式的对比与选择[J]. 天然气与石油,2009,27(5).
[6] 毛川勤,等. 川渝地区相国寺地下储气库库址选择[J]. 天然气工业,2010,30(8).

第二章 建库地质评价与气藏工程方案

由于地下储气库要求具备"注得进、存得住、采得出"以及"强注强采、周期注采"等特点,因此,储气库在地质评价与气藏工程方案研究中,其侧重点和考虑的影响因素与气藏开发存在差异。本章主要介绍相国寺石炭系气藏开发特征、储层物性、构造与圈闭特征、改建储气库的气藏工程方案、注采井网部署、历次调整的过程以及注采井独具特色的地质目标个性化设计等。

第一节 气藏开发简况

一、开发历程与现状

相国寺石炭系气藏1980年完成开发设计并实施,共投产5口气井,开采规模$90 \times 10^4 m^3/d$,稳产至1987年。1987年以后,气藏产量开始递减,至1994年产量降为$16.0 \times 10^4 m^3/d$。从1994年开始,气藏进入低压小产量生产阶段,递减速度明显减缓,气藏产量从$16.0 \times 10^4 m^3/d$降至$5.5 \times 10^4 m^3/d$,2004年后产气量一直稳定在$5.5 \times 10^4 m^3/d$左右。因储气库建设需要,2010年11月至2011年12月,石炭系气藏5口生产井陆续关井,关井前气藏产气量$5.5 \times 10^4 m^3/d$,生产套压$1.24 \sim 0.52 MPa$,生产油压$1.44 \sim 0.47 MPa$,累计采气$40.24 \times 10^8 m^3$,累计产水$1903 m^3$。相国寺石炭系气藏开发过程中的采气曲线见图2–1–1。

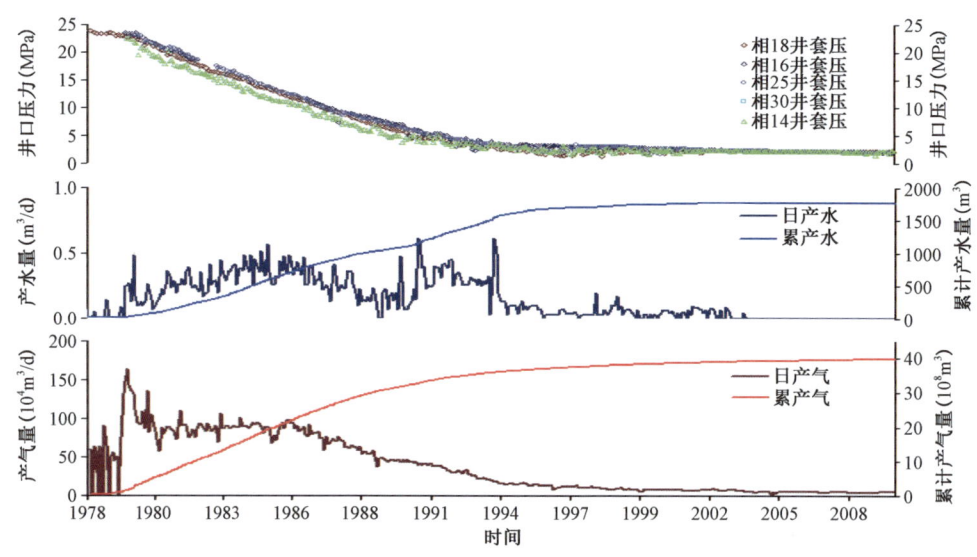

图2–1–1 相国寺石炭系气藏采气曲线

二、气藏开发主要特征

(一) 单井产能大,长期高产稳产,采收率高

相国寺石炭系气藏 5 口生产井测试产量 $(56.0 \sim 119.03) \times 10^4 \mathrm{m}^3/\mathrm{d}$,无阻流量 $(161.03 \sim 350.81) \times 10^4 \mathrm{m}^3/\mathrm{d}$。气藏从投入开发到 1987 年,在开采规模 $90 \times 10^4 \mathrm{m}^3/\mathrm{d}$ 下,稳产长达 8 年时间,稳产期末采出程度达到 64.5%,到 2009 年底,气藏采出程度已超过 90%,生产压力虽然很低,但仍有 $5 \times 10^4 \mathrm{m}^3/\mathrm{d}$ 以上的产量,表现出了较强的生产能力。

(二) 各气井连通性好,开采均衡,无明显压降漏斗

1980 年 11 月气藏进行的干扰试井,表明气藏各井具有很好的连通性。尽管各井产量不同,在气藏整个开采过程中各井地层压力下降速度相同,同期折算地层压力基本一致(图 2-1-2),气藏开采均衡,地层能量得到了合理利用。

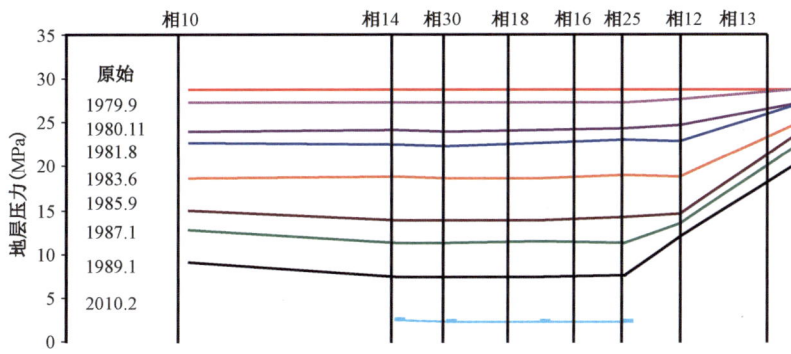

图 2-1-2 相国寺石炭系气藏不同时期压力剖面图

(三) 边水不活跃,对气藏开采无明显影响

相国寺石炭系气藏存在边水,但水体能量较小,开采中侵入缓慢。气藏整个开采期中,除两口监测井(相 10、相 12 井)因距气水界面最近,分别于 1981 年 12 月和 1986 年 9 月先后出现水侵显示外,其余 5 口生产井的生产一直稳定正常,没有受到地层出水的影响。

第二节 地质特征评价

一、地层特征

相国寺石炭系气藏地层层序及组合关系与川东地区基本一致。库区构造两翼地表出露侏罗系,构造主体为须家河组,局部剥蚀出露雷口坡组和嘉陵江组。

地层从上到下,地表至三叠系上统须家河组为内陆河、湖相砂泥岩沉积,从中三叠统至目的层石炭系均为海相碳酸盐岩沉积。相国寺地区雷口坡组受印支运动影响,剥蚀严重,大部分地区剥蚀至雷一段,局部地方剥蚀殆尽,出露嘉陵江组。嘉陵江组为一套开阔海台地相—局限

海蒸发相交替沉积构造,根据岩性及电性特征可以分为 5 段。飞仙关组为一套正常浅海碳酸盐岩过渡到局限海蒸发相沉积,按岩性及电性特征可以分为 4 段。二叠系为正常浅海台地相碳酸盐岩沉积夹滨海相泥页岩夹煤沉积,根据岩性划分为上统长兴组、龙潭组,下统茅口组、栖霞组与梁山组。

盖层梁山组总体厚度 6~7m,上部为灰黑色页岩,中部浅灰绿色铝土质泥岩,下部灰黑色页岩夹薄层煤,底以灰黑色页岩与下伏石炭系深灰色云岩呈不整合接触。

相国寺石炭系气藏目的层石炭系顶部与上覆梁山组灰黑色页岩、底部与志留系中统韩家店组含砂质泥页岩呈不整合接触,见图 2-2-1。石炭系残存上统黄龙组,主要发育角砾云岩、泥晶云岩、亮晶生物灰岩、泥晶及亮晶球粒灰岩、去云化粗粉晶—粗晶灰岩等组合,以角砾云岩、细粉晶云岩为主。纵向上根据岩性、电性特征可划分为三段,从上往下依次为 C_2hl^3、C_2hl^2、C_2hl^1 段,其中,石炭系上部 C_2hl^3 段仅在局部地区保存,中下部 C_2hl^2 和 C_2hl^1 段剥蚀也较严重,造成相国寺石炭系分布较薄,在储气库库区地层残厚 6~10m,构造主体局部具有侵蚀窗,往南地层逐渐减薄,构造西北部及南部石炭系全部被剥蚀。

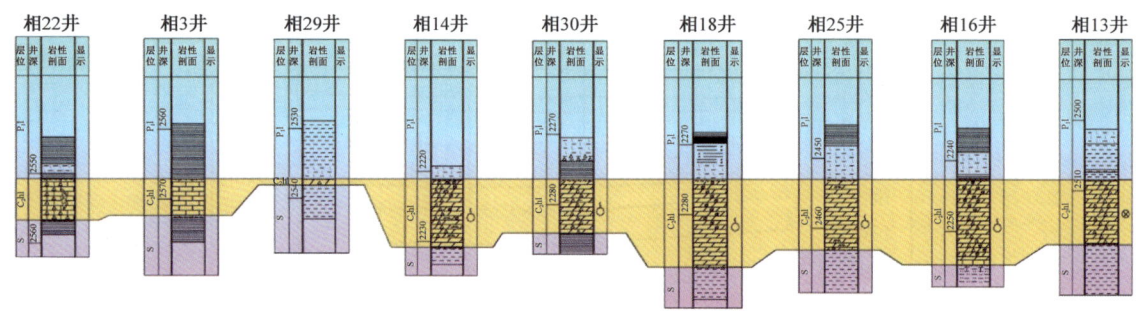

图 2-2-1 相国寺气田石炭系地层对比图

石炭系气藏底部为志留系:岩性为绿灰色泥岩、浅灰绿色粉砂岩、泥质粉砂岩。

二、构造特征

(一)区域特征

相国寺构造位于重庆市渝北区和北碚区境内,构造隶属川东南中隆高陡构造区华蓥山构造群,是华蓥山背斜带往南帚状分支中最东部的一个狭长不对称背斜,地面称龙王洞背斜。构造西邻悦来场向斜,东隔茨竹、沙坪向斜并与铜锣峡背斜相望,北与四海山背斜正鞍相接,南端倾没于重庆大渡口向斜中。相国寺构造为受倾轴逆断层控制的"断垒型"狭长背斜,其东翼断层下盘发育相东潜伏及左家坪潜伏构造。构造走向北北东向,构造位置见图 2-2-2。

相国寺构造于 1938 年进行地面地质调查,1942 年发现了地面构造,1954 年四川石油普查大队作了 1:50000 的地面构造细测。相国寺构造地震工作始于 1973 年,于 1977 年、1978 年、1984 年、1985 年、1994 年多次在该区开展地震详查工作,其中 1994 年二维地震覆盖次数 10 次,测线 24 条 508.4km,测线距 1.3~1.5km。2010—2011 年,在相国寺构造开展三维地震勘探工作,控制面积 342.7km²,满覆盖面积 160.88km²,面元 20m×20m,覆盖次数 10×6 次。

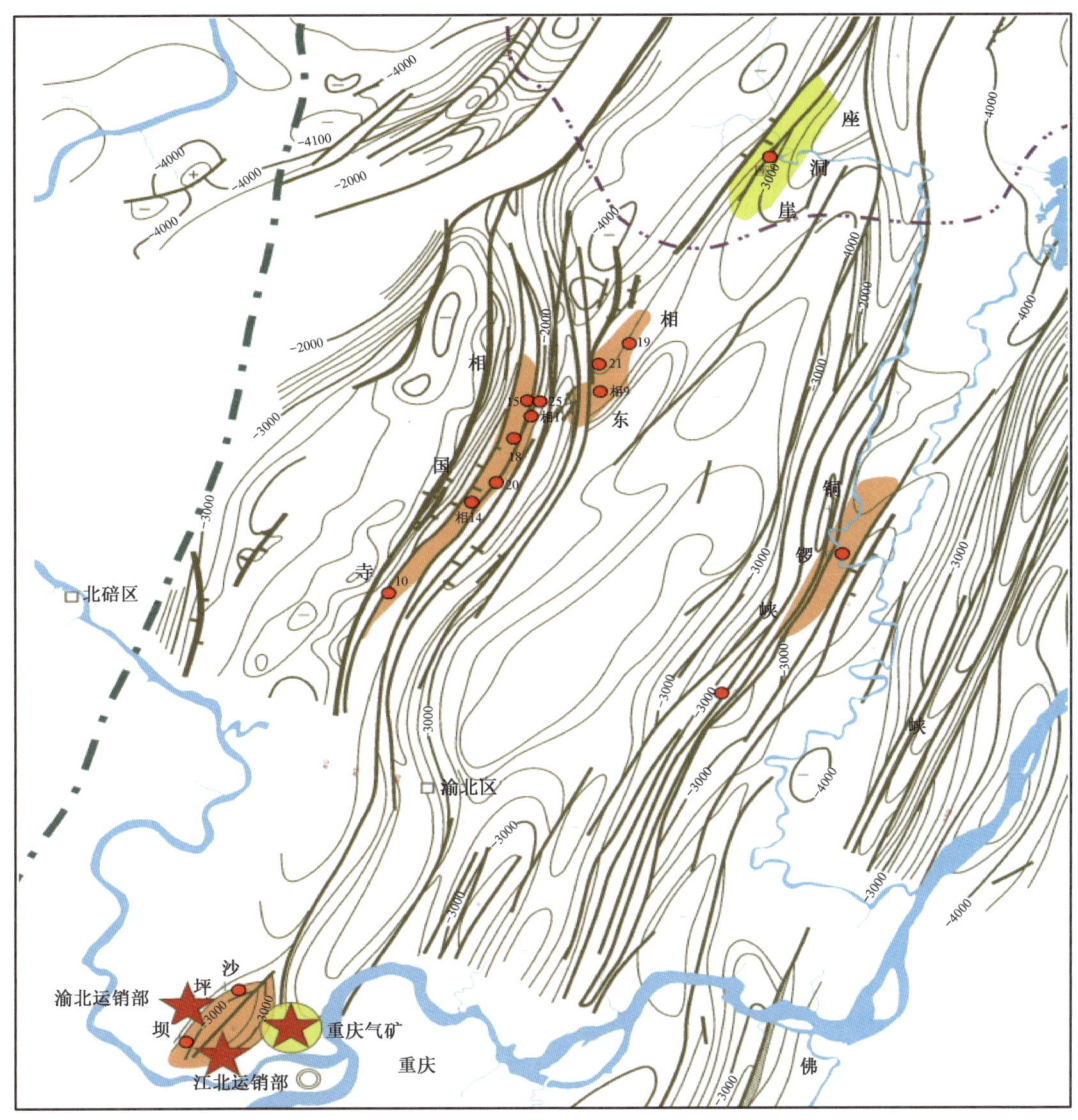

图 2-2-2 相国寺构造地质地理位置图

（二）主体特征

1. 构造圈闭

相国寺地面构造是华蓥山构造带中向南分出的 4 个分支构造中的第 1 支（由东向西），构造隆起幅度相对较小，背斜受北东向和南北向两组构造应力的影响，轴线出现转折，大致呈北北东和南北方向延伸，略成反"S"形，向南延伸至重庆人和附近，构造渐趋平缓。背斜两翼不对称，西陡东缓，地表无断层，仅有一个高点（构造中部相 14 井附近，海拔 -1020m）。地腹构造形态与地表基本一致。从地表至中三叠统侵蚀面，仍为一个狭长背斜。侵蚀面以下的各构造层中，断层发育，东、西两翼各有一条长度大致与背斜轴线相等、走向与轴线一致的大型倾轴逆断层,最大垂直断距达 1200～1400m,使背斜轴部呈地垒式抬起。

据三维地震成果,相国寺主体构造为①、③号断层抬升形成的断垒,为一不对称的长轴背斜,形态完整(图 2-2-3)。其东南翼发育有③、④号断层,西北翼发育有①、⑤、②号断层。这些断层主要发育在构造两翼,在陡缓转折带还派生一些中、小型断层,将背斜两翼切割成叠瓦状。由于这些断层的存在,使构造更加复杂化。在嘉二^2—志留系各层构造上只有一个高点。在下二叠统底界构造图上,高点位于 Inline800 与 Crossline490 交点附近,高点海拔 -1140m,最低闭合线海拔 -1950m,构造长度 22.51km,宽度 1.24km,闭合度 810m,闭合面积 25.2km^2。

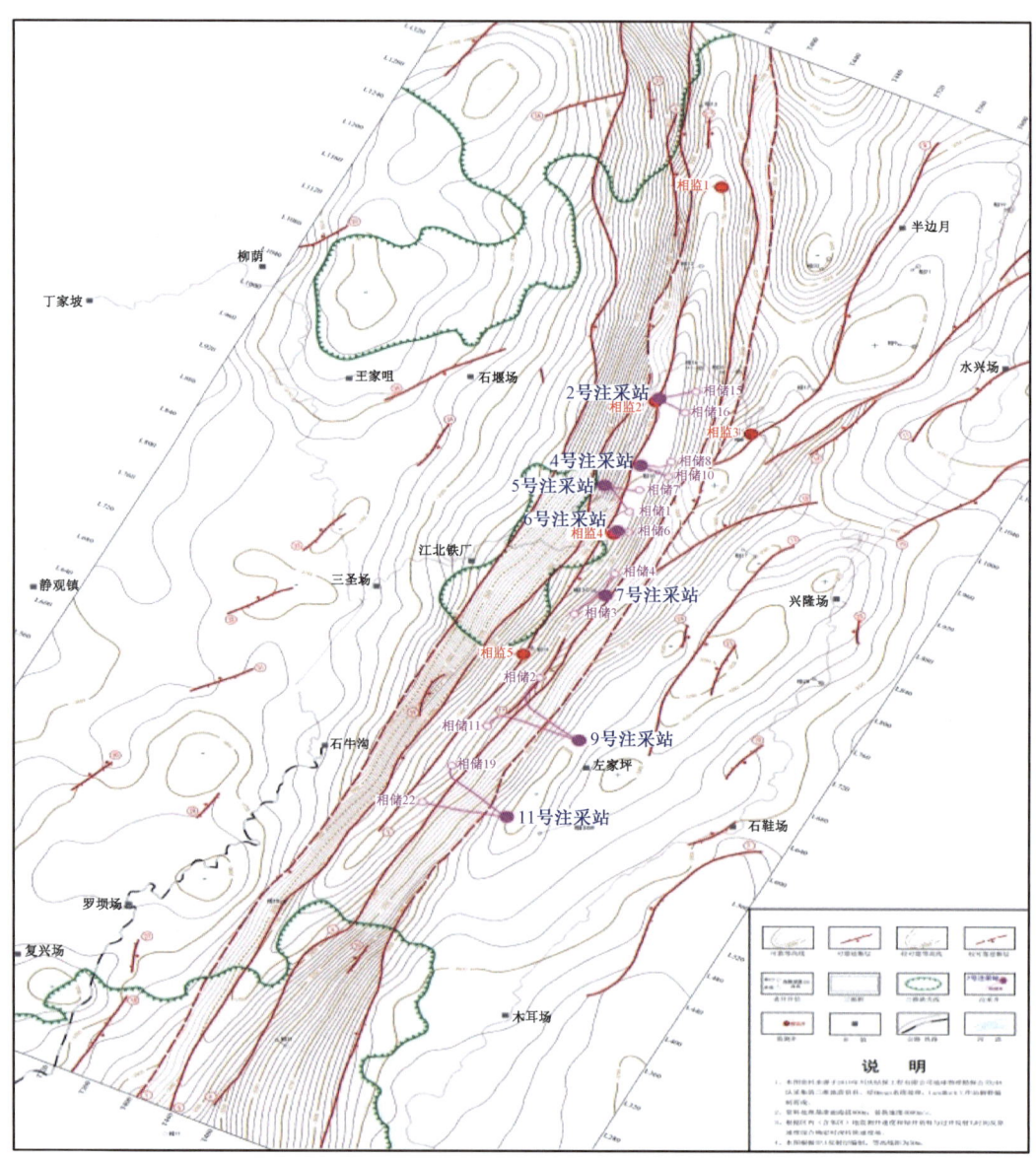

图 2-2-3　相国寺石炭系顶面构造图

相国寺主体构造东南翼③号断层下盘有一相东潜伏构造,地面表现为相国寺构造东翼向北东方向伸出的一个鼻凸,鼻凸较开阔,无断层,东南翼较西北翼陡,与座洞崖构造呈正鞍相接。浅层须家河底以上各层构造形态基本一致。在嘉二²底—志留系中深层各层构造上,鼻凸西南端被⑧号断层切割并封闭于该断层上,形成相东潜伏构造,轴向为北东向,构造两翼不对称,分别为⑧号和⑫号倾轴逆断层切割抬起。该潜伏构造向北在茨竹场附近倾没,西南端与③号断层下盘伸出的鼻突呈鞍部接触。在下二叠统底界构造图上,高点位于Inline1190与Crossline600交点附近,高点海拔-2950m,最低闭合线海拔-3150m,构造长度9.65km,宽度1.56km,闭合度200m,闭合面积11.46km²。

另一个左家坪潜伏构造则位于相国寺主体构造东翼③号断层下盘,地面表现为主体构造南段东翼。浅层须底以上无此构造存在,嘉二²底、飞四底和飞底构造呈现出潜伏鼻状构造,上二叠统底和下二叠统底为潜伏构造。与永兴场向斜和相东潜伏构造相隔并呈雁行排列。在平面上,该潜伏构造形态狭长,轴线北东。向北东方向倾没于Inline1050线附近;向南西方向则变得开阔,倾没于③号断层下盘。在下二叠统底界构造图上,高点位于Inline510与Crossline580交点附近,高点海拔-3130m,最低闭合线海拔-3250m,构造长度8.9km,宽度1.2~2km。闭合度120m,闭合面积6.71km²(表2-2-1)。

表2-2-1 相国寺构造石炭系圈闭要素表

构造名称	最低圈闭线(m)	高点海拔(m)	高点位置		闭合度(m)	圈闭面积(km²)	轴长(km)		走向方位
			inline	corsline			长轴	短轴	
相国寺主体	-1950	-1140	800	490	810	25.2	22.51	1.24	NNE
相东潜伏	-3150	-2950	1190	600	200	11.46	9.65	1.56	NE
左家坪潜伏	-3250	-3130	510	580	120	6.71	8.9	1.2~2	NE

2. 断层

相国寺构造地面无断层,断层主要发育于地腹二、三叠系地层中,均为逆断层。走向与构造走向一致,为北东向。规模较大的主干断层为①、②、③、④、⑤、⑧、⑫、⑬号断层,其中①、③、⑤号断层横跨整个构造。这些断层对整个构造的形态,尤其是主体构造起着控制作用。

① 号断层:位于主体构造西北翼,延伸方向北东,倾向南东。断开须底—奥陶系地层,向上消失在须家河组内部,向下消失于奥陶系内。区内延伸长度约26.94km,倾角45°~70°,落差范围380~1400m。

⑤ 号断层:位于主体构造西北翼,延伸方向北东,倾向南东。断开须底—奥陶系地层,向上消失在须家河组内部,向下消失于奥陶系内。区内延伸长度约25.60km,落差范围80~400m。倾角40°~60°。

③ 号断层:位于相国寺主体构造的东南翼,为倾轴逆断层,延伸方向北东向,倾向北西。向北东、南西均延伸出工区,断开嘉二²—志留系地层,向上消失在三叠系嘉陵江组内,向下消失于奥陶系内。区内延伸长度约26.8km,倾角45°~70°,落差范围200~1040m。

②、④ 号断层:分别位于相国寺主体构造的西北翼和东南翼,并相互抬升使相国寺构造形成断垒格局。这两条断层对相国寺储气库起至关重要的作用。②号断层倾向南东,延伸方向北

东,倾角40°~60°,落差范围50~230m,延伸长约13.49km。向南西消失在Inline500线附近,向北东消失在Inline1150线附近。④号断层倾向西北,倾角40°~60°,落差范围100~380m,区内延伸长约21.33km。向南西消失在Inline380线附近,向北东消失在Inline1400线附近。两断层向上消失在三叠系嘉陵江组内,向下消失于志留系内。各断层要素详见表2-2-2。

表2-2-2 断层基本数据统计表

序号	断层编号	断层性质	构造部位	断层长度(km)	落差范围(m)	消失层位 向上	消失层位 向下	产状 倾向	产状 倾角(°)	可靠程度
1	①	逆	西北翼	26.94	380~1400	T_3x	O	SE	45~70	可靠
2	②	逆	西北翼	13.49	50~230	T_1j	S	SE	40~60	可靠
3	③	逆	东南翼	26.80	200~1040	$T_1j_2^2$	S	NW	45~70	可靠
4	④	逆	东南翼	21.33	100~380	T_1j	S	NW	40~60	可靠
5	⑤	逆	西北翼	25.60	80~400	T_3x	O	SE	40~60	可靠

综上所述,相国寺石炭系气藏除受构造因素控制外,受地层因素控制明显。气藏南、北两端受石炭系地层缺失控制,东、西两翼受构造等高线及断层控制,综合分析认为,相国寺构造石炭系气藏为构造—地层复合圈闭。

三、储层特征

川东石炭系是加里东运动末期,在志留系准平原化的侵蚀古地貌上发育的,为三面环陆的海湾潟湖环境。石炭系沉积后受云南运动影响,相国寺石炭系基本缺失C_2hl^3段,残存C_2hl^1段、C_2hl^2段。岩石经历了准同生期、表生期、浅埋藏和深埋藏成岩作用以及喜山期构造作用的改造,孔隙发育,储层物性良好。

(一)岩性及电性

C_2hl^3:褐灰色、灰褐色、深灰色泥-细粉晶溶孔云岩及细粉晶溶孔角砾云岩,顶部偶见深灰色泥晶灰岩,富含黄铁矿晶粒,局部可见黄铁矿细脉。电性上以低伽马与上、下界面的高伽马分界明显。自然伽马低值,一般20~40API,深浅双侧向电阻率相对较高,一般800~2000Ω·m。

C_2hl^2:褐灰色、灰色、深灰色细粉晶溶孔角砾云岩及溶孔云岩,夹薄层亮晶生物灰岩及粉晶灰岩,富含黄铁矿晶粒。电性上以顶部高伽马与黄龙组三段分界。自然伽马低值,一般20~50API,局部有高值分布,深浅双侧向电阻率呈块状高值,高者700~3000Ω·m,低者50~300Ω·m,气层深浅双侧向正差异明显,具高声波、高中子、低密度特点。

C_2hl^1:褐灰—深灰色细—中晶灰岩及细粉晶云岩,岩性普遍致密,储渗条件差,局部地区发育白云岩溶蚀孔隙。电性上与黄龙组二段相比具有较高伽马特征,自然伽马中高值,部分井高低间互呈锯齿状,深浅双侧向电阻率为中值,由高降低。

(二)储层物性

据历次取心井(相10、相12、相13、相14、相16、相30井)岩心分析资料,储层平均孔隙度达7.47%,最高连通孔隙度达15.82%,裂缝—岩心揭片法得到储层角砾云岩中平均裂缝率高达 0.347%。岩心缝洞统计结果表明在角砾云岩、细粉晶云岩中微细裂缝极其发育且呈网状分布,基本无大裂缝存在。裂缝平均密度一般在 5.69~27.97 条/m,缝宽多小于 1mm。

从纵向上看,储层主要发育在 C_2hl^2 段,因本区石炭系剥蚀较严重,钻入石炭系地层即进入储层,有效储层占钻厚比例较大,非储层井段分布较少,产层转换率较高。横向上来看,储层具有连片分布的特征,其中相 12 井储层最厚(构造陡带,视厚度),总体来说,储层有往南减薄的趋势。

(三)储集空间及储集类型

相国寺石炭系气藏储层储集空间可分为孔隙、洞穴及裂缝三大类,其中孔隙为主要的储集空间,次为裂缝、洞穴,裂缝既是有效的储集空间也是良好的渗流通道,储层储集类型为裂缝—孔隙型。

储层纵向分布规律明显。从构造整体上看石炭系储层连续分布,由于强烈的次生作用造成储集层孔隙度大,气藏平均孔隙度 8.87%。石炭系有效储层厚度 3.77~9.70m,平均 6.47m,有效厚度所占比例高,为 60%~80%,Ⅰ+Ⅱ类储层在 50% 以上。构造上单井平均孔隙度变化范围 5.38%~16.31%,平面上储层较厚区域主要分布构造中段和北段相 18 井—相 16 井区。

根据储气库建设的需要,2010 年部署了相国寺三维地震勘探,据实钻井资料和地震成果编制了石炭系地层厚度、储层厚度预测图,据成果资料显示,相国寺石炭系储层厚度向南变薄(图 2-2-4)。

四、圈闭密封性

储气库建设的基本条件是储存空间具有良好、可靠的密封性,它是储气库质量和运行的根本保障。相国寺石炭系气藏通过宏观地质地层结构、微观静态岩石力学、断层的封堵效应和气藏生产动态等特征分析研究表明,该气藏具有优越的地质条件。

(一)盖、底层组合及静态密封特征

相国寺石炭系地层上与二叠系、下与志留系均呈假整合接触。以二叠系底部梁山组广泛分布的厚度约 9m 左右的致密泥页岩(表 2-2-3)、栖霞组的致密石灰岩为盖层,下伏志留系页岩层为底托层,形成了良好的盖、底层组合。梁山组和志留系岩性为具有致密的孔隙结构和良好塑性的泥岩,具有良好的封闭能力(图 2-2-5)。

表 2-2-3 相国寺石炭系上覆盖层厚度统计表

井号		相10井	相12井	相13井	相14井	相16井	相18井	相25井	相30井	相11井	相26井
P1q1a	底界井深(m)	2377	2533.4	2498.5	2135	2202	2230	2371	2190.5	3835.5	2556.5
P1q1b	底界井深(m)	2494	2601.5	2593.5	2213	2273.5	2292.5	2442.5	2264	3940.5	2622.5
	厚度(m)	117	68.1	95	78	71.5	62.5	71.5	73.5	105	66
P1l	底界井深(m)	2511	2615.5	2608.5	2221.5	2283	2305	2453.5	2276.5	3958	2634
	厚度(m)	17	14	15	8.5	9.5	12.5	11	11.5	17.5	11.5
C2	底界井深(m)	2526	2642	2617.5	2231	2295	2317.5	2463	2284	—	—
	厚度(m)	15	26.5	9	9.5	12	12.5	9.5	7.5	0	0
S	底界井深(m)	2550	2652	2626	2234.5	2301.5	2333	2467	2290.2	3972.9	2650.9
	厚度(m)	24	10	8.5	3.5	6.5	15.5	4	6.2	14.9	16.9

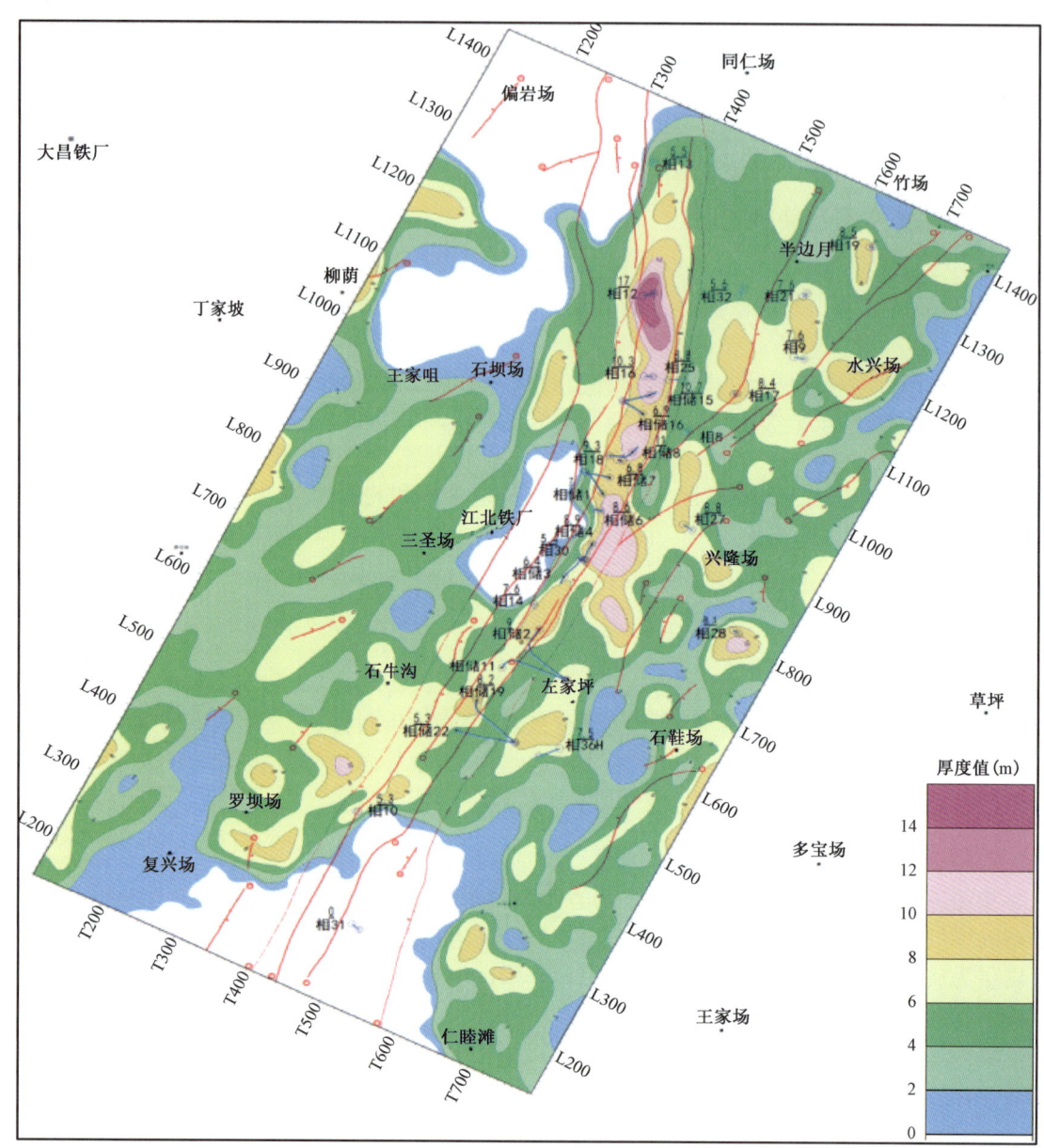

图2-2-4 石炭系储层厚度预测图

相国寺石炭系气藏上覆二叠系梁山组泥岩、页岩具有致密的孔隙结构和较强的塑性,具备良好的盖层条件。表现为较小的孔隙度、较低的渗透率、较大的比表面、较高的突破压力特征、较高的地层破裂压力。

通过对取心井梁山组岩石物性分析表明,盖层梁山组岩心比表面积(单位质量物料所具有的总面积)7.886～8.784m²/g(表2-2-4),孔隙度0.43%～1.94%,渗透率0.000242～0.0925mD,排替压力2.464～9.813MPa(表2-2-5),地层破裂压力60.05～61.21MPa(表2-2-6)。

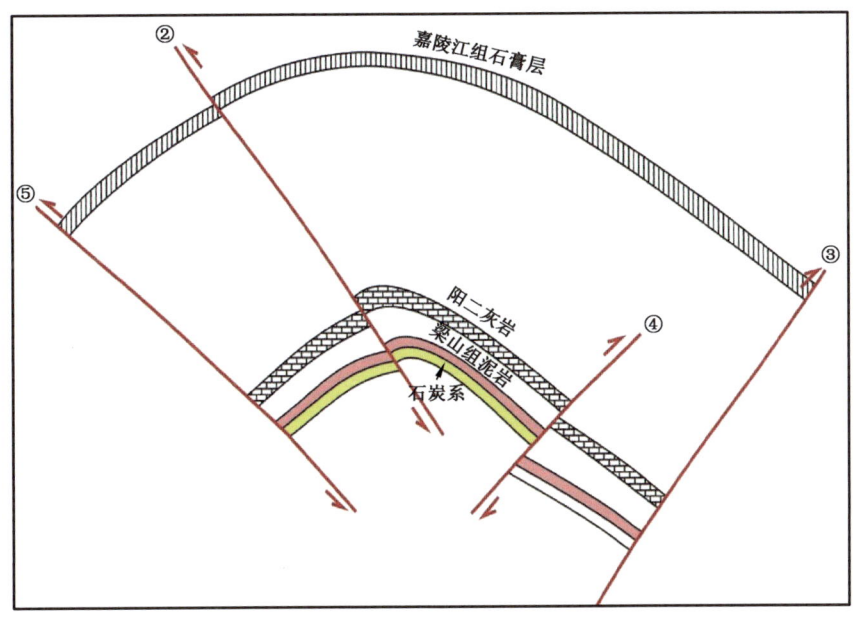

图 2-2-5 储气库气藏直接—间接盖层横剖面图

表 2-2-4 相国寺石炭系盖层、底托层岩石比表面积统计表

序号	深度（m）	层位	比表面积（m²/g）	岩心块号
1	2566.78~2567.08	梁山组	8.784	1(6/7)
2	2567.55~2567.64	梁山组	7.886	2(4/23)
3	2569.42~2569.99	梁山组	8.078	2(11/23)
4	2578.25~2578.32	志留系	8.385	4(30/49)
5	2578.63~2578.71	志留系	6.038	4(39/49)
6	2879.87~2580.00	志留系	6.577	4(49/49)

表 2-2-5 相国寺石炭系盖层、底托层岩石压汞特征参数统计表

样品编号	层位	井深	孔隙度（%）	渗透率（%）	排驱压力（MPa）	中值压力（MPa）	最大孔喉半径（μm）	中值孔喉半径（μm）	退汞效率（%）	排替压力（MPa）
1	梁山组	2568.27	3.817	0.266	0.117	—	18.375	—	0	6.542
2		2568.33	5.21	2.534	0.0516	7.8819	48.7783	0.0933	0	2.464
3		2567.37	5.966	0.101	0.0342	1.0539	30.9301	0.6974	0.0188	3.887
4		2567.55	5.456	225.887	0.2657	—	12.25	—	0	9.813
5	志留系	2579.24	1.857	0.025	0.1763	—	9.67105	—	0	12.430
6		2579.28	2.794	2.341	0.0342	—	9.93243	—	0	12.103
7		2578.45	2.063	0.018	0.0342	—	18.375	—	0	6.542

表 2-2-6 相国寺石炭系盖层、底托层岩石地层破裂压力统计表

岩样编号	井深均值（m）	类别	地层破裂压力（MPa）	破裂压力梯度（MPa/100m）
$2\frac{7}{32}$	2568.30	盖层	61.21	2.383
$2\frac{7}{32}$	2568.30		60.05	2.338
$4\frac{16}{49}$	2577.03	底托层	61.56	2.389
$4\frac{46}{49}$	2579.55		62.46	2.421

通过对取心井志留系岩石物性分析表明,底托层志留系岩心比表面积 6.038~8.385m²/g（表 2-2-4）,孔隙度 1.857%~2.794%,渗透率 0.018~2.341mD,排替压力 6.542~12.430MPa（表 2-2-5）,地层破裂压力 61.56~62.46MPa（表 2-2-6）。

相国寺储气库盖层和底托层比表面积值在 6~9m²/g 之间。梁山组突破压力值 2.464~9.813MPa,志留系突破压力值 6.542~12.430MPa。盖层封盖性能等级为 Ⅱ~Ⅳ 级,底托层封盖性能等级为 Ⅱ~Ⅲ 级（图 2-2-6）。

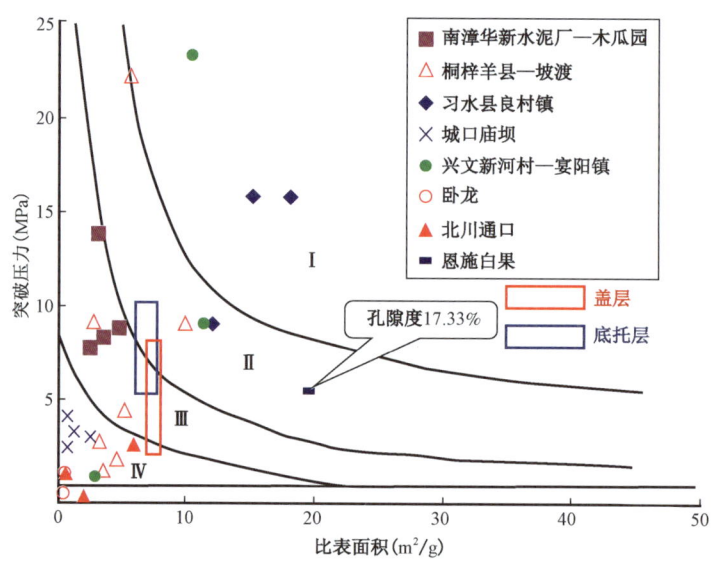

图 2-2-6 中上扬子区志留系泥岩盖层封盖性能等级划分[1]

(二)断层封堵效应

相国寺构造与整个川东地区经历了喜山期强烈的造山运动,北西、南东向的挤压,在川东地区形成了一系列北东向的隔档式高陡构造带,沿构造走向发育的倾轴逆断层,促使构造主体地腹形成了复杂化的断垒式的构造层。虽然历经断层的破坏,但石炭系气藏上覆广泛的梁山

组泥质岩在强大挤压力作用下,形成的"断层泥"对断层"通道"的良好封堵,保证了整个川东地区石炭系气藏和相国寺石炭系气藏的保存。同时,梁山组之上,全川东地区均匀分布有二叠系栖霞组的致密石灰岩和嘉陵江组石膏层,区域石膏盖层和致密灰岩高压层的封闭作用为气藏的保存提供了进一步的保障。

相国寺构造这一狭长不对称"断垒型"背斜,两翼受①、②、③、④、⑤号断层控制,断层向上消失在须家河组,向下消失于志留系。处于气藏北端的相25井石炭系获高产,顶界海拔为-1728m,对比分析④、⑤号断层上盘最高断点海拔分别为-1600m、-1650m,气藏内部②号断层最高点断点海拔在-1500m左右,而气藏原始气水界面为-1980m,均远低于断层溢出点,说明断层未破坏气藏完整性(图2-2-7)。

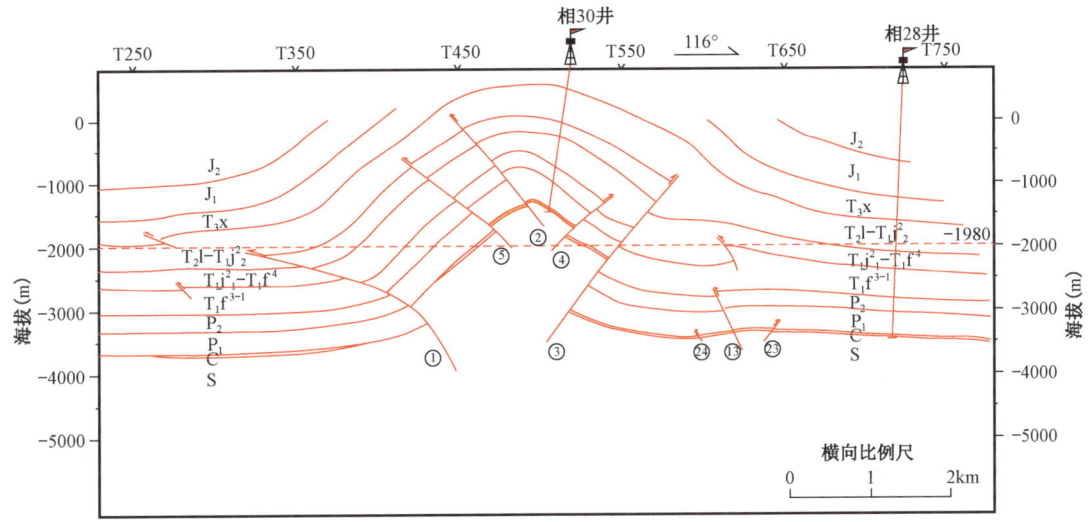

图2-2-7 相国寺储气库石炭系气藏过构造高点L395测线地震地质综合解释剖面图

(三)气藏动态密封性

相国寺气田石炭系气藏生产过程中,压降曲线始终为一条平滑的直线(图2-2-8),同时与上覆气藏天然气组分不同(表2-2-7),压力差异大(图2-2-9),表明石炭系气藏密封性好。

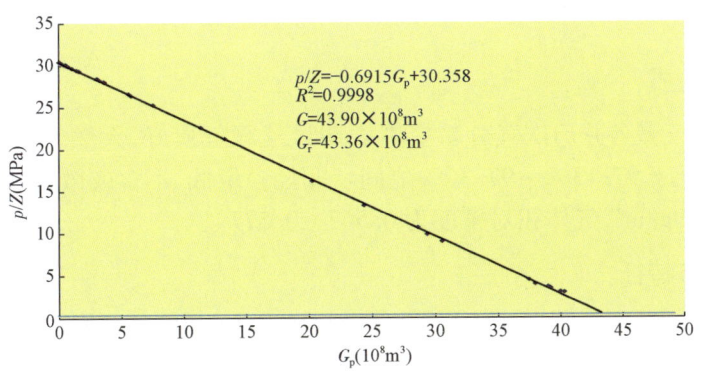

图2-2-8 相国寺气田石炭系气藏压降储量图

表 2-2-7　石炭系气藏与茅口组气藏气质分析数据表

井号	层位	取样时间	甲烷摩尔含量（%）	乙烷摩尔含量（%）	丙烷摩尔含量（%）	重烃摩尔含量（%）	氮摩尔含量（%）	硫化氢（g/m³）	二氧化碳（g/m³）
相1	茅口组	1986/4/24	98.24	0.66	0.04	0.7	0.054	0.064	1.271
相1		2009/10/19	98.24	0.62	0.03	0.65	0.087	0.087	3.13
相5		1994/2/1	98.41	0.62	0.03	0.65	0.055	0.038	1.886
相7		2009/10/19	98.4	0.61	0.03	0.64	0.076	0.104	1.841
相15		2009/7/14	98.23	0.65	0.03	0.68	0.059	0.473	3.13
相14	石炭系	1984/11/7	97.36	0.82	0.08	0.92	0.07	0.001	3.179
相14		2010/4/21	97.32	0.82	0.06	0.88	0.07	0.003	6.836
相16		2010/4/21	97.248	0.83	0.08	0.9	0.07	0.003	7.011
相18		1986/4/24	97.36	0.8	0.08	0.89	0.069	0.007	3.223
相25		2010/4/21	97.13	0.84	0.08	0.92	0.068	0.01	6.814
相30		2010/4/21	97.18	0.83	0.07	0.9	0.066	0.002	6.445

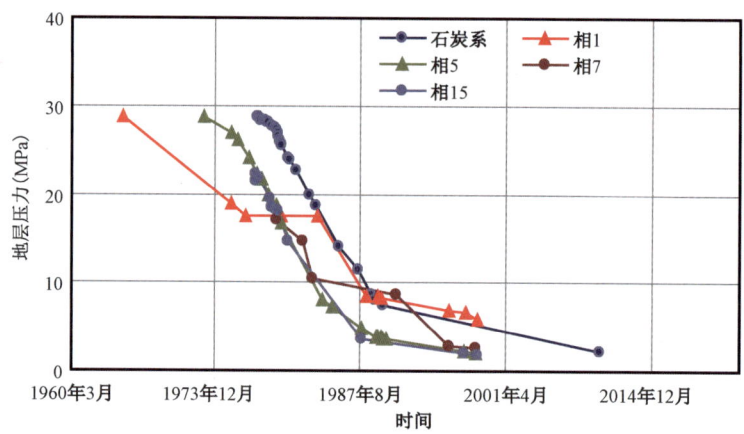

图 2-2-9　相国寺气田石炭系气藏与上覆气藏压力关系图

五、流体性质和分布特征

（一）天然气性质

相国寺石炭系气藏各井历次气分析资料表明该气藏气质好，天然气组分以甲烷为主（表 2-2-7），其含量介于 97.13%～97.36%之间。非烃含量低，不含或微含硫化氢，二氧化碳含量为 4.207～17.319g/m³，气体相对密度为 0.567～0.577。

（二）气水分布特征

相国寺石炭系气藏自 1977 年投产以来，除相 10、相 12 井因见地层水未投产，相 13 井为水井，其余各井生产至改建储气库前未见地层水。井区月产水最高 24m³，历年累计产水 1903m³，井区各井产水水性均为凝析水。石炭系气藏水分析结果见表 2-2-8。

表 2-2-8 水分析统计表

井号	采样时间	离子当量(mg/L)				水型	矿化度(g/L)	物理性质	水性
		K^+、Na^+	Ca^{2+}	Mg^{2+}	Cl^-	Sr^{2+}			
相18井	1992.6.16	117	127	58	486	0	$CaCl_2$	0.94	无色、无味、透明	凝析水
相25井	1992.6.17	87	143	92	661	0	$CaCl_2$	1.25	无色、无味、透明	
相14井	1990.5.19	62	2	2	22	0	$NaHCO_3$	0.22		
相10井	2000.9.25	12572	1288	308	22545	322	$CaCl_2$	37.4	无色、透明、芳香味	地层水
相12井	2000.9.26	14307	1838	368	26634	528	$CaCl_2$	43.9	无色、透明、硫化氢味	
相13井	1990.10.27	15100	1951	391	27778	0	$CaCl_2$	45.4	无色、透明、芳香味	

相国寺石炭系气藏8口完钻井中,仅位于构造最低部位的相13井完井测试产水,实测井深2000m(海拔 -1389.88m)压力为23.804MPa,井深2300m(海拔 -1689.88m)压力为26.852MPa,求得水柱方程为 $p = -0.01016H + 9.6828$。由相18井气柱方程与相13井水柱方程交汇确定出气藏原始气水界面海拔 -1980m(图2-2-10)。

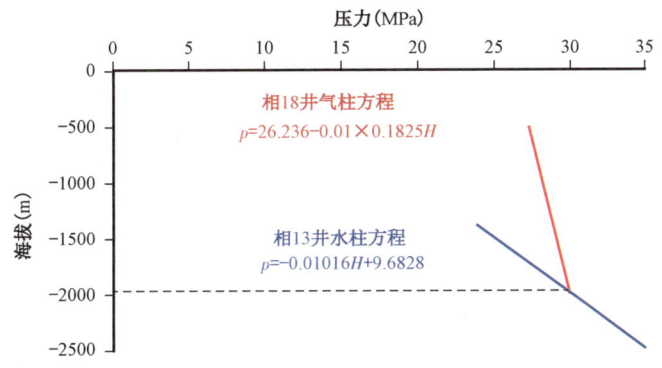

图 2-2-10 相国寺石炭系气藏气、水井压力梯度交汇图

六、储量分析

1942年发现相国寺地面构造,1960年开始钻探相2井,同年12月发现茅口组气藏。1977年10月,构造高点相18井在石炭系发现高产气层,获石炭系气藏。2009年底构造上共完钻井37口,其中获气井19口,探明长兴组、茅口组、栖霞组、石炭系4个气藏,茅口组和石炭系为主要气藏。长兴组、茅口组、石炭系气藏天然气探明储量共计 $76.44 \times 10^8 m^3$,技术可采储量为 $60.67 \times 10^8 m^3$。其中,石炭系气藏获天然气探明地质储量 $41.48 \times 10^8 m^3$,技术可采储量 $41.17 \times 10^8 m^3$。

1979年编写的《相国寺气田石炭系气藏储层性质及容积法储量计算》[①]储量计算结果表明:以气水界面 -1986m,采用展开面积法计算容积法储量。计算得相国寺石炭系构造主体北区地质储量 $44.5 \times 10^8 m^3$,南区地质储量 $3.2 \times 10^8 m^3$,相②号断层下盘地质储量 $14.3 \times 10^8 m^3$,

---

① 四川石油勘探开发研究院内部报告。

合计整个石炭系气藏容积法地质储量 $62 \times 10^8 \mathrm{m}^3$。同时计算压降法储量为 $40.15 \times 10^8 \mathrm{m}^3$。

1980 年相国寺石炭系气藏开发设计时以气水界面 $-1986 \mathrm{m}$，采用投影面积法计算容积法储量，相国寺石炭系构造主体北区地质储量 $38.73 \times 10^8 \mathrm{m}^3$，南区地质储量 $2.68 \times 10^8 \mathrm{m}^3$，相②号断层下盘地质储量 $10.34 \times 10^8 \mathrm{m}^3$，合计整个石炭系气藏容积法地质储量 $51.75 \times 10^8 \mathrm{m}^3$，压降法储量仍为 $40.15 \times 10^8 \mathrm{m}^3$。

1989 年对该石炭系气藏作调整方案时，压降法计算储量为 $42.51 \times 10^8 \mathrm{m}^3$，数值模拟地质储量 $44.03 \times 10^8 \mathrm{m}^3$。

2006 年储量套改，用压降法计算得到石炭系气藏北区压降储量为 $41.48 \times 10^8 \mathrm{m}^3$。

2012 年采用压降法计算得到相国寺气田石炭系气藏地质储量为 $43.90 \times 10^8 \mathrm{m}^3$，技术可采储量为 $43.36 \times 10^8 \mathrm{m}^3$，累计采气量为 $40.24 \times 10^8 \mathrm{m}^3$，剩余地质储量为 $3.66 \times 10^8 \mathrm{m}^3$，剩余技术可采储量为 $3.12 \times 10^8 \mathrm{m}^3$。相国寺气田石炭系气藏历年储量计算结果见表 2-2-9。

表 2-2-9 相国寺气田石炭系气藏储量统计表

序号	计算时间	计算方法	储量($10^8 \mathrm{m}^3$)	备注
1	1979.11	容积法	62.00	气水界面 $-1986 \mathrm{m}$
1	1979.11	压降法	40.15	气水界面 $-1986 \mathrm{m}$
2	1980.05	容积法	51.75	气水界面 $-1986 \mathrm{m}$
2	1980.05	压降法	40.15	气水界面 $-1986 \mathrm{m}$
3	1989.10	压降法	42.51	
3	1989.10	物质平衡线性	41.24	
3	1989.10	物质平衡非线性	41.5	
3	1989.10	数值模拟	44.03	
4	2006	压降法	41.48	储量套改
5	2012	压降法	43.90	储量复算

第三节 建库气藏工程方案

一、方案设计原则

(1) 根据气藏储集空间大小，尽最大可能满足目前和今后一段时间川渝市场及中贵线季节调峰的需求。

(2) 上下限压力设计要充分考虑地层安全、防止水侵影响和满足市场调峰需求等因素。

(3) 采用丛式井组，均匀布井、均衡注采，尽量降低气库压力波动。

(4) 部署监测井，加强对断层和盖层封闭性、压力、温度、流体性质、渗流特征变化、注采井产能的动态监测。

(5) 录取相关静动态资料，不断深化对储气库科学运行的掌控和认识。

(6) 分批实施、适时优化、逐步推进。

二、井型设计

相国寺石炭系气藏渗透率高,开发过程中表现出视均质储层的特点,采用水平井能够获得较强的注采能力,但相国寺构造狭长且是高陡构造,地层倾角变化大,南部有煤矿采空区,在实施水平井难度大的地方应部署定向井,因此,井型采用定向井和水平井的混合井型。在储层发育稳定、地层倾角变化较小、地面井场位于构造轴部正上方,实施水平井难度相对较小的地方部署水平井,在不宜实施水平井的地方以定向井为主。

通过深入分析现有水平井产能评价模型的适用性,优选水平井稳定产能模型如下:

$$A_H q_H + B_H q_H^2 = p_e^2 - p_w^2 \tag{2-3-1}$$

$$A_H = 1.274 \times 10^{-3} \frac{\mu}{K_h} \frac{ZT}{h} \left[\ln \frac{a + \sqrt{a^2 - (L/2)^2}}{0.5L} + \frac{\beta h}{L} \ln \frac{(\beta h/2)^2 + \beta^2 \delta^2}{\pi \beta h r_w / 2} \right] \tag{2-3-2}$$

$$B_H = 2.82 \times 10^{-21} \frac{ZT\gamma_g}{h^2} \left[\beta'(1 - \frac{0.5L}{a + \sqrt{a^2 - (L/2)^2}}) + \frac{\beta'' h^2}{L^2}(\frac{\beta h}{2\pi r_w} - 1) \right] \tag{2-3-3}$$

$$a = \frac{L}{2} \left[0.5 + \sqrt{0.25 + (2r_{eh}/L)^4} \right]^{0.5} \tag{2-3-4}$$

$$r_{eH} = \sqrt{r_{ev}^2 + 2Lr_{ev}/\pi} \tag{2-3-5}$$

式中　p_e——地层压力,MPa;

　　　p_w——井底流压,MPa;

　　　q_H——产气量,$10^4 m^3/d$;

　　　h——储层厚度,m;

　　　K_h——水平方向渗透率,mD;

　　　L——水平段长度,m;

　　　a——水平井椭球流场长半轴,m;

　　　β——各向异性系数;

　　　δ——偏心距,m;

　　　r_{eH}——水平井泄流半径,m;

　　　r_{ev}——对应直井的泄流半径,m;

　　　r_w——井筒半径,m;

　　　β'、β''——水平方向、垂直方向紊流系数,1/m;

　　　μ——天然气黏度,mPa·s;

　　　Z——天然气偏差因子;

　　　T——储层温度,K;

　　　γ_g——天然气相对密度。

结合2010年试井测试分析结果,将相国寺石炭系储层分为三类:(1)优质储层,渗透率为1151.6mD;(2)中等储层,渗透率为571.95mD;(3)相对较差的储层,渗透率为83.47mD。运用水平井稳态产能计算方程(2-3-1),对三种储层不同水平段长度下的水平井无阻流量进行了计算,结果见表2-3-1和图2-3-1。

表2-3-1　不同水平段长度下的水平井无阻流量

储层条件	储层参数			不同水平井水平段长度无阻流量($10^4 m^3/d$)					
	K(mD)	H(m)	p_R(MPa)	100m	200m	300m	600m	900m	1200m
优质储层	1151.6	8.0	28.7	916	1108	1200	1301	1372	1422
中等储层	572.0	5.76	28.7	505	684	766	830	875	907
相对较差储层	83.5	5.0	28.7	223	425	530	582	619	646

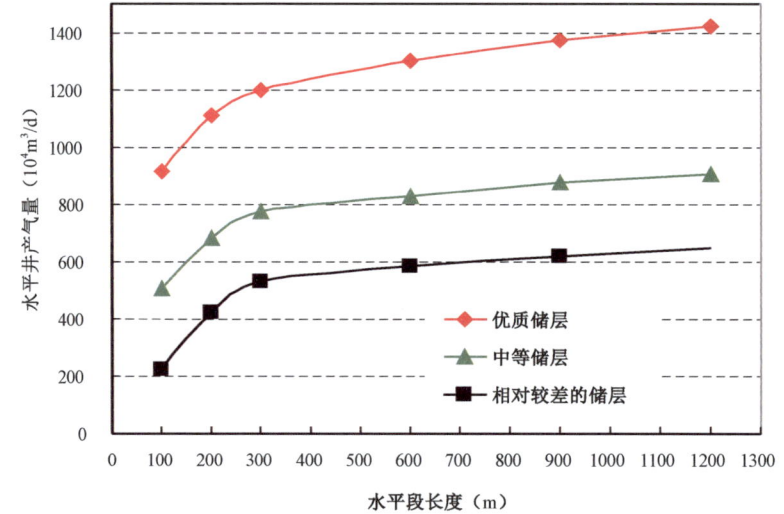

图2-3-1　不同水平段长度下的水平井无阻流量

从计算结果可以看出,当水平井水平段长度从100m增加到300m时,无阻流量增长非常明显,但当水平段长度从300m增加到1200m时,随着水平段长度的增长,水平井无阻流量增长缓慢,如优质储层,当水平段从300m增长到600m,无阻流量从$1200×10^4 m^3/d$增加到$1301×10^4 m^3/d$,仅增长8.4%,因此水平段长度优化为300m。

对于优质储层,水平井水平段长度为100m时,水平井无阻流量达到$916×10^4 m^3/d$。因此,在具体实施过程中,可根据构造特征、储层展布及距断层的距离,对每口水平井的水平段长度进一步优化,确保安全、顺利钻成水平井,同时又能够保证水平井有较高的无阻流量。

三、注采井网设计

推荐水平井与定向井组合方案,即"12+1"注采井部署,包括12口注采井和1口兼具采气功能的监测井(相储10井),其中大尺寸水平2口井,定向井11口(表2-3-2、图2-3-2)。

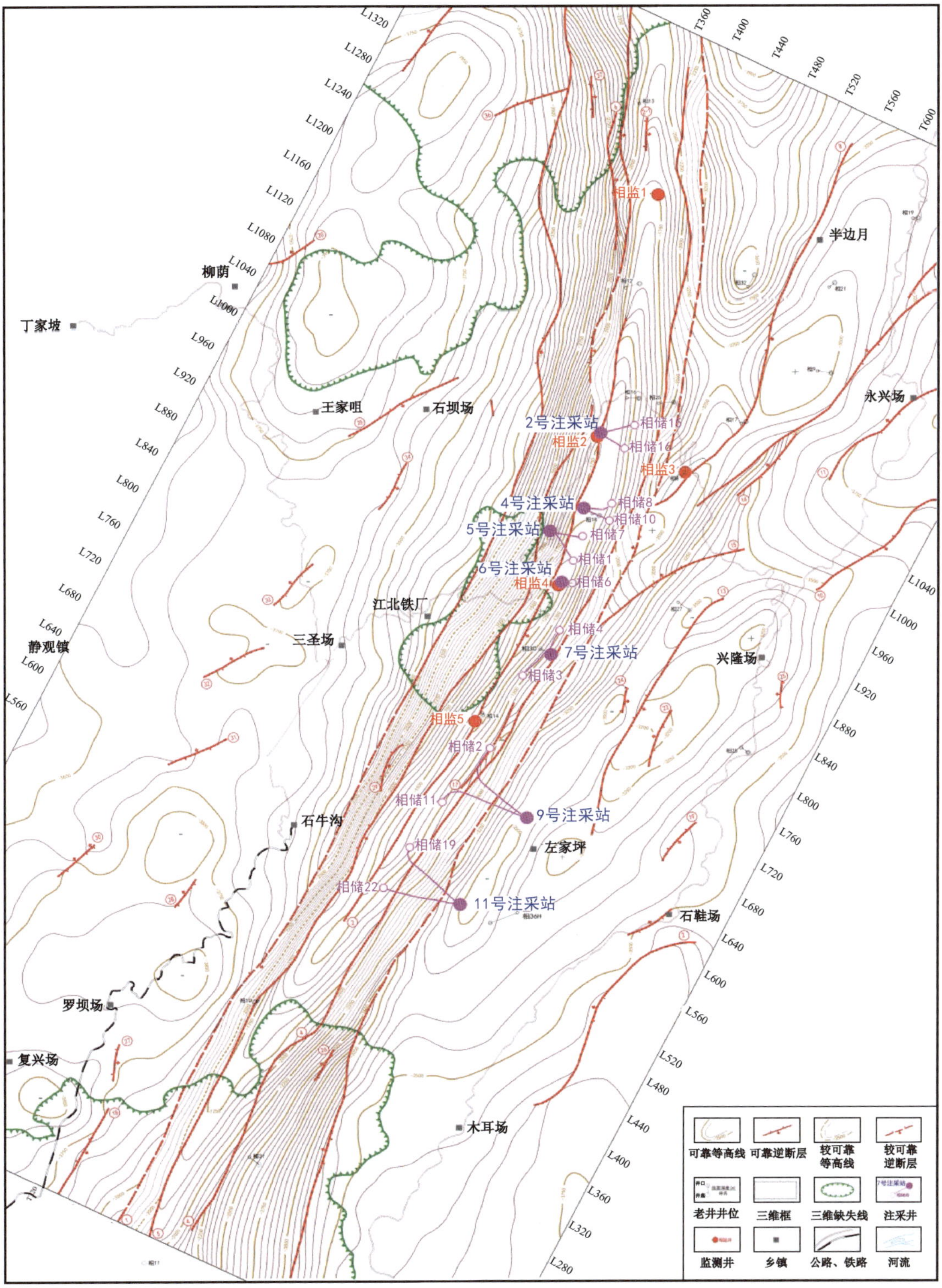

图 2-3-2 水平井与定向井组合方案井位部署图

表 2-3-2　注采站及注采井分布表

井场点号	井数	井名 定向井	井名 水平井	老井场
2 号点	2	相储 15、相储 16		相浅 1 井
4 号点	2	相储 10	相储 8	相 7 井场
5 号点	2	相储 7	相储 1	
6 号点	2	相储 6		相 5 井场
7 号点	2	相储 3、相储 4		相 30 井场
9 号点	3	相储 2、相储 11		
11 号点	2	相储 19、相储 22		
合计	13	大尺寸水平井 2 口,定向井 11 口		

井网方案中注采站北面共 8 口井,南面共 5 口井,采用非均匀布井方式主要基于以下考虑:一是相国寺石炭系气藏连通性好,开采过程中无明显压降漏斗,且干扰试井更直接表明气藏连通性好;二是大尺寸水平井注采能力强且部署在气库北部,气库北部的采气强度远大于气库南部,在采气调峰或应急时,气库能够实现快速平衡;三是气库南部有煤矿采空区,南部布井较少可减小钻井风险。

四、库容参数确定

（一）储气库库容及上限压力

原始地层压力为 28.73MPa,储气库上限压力取 28MPa,根据气藏压降方程(图 2-3-3),对应的库容为 $42.6 \times 10^8 \mathrm{m}^3$。

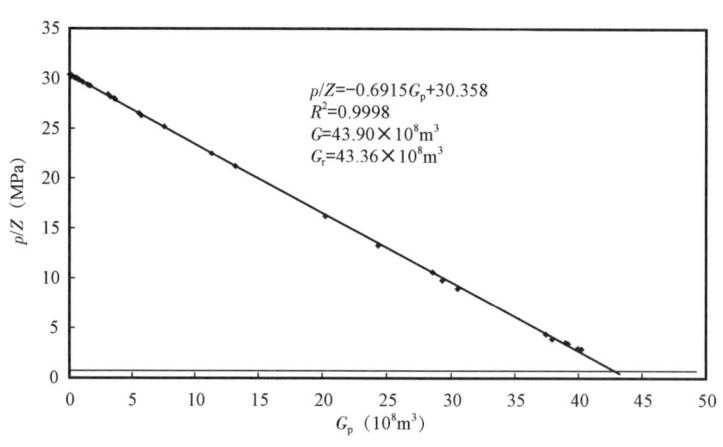

图 2-3-3　相国寺石炭系气藏压降储量图

（二）储气库下限压力

根据地面工程部分对川渝管网调峰的分析,满足川渝管网调峰要求的井口最低压力为 7.0MPa,因此相国寺储气库下限压力以井口压力 7.0MPa 进行计算。

根据对单井不同地层压力、不同井口压力最大合理产量的研究,在一定井口压力下,采气量越大,需要的地层压力越高,反之,采气量越小,需要的地层压力越低。而根据前述分析,取100.53mm油管对应的单井最低产量为 $50 \times 10^4 m^3/d$,据此,根据井筒流动气柱和气井产能方程耦合计算,井口压力7.0MPa、最小合理采气量 $50 \times 10^4 m^3/d$ 对应的地层压力为13.2MPa,因此确定储气库下限压力为13.2MPa。

(三) 垫底气量

根据下限压力计算结果,即储气库下限压力为13.2MPa,利用气藏压降方程,计算对应的垫底气量为 $19.8 \times 10^8 m^3$。

(四) 工作气量

库容为 $42.6 \times 10^8 m^3$,垫底气量为 $19.8 \times 10^8 m^3$,对应的工作气量为 $22.8 \times 10^8 m^3$。

五、注采运行方案设计

(一) 注气运行方案

注气初期,由于储层压力相对较低,吸气能力较强,根据中贵线供气能力,设计在6月份月注气强度最高,库日均注汽量为 $827 \times 10^8 m^3$;随着储层压力升高,储层吸气能力降低,在8~11月逐渐减小注气强度以保证储气库运行安全。注气期末接近地层压力26.5MPa,库存气量 $41.7 \times 10^8 m^3$,注气运行方案见表2-3-3。

表2-3-3 注气运行方案

时间	4月1日—4月30日		5月1日—5月31日		6月1日—6月30日		7月1日—7月31日		8月1日—8月31日		9月1日—9月30日		10月1日—10月31日		11月1日—11月6日	
注气时间(d)	30		31		30		31		31		30		31		6	
库月注气量 ($10^8 m^3$)	1.70		2.40		2.48		2.48		1.76		1.35		0.88		0.12	
注气井数(口)	12		12		12		12		12		12		12		12	
库日均注气量 ($10^4 m^3$)	567		774		827		800		568		450		284		200	
井型	定向井	水平井	定向井	水平井	定向井	水平井	定向井	水平井	定向井	水平井	定向井	水平井	定向井	水平井	定向井	水平井
单井日均注气量 ($10^4 m^3$)	40	84	55	114	58	122	56	118	40	84	32	67	20	42	14	30
井口压力(MPa)	15.96	15.66	17.70	17.20	19.19	18.80	20.52	20.12	21.11	20.91	21.90	21.78	22.20	22.16	22.40	22.37
月末地层压力 (MPa)	18.26		19.80		21.52		23.25		24.51		25.63		26.2		26.5	
月末库存气量 ($10^8 m^3$)	30.23		32.63		35.11		37.59		39.35		40.7		41.58		41.7	

(二)采气运行方案

根据月不均匀系数设计逐月的采气量,采气高峰发生在12月—1月份,因此设计该时间段采气强度最大,日均采气规模为$1390\times10^4m^3$。储气库采气期末气库压力17.15MPa,库容为$28.53\times10^8m^3$,采气运行方案见表2-3-4。

表2-3-4 采气运行方案

时间	11月15日—12月15日		12月16日—1月15日		1月16日—2月15日		2月16日—3月14日	
采气时间(d)	30		31		31		28	
库月采气量(10^8m^3)	2.7		4.31		3.7		2.46	
采气井数(口)	13		13		13		13	
库日均采气量(10^4m^3)	900		1390		1194		879	
井型	定向井	水平井	定向井	水平井	定向井	水平井	定向井	水平井
单井日均采气量(10^4m^3)	60	124	90	200	80	165	58	120
井口压力(MPa)	19.03	19.58	14.75	15.30	12.90	13.55	12.65	13.10
月末地层压力(MPa)	24.3		21.20		18.75		17.15	
月末库存气量(10^8m^3)	39.00		34.70		31.00		28.53	

第四节 井网优化及地质目标设计

相国寺构造属狭长高陡背斜,断层发育,储盖组合具有良好的封闭性。石炭系储层分布稳定、渗透性好、地层水不活跃、气质好,具备改建储气库的条件。注采井型、井网和井距设计按"少井高产"原则进行,平面上井网布置既考虑储层发育区,也兼顾储层发育较差区域,注采井一般应离断层和边部水体100m以上,避免激活断层和造成水体侵入。

一、井网优化

(一)初步设计方案

2009年对相国寺构造1994年采集的二维地震成果进行了地震资料重新处理解释,编造了石炭系构造图、厚度分布、储层分级预测图、复合圈闭预测图。2011年完成了最新三维地震资料解释成果,与二维地震成果比较发现,新老成果总体构造格局基本一致,断层位置的解释有较大的差异。

根据最新三维资料和可行性论证多方案比选情况,储气库全气藏均匀部署22口注采井(图2-4-1)。新钻注采井按丛式井组部署,井位部署(表2-4-1)具体考虑以下几方面因素:

(1)所有老井全部考虑封堵,部署新的注采井及监测井;
(2)新井均按丛式井组,均匀布井;
(3)为了实现快速注采,新井部署在储层发育的有利地带;

第二章 建库地质评价与气藏工程方案

表 2-4-1 相国寺储气库各注采井井间距离表

	相储15	相储16	相储17	相储18	相储8	相储10	相储1	相储7	相储9	相储5	相储6	相储4	相储3	相储2	相储11	相储12	相储14	相储13	相储21	相储19	相储20	相储22
相储15	0	669.2	827	700.6	973.8	1509	2562	1933	2315	2964	3220	3608	4481	5473	6956	6458	7485	7829	8585	9017	9844	9440
相储16	669	0	1436	885.8	665.7	929.8	2083	1528	1756	2567	2709	3196	4002	5023	6573	6033	7073	7464	8199	8667	9492	9059
相储17	927	1436	0	679.9	1894	2359	3469	2854	3184	3889	4118	4532	5393	6393	7883	7383	8412	8756	9512	9942	10769	10367
相储18	573	846	631	0	1481	1806	2969	2404	2628	3446	3590	4079	4886	5909	7454	6918	7958	8342	9081	9543	10368	9940
相储8	974	666	1894	1404	0	681.2	1592	960.2	1394	1996	2256	2639	3508	4500	5998	5489	6520	6879	7627	8074	8900	8485
相储10	1445	936	2331	1775	533	0	1185	763	826.1	1724	1785	2324	3085	4115	5697	5134	6179	6596	7317	7807	8628	8178
相储1	2425	1995	3344	2822	1452	1064	0	663.2	506.6	602	671.9	1145	1924	2940	4513	3952	4996	5413	6132	6625	7444	6993
相储7	1933	1528	2854	2342	960	626	493	0	699.1	1043	1335	1682	2552	3540	5051	4531	5564	5939	6679	7140	7965	7538
相储9	2179	1694	3083	2534	1215	759	357	357	0	1108	977.3	1613	2281	3322	4941	4351	5398	5847	6549	7063	7878	7409
相储5	3099	2682	4022	3508	2128	1751	688	1169	1013	0	694.1	644.7	1580	2518	4009	3494	4524	4897	5636	6101	6925	6495
相储6	2840	2371	3752	3210	1868	1435	439	921	676	407	0	783	1304	2345	3979	3376	4424	4888	5579	6106	6916	6439
相储4	3608	3196	4532	4022	2639	2263	1201	1682	1519	514	868	0	981.6	1875	3378	2850	3883	4273	5003	5483	6304	5863
相储3	4535	4134	5461	4958	3570	3201	2139	2616	2454	1451	1791	938	0	1046	2720	2083	3130	3631	4294	4847	5647	5152
相储2	5875	5469	6801	6296	4910	4535	3476	3955	3782	2789	3111	2275	1340	0	1702	1038	2084	2606	3251	3818	4610	4107
相储11	6956	6573	7883	7393	5998	5641	4579	5051	4894	3891	4226	3378	2441	1125	0	734.5	645.4	910.7	1629	2128	2937	2487
相储12	6498	6096	7425	6923	5534	5162	4102	4581	4409	3415	3738	2901	1965	627	524	0	1048	1598	2213	2795	3578	3070
相储14	7519	7135	8446	7956	6562	6203	5140	5614	5454	4453	4785	3940	3002	1676	564	1055	0	742.1	1178	1812	2558	2026
相储13	8084	7708	9011	8526	7130	6776	5713	6185	6029	5026	5362	4513	3576	2255	1135	1635	580	0	803	1218	2032	1622
相储21	8585	8211	9512	9029	7632	7280	6217	6688	6533	5530	5865	5017	4079	2757	1639	2136	1081	504	0	718.8	1385	860.9
相储19	9071	8705	9997	9520	8121	7775	6712	7180	7030	6025	6364	5513	4576	3260	2138	2640	1585	1005	508	0	827.7	656.3
相储20	9969	9605	10895	10420	9021	8676	7613	8081	7931	6926	7265	6414	5477	4159	3038	3537	2483	1904	1402	901	0	641.6
相储22	9594	9218	10520	10037	8640	8286	7224	7696	7538	6536	6869	6023	5085	3759	2645	3134	2084	1511	1008	543	437	0

注：蓝色为调前井间距，黑色为调后井间距。调前：最小井间距509m，最大井间距10769m；调后：最小井间距357m，最大井间距10895m。

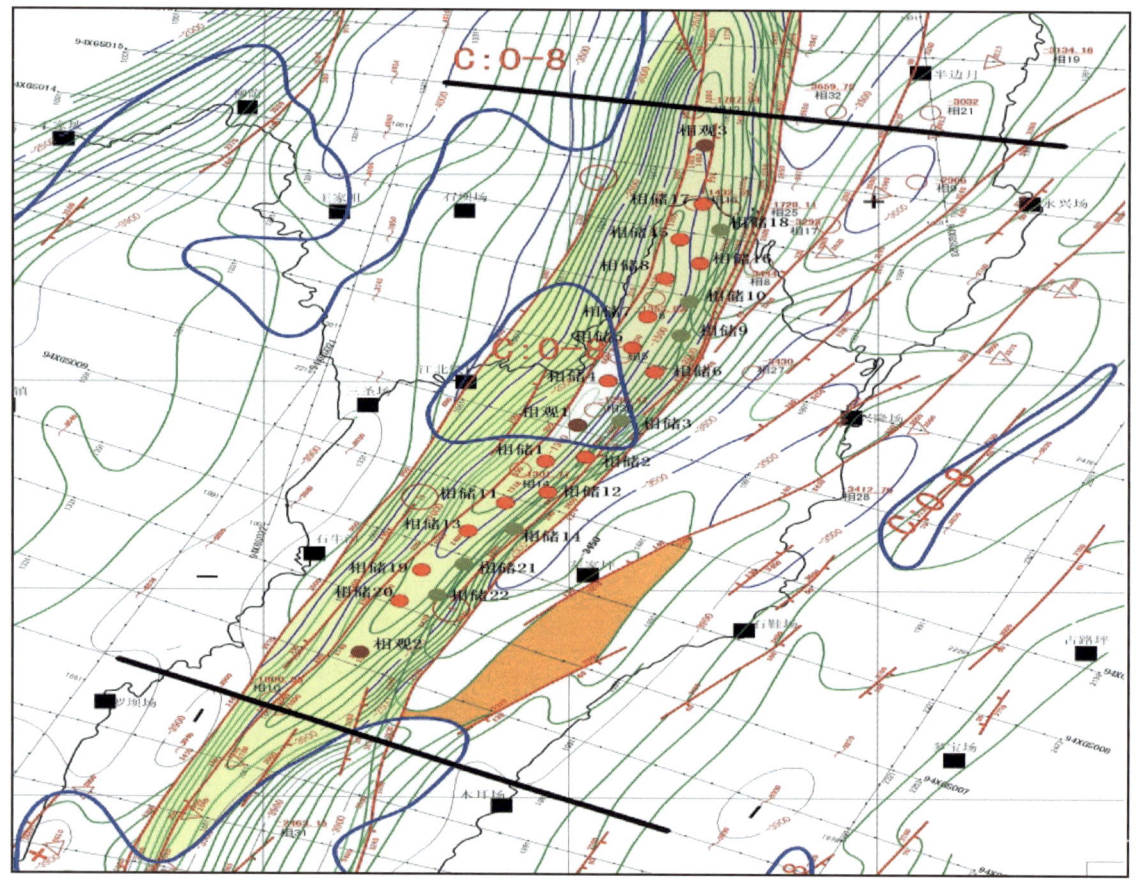

图 2-4-1 相国寺储气库初设井网部署图

(4)井眼轨迹和地质目标距离断层 100m 以上;

(5)地质目标宜选择断层上盘;

(6)注采井钻井应避开采空区。

按照建库的总体时间进度要求,并在初步设计方案批复的情况下,相储 7 井先导性试验井于 2011 年 3 月 23 日开钻。

(二)初设井网优化

2011 年,为提高单井注采能力,增加大尺寸注采井,对相国寺储气库初设井网进行了优化。与初步设计相比,储气库关键参数均未发生变化,调整主要内容:将 22 口注采井调整部署为 7 个井组、16 口注采井,其中水平井 6 口,定向井 10 口;水平井井身结构较原设计方案放大一级。同时,调整部署监测井共 8 口,其中要求利用老井 4 口,新部署监测井 4 口。增加储气库南部水体监测井 1 口,增加长兴组监测井 1 口(图 2-4-2)。

(三)可研井网优化

2013 年,鉴于 2 口大尺寸水平井钻井施工难度大,不再新钻大尺寸注采井。通过对已完钻的 2 口大尺寸水平井、8 口常规注采井的注采能力动态监测,初步评估储气库注气能力已达

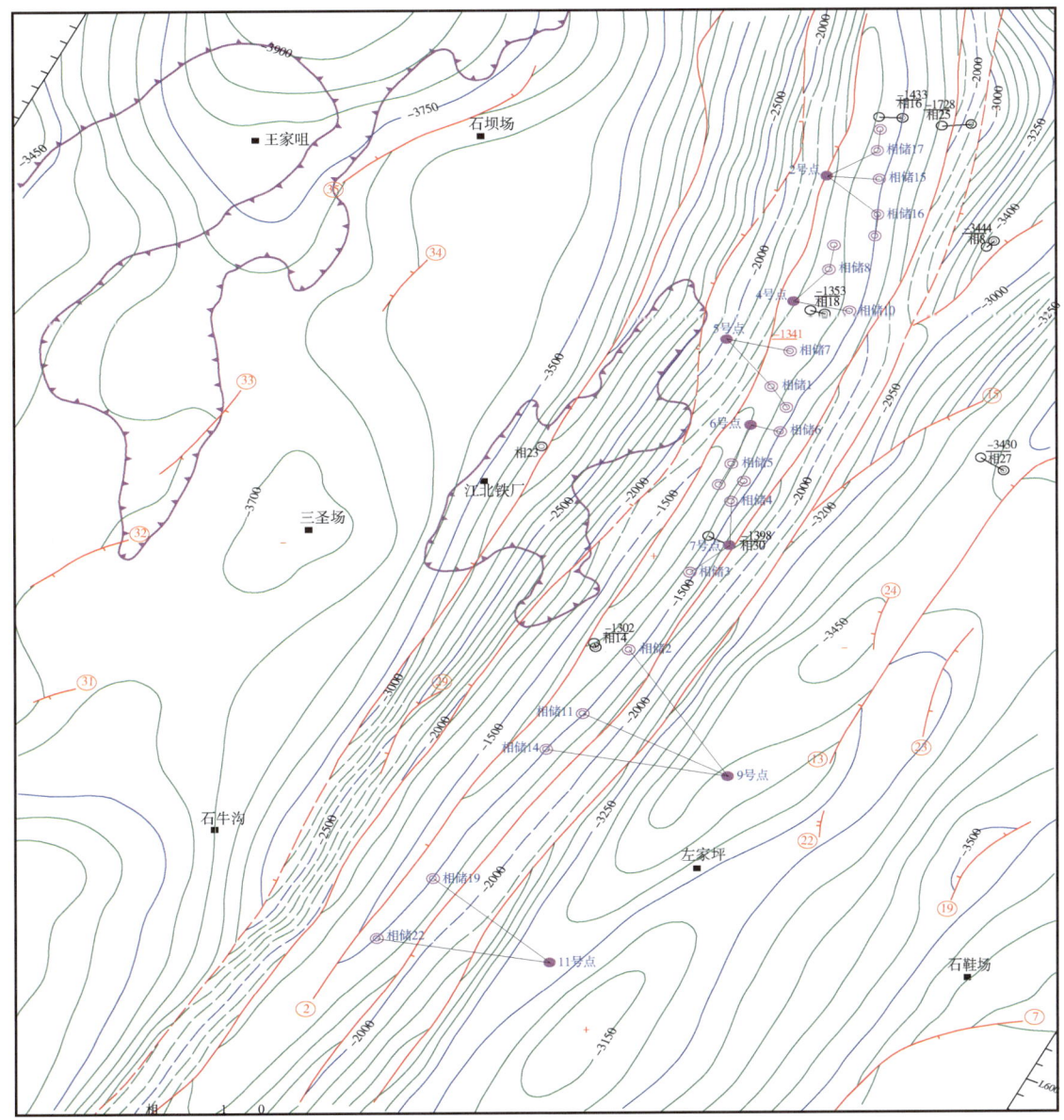

图 2-4-2 相国寺储气库初设优化井网部署图

到设计规模,采气能力略低于设计规模。因此,再对相国寺储气库可研井网进行优化调整:先期实施 12 口注采井,考虑应急调峰需求,在原有基础上增加 1 口备用井(图 2-4-3)。

(四)监测井部署方案

1. 监测井部署总体方案

圈闭安全性监测要求:完善盖层监测(注采井交变应力及构造应力集中区,监测盖层保存条件)、断层监测(监测长期运行下,断层有效封闭性)、圈闭周边监测(储气库运行与圈闭周边

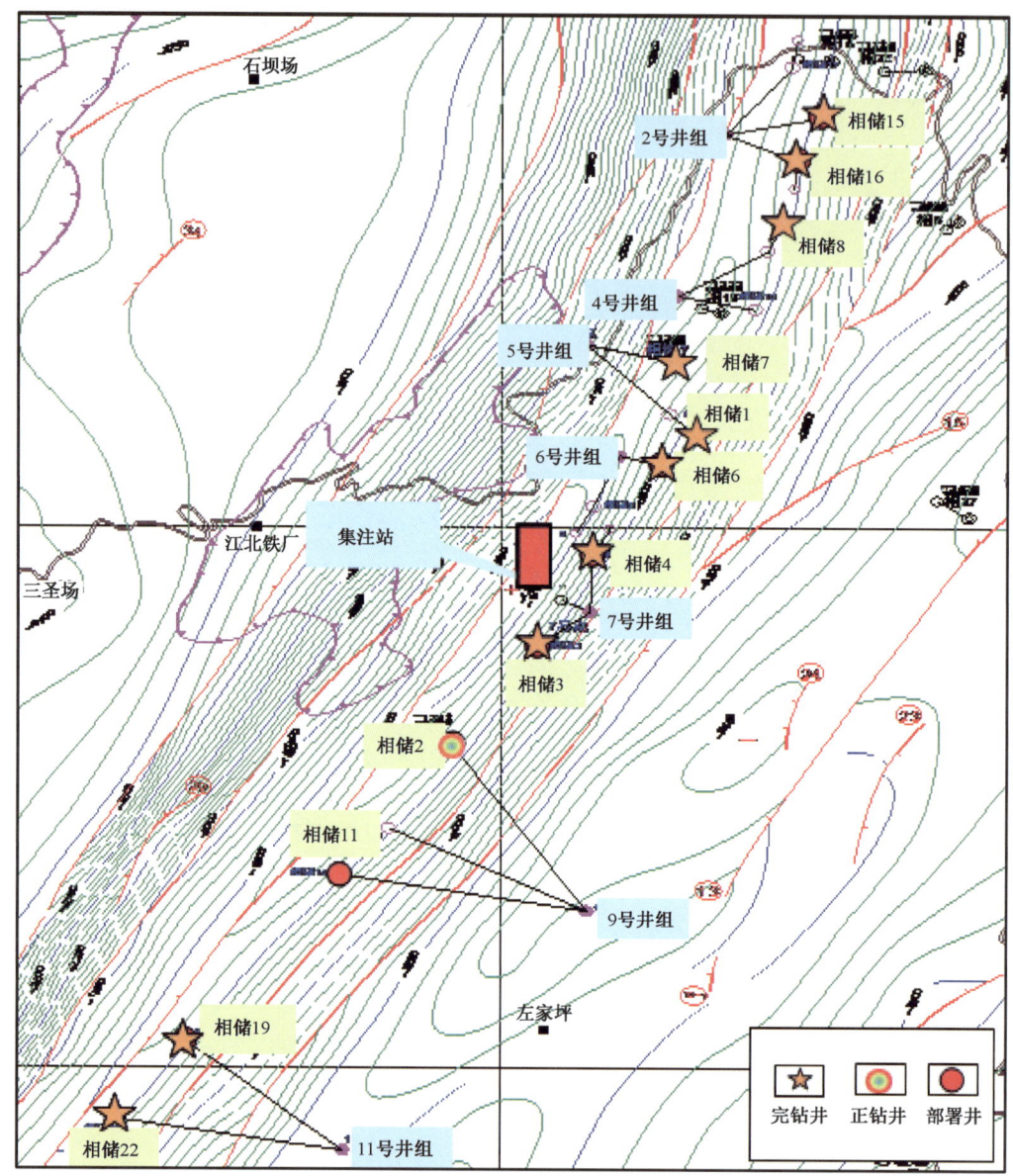

图 2-4-3 相国寺储气库可研井网优化部署图

渗透层的关系)、上覆浅层监测(监测目的层上覆浅渗透层)、井工程完整性监测。

生产运行动态监测要求:完善气水界面监测(监测气水边界动态及库容的有效性)、气库内部压力温度监测(监测气库动态压力、温度变化)、生产动态监测(生产井及设施设备运行动态监测)。

监测井采取分步实施的方案,优先实施水体、盖层、断层监测井,待储气库通过第一注采周期、达容和扩容等调整后,再对其他类型监测功能井进行部署安排,储气库监测体系部署总体方案见表 2-4-2。

表 2-4-2 相国寺储气库监测体系部署总体方案

监测体系	监测目的	位置	完井要求	新井/老井
压力监测	储气库内部压力和温度	从当前注采井选择	安装永久式压力温度传感器	后续新钻井
气水界面监测	北部WGC、压力温度、辅助采气	②④间测线InL1300附近,距离当前气水界面以上约100m	完钻于C_2hl、小油管注采完井、下永久压力温度装置	新钻1
气水界面监测	南部WGC、压力温度、辅助采气	②④间测线InL500附近,距离当前气水界面以上约100m	完钻于C_2hl、小油管注采完井、下永久压力温度装置	新钻2
盖层监测	第一渗透层(主体)	②④间测线InL700—InL1200	完井于上覆第1渗透层P_1q、下入压力温度监测装置	新钻3
盖层监测	第一渗透层(主题西翼)	②⑤间测线InL700—InL1200	完井于上覆第1渗透层P_1q、下入压力温度监测装置	新钻4
盖层监测	第二渗透层	②④号断层间、主测线InL500—InL600附近	完井于上覆第2渗透层P_1m、下入压力温度监测装置	相15
断层监测	②号断层垂向	T_1f连通全区的渗透层	配备压力和温度监测装置	新钻5
断层监测	④号断层垂向	T_1f连通全区的渗透层	配备压力和温度监测装置	相8
周边监测	③号断层侧向	主测线InL900—InL1100、③④号断层及③下盘渗透层对接较近处	完井于③号断层下盘距离C_2hl最近的渗透层、下压力和温度装置	新钻6
周边监测	⑤号断层侧向	①⑤间主测线InL900—InL1100、⑤号断层消失或可有可无附近	完井于⑤号断层下盘的C_2hl、下压力和温度装置	新钻7
上覆浅层监测	监测5条断层的垂向密封性、三套主要盖层的密封性	T_1j^5连通全区渗透层	配备压力和温度监测装置	相1、相浅1、相浅15

2. 监测井部署

为解决相国寺储气库新钻监测井整体部署方案及现场实施等问题,根据总体部署,先期设计3口监测井,其中,在北部设计1口水体监测井,在中部应力集中区设计1口盖层监测井、1口断层监测井。储气库内部动态监测采取注采井相互监测方式为主(表 2-4-3、图 2-4-4)。

表 2-4-3 相国寺储气库监测井情况

序号	井号	监测目的	备注
1	相监1井	监测北端水体	新钻井
2	相监2井	监测浅层(嘉五段)	利用相浅1井修复井
3	相监3井	监测④号断层	利用相8井修复井
4	相监4井	监测盖层(栖霞组:第一渗透层)	新钻井
5	相监5井	监测盖层(茅口组:第二渗透层)	利用相15井修复井
6	相储10井	监测气库内部压力温度,防止突破上限压力	新钻井

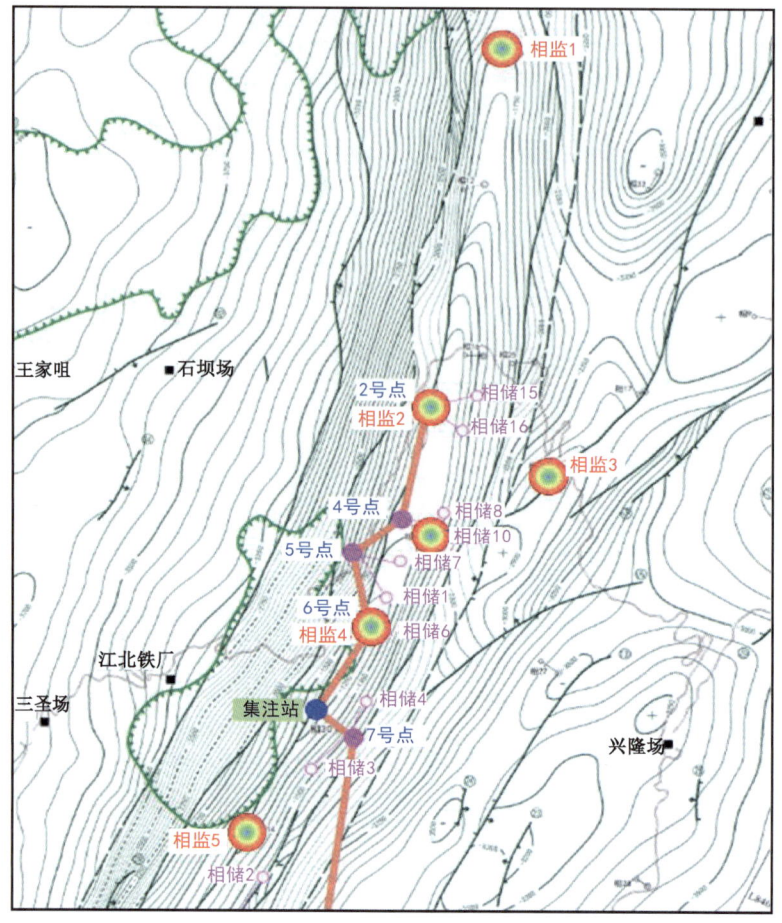

图 2-4-4 相国寺储气库监测井部署图

二、地质目标个性化设计

(一) 设计方案

相国寺储气库为典型的狭长型高陡构造,具有储层薄石炭系地层厚度小(8~10m)、高点预测困难、构造局部变化大、地质情况复杂的特点。加上储气库区内地形属山地地貌,地形起伏较大,相对高差达840m;库区中部山体陡峭,沟壑纵横,地形切割厉害;地表森林、农业产业示范区、经济作物栽种区密布;浅表层压覆矿产坑道密集;同场井井下管串存在绕障的难点;地表井位部署既要满足均匀注采要求,还要避开上述多重障碍。在储层厚度、地层倾角各不相同的条件下(图2-4-5),储气库注采井的地质目标靶区及轨迹各井独具特色,开拓性地设计和实施了在高陡构造、薄储层区、大位移和正向储层层面钻探的水平井(图2-4-6)。

相国寺储气库13口注采井中,石炭系钻厚7~216m(表2-4-4)。整个注采井全部采用定向井、大斜度、水平井,着陆点地层倾角的估算和控制,使得整个相国寺储气库石炭系注采段钻厚一般是地层厚度的3~6倍,个别井达到储层的20倍以上,有效地提升了储气库注采井单井的注采能力。

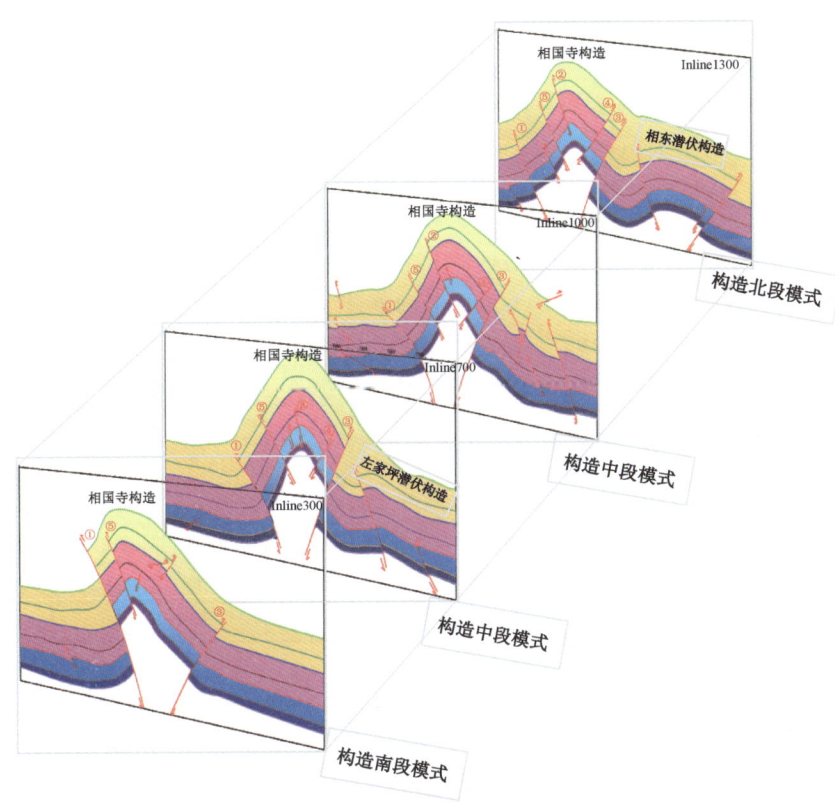

图 2-4-5 相国寺储气库构造特征图

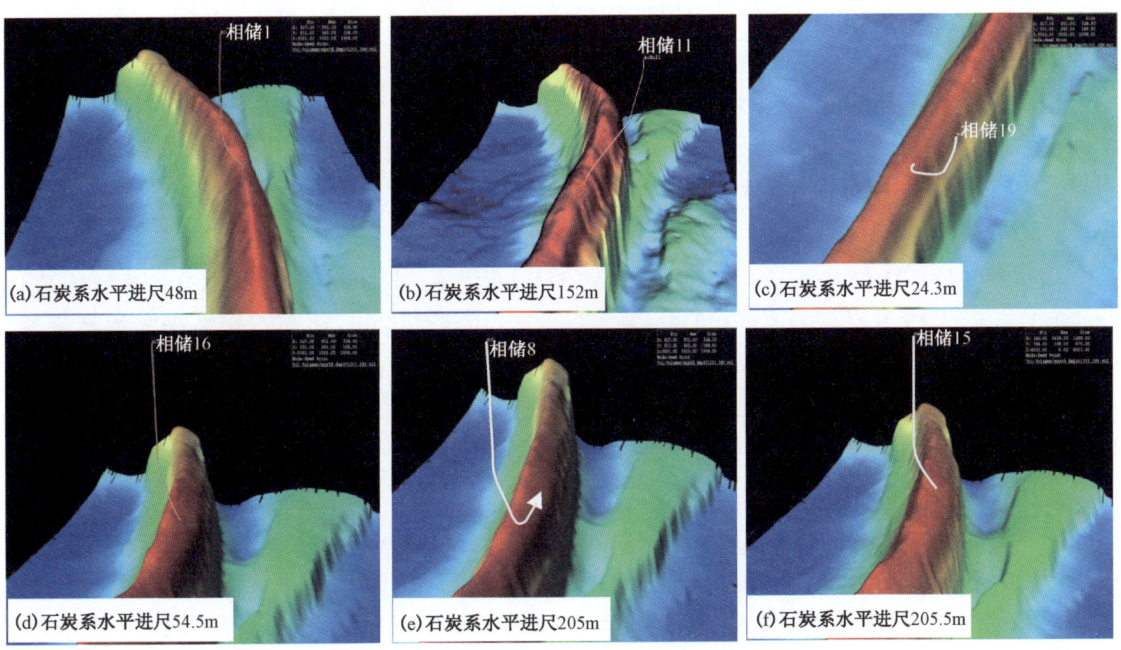

图 2-4-6 相国寺储气库实钻石炭系轨迹示意图

表2-4-4 相国寺储气库注采井地质目标设计石炭系轨迹实钻参数表

井号	井眼轨迹参数									井眼过地层参数	
	钻厚(m)	Δh(m)	ΔE(m)	ΔN(m)	底界海拔(m)	矢长(m)	矢井斜(°)	水平位移(m)	井矢方位(°)	储层厚度(m)	视厚(m)
XC15	209.5	93.6	180.9	45.0	-1608.3	208.6	63.3	186.4	76.0	11.3	11.5
XC16	54.0	31.5	35.4	-25.9	-1496.5	54.0	54.3	43.9	126.2	9.8	10.1
XC8	205.0	56.2	125.9	151.3	-1462.4	204.7	74.1	196.8	39.8	11.2	11.9
XC7	39.0	4.6	37.1	-10.9	-1342.3	38.9	83.2	38.7	106.4	9.2	9.2
XC1	47.0	8.8	24.8	-38.9	-1307.6	47.0	79.1	46.1	147.5	12.0	12.1
XC6	45.0	29.8	33.2	-5.8	-1354.0	45.0	48.6	33.7	100.0	8.1	9.5
XC4	37.0	14.1	12.7	31.7	-1478.6	37.0	67.6	34.2	21.8	12.6	14.5
XC3	216.0	8.6	-95.9	-192.7	-1486.1	215.5	87.7	215.3	206.5	4.2	6.4
XC2	56.5	7.3	32.0	45.4	-1566.7	56.0	82.5	55.6	35.2	13.2	13.2
XC11	152.0	9.2	-80.9	-127.9	-1458.6	151.6	86.5	151.3	212.3	8.0	9.8
XC19	24.5	9.2	10.4	20.1	-1431.7	24.4	68.0	22.6	27.3	9.0	9.6
XC22	7.0	4.9	-4.6	1.6	-1515.6	6.9	45.4	4.9	289.1	6.5	7.4

(二)典型个性化设计案例

1. 相储22井

相储22井位于最南边的11号注采站,与相储19井同井场。该井于2011年11月18日完成设计,2011年12月13开钻,2012年6月10完钻。设计垂深2039m,完钻井深2587m,斜深2619m,钻穿石炭系进入志留系10m完钻。实钻梁山组和石炭系钻厚分别为9.3m和7m(图2-4-7)。

2. 相储8井

相储8井位于北部的4号注采站,与相储10井同井场。该井于2011年11月14日完成设计,2012年1月11开钻,2013年4月18完钻。相储8为水平井,设计垂深2420m,斜深3053m,水平穿越石炭系位移300m(图2-4-8)。

3. 相储6井

相储6井位于中部的6号注采站,与相储5井同井场。该井于2012年11月8日完成设计,2013年5月25开钻,2013年9月19完钻。设计垂深2445m,钻穿石炭系于志留系完钻,梁山组和石炭系垂厚分别为60m和137m。相储6为定向井,根据井口和靶点所处构造情况,具备大斜度穿越石炭系储层的地质条件,设计穿越石炭系储层191m,设计石炭系顶点水平位移288m,方位108.5°,海拔-1415m,井斜角44°。本井石炭系真厚10m。(图2-4-9)。

4. 相储15井

相储15井位于北部的2号注采站,与相储16、17井同井场。该井于2013年1月15日完成设计,2013年8月14开钻,2013年12月17完钻。设计垂深2569m,钻穿石炭系于志留系完钻,梁山组和石炭系垂厚分别为64m和96m。相储15为定向井,根据井口和靶点所处构造情况,具备大斜度穿越石炭系储层的地质条件,设计石炭系顶点水平位移650m方位76.6°海拔-1456m,井斜角556°,设计穿越石炭系储层172m。本井石炭系真厚12m。(图2-4-10)。

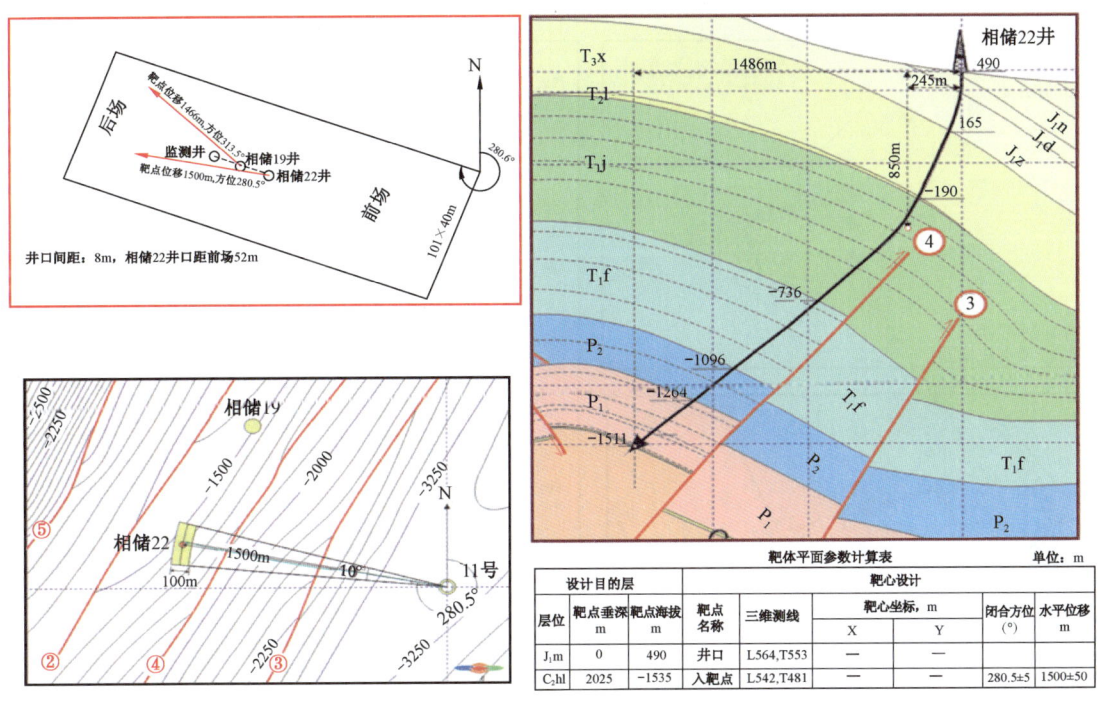

图 2-4-7 相储 22 井地质目标设计石炭系轨迹示意图

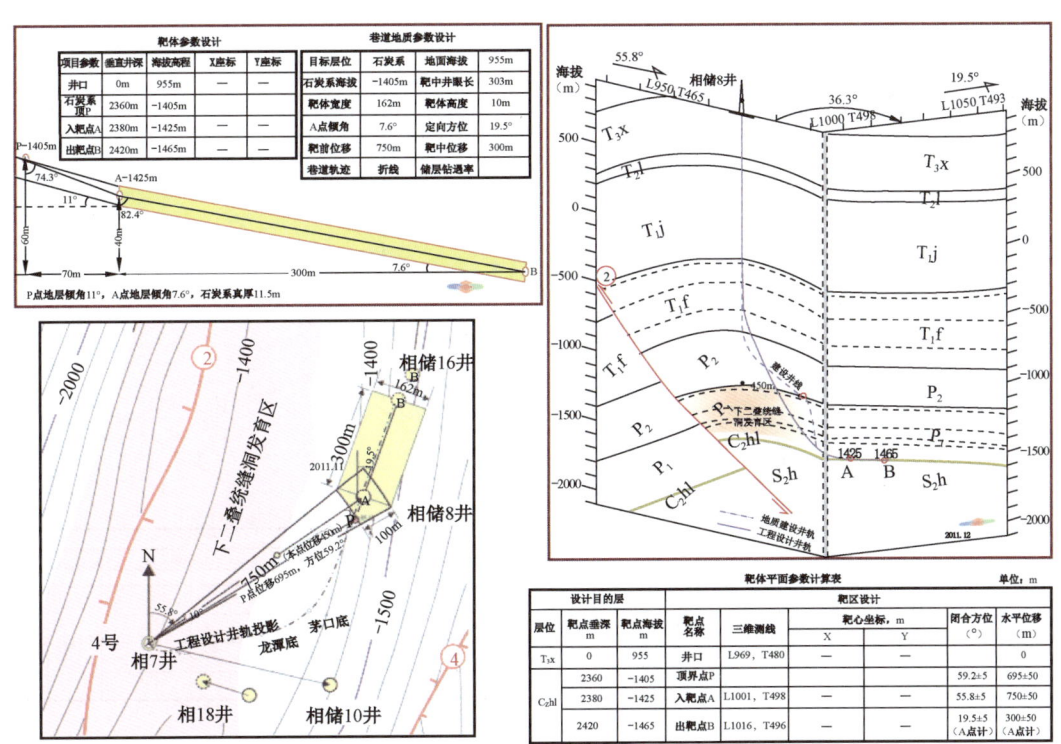

图 2-4-8 相储 8 井地质目标设计石炭系轨迹示意图

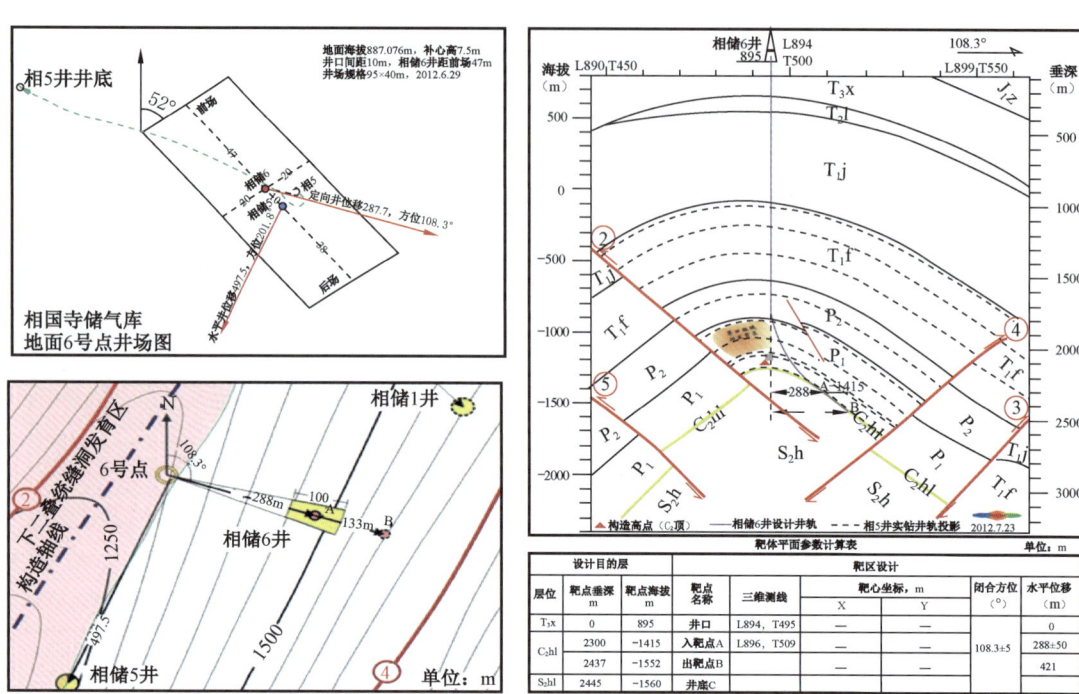

图2-4-9 相储6井地质目标设计石炭系轨迹示意图

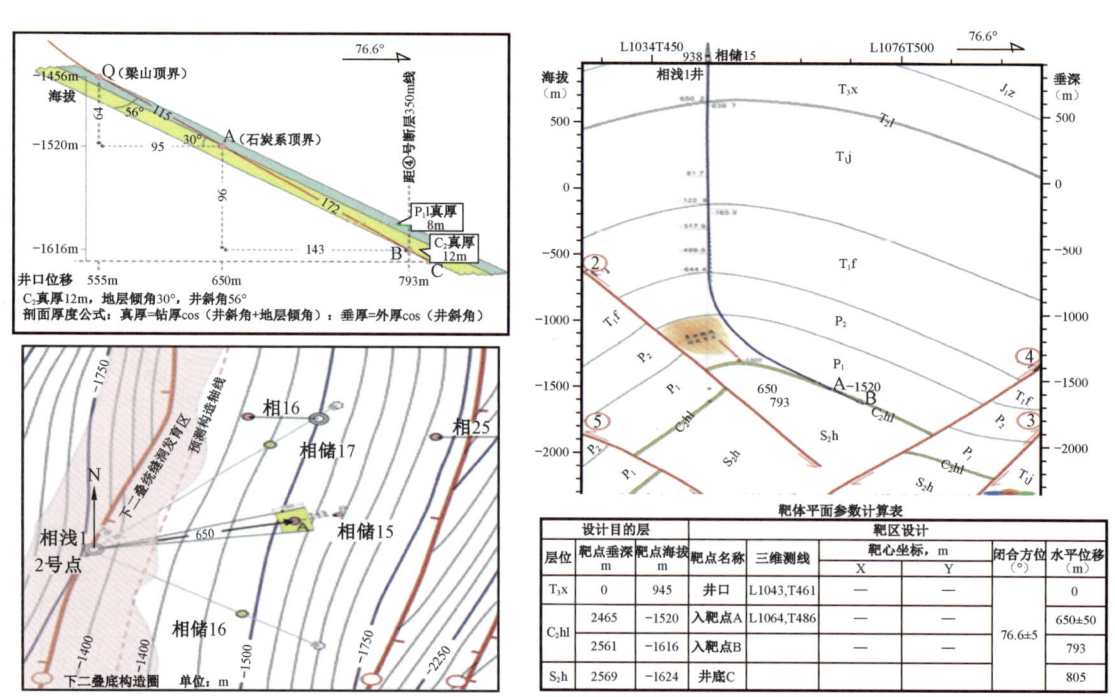

图2-4-10 相储15井地质目标设计石炭系轨迹示意图

5. 相储 11 井

相储 11 井位于南部的 10 号注采站,与相储 2 井同井场。于 2014 年 4 月 25 日完成设计,2014 年 6 月 20 日开钻,2014 年 12 月 26 日完钻。相储 11 井口位于相国寺山下,海拔约 460m,与构造主体山顶高差约 400m。设计钻达石炭系顶界 A 预计海拔 -1502m,垂深 1970m,水平位移 1630m,位移方位 280°,网格方位 212°。该井 A 点进入石炭系前井斜角调整到 75°,进入石炭系后井斜角迅速增至 92°左右,确保穿越石炭系储层 100~150m。该井石炭系真厚 8m(图 2-4-11)。

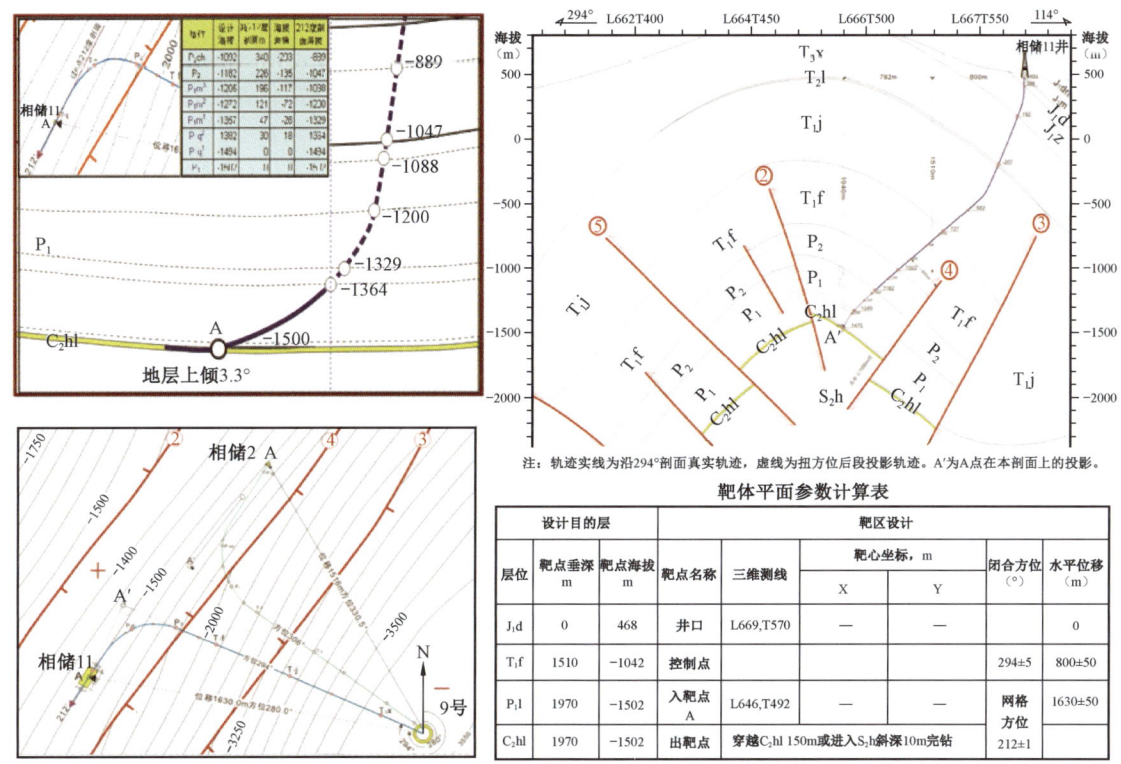

图 2-4-11 相储 11 井地质目标设计石炭系轨迹示意图

参 考 文 献

[1] 范明,陈宏宇,俞凌杰,等. 比表面积与突破压力联合确定泥岩盖层评价标准[J]. 石油试验地质,2011,33(1).

第三章 钻完井工程

储气库注采井既是注气井又是采气井,需要长期面临高压和交变载荷的影响,比常规采气井的要求更为严格,设计寿命为30~50年。相国寺储气库是利用已枯竭(或接近枯竭)的石炭系气藏改建而成,库区内存在较多气藏开发过程中布置的各类探井、生产井及观察井,受生产及气藏流体综合作用,该类老井完整性不断降低,井口、井内套管质量、固井质量等井下复杂伴随而生。在建库之前,如不采取合理有效的方法处理这些老井,将无法保证储气库的整体密封性,甚至导致储气库整体失效,造成巨大的生命及财产损失,老井处理结果好坏会直接影响储气库建设。针对这些老井,开展了老井有效处理工艺技术研究,包括确立老井处理原则、建立老井合理评价指标与评价流程,进而对老井状况进行评价、判断老井是修复利用还是永久性封堵,确保储气库的完整性和后续安全运行。

相国寺属高陡狭长复杂构造,出露地层老,主体部位嘉陵江及以上地层在钻井过程中易发生恶性井漏;库区内废弃和正开采的煤矿、石膏矿多,钻井井眼控制难度大;嘉一至石炭系有多个气显示层,且压力系数极低(0.1~0.2);龙潭组、梁山组地层极易垮塌,井眼稳定性差;新钻注采井井场多利用老井井场改建而成,采用丛式井组布置,但老井井眼轨迹资料缺失;为扩大单井注采气量采用的水平井、大尺寸水平井,以及为确保库区内煤矿及石膏矿开采安全而采取的库区外大位移水平井等井型设计,其轨迹控制点已不局限于储层地质目标A、B靶的控制,还必须控制轨迹迈过采空低压区、远离对完整性有影响的断层等。通过开展安全快速钻井技术、固井技术、井工程完整性相关技术、井眼轨迹优化及地质导向控制技术等方面的攻关研究,形成了一套适应相国寺特点和难点的钻完井工艺技术、井身结构与固井工艺,加快了相国寺储气库建设,保障了相国寺储气库井工程建设质量,实现了相国寺储气库"注得进、存得住、采得出"的井工程完整性要求。

第一节 老井处理

相国寺储气库库区共有老井21口,其中储气层石炭系老井8口,非石炭系老井13口。区域探井相1井于1960年完钻,石炭系气藏于1977年开始开发,老井使用年限长,井况条件复杂,老井处理结果好坏会直接影响储气库建设。通过对老井进行综合评价、分析存在的风险和治理难度;结合现有成熟技术分类制定封堵治理方案,开展封堵治理方案风险再评估、详细设计、施工作业及后评估,杜绝了因老井处理不当给储气库完整性带来的巨大风险。

一、老井评价

(一)评价原则

老井评价应根据老井所处构造位置(断层、盖层和边翼部情况)、井工程状况(井身结构、固井质量、油套管组合、油套管材质)、开采与修井过程中重大事件(开采年限、目前地层压力系数、采取的防腐措施、完井及修井井下落鱼等情况)、老井治理对完整性措施需求和可靠性等进行综合评价。

鉴于相国寺储气库工程的地位、作用与使用年限,从建库论证开始,就树立了"一口井就会毁掉一个储气库"的底线思维,在老井评价工作中采取了"一井一策"的评价机制,评价老井的综合情况和治理达标情况。

(二)评价内容

评价内容包括地质资料、钻井及修井资料、开发资料、井口现状、井场及周边环境等。重点评价气藏含酸性气体介质含量、产凝析水或地层水情况,井下落物、油套管材质与腐蚀变形情况、固井质量等。

1. 老井井况

通过收集钻井井史、试油井史、完井报告、历次修井以及开发资料,了解老井井身结构、套管组合与材质、固井质量及钻井、修井事故记录与描述。了解纵向上所有开发层位现状,如井深、压力、储层井段、流体性质、温度、地下水资源等,相国寺储气库纵向上已开发长兴组、茅口组及石炭系,其所有老井基本资料见表3-1-1。储气层石炭系埋深在2100~2500m之间,储层类型为裂缝孔隙型,气质纯,以甲烷为主(97.05%~98.14%),非烃含量低,不含或微含硫化氢,二氧化碳含量0.1%~0.36%,原始地层压力为28.734MPa,属于正常地温梯度,井底温度60~70℃。相国寺老井多采用$\phi 244.5mm \times \phi 177.8mm \times \phi 127mm$井身结构,固井质量资料缺失,且均为固井声幅测井,不能对双界面进行解释。完井时按套管承压能力的80%进行了试压,部分井存在固井质量不合格情况。老井井口大致可分为三类:阀组较齐全的井口(通常采用CQ250及修后KQ65-35采气井口)、简易井口、无井口,井口存在不同程度腐蚀及部分闸阀失效现象。

表3-1-1 相国寺储气库待处理老井主要基本资料表

井号	层位	产层段(m)	井深(m)	压力系数	$H_2S + CO_2$含量(g/cm^3)
相14	石炭系	2222.5~2230.5	2232.53	0.2	0.005+6.998
相12	石炭系	2620~2637.5	2101.68(桥塞)	0.09	0.006+4.644
相16	石炭系	2282.5~2295	2301.35	0.19	0.004
相18	石炭系	2306~2315	2331	0.1	0.005+6.261
相25	石炭系	2452.8~2463	2467	0.08	0.002+7.142
相30	石炭系	2276.5~2284	2466.47	0.1	0.003+6.445
相10	石炭系	长兴:1800~1809.2 石炭系:2510~2523	1954.62(桥塞)	1(长兴)	0.047+3.207(石炭系)
相13	石炭系	2608.4~2616.4	2626	0.49	0.005+6.998
相1	茅口	1871.46~2076	2076	0.18	0.052+1.71
相4	茅口	2007~2010	2191.55	0.14	3.168+4.765(参考相26)
相7	茅口	1975.47~2080.8	2080.8	0.1	0.104+1.841
相31	茅口	2519.9~2554	2587.8	0.05	0.473+3.13

续表

井号	层位	产层段(m)	井深(m)	压力系数	$H_2S + CO_2$ (g/cm³)
相32	茅口	茅口:3928~3912 石炭系:4236~4222.4	3944.43 (水泥塞)	0.59	微 + 1.362
相15	茅二b	1823.33~1903.0	1903.0	0.137	0.11 + 1.62
相8	长兴	2810~2821	3830.0	1.16	4.76
相5	长兴	1570.0~1586.0	1650.83	1.07	无资料
相6	长兴	长兴:1585~1600 茅口:1910~1920	1972.22	0.3	0.031 + 0.18
相浅15	长兴	1368.56~1630.00	1630.0	0.58	—
相20	长兴	1741.0~1776.0	1836.18	0.18	0.031 + 0.18
相23	飞仙关	—	1862.19(鱼顶)	—	0.031 + 0.18
相浅1	嘉陵江	1599.5~1652.0	—	—	—

2. 老井井场及周边环境

通过踏勘及调查,了解老井井场条件,进出场公路是否满足作业需要。周边是否紧邻人口密集区、高速公路、铁路、河道、水库、堤坝等。同时需了解库区地下矿产资源分布,如煤矿埋深、开采通道分布等。相国寺储气库库区位于重庆渝北、北碚区境内,井场公路较好,但区域存在地下煤矿和石膏矿开采,老井封堵均需做好安全与提示工作。

(三)评价体系

1. 评价指标

相国寺储气库老井评价采取了老井资料初评与过程复查重要指标评价的两个评价阶段。并依据《油气藏型储气库钻完井技术要求(试行)》(油勘[2012]32号文件)关于老井利用和封堵要求,主要评价指标如下:

(1)油层套管固井质量及试压。油层套管固井质量合格率不小于70%,固井试压至套管抗内压强度80%,30min压降不大于0.5MPa为合格。

(2)B、C环空是否带压或窜气。B环空是指油层套管与技术套管之间的环形空间,C环空是技术套管与表层套管之间的环形空间。相国寺老井多数是1980年之前完成井,通常未安装套管头,不能通过观察B、C环空是否有压力来判断是否带压或窜气,只有通过井口方井冒泡或窜气来判断。一旦发现方井冒泡或窜气,应集气取样分析,通过气相色谱法分析样品组分,与储气层气质比对、辨别是否与储层气源相同,难以识别的可进一步作碳同位素分析,并与构造天然气同位素图谱比对。

(3)盖层是否有连续25m优质段。储气层及顶部以上300m盖层段水泥环连续优质胶结段长度不少于25m。

(4)油层套管腐蚀状况及材质的适应性和剩余允许承压能力。老井油层套管是否还能满足储气库安全注采30~50年的运行要求,应结合储气库设计注采工况,考察其腐蚀情况、剩余强度以及材质的适应性。

以上四项指标必须逐一评价,全部满足要求的老井才能作为注采井和监测井再利用,否则,任何一项达不到,均必须进行封堵,评价流程见图3-1-1。同时,还应详细评估钻完井过程、生产维护过程中发生的重要事件以及矿山开采活动对老井的重大影响,为老井评价再利用和封堵提供依据。

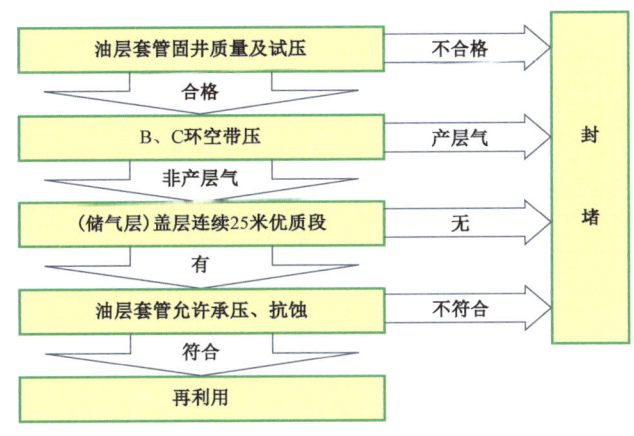

图3-1-1 老井评价流程图

2. 评价技术

相国寺储气库建库时对所有老井的固井质量、套管壁厚、井眼轨迹进行了复测,对套管进行了再试压。对固井质量、套管壁厚、井眼轨迹的测量结果和套管再试压情况进行再评价。

1) 固井质量复测

固井质量检测可根据井况条件选择声幅/变密度测井和超声波成像测井,测井资料按照相应技术要求进行处理,处理结果包括第一、第二界面胶结程度和水泥充填率等内容,并对水泥环封固质量及层间封隔情况等进行综合评价。

(1) 声幅/变密度测井。声幅/变密度测井既可以评价第一界面水泥与套管的胶结情况,又可以评价第二界面水泥与岩层的胶结情况,但不能评价水泥环中微间隙存在与连通情况。比如测量声幅值很低,但环空仍带压,可能误认为胶结良好,用此终评储气层盖层的密封性存在一定风险,甚至导致错误评价。

(2) 超声波成像测井。超声波成像测井可以获得高分辨率的360°井周水泥环成像和套管居中与腐蚀图像,可以评价水泥环中微间隙存在与连通情况,对固井质量和套管状况作出更直观准确的判断,用于终评储气层盖层的密封性更准确。测井中应注意井筒的清洁,井内液体黏度过大会影响扫描头的转动和测速,大斜度和水平井的仪器居中度也会影响成像质量。

2) 套管腐蚀检测

(1) 电磁探伤检测。利用电磁感应的原理对油套管损伤情况进行检测,检查套管裂缝、错断以及内、外壁腐蚀。不受井内流体介质条件限制,可以带压操作,仪器外径小,适用于各种管柱。其缺点是不能精确地解释油管和套管破损的具体状况。虽然可以探测到第二层管柱的破损,但精度、分辨率都不高,只能定性评估。

(2) 多臂井径检测。通过多条测量臂来实现套变和套损检测,形成柱面成像来直观反映井下套管的腐蚀受损情况。作为弹性接触式测井仪器,井斜、居中度、井壁与井内流体的清洁程度对检测结果均有较大影响。通常与电磁探伤测井曲线配合解释可提高准确性。

3)井眼轨迹复测

为了弥补资料缺失、满足储气库新钻注采井井眼防碰需要,均对老井进行了井眼轨迹复测。复测方法选用陀螺测井。陀螺测井技术是以动力调谐速率陀螺测量地球自转角速率分量和石英加速计测量地球加速度分量为基础,通过计算得出井筒的垂深、斜深、倾斜角、方位角、狗腿度等参数,从而绘制井眼轨迹曲线。该技术广泛应用于套管内井眼轨迹复测。

4)套管剩余允许承压能力的计算

油层套管承压评估主要是评价目前套管状况下允许控制压力的范围。最高允许控制压力应为目前套管状况下最高抗内压强度,对于利用老井还应不低于储气库预计最高运行压力;最低允许控制压力应为目前套管状况下最低抗挤毁压力,油层套管状况可以通过腐蚀检测及螺纹是否气密封等相关资料,通过计算机模拟找出薄弱点,对安全系数进行修正,其公式计算如下[1]:

(1)井内为纯天然气时允许最高控制套压计算公式如下:

$$p_{cgmax} = \frac{101.97 p_{抗压} + k_{抗压} h_{顶}}{101.97 k_{抗压} e^d} \quad (3-1-1)$$

$$d = \frac{0.03415 \rho_{气} h_{顶}}{T_{平均} Z_{平均}} \quad (3-1-2)$$

式中 p_{cgmax}——井内为纯天然气时最高控制套压,MPa;

$p_{抗压}$——套管抗内压强度,MPa;

$h_{顶}$——各段套管顶界垂深,m;

$k_{抗压}$——套管抗内压安全系数,老井油层套管抗内压安全系数为1.5,根据腐蚀磨损情况适当提高;

$T_{平均}$——$h_{顶}$以上井筒内平均绝对温度,K;

$Z_{平均}$——井筒天然气平均压缩系数。

(2)井内为纯天然气时允许最低控制套压计算公式如下:

$$p_{cgmin} = \frac{k_{抗挤} h_{底} \rho_{当} - 101.97 p_{抗挤}}{101.97 k_{抗挤} e^s} \quad (3-1-3)$$

$$\rho_{当} = \alpha \rho_{泥} \quad (3-1-4)$$

$$s = 1.251 \times 10^{-4} \times \rho_{气} \times h_{底} \quad (3-1-5)$$

式中 p_{cgmin}——井内为纯天然气时最低控制套压,MPa;

$k_{抗挤}$——套管抗外挤安全系数(老井油层套管抗外挤安全系数为1.3;如套管有磨损,根据磨损情况适当提高);

$h_{底}$——各段套管底界垂深,m;

$\rho_{当}$——套管外挤压力当量密度,g/cm³;

$p_{抗挤}$——套管抗外挤强度,MPa;

α——修正系数(一般情况下取1,当管外有固井质量差的井段、塑性地层的井段、套管柱存在弯曲应力等情况时,可适当提高);

$\rho_{泥}$——固井时管外钻井液密度,g/cm³;

$\rho_{气}$——天然气的相对密度(其取值:若有邻井天然气分析资料,则天然气相对密度应根据邻井资料取值。若没有邻井天然气分析资料,则天然气相对密度可取 0.55~0.6)。

5)套管承压能力试压

套管承压采用清水,按1.1倍储气库运行上限压力与80%套管剩余抗内压强度两者中的低值进行试压。现场操作时可选择采用整体试压及封隔器分段试压工艺进行作业。

(四)评价结果

1. 资料初评结果

依据《油气藏型储气库钻完井技术要求(试行)》(油勘[2012]32号文件)"再利用的老井原则上不作为注气井,可作为监测井、采气井和排液井"的规定要求,通过以上评价,结合储气库地质方案设计要求,老井评价结果见表3-1-2、表3-1-3。

表3-1-2 老井资料初评结果表

类别	分类标准	井号	合计井数
第一类	储气层井的封堵	相10、相12、相14、相16、相18、相25、相30井	7
第二类	非储气层井的封堵	相1、相4、相5、相7、相20、相23、相31、相32、相浅15井	9
第三类	再利用监测井	相浅1、相6、相8、相15、相13井	5

表3-1-3 储气层老井评价结果表

井号	生产套管原始数据				剩余强度估算		固井质量复查			可否利用
	尺寸(mm)	钢级	壁厚(mm)	抗内压(MPa)	抗内压(MPa)	是否符合储气库压力要求	合格率(%)	盖层有否连续25m	是否符合储气库标准要求	
相10	177.8	C75	8.05	41.00	27.30	不满足	70.3	无	不符合	不能
相12	177.8	J55	8.05	30.10	20.07	不满足	22.9	有	不符合	不能
相13	177.8	C75	9.19	46.80	31.20	满足	15.2	无	不符合	不能
相14	177.8	N80	8.05	43.70	29.13	不满足	70.6	有	符合	不能
相16	177.8	D40	9.00	33.05	22.03	不满足	63	有	不符合	不能
相18	177.8	N80	10.36	56.30	37.53	满足	66.3	无	不符合	不能
相25	127.0	N80	7.52	57.20	38.13	满足	31.7	无	不符合	不能
相30	177.8	D40	9.00	33.05	22.03	不满足	61.1	无	不符合	不能

2. 过程复查结果

对准备用作监测井的5口老井复测了固井质量和油套管腐蚀情况,决定对相6井和相13井封堵,评价结果见表3-1-4。其中:相6井固井质量不合格和套管腐蚀,不再作为长兴组监测井;相13井声幅/变密度固井质量合格,但超声波成像(IBC)固井质量解释有微间隙,盖层无连续25m优质段,不再作为储气层石炭系水体监测井。最终,相国寺储气库21口老井经过上述逐级评价后,确定3口井再利用,18口井封堵。

表3-1-4 老井初评结果表

井号	套管尺寸（mm）	固井质量合格率（%）	套管壁厚腐蚀损伤（mm）	评价结果
相浅1井	177.8+127	76.4	轻微	再利用
相6井	146.05	58.2	0~4	封堵
相8井	177.8	84.3	轻微	再利用
相15井	177.8	73.4	0~1.5	再利用
相13井	177.8+127	78.99(CBL/VDL) 15.16(IBC)	0~2	封堵

二、老井利用

通过评价,相国寺气田有3口老井可利用为监测井,其中:相8井为断层监测井,监测长期运行下断层的有效封闭性;相15井为储气层的盖层监测井,处于注采井交变应力及构造应力集中区,监测盖层保存条件;相浅1井为浅层监测井,监测目的层上覆浅层渗透层。

(一)监测井工作原理

储气库监测井主要是监测某层位的温度和压力,采用永置式监测工艺技术。永置式井下压力温度监测是将永久性传感器置于井底,传感器信号通过电缆等传输介质传至地面,经地面数据采集系统解算处理和储存,得出探测位置的压力和温度数据。和传统监测方法比较,永置式监测系统能迅速、准确和实时监测井底压力温度数据,避免了试井车钢丝作业和存储式井下监测工具的缺点,永置式井下监测技术非常适于相国寺储气库监测井的监测,并能实现数据远程无线传输。

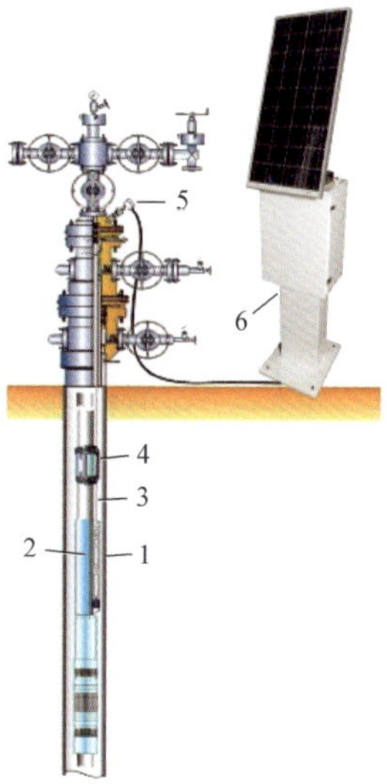

永置式监测工艺主要有毛细管永置式监测工艺、电缆永置式监测工艺、光纤永置式监测工艺,其功能、成本和寿命等有较大差别。相国寺老井检测采用电缆永置式监测工艺。

传感器电谐振膜片受地面激发后将以测点压力和温度相关的频率振荡,振荡的膜片切割磁力线产生电势,通过电缆将信号传至地面,经解算处理,得出探测位置的压力和温度数据。电缆永置式监测系统结构主要由以下5部分组成:井下永置式电子压力/温度计、井下电缆、电缆保护器、井口密封器、地面数据采集器(图3-1-2)。

目前处于全球领先的加拿大先锋石油公司的最新系统PPS27型电缆永置式井下监测系统,主要参数见表3-1-5。

图3-1-2 电缆监测系统示意图
1—永久压力计;2—压力计托筒;
3—井下钢管电缆;4—电缆保护器;
5—电缆连接及井口密封;
6—地面数据采集系统

表 3-1-5　PPS27 型电缆永置式井下监测系统主要参数

传感器	硅—蓝宝石/石英
压力量程	10000psi,16000psi,20000psi,25000psi
压力精度	±0.03% 满量程
压力分辨率	0.0003% 满量程
压力漂移	<3psi/a
温度量程	125℃/150℃/200℃
温度分辨率	0.01℃
数据显示	LCD20×2
数据接口	USB/RS232/R3485(Modbus/Rtu)
电源规格	DC:9~28V/AC:110~220V
数据存储	SD 卡/存储器
数据格式	时间/压力/温度
工作方式	地面直读
防腐能力	防 H_2S
外筒材质	Inconel(镍铬合金)718/不锈钢 17-4
采样率	1s~任意时间

(二) 监测系统

1. 监测系统主要结构及参数

储气库监测井选择了电缆永置式井下监测系统,同时下入压力计坐放短节作为备用,当电缆永置式压力/温度监测系统失效时,可用试井车下入存储式压力/温度计坐放于坐放短节上,作为备用监测手段。

根据监测井的气藏特征,电缆采用 0.25in 316 S 抗腐蚀材质钢管电缆;压力计采用加拿大进口的高精度石英压力计,外壳为 Inconel 718 抗腐蚀材质,压力等级 70MPa,温度等级 150℃,精度 0.03%(FS);压力计托筒采用 Inconel 718 材质或者 4140 材质;电缆保护器采用不锈钢抱箍式。

井口采用带电缆穿越装置井口,油管挂上下各留出¼in NPT 螺纹,采气树盖板法兰或油管头底法兰上留出 1 处¼in NPT 螺纹,电缆直接穿出(图 3-1-3),采用金属对金属密封的 Swagelok 接头,密封等级 35MPa。

2. 监测系统的安装

相8 井井下管柱及系统结构:油管挂+双公接头+变扣接头+ϕ73mm 平式油管窜+变扣接头+压力计托筒+存储式压力计坐放短节+变扣接头+ϕ73mm 筛管+油管鞋。压力、温度传感器托筒置于 1896.45m,存储式压力计坐放短节置于 1896.76m。压力计安装见图3-1-4和图 3-1-5。

相15 井井下管柱及系统结构:油管挂+ϕ73mm 外加厚油管+压力计托筒+存储式压力计坐放短节+变扣接头+筛管+变扣接头+油管鞋。压力、温度传感器托筒置于 1816.32m,存储式压力计坐放短节置于 1817.58m。

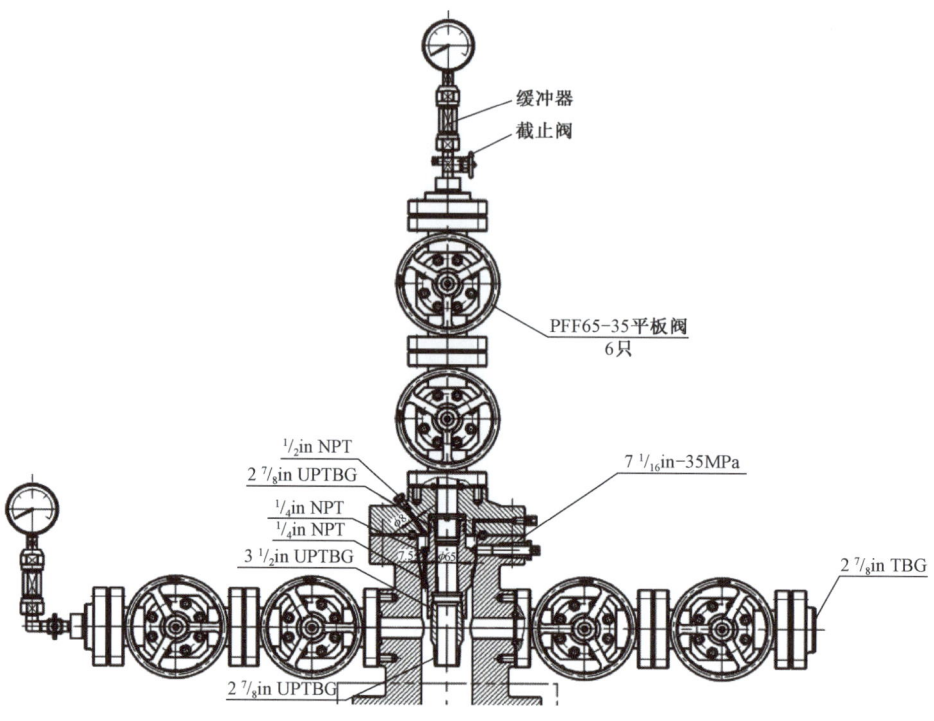

图 3-1-3 电缆井口穿越示意图

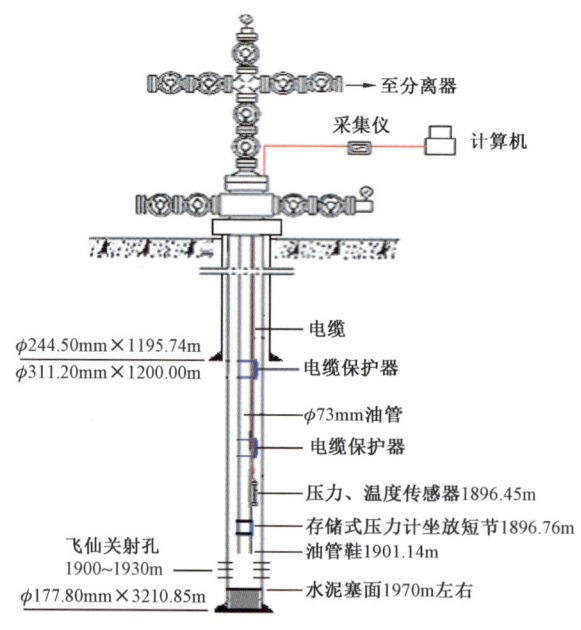

图 3-1-4 相 8 井监测系统结构示意图

相浅 1 井(相监 2 井)井下管柱及系统结构:油管挂 + $\phi73\text{mm}$ 油管 + 变扣接头 + 节流工作筒 + $\phi73\text{mm}$ 油管 + 油管鞋。

图 3-1-5 相 8 井压力计安装和电缆井口穿越图

3. 数据采集及远程无线传输系统

数据采集及远程无线传输系统(图 3-1-6)采用太阳能电池加蓄电池供电,传输系统以 USB/RS232 接口与采集主机连接,系统集成 GPRS/CDMA 无线传输模块,提供 IP 地址方式及域名方式按指定端口实现 TCP/IP 远程连接,利用移动通信网络将数据传输至工作站。目前 3 口井监测系统工作正常,应用效果良好,实现了对储气库安全性的长期、实时监测,提高了储气库的安全性。

(三)老井利用效果

相国寺储气库利用了相 15 井、相 8 井和相浅 1 井(相监 2 井)等 3 口老井作为监测井。相 15 井永置式监测工具下入茅口组层位监测压力、温度变化情况,以确定储气库储气层(石炭系)天然气是否穿越梁山组和栖霞组盖层而侵入茅口组。相 8 井永置式监测工具下入飞仙关组监测该地层的压力、温度变化情况,以确定储气库储气层(石炭系)天然气是否穿越 4 号断层而侵入飞仙关组。相浅 1 井永置式监测工具下入嘉陵江组,作为对嘉五^{1}段的浅层监测井。

图 3-1-6 地面数据采集及远程无线传输系统

1. 实现了设计监测功能

相 15 井达到了盖层密封监测功能。该井修井后井底实测压力呈上升趋势(图 3-1-7),储气库 2014 年注气结束后,地层压力已恢复到 14MPa 以上,远远超过相 15 井监测到的井底压力。而且该井修井后气分析存在明显异常,甲烷、硫化氢、二氧化碳及氮气含量较修井前存在明显变化,表现为:甲烷含量明显偏低,二氧化碳明显偏高;尤其是氮的含量明显偏高,异于注入气的气组分。

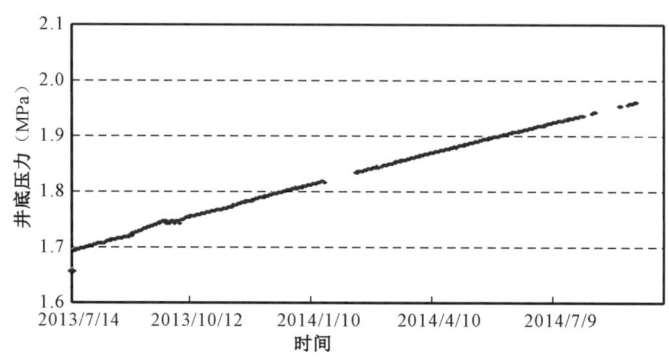

图 3-1-7　相 15 井永置式压力计测压曲线

相国寺茅口组气藏开发过程中证实属同一压力系统,相 5、相 15、相 12 井则因裂缝系统大,缝洞发育,关井压力恢复较快;而相 1、相 7 井因裂缝系统小,裂缝不发育,渗透性差,关井压力恢复很慢,极不容易达到稳定。同时相 15 井修井后的地层压力低于茅口组气藏 2010 年因改建储气库停产时的地层压力,分析认为该井压力的上升主要是因为低渗裂缝系统的补给造成。

2. 能对储气库完整性进行动态检测

通过对相 8 井压力等监测,能动态判断断层是否封闭性完好。相 8 井位于相国寺构造北段④号断层下盘,该井在飞仙关组钻遇③号断层,通过对该井修井后作为储气库③号断层的监测井。从该井修井后井底永置式压力计监测情况看,井底压力基本保持稳定,说明相国寺储气库的注采未对该井压力产生任何影响(图 3-1-8),由此可以证实,③号断层是封闭的。

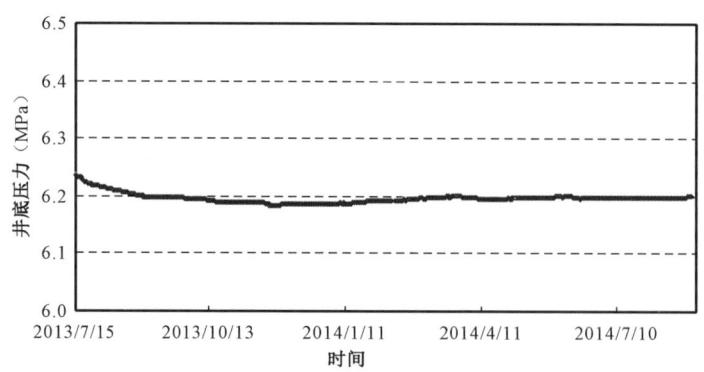

图 3-1-8　相 8 井永置式压力计测压曲线

三、老井封堵

要确保储气库老井永久性封堵,需要控制封堵过程风险点,主要包括储气层、井筒、固井水泥环及井口有效封闭,同时采用合理的完井方式确保封堵失效后的应急处理。储气层通常采用高性能暂堵剂配合超细水泥封堵,井筒则采用桥塞及常规 G 级水泥封堵,而管外水泥环采用锻铣后挤注超细水泥浆封堵,井口采用完井采气树作为观察及控制手段。

(一)封堵难点

相国寺储气库开采时间长,已开发的三个层位压力系数极低,小井眼锻铣,超低压难以建立循环和储层保护等技术难点。

1. 井内管柱及套管腐蚀与破损情况不清

相国寺储气库老井多为 20 世纪 80 年以前完成井,甚至有 60 年代初期的完成井,完井时间跨度近 50 年。对井内管柱及套管腐蚀与破损情况了解不清楚,一旦使用的处理措施不恰当,就会造成卡钻等井下事故;或者未认识到套管穿孔或破损已引入了上部高压含硫层进入井筒,就会带来井控风险和上喷下漏的复杂局面,增加控制风险的难度。

2. 目的层位压力系数低,储层保护难度大

相国寺老井三个开采层位普遍为超低压,石炭系压力系数为 0.08~0.19,其中相 31 茅口组压力系数仅 0.05,一旦不能建立循环就可能带来锻铣中沉砂卡钻,一旦液体漏失又难以对超低压储气层进行保护。

3. 小井眼锻铣难度大

从国内外的老井治理调研资料来看,对 $\phi 127mm$ 套管小井眼锻铣,没有先例可借鉴,且相国寺老井压力系数极低,难以建立循环,作业风险更大。

(二)封堵原则及要求

按储气库对井工程密封性要求,封堵老井应遵循如下原则:

(1)必须采用井筒内与井筒外封堵的原则,杜绝天然气沿井筒内及固井水泥环(外)窜至井口,杜绝储气层向纵向上层间窜漏,确保每口封堵老井以及储气库整体密封性,不给储气库周边环境安全造成影响,避免其他层流体对储气层造成流体污染。

(2)若储气层顶界以上水泥环高度大于 200m,且有 25m 以上的连续优质水泥胶结段,可直接在井筒内分段注水泥塞封堵;若储气层顶界以上固井水泥返高小于 200m 或连续优质水泥胶结段小于 25m,应先对储气层顶界以上盖层段套管进行锻铣,锻铣长度不小于 30m,对锻铣段实施挤注水泥封堵合格后,再转入井筒内分段注水泥塞。

(3)井筒内采用水泥塞加桥塞封闭,锻铣井段采取挤注水泥封堵。

(4)每次水泥封堵施工后,必须进行试压检验,合格后方可进行下步工作,否则应钻开水泥塞补注水泥施工直到试压检验合格。试压介质一般选择清水,若采用气体检验,将更严格。

(5)对于井底有落鱼或者套管变形、穿孔的老井,需对井底落鱼进行打捞,暴露待封堵层后进行封堵,对套管变形、穿孔井段进行整形、锻铣,再注水泥封堵。

(三)封堵方案

在老井评价基础上,分类制定封堵措施,并进行单井设计,实施过程中依据各井具体情况进行方案优化及调整。相国寺储气库老井按目标层是储气层和非储气层,可以很明确地分为两类进行治理(表3-1-6),但根据井下状况和封堵目标层特点可以大致分为三种封堵方案。

表3-1-6 相国寺储气库老井封堵分类情况表

类别	分类标准	井号	合计
第一类	储气层石炭系井的封堵	相10、相12、相13、相14、相16、相18、相25、相30井	8
第二类	非储气层井的封堵	相1、相4、相5、相6、相7、相20、相23、相31、相32、相浅15井	10

第一种方案:只有储气层石炭系需要封堵。若储气层盖层以上有25m的连续优质水泥胶结段,直接对石炭系产层进行封堵;若储气层盖层以上无25m的连续优质水泥胶结段,应先对石炭系产层进行封堵,再对套管锻铣不小于30m后,对锻铣段挤注水泥,见图3-1-9(a)。

第二种方案:若储气层石炭系与非储气层共存的井,应首先对非储气层进行补挤水泥合格后转入第一种方案对储气层石炭系进行封堵,且必须钻开原封闭石炭系的水泥塞后再实施,见图3-1-9(b)。

为避免储气层封堵失效后的有效控制与处理,封闭后井内塞面要求在井深800~1000m,下入光油管完井,全井筒替为保护液。

第三种方案:封堵井为非储气层井,封堵后空井筒完井,见图3-1-9(c)。

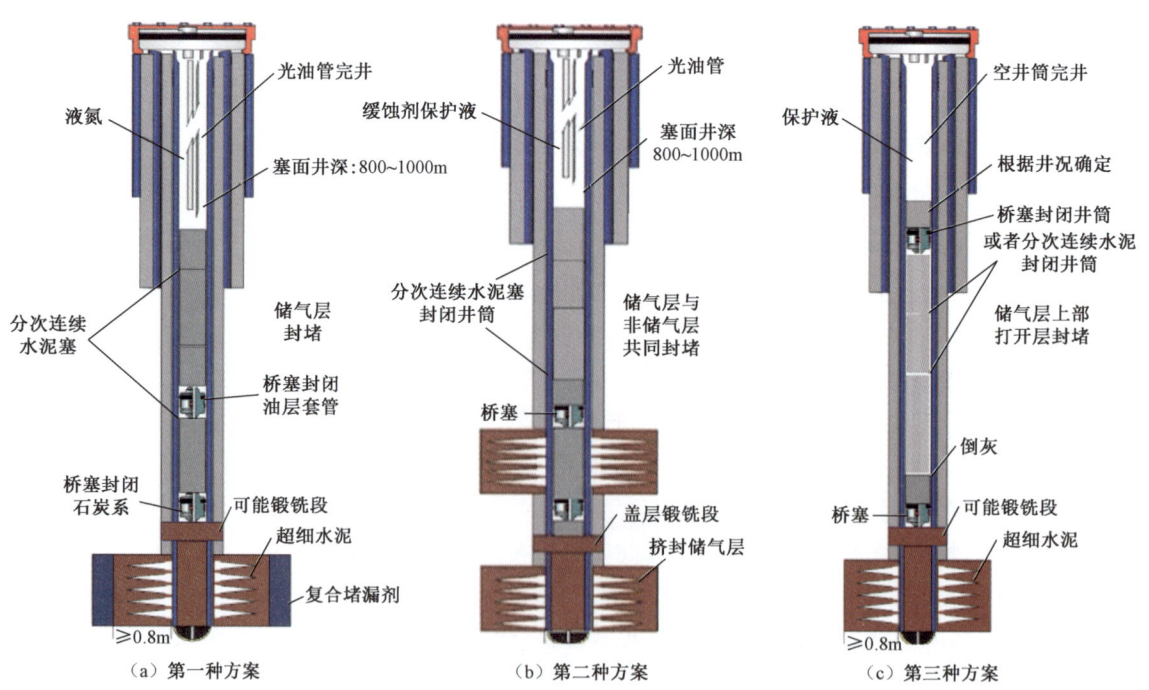

图3-1-9 相国寺储气库老井封堵方案示意图

(四)封堵技术

1. 储气层封堵技术

相国寺储气库老井经过多年开采,已是超低压,若储气层渗透性好,直接注水泥施工很难建立井筒内水泥塞,甚至大量漏入储气层、产生污染与堵塞,因此应先用暂堵剂进行暂堵后进行注塞;若储气层渗透性差,甚至不发生微小渗漏,可考虑超细水泥直接进行挤注塞施工。

1)超低压暂堵技术

超低压暂堵技术是一种针对低压漏失储层的压井保护技术。通过选择合适的暂堵剂,在进入储层前快速形成暂堵塞,减少对储层的伤害,并形成一定的液柱压力,克服地层压力,修井后易解除暂堵。常用的暂堵剂有泡沫暂堵剂、固相暂堵剂、固化水暂堵剂、凝胶暂堵剂等四大类。

泡沫暂堵剂是无固相体系,可控制修井液造成的地层损害,但稳定性差,难以满足储气库封堵作业要求,对环境的污染较大。固相暂堵剂加入刚性暂堵材料,在正压差的作用下会随暂堵液的滤液进入产层,对产层造成伤害。固化水暂堵剂采用高分子吸水材料作为固化剂,可束缚其本身重量100倍以上的清水或盐水,使之不能参与自由流动,形成有一定强度、可变形、易流动的软颗粒并能及时破胶;固化水暂堵修井液对一般的低压井有较好的暂堵效果且经济可行,但对超低压力、物性较好的储层,可能仍然出现漏失的情况,其暂堵效果不如凝胶。智能凝胶暂堵剂通过高分子聚合物交联形成凝胶,低浓度下也具有较好的造壁性能,稳定性好,入井后附在地层表面,从而减少地层漏失,破胶后对地层伤害小。因此,相国寺石炭系储层推荐采用智能凝胶型暂堵修井液。

2)智能凝胶暂堵剂室内评价及应用情况

目前国内外智能凝胶品种较多,经过评价,相国寺储气库主要使用的是智能凝胶暂堵剂 ZD-2。ZD-2 由 ZD-A 和 ZD-B 交联反应而成,主要是稠化剂和交联剂。25℃时,基液黏度 100~300mPa·s,接触后快速交联,形成具有较高强度和韧性的乳白色冻胶,黏度可达 3×10^6 mPa·s 以上,见图3-1-10,形成胶体后可用于120℃以上地层,成胶时间48h内可调,破胶后黏度小于10mPa·s,破胶后,固相含量低于1%。

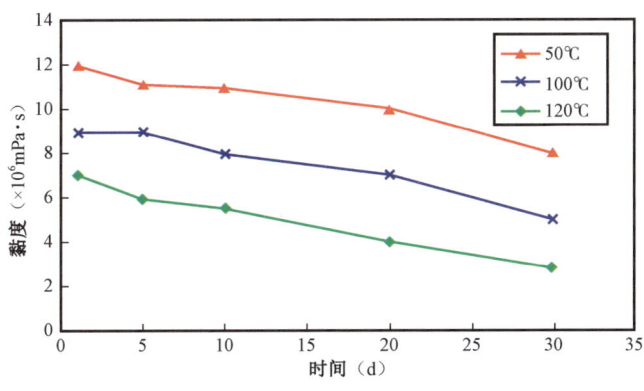

图 3-1-10 放置时间对暂堵剂(ZD-2)黏度的影响

另外还应评价地层(水)矿化度对暂堵剂强度的影响,影响强度等级是根据成胶体系的不同形态将凝胶强度从弱到强分为A、B、C、D、E、F、G、H、I共9个等级。A代表完全没有凝胶;B为高流动性,黏度增大;C为流动胶,有轻微挂壁;D为中等流动胶,明显挂壁;E为低流动胶;F为高变形流动胶;G为中等变形流动胶;H为低变形流动胶,无流动,有较短舌长;I为刚性胶,无流动,无舌长。实验条件:高矿化度盐水:NaCl(200000mg/L) + CaCl$_2$(10000mg/L),T = 90℃。实验结果见表3-1-7。

表3-1-7 矿化度对暂堵剂强度的影响

时间(d)	1	2	3	4	5	6	7
强度	I	I	I	H	H	H	H

【案例1】 相15井茅口组封堵中智能凝胶暂堵剂的应用。

相15井茅口储层孔隙空间发育连通性好,裂缝发育,裸眼段长80m,地层压力2.56MPa,压力系数0.137,采用反挤+正挤清水,正反同时挤注清水多次压井不成功,井口油套压均不为0,出口点火焰高3~4m,然后配制20m³固化水,反挤压井后关井观察油压0.5MPa,套压0.8MPa,最后采用ZD-2(A+B)暂堵剂压井获得成功[1],见表3-1-8。为后续老井遇到同类的压井问题提供了参考。

表3-1-8 各类压井液在相15井裂缝性储层的实际应用对比表

压井工艺	压井后保持平稳时间(h)	压井液漏失量(m³)
清水	0.5	93
固化水暂堵液	24	40
凝胶暂堵液	117	15

3)水泥的评价及优选

为了保证水泥对储气层井筒附近的有效封堵和施工安全,有必要对水泥浆性能进行评价。表3-1-9是常规G级水泥、超细水泥及斯伦贝谢弹性水泥的实验数据表,结果表明超细水泥流动度较大,48h抗压强度较高,气测渗透率低,干灰粒径小,通过窄缝的能力最高,能较好地满足相国寺储气库老井封堵施工要求。

表3-1-9 不同水泥浆体系通过窄缝能力评价实验

缝宽(mm)	类别	水泥浆体积(mL)	通过的体积(mL)	通过百分比(%)	密度(g/cm³)	
					通过前	通过后
0.15	G级水泥	300	39	13	1.7	1.75
	弹性水泥	300	30	10	1.7	1.81
	超细水泥	300	256	85	1.7	1.71
0.25	G级水泥	300	45	15	1.7	1.73
	弹性水泥	300	36	12	1.7	1.76
	超细水泥	300	285	95	1.7	1.71

2. 井筒封堵技术

对于套管及固井质量评价满足条件,不需要进行套管及管外处理的老井井筒封堵,在储气层封堵完毕后,通常采用桥塞加水泥塞进行井筒封堵。为了节约费用,通常在井筒内形成多个不连续封堵层段,并逐级检验封堵效果,杜绝一次性封堵施工,避免造成封堵无效的重复工作量。

1)G级常规水泥封堵技术

实验数据表明,随着水泥浆密度增加,岩心气、水相渗透率呈下降趋势,G级油井水泥浆在密度 1.85g/cm³ 的情况下,固化后气相渗透率仅为 0.0465mD 甚至更低,能够满足储气库井筒封堵要求。在考虑水泥石渗透率同时,水泥石抗压强度也需满足要求,若水泥石抗压强度不能有效承受储气库井筒内可能存在的交变应力,将无法保证老井的封堵效果。实验数据表明:当常规密度为 1.85g/cm³ 的 G 级水泥在 90℃、压力 25MPa 环境下养护 3 天抗压强度可以达到 21.4MPa,能够达到储气库的技术要求。

2)桥塞封堵技术

为了提高井筒内封堵质量,应充分利用桥塞的先期密封作用,并配合水泥的封堵能力对井筒实施封堵。目前用于井筒封堵的桥塞主要有电缆桥塞及机械桥塞两种。比较而言,电缆桥塞为标准件,具有准确卡层、起下更快、方便等特点,而机械桥塞在不规则套管内的适用性更强。在储气库老井封堵作业过程中,要根据单井特点,灵活选择桥塞封堵工艺,建议将桥塞坐封位置选择在套管质量相对较好且固井质量评价合格井段。

3. 管外封堵技术

管外封堵就是对老井盖层固井质量不合格段实施一定长度的"套管及原水泥环"锻铣,并重置水泥塞,建立井筒及管外封闭新屏障,达到阻断注入气沿管外上窜的目的。因此,管外封堵是储气库老井封堵非常关键、非常重要的工作,是确保储气库盖层密封性良好、保证注入气不窜漏至上部层位的关键所在。

1)管外封堵用水泥浆

套管外封堵用水泥一是要满足封堵压力需要,二是要具备足够的微裂缝通过能力,便于封堵受损的固井水泥环。通过实验研究,超细水泥具有较好的窄缝通过能力,适当添加分散剂等材料,能够满足管外水泥环封堵要求。

2)锻铣技术

套管锻铣最初是用于套管开窗侧钻、形成侧钻井眼,而储气库采用套管锻铣技术,目的是为了将老井盖层固井质量不合格井段锻铣掉,为重置水泥环创造条件,它要求对套管及水泥环铣扩至 30m 以上[2]。虽然套管锻铣是钻井工程开窗侧钻比较成熟的工艺,但储气库小井眼套管锻铣基本上是很少使用的新工艺,与开窗侧钻锻铣有许多不同,条件也更苛刻。开窗侧钻锻铣对套管锻铣没有长度要求,还利用了斜向器,只需开一窗口即可,而储气库套管锻铣是要对套管井周 360°方位彻底锻铣 30m 以上才达到要求;且相国寺储气库老井多是在 φ127mm 套管(内经 112mm)小井眼中实现锻铣,难度非常大,极易发生卡钻等井下事故,导致老井密封完整性进一步受影响。

套管锻铣器工作原理是当锻铣器下放到预定位置时,先启动转盘后开泵。此时钻井液流经活塞上的喷嘴产生压力降,压力推动活塞下行从而使活塞杆推动刀片外张,刀片给套管壁一个横向力进而切割套管。当套管切断后,刀片逐渐外张到最大限定位置,此时可加压进行套管锻铣施工。施工完成后,先停泵等压力降消失后,活塞在复位弹簧的作用下复位,刀片靠自重和外力收回到刀槽内,然后停转盘,才可进行起钻作业。

(1)锻铣前的准备:

① 井眼。封堵储气层水泥塞面井深应在预计锻铣井段底界 30m 以下,预留口袋,充分循环洗井保证井眼畅通。

② 锻铣工作液。为了能保证锻铣切削下来的铁屑全部携带出井筒至地面,锻铣工作液最重要的两个基本要求是密度和性能。需满足压稳地层、保证井控安全;有一定悬浮和携带铁屑能力。根据相国寺老井最大井深、地层孔隙压力与漏失压力及设备排量提供情况,相国寺老井推荐使用密度 1.23~1.35g/cm³、漏斗黏度 60s 以上的锻铣工作液。

振动筛不能充分筛除的粉状铁屑,为防止对钻井泵的损坏,钻井液槽出口处应安装强磁吸附铁粉。

③ 泵注设备。钻井泵应达到切割和锻铣的高泵压、排量要求,水龙带工作压力大于 25MPa,必要时可组织压裂车配合泵注。

④ 钻具、工具。采用 I 级钻杆和钻铤进行锻铣作业,入井前认真除锈及通水眼,避免堵塞节流器。入井前在井口测试锻铣刀片打开和回收并做好记录,做好工具下井前螺钉的松紧检查。

(2)锻铣要求和参数:

① 下钻过程中严禁随意转动钻具和开泵,防止刀片中途张开损坏套管及锻铣工具,盖好井口严防落物掉井。

② 将工具下到预定位置,钻柱可上下及旋转活动、无明显遇阻和扭矩后,方能缓慢启动钻井泵,由小逐渐提高至设计排量,转速 40~60r/min 定点切割套管(切割时严禁活动钻具);观察泵压和扭矩的情况,判断套管是否切断,然后继续旋转工具 20~30min,以修整切割断面。

③ 正常锻铣参数:钻压 5~20kN,排量 12~15L/s。锻铣过程中,铁屑有可能在钻柱周围搭桥憋泵,可定时活动钻具(每铣进 0.5~1m 上下活动一次钻具,活动时不能超过上下窗口),以破坏"砂桥",使铁屑及时上返或掉入口袋。

④ 钻进中途若需短时间检修设备时,应充分循环带出铁屑后再停泵,空转无扭矩蹩跳再停转盘,将钻具提离井底(不能超过上窗口)。恢复钻进时,在离井底 1m 以上先开转盘空钻,待扭矩正常后再开泵。

⑤ 起钻前应充分循环带出铁屑后再停泵,并在已锻铣的裸眼段上下活动钻具 30min 左右,待未及时循环出的铁屑沉降至井底后再起钻。起钻过程中工具未进入套管前严格控制上提钻具速度,严防窗口挂卡。

⑥ 锻铣结束后认真校对锻铣窗口和井深数据,各项数据准确无误后再下入扩孔工具扩眼作业,参数可参考锻铣作业,开泵不能太猛,防止憋漏地层。

(3)小井眼锻铣的现场应用与经验:

① 锻铣时套管晃动与井漏。造成锻铣器单边偏磨套管,形成大块、片状的扒皮式套管锻铣物,锻铣质量差,锻铣物不易带出,卡钻风险极高。实施措施:锻铣井段应尽量选在储气层之

上的固井质量相对有把握、不易发生井漏的盖层井段,保证锻铣中套管不晃动和不井漏,能够建立全井循环,防止锻铣物无法返出,导致卡钻及井下事故。同时可根据井眼地层承压能力,选择高黏度重浆携带锻铣物(图3－1－11)。

② 高泵压、小排量降低了刀片附着在套管壁上的径向力,加剧了设备损坏和锻铣物不易携带等问题的发生。由于相国寺储气库井眼只有112mm,导致钻具水眼小、排量小、摩阻大、高泵压。如相25井锻铣工具切割φ127mm套管4次未成功,通过调整反装节流器,加大排量从而加大活塞杆向下推力,增大刀片附加在套管壁上的径向力,切割一次成功;相18井锻铣时泵压高达27MPa,不能正常携带铁屑,检查节流器处铁屑堵塞,去掉节流器后泵压降低至16MPa,排量增大,带屑正常。

图3－1－11 丝状与片状铁屑对比图

③ 相国寺储气库老井大部分是N80以上钢级套管,硬度高,小井眼锻铣效率低、刀片易损坏,产生井下落鱼,频繁起下钻更换刀片。在调研对比后,采用硬质合金强度更高的进口刀片,锻铣速度提高2倍以上,单付刀片由国产的进尺2m提高到10m,起下钻次数明显减少,见表3－1－10,图3－1－12。

表3－1－10 相25井锻铣效率对比

对比	数量(副)	锻铣进尺(m)	纯锻时间(h)	其他时间(h)	总时间(h)	机械锻速(m/h)	综合锻速(m/h)
总计	10	30.52	277	299	576	0.11	0.053
国产	8	15.65	191	241	432	0.082	0.036
进口	2	14.87	86	58	144	0.173	0.103

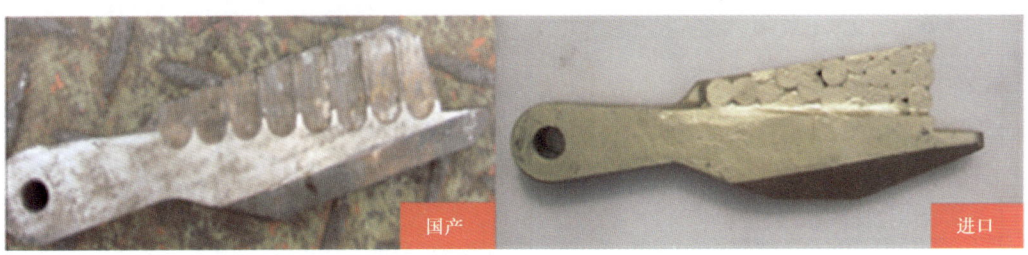

图3－1－12 刀片对比图

④ φ127mm套管内径112mm,工具外径108mm,工具与套管间隙小,加之部分井套管变形缩径,卡钻风险高。在强度满足的前提下,进一步缩小锻铣器外径至105mm;采用腰鼓型铣锥扩划眼,确保内径大于108mm,但极大地增加了工具的加工制造难度。

⑤ 井身结构下小上大,铁屑上返至喇叭口处打转沉积,导致卡钻事故,要不断优化锻铣工作液性能,提高携屑能力。如相25井先导试验采用清水作循环介质,携屑效果差,后续

井改用膨润土浆或定期用高密度高黏度携带,相18井采用聚璜钻井液作为循环介质,携砂效果理想。

4. 完井屏障单元设计

井下封堵完成后,为了保证储气库多年注采的安全性,并确保在井下屏障一旦失效后井口及井下有控制失效的能力,做到后续整体安全受控,需要在储气库老井治理后采用合理的完井方式,以及完井管柱和配套的井口装置。

1)完井方式与完井管柱

(1)对非储气层开发老井,井下风险非常低,建议采用不下完井管柱的空井完井,完井时井筒应替入保护液。

(2)对储气层开发老井,建议采用光油管完井,便于紧急情况应急处理,同时井筒替入保护液替。

2)完井井口装置

(1)对非储气层开发老井,建议采用与封堵层压力等级相匹配的简易井口完井,井口保留1只主控阀,并加装取压(含泄压)装置,见图3-1-13。

(2)对储气层开发老井,由于井内有完井油管,建议采用与储气库注采层最高压力相匹配的简易井口完井,并保留1、2、3、4号主控阀,并加装油、套及套管环空取压装置,见图3-1-14。

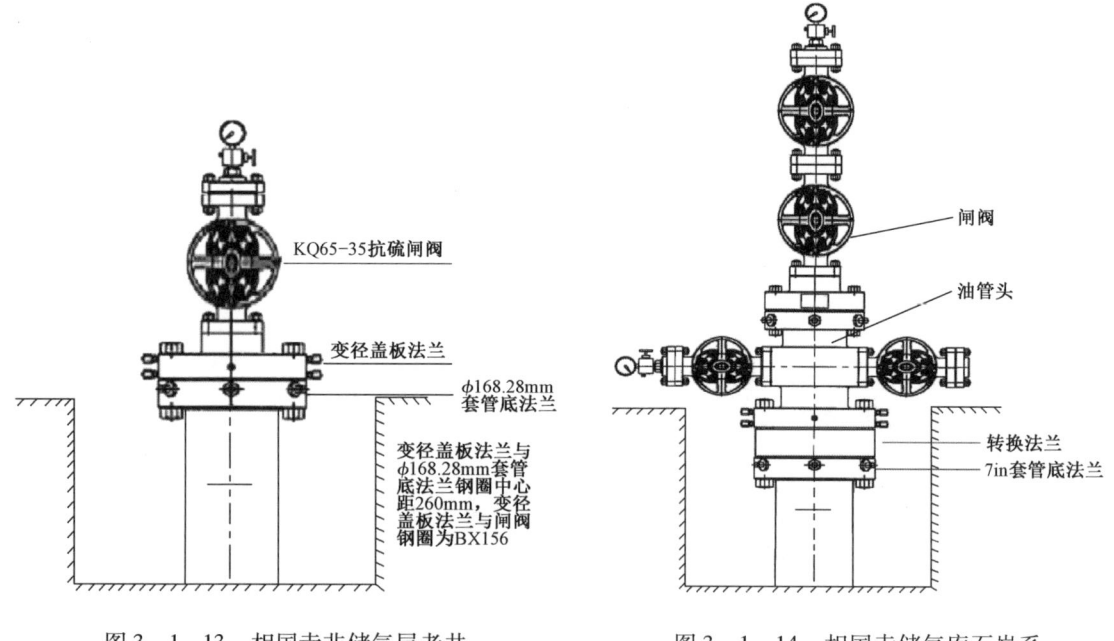

图3-1-13 相国寺非储气层老井封堵后完井35MPa井口

图3-1-14 相国寺储气库石炭系老井封堵35MPa井口

(五)封堵效果评估

储气库老井封堵效果评估,目前主要采用对封堵方案与工艺进行再评估,结合后续井筒是否起压、气质来源进行综合评估。

1. 评估方法

1) 按储气库水泥浆标准要求复核封堵用水泥浆性能

封堵水泥浆取样复核就是对施工现场水泥浆取样、复核施工用水泥浆是否达到储气库标准要求。

2) 按井筒完整性标准对各级封堵屏障进行评估

(1) 管内屏障。储气层顶界以上水泥封堵方式应根据本井检测、评价结果而定，要求储气层顶界以上管内连续水泥塞长度应不小于300m。

(2) 管外屏障。根据复测井数据，结合实际封堵井段，评价储气库盖层环间重建屏障井段是否合理，包括锻铣、扩眼及封闭井段是否处于目标盖层，环间封闭后各层套管环间是否带压，带压源是否为储气层，若处理措施未能达到重建环间屏障目的，则需钻塞后重新封堵。

3) 检测井口压力与流体来源

作业后或通过后续注采，井口是否带压。若带压，需取样分析压力来源，压力是否随储气层压力变化等。若储气层屏障不完善，则认定为封堵不合格，需进行重复封堵。

2. 封堵效果

采用上述评估方法，对储气层已封堵的8口老井进行了评估，经过复核全部施工用水泥浆满足要求；储气层封堵及井筒屏障均达到了储气库老井封堵要求；井筒连续水泥塞长度大于300m。

1) 管内封堵效果

储气层封堵的8口老井（相25先导试验井除外）井筒连续水泥塞长度大于300m，见表3-1-11。

表3-1-11 储气层封堵井封堵效果评价表

井号	水泥返高大于200m要求	管外盖层段以上连续优质水泥胶结段大于25m要求		井筒连续水泥塞(m)		总体评价
		管外封堵前	盖层锻铣及管外封堵长度(m)	井筒封堵前	井筒封堵后	
相12井	合格	合格	14.75	0	1343.74	合格（锻铣试验）
相25井	合格	不合格	30.52	0	226.3	合格（试验井）
相30井	合格	不合格	30.0	0	1286.86	合格
相14井	合格	合格	无	0	1223.35	合格
相13井	合格	不合格	30.6	0	1615.44	合格
相16井	合格	合格	无	0	1297.34	合格
相10井	合格	不合格	40.0	0	1526.79	合格
相18井	合格	不合格	40.42	0	1331.46	合格

2) 管外封堵效果

相国寺储气库石炭系封堵井8口，根据检测结果，水泥返高指标均符合，盖层段以上连续优质水泥胶结段仅3口井符合,应锻铣5口井,实际锻铣6口井(相12井先导锻铣试验)。相18井在套管缩径、锻铣器卡钻的复杂情况下坚持对套管整形、磨铣落鱼,完成盖层套管锻铣及管外封堵,确保了储气库的封闭性,符合阻断储气层流体向其他渗透性地层流动及阻断流体沿井筒内上窜的要求。

(六)老井封堵后的监测

老井封堵后的监测是发现储气库完整性的重要手段和措施,因此,应建立相应的监测方案与制度,并对监测结果进行分析,尤其是压力与气质的监测与分析。

1. 监测内容

监测内容主要包括三个方面,即井口、井筒及地表监测等。

(1)井口监测。建立定期的监测制度,观察井口油、套及套管水泥环空压力情况,分析带压及流体性质,判定井口压力来源,及时制定应急措施。

(2)井筒封堵屏障监测。通过测井手段,定期开展井内套管腐蚀及固井水泥环屏障评价,判定屏障是否失效,分析风险,制定应对措施。

(3)地表监测。主要包括断层露头流体对比监控,井周500m地表油、气、水监控及封堵前后淡水水质变化监控。

2. 监测方案

储气库封堵老井监测方案见表3-1-12。

表3-1-12 储气库封堵老井监测方案

监测内容	监测参数	初始监测时间	监测周期
井口压力	压力变化	1个月	3个月
	同油气藏开采方式的改变	需要时	
井口50m范围内人居环境变化	设备、井场、井口围墙及周围人居环境等	1个月	3个月

1)井口监测

(1)监测时间:储气库正常运行周期内。

(2)范围:库区全部封堵老井。

(3)监测内容:除常规监测外,在储气库一个运行周期内,需分三次对井口压力进行监测:注气期、储气期、开采调峰期。观察封堵老井井口是否有明显压力变化,判断是否封堵失效。

2)地表监测

(1)监测时间:除正常监控外的储气库运行周期内。

(2)范围:纵向上单井贯穿淡水层的储气库封堵老井。

(3)监测内容:监测在储气库一个运行周期内,地表淡水水质是否发生明显变化,判断是否封堵失效。

3)井筒封堵屏障监测

(1)监测时间:套管腐蚀监测2年一次;固井水泥环屏障监测3年一次。

(2)范围:第一类封堵井,储气库石炭系井2口;第二类、第三类各1口。

(3)监测内容:通过测井手段,判断封堵井最上部水泥塞以上套管及固井水泥环是否腐蚀失效,见表3-1-13。

表3-1-13 储气库封堵井套管及固井水泥环监测方案

监测井	套管腐蚀监测周期(a)	固井水泥环监测周期(a)	选取井数
储气库石炭系老井(第一类井)	2	3	2口
其他层位封堵老井(第二类、第三类井)	2	3	各1口

3. 井口带压原因及应对措施

相国寺储气库封堵后出现两种井口带压问题:相14井、相10井环间窜气;相12井、相18井井筒起压等情况。通过带压现象、作业过程及气质分析等技术手段,评价可能原因,建立应对措施,见表3-1-14。

表3-1-14 相国寺储气库已封堵老井井口异常原因及应对措施

井号	封堵目的层位	井口异常现象	过程控制评价			气质分析	应对措施	是否影响储气库运行
			固井质量复测	封堵主要方案	井筒屏障试压情况			
相14	茅口(储气层未打开)	封井前后:油层套管与技术套管间有气泡现象	茅口盖层固井质量评价合格	产层封闭,桥塞及水泥塞加固	合格	浅层气	常规监控	否
相10	石炭系储气层及长兴	封井前后:油层套管与技术套管间有漏气现象	石炭系盖层固井质量差	产层封闭,锻铣扩眼封闭套管环间	合格	浅层气	储气库运行期间持续监控	否
相12	石炭系储气层及茅口组	封堵后关井45天,井口起压0.39MPa	封闭石炭系盖层固井质量合格	钻塞打开原封闭茅口组水泥塞,锻铣加固封闭储气库盖层	合格	非石炭系气	储气库运行期间持续监控	否
相18	石炭系储气层	封堵后关井10天,井口起压1.00MPa,之后压力逐渐上涨,一个月后压力涨至7.48MPa	全井段固井水泥胶结合格率为66.3%,测井评价为合格	产层封闭,锻铣扩眼封闭套管环间	合格	非石炭系气	储气库运行期间持续监控	否

第二节 注采井钻井

相国寺构造属高陡狭长复杂构造,出露地层老,部分地区嘉陵江及以上地层注采井在钻井过程中恶性井漏,钻井中可能出现喷漏同层;相国寺长兴、茅口组是裂缝发育带,梁山组易垮塌,石炭系压力极低,各层套管固井质量难以保证;储气库井场是采用丛式井组布置,部分井场利用老井场扩建而成,井间距小,防碰难度大,同时储气库区内废弃和正开采煤矿及石膏矿分布广,增加安全钻井难度;相国寺的地层倾角变化大,因此,轨迹的控制及储层跟踪难度非常大,特别是水平井井身结构增大一级后,对钻井设备、工具要求增高,技术难度增大,井下复杂情况明显增多,材料消耗大幅增加,而配套工艺和处理手段却受限。根据储气库盖层密封性及储层专打要求,通过井身结构、钻井液体系、水泥浆配方、钻井工艺和完井工具优化,推广应用气体钻进、PDC + 螺杆等快速钻完井技术[3],解决了枯竭层钻完井过程中的技术难题,保证了相国寺储气库注采井完整性。

一、井身结构设计

(一) 设计原则

1. 满足注采井注气与采气要求

为了满足注采井注气与采气要求,ϕ114.3mm 油管需采用 ϕ177.8mm 以上油层套管,ϕ177.8mm 油管需采用 ϕ244.5mm 以上油层套管。

2. 满足安全阀的下入要求

ϕ114.3mm(35MPa)井下安全阀需油层套管内径 170mm 以上,即井口下安全阀井段,需 ϕ206.4mm 套管方可满足。ϕ177.8mm(35MPa)井下安全阀最大外径 213mm,采用 ϕ244.5mm 套管才能满足。

3. 确保井筒长期安全

储气库使用周期为 30~50 年,井筒要能承受频繁注气和采气的交变作用影响,必须确保生产套管、技术套管固井质量,为此需将上部井段复杂地层进行有效分隔。

4. 满足井工程完整性与安全钻井要求,减少井下复杂情况的发生

导管主要满足下开次特殊钻井工艺;表层套管下深需封隔须三段煤层底部 100m,避免钻井液及地下流体窜入煤矿坑道,引发安全事故;技术套管应对低压层段进行有效封隔;油层套管必须对储气层盖层实施有效封隔,保证注入气能"存得住、采得出"、不泄漏至其他层位。

(二) 井身结构方案及优化

1. 相国寺储气库注采井井身结构初期方案

相国寺储气库在部署注采井时将井型分为定向井和水平井两种,结合相国寺地理环境、构造地质特点、完井需要及储气库注采井基本要求,针对常规尺寸定向井和大尺寸水平井,形成了以下两套井身结构方案(表 3-2-1、表 3-2-2),其中:导管下深 30~50m,封隔地表浮土层,为下开次安全快速钻井提供保障;表层套管下深 500~800m,封隔须家河煤层底部 100m 及周围 500m 范围内最低位置,降低下开次钻井安全风险;技术套管进入飞仙关下部或长兴组顶,封隔上部低压层段,为下步生产套管固井提供条件;油层套管进入梁山组底,封隔储层上部异常压力层,保证储气层盖层有效封隔,满足储层专打要求。

表3-2-1　定向井或大位移井井身结构方案表

开钻次序	垂深(m)	钻头尺寸(mm)	套管尺寸(mm)	套管下入地层层位	套管垂深(m)	环空水泥浆深(m)	固井方式
一开	50	660.4	508	须家河	49	地面	普通
二开	500~800	444.5	339.7	嘉陵江	498~798	地面	普通
三开	1670	311.2	244.5	长兴顶	1668	地面	普通
四开	2360	215.9	206.4+177.8	梁山组底部	2359	地面	悬挂回接
五开	2400	152.4	127	志留系	2310~2400		悬挂

定向井或大位移井井身结构方案主要满足储层专打,完钻后射孔完井,满足ϕ114.3mm的油管下入要求。

表3-2-2　大尺寸水平井井身结构方案设计表

开钻次序	斜深(m)	钻头尺寸(mm)	套管尺寸(mm)	套管下入地层层位	套管下深(m)	环空水泥返深(m)	固井方式
一开	30	914.4	762	须家河	29	地面	普通
二开	500	660.4	508	嘉陵江	498	地面	普通
三开	1600	444.5	339.7	长兴组顶	1598	地面	普通
四开	2700	311.2	244.5	梁山组底	2698	地面	悬挂回接
五开	3000	215.9	177.8	石炭系	2648~3000		悬挂筛管

大尺寸水平井井身结构方案主要是扩大一级井身结构设计,满足完井后下ϕ177.8mm油管要求。

2. 相国寺储气库注采井井身结构优化方案[3]

鉴于初期提出的上述两套井身结构方案分别在相储1、相储7、相储8井实钻过程中表现出一定的不适应性,因此,必须对相国寺储气库注采井的井身结构进行调整优化。

1)北部定向井和南部大位移井井身结构优化方案

经相储7井现场应用,证明定向井井身结构方案中的导管、表层套管及技术套管均下深合理,各层套管均能成功封隔上部地层复杂情况,满足下开次的安全快速钻进,而生产套管的下深可进一步优化下至石炭系顶部,其理由是相储7实钻中用上部钻井液(密度1.45g/cm^3)钻过石炭系进入志留系,未见石炭系井漏复杂,为进一步确保井筒的完整性及密封性,所有后续新钻井,其生产套管的下深可加深至石炭系顶部,见表3-2-3。

表3-2-3　定向井及大斜度井常用井身结构

开钻次序	垂深(m)	钻头尺寸(mm)	套管尺寸(mm)	套管下入地层层位	套管垂深(m)	环空水泥浆深(m)	固井方式
一开	50	660.4	508	须家河	49	地面	普通
二开	500~800	444.5	339.7	嘉陵江	498~798	地面	普通
三开	1670	311.2	244.5	长兴顶	1668	地面	普通
四开	2362	215.9	206.4+177.8	石炭系顶	2361	地面	悬挂回接
五开	2400	152.4	127	志留系	2310~2400		悬挂

2)北部大尺寸水平井井身结构优化方案

相储1井是首先实施大尺寸水平井井身结构方案的试验井,由于受φ720mm导管下深30m埋深限制,未将地表浮土层全部封隔,二开φ660.4mm井眼钻至井深47m出现地表窜漏,后续钻进中发生井壁持续失稳,加之地层出水、严重井漏等多种复杂并存出现,多次水泥补壁及强钻,耗时24天才钻至井深194.88m,严重影响了井架基础的安全,被迫填眼挪动井口位置重钻,损失时间75天。相储8井是大尺寸井眼第二口先导试验井,虽然在相储1井的基础上对导管的下深调整至54m(表3-2-4),未再出现井壁失稳与窜漏复杂,但相储8井在φ660.4mm、φ444.5mm、φ311.2mm三个井眼钻进中均见恶性井漏,据统计0~2200m井段共发生井漏50次以上,漏失钻井液总量20000余立方米,堵漏49次,消耗堵漏材料及水泥共1994t,损失时间143天。另外,由于该井在大尺寸井眼定向作业中,所遭遇的其他井下复杂也相应成倍增加,如钻具刚度与井眼轨迹曲率半径的不匹配、实际造斜率与设计造斜率的不对等、大井眼易垮塌地层的不稳定等问题,导致不能按设计造斜率执行和多次钻具与卡钻事故,最终导致该井两次侧钻。相储1井钻井周期长达555天,相储8井钻井周期长达464天,虽然改进后相储8井钻井周期得到控制,但仍远远大于该区域常规井眼尺寸钻井周期。因此,鉴于相储1井、相储8井实钻中的具体难度,为了更好地防漏治漏,保证井工程的完整性,优化后续大尺寸水平井采用表3-2-5井身结构方案,若四开钻井中未钻遇严重井漏复杂,地层承压能力又能满足固井要求,仍可能采用大尺寸完井。该套井身结构的优点增加了一层表层套管来封隔大井眼段上部须家河—嘉陵江组恶性井漏层与复杂;预设了一层φ244.5mm技术套管专层封隔茅口组采空区,未钻遇茅口组采空区仍可以钻至石炭系顶下套管;能进一步保证井工程的完整性。该套井身结构方案在同井组的相储10井得到成功应用,并取得了良好的效果,比如:防漏治漏、提高井工程完整性、降低钻井周期、极大地减少钻井投入等。

表3-2-4 相储8井大尺寸水平井井身结构方案

开钻次序	钻头		套管			水泥返至井深(m)
	尺寸(mm)	斜深(m)	尺寸(mm)	斜井段(m)	套管鞋层位	
一开	914.4	50~60	720	0~49	须家河	地面
二开	660.4	540	508	0~538	嘉四1	地面
三开	444.5	1460	339.7	0~1458	飞一	地面
四开	311.2	2668	244.5	0~1308	石炭系顶	地面
			244.5	1308~2666		
五开	215.9	3053	177.8	2616~3053	石炭系	筛管

表3-2-5 相储10井井身结构方案

开钻次序	钻头		套管			水泥返至井深(m)
	尺寸(mm)	斜深(m)	尺寸(mm)	斜井段(m)	套管鞋层位	
一开	914.4	50	720	0~49	须家河	地面
二开	660.4	450	508	0~448	嘉四3	地面
三开	444.5	950	339.7	0~948	飞一	地面

续表

开钻次序	钻头		套管			水泥返至井深(m)
	尺寸(mm)	斜深(m)	尺寸(mm)	斜井段(m)	套管鞋层位	
四开	311.2	2225	244.5	0~2223	茅底	地面
五开	215.9	2414	177.8	0~2073	石炭系顶	
			177.8	2073~2513		
六开	152.7	2712	127	2463~2712	石炭系	筛管

二、井眼轨迹设计与控制

(一) 井眼轨迹设计

1. 井眼轨迹剖面

为确保井筒质量,定向井井眼轨迹应尽可能简单,原则上设计采用"直—增—稳"三段制剖面;水平井井眼轨迹应尽可能平滑,原则上设计采用"直—增—稳—增—稳"五段制剖面。如果稳斜井段过长,造成稳斜非常困难,可增加转盘钻微增斜井段。

2. 造斜点及增斜段的选择

由于相国寺构造出露地层老,受地表水的溶蚀作用,在雷口坡和嘉陵江组地层存在恶性井漏层段,因此,造斜点和增斜段应尽可能避开恶性井漏层段。

3. 造斜率和最大井斜角的要求

为减少套管磨损和确保套管顺利下至井底,造斜率应尽可能小。由于相国寺地层出露比较老、地层比较硬,其轨迹与井眼台阶对每根均带扶正器的套管下入影响较大,因此建议造斜率应控制在:ϕ444.5mm 井眼 10~124.100m 以内、ϕ311.2mm 井眼 15~181.100m 以内、ϕ215.9mm 井眼 205.100m 以内。

(二) 井眼轨迹控制

1. 构造北部注采井井眼轨迹控制技术

相国寺构造北部主要部署的是大尺寸水平井与常规尺寸定向井。尤其是大尺寸水平井,川东地区所有已钻开发井上均未实施过大尺寸水平井钻进,对轨迹控制、造斜点选择、全角变化率对后续钻井与下套管的难度、大井眼易垮地层的危害等认识不足,特别是在出露相对较老的地层实施大井眼定向作业,无任何经验可供参考。北端注采井轨迹控制难点及技术思路:一是储层薄,狭长高陡构造地层倾角难以预测,很容易漂出储层钻进,在储层内水平穿越得不到保证,一旦钻出储层会影响储气层上下盖层的完整性,其技术思路为优化上部井眼轨迹,调整好入靶井斜及入靶方位,从而减小储层段定向难度。二是井漏严重制约定向措施的实施,导致无法按照设计的轨迹和措施实施,增加实现地质目标、避茅口组采空低压缝洞发育区的风险,其技术思路为漏失层设计为稳斜,不考虑增斜。该方案的调整虽然在一定程度上提高了造斜点,但预留了钻遇严重井漏井段可以强钻无须定向的技术思路,避免出现下步为满足入靶要求强力增斜而影响生产套管的固井,从而降低井筒的完整性风险。三是硬地层大尺寸井眼定向,无经验可循,对钻柱刚度与井眼的适配性缺乏认识,其技术对策为严格控制狗腿度。

下面以相储8井为例,通过系统、综合、平衡研究后,阐述解决上述困难的措施与方法。

相储8井地质目标要求:相储8井处在构造的②、④号断层之间,与老井相7井同井场,地质要求从构造短轴西翼越过高点、在东翼实施水平井钻进。在以上难度基础上又增加了防碰、过构造高点的技术要求,见图3-2-1。同时地质设计给出的下二叠统缝洞发育区分布与目标钻进方向一致,说明本井钻遇低压漏区的几率非常大,见图3-2-2。

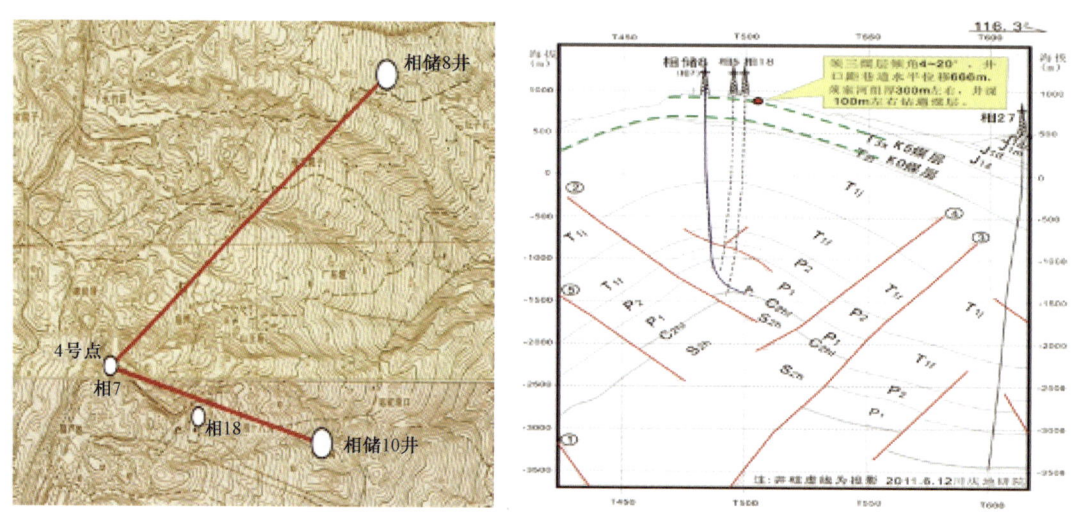

图3-2-1 目标位置、煤层垂向、断层关系图

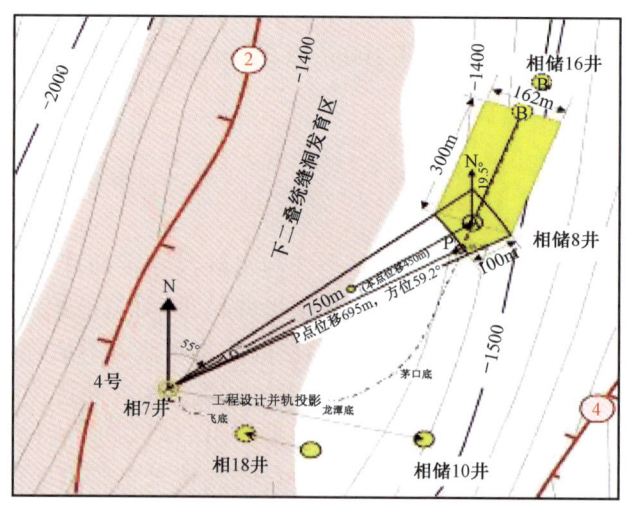

图3-2-2 下二叠统缝洞发育区分布与目标钻进方向关系图

目标轨迹设计与控制:根据上述地质目标严格要求(表3-2-6)与地下复杂情况,在经过系统、综合、平衡、充分权衡利弊后,最终采取了大漏井段不定向、气体钻进井段不定向与提高

漏层承压能力后立即实施定向相结合,严格控制井眼狗腿度,密切监测层位与地层倾角,适当留有定向余地的设计实施原则;选择在下技术套管后的飞仙关组实施第一次定向、过二叠统缝洞发育区后实施第二次定向、栖霞补充调整定向、大井眼狗腿度控制在5°/30m以内的技术思路;同时考虑在680m左右实施防碰绕障作业。实施了"直—增—稳—扭(同时微增斜)—增(到入靶点A)—稳"井眼控制技术。该套方案节约了定向作业井段,避免了井漏时定向而发生卡钻、狗腿度过大给后续钻井与下套管带来难度的风险。井眼轨迹控制参数见表3-2-7,井眼轨迹垂直投影图及平面投影见图3-2-3。

表3-2-6 目的层轨迹地质设计参数表

靶点名	水平位移(m)	位移方位(°)	井斜角(°)	地层倾角(°)	海拔(m)	垂深(m)	备注
石炭系顶界P	695	59.2	74.3	11.0	-1405	2360	位移及方位自井口起算 P、A长70m,方位19.5°
入靶点A	750	55.8	82.4	7.6	-1425	2380	
出靶点B	300	19.5	82.4	7.6	-1465	2420	自A点起算

表3-2-7 相储8井轨迹剖面参数控制表

井段	井眼尺寸(mm)	斜井段(m)	垂深(m)	井斜(°)	钻井方式
直井段	914.4/660.4/444.5	0~680	680	0~3	转盘钻
绕障井段	444.5	680~980	977	3~8	螺杆定向
稳斜段	444.5/311.2	980~1480	1476	8~3	转盘钻
增斜段	311.2	1480~1682	1668	3~30	转盘钻
稳斜段	311.2	1682~2098	2028	30	螺杆定向
定向增斜段	311.2	2098~2639	2353	30~74.2	螺杆定向
稳斜段(P点)	311.2	2639~2700	2369	74.2	转盘钻
增斜(靶点)	311.2/215.9	2700~2753	2380	74.2~82.4	定向+复合
井底	215.9	2753~3053	2420	82.4	

2. 构造南部注采井井眼轨迹控制技术

由于构造南部须家河地层煤矿开采巷道分布复杂,且部分煤矿仍在开采,为了更好地保障安全钻井和井工程长期安全与完整性,并实现整个储气库均衡注采,方案采取了将构造南部需钻的注采井全部移至库区外实施(库区外9号、11号点井场)。一是水平位移大大增加,最小已达到1500m以上;二是垂深减少300~400m,水垂比达到(0.8~0.9):1;三是增加了在嘉陵江必须远离4号断层100m以上的地质完整性要求;四是地质不仅有入靶出靶要求,而且要求沿地层倾向层面钻进,增加储层钻进长度,且完井封隔器坐封井段要求井斜角不大于50°,闭合方位非自然造斜方向,这极大地增加了井眼轨迹的设计难度,也给工程轨迹控制提出了巨大挑战。构造南部注采井多控制目标大位移水平井轨迹关键控制点描述见表3-2-8。

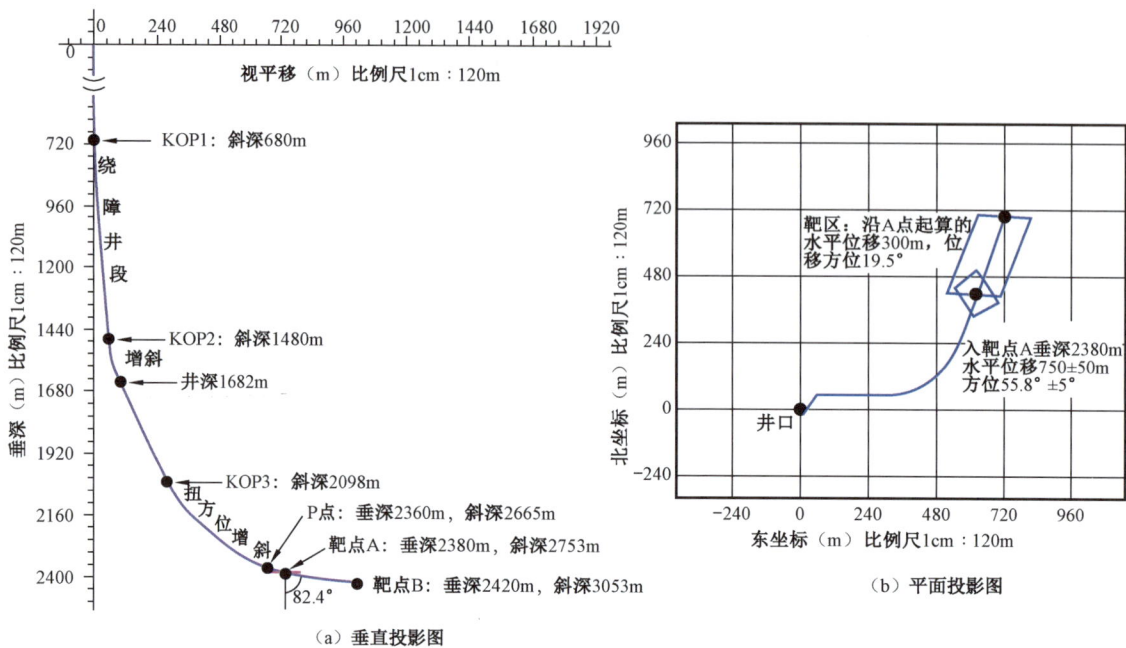

图 3-2-3　井眼轨迹垂直投影图及平面投影图

表 3-2-8　构造南段多控制点描述表

轨迹控制点	水平位移（m）	方位（°）	井斜角（°）	地层倾角（°）	垂深（m）	关键控制点描述
J_1z 底	50	294	25	30~35	310	封隔构造主体采煤层位
T_1f 底	1090	294	52	30~35	1490	避开断层
P_2l 底部	1300	294	52	30~35	1650	过原始高压或采空井漏区且必须扭方位
储层 A 点	1630	212	75	3.3（预计）	1970	入靶井斜角、方位角、闭合距要求严格，只允许进入储层斜深 1~2m，卡层与钻井控制极难
出靶点	1693	212	90~93.5	3.3（预计）	1970	储层仅 8~10m 厚，需穿越 150m 以上完钻，在地层倾角无准确数据情况下，要求不准钻穿储层触底、也不能钻回盖层触顶

以 9 号井组的相储 11 井为例，井底闭合距达到了 1600m 以上（垂深 1970m），必须采取三维轨迹空间设计，且需在 φ444.5mm 大井眼从井口 70m 井深就开始定向施工，在下二叠系增加一次定向扭方位作业，在增加入靶井斜至 75°的同时调整入靶方位，使井眼轨迹顺地层层面或与地层真倾角呈一定夹角方向钻进，为薄储层实施水平井、提高储层钻遇率创造了条件，见图 3-2-4 和表 3-2-9。

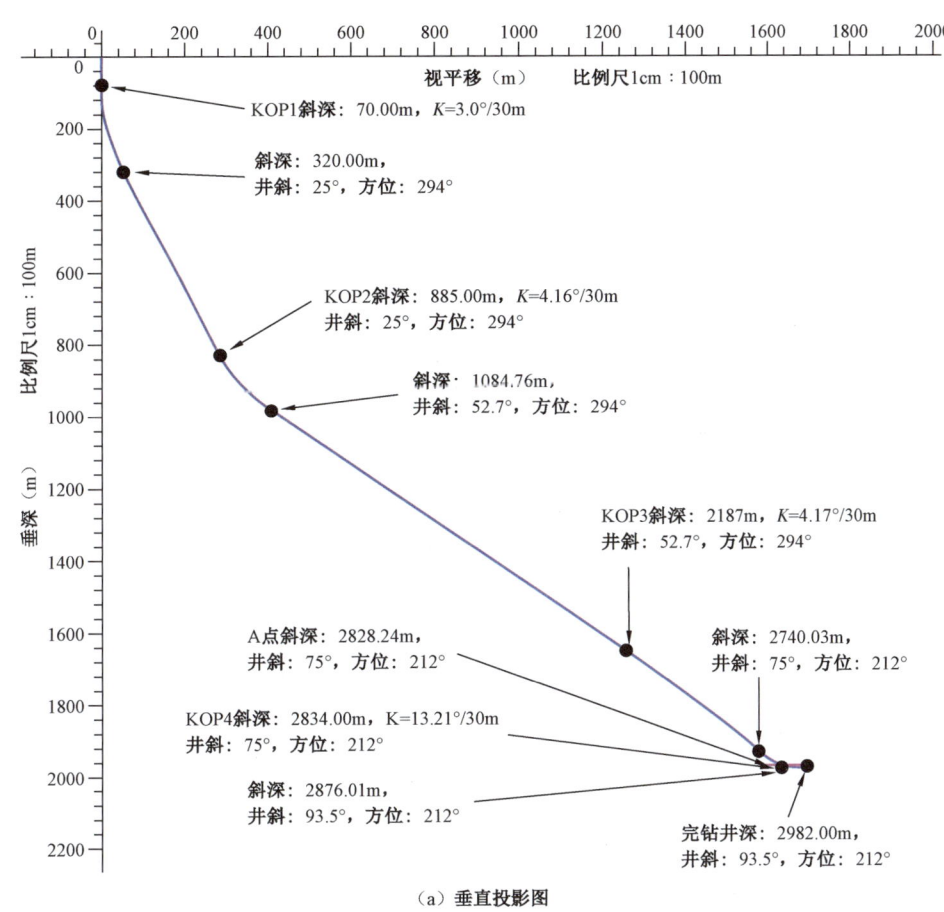

(a) 垂直投影图

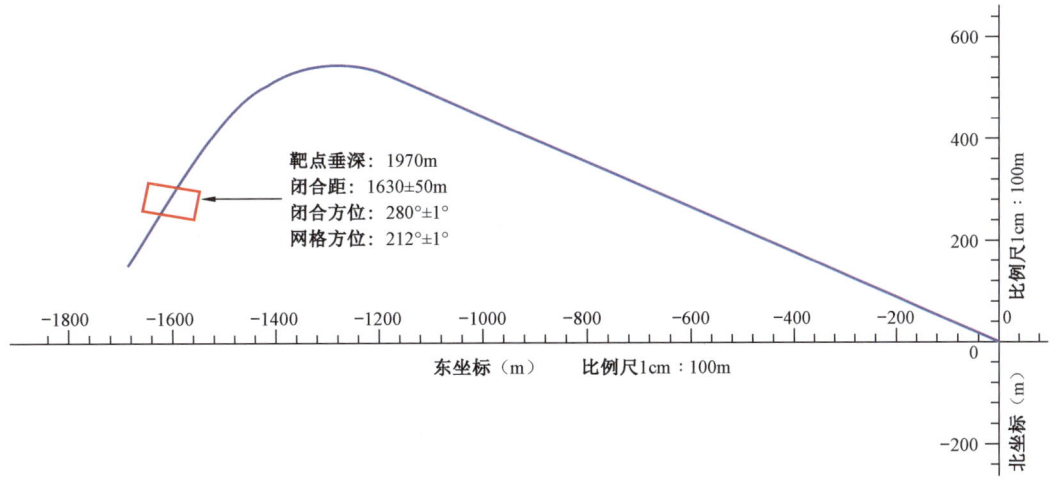

(b) 水平投影图

图 3-2-4　相储 11 井定向轨迹垂直投影图及水平投影图

表 3–2–9　相储 11 井定向轨迹剖面参数表

井段	井眼尺寸(mm)	斜井段(m)	垂深(m)	井斜(°)	钻井方式
直井段	660.4/444.5	0~70	70	0	转盘钻
定向增斜段	444.5	70~320	312	0~25	螺杆定向
稳斜段	444.5/311.2	320~885	824.21	25	转盘/螺杆
增斜段	311.2	885~1085	978.27	25~52.7	螺杆定向
稳斜段	311.2/215.9	1085~2187	1646.21	52.7	转盘/螺杆
增斜扭方位段	215.9	2187~2740	1947.17	52.7~75	螺杆定向
稳斜段	215.9	2740~2834	1971.49	75	转盘/螺杆
增斜段	149.2	2834~2876	1975.68	75~93.5	螺杆定向
稳斜段	149.2	2876~2982	1969.21	93.5	螺杆复合

（三）井眼轨迹监测

井眼轨迹的控制方式与监测仪器应根据地质目标要求的难易程度以及工具适用条件与井下条件综合选定。在经过工程、地质、仪器等工程师会审后纳入井眼轨迹方案设计中，储气库注采井对井工程完整性要求较高，因此应优先选用成熟工艺和监测工具。

1. 轨迹控制工具及工艺

直井段主要采取钟摆钻具或塔式钻具组合尽可能打直（气体钻进井段尽可能采用空气锤防斜打直）；若目标靶区在地层自然造斜方向，且水平位移较大时，可在表层套管固井后，充分利用地层自然造斜规律钻进，减少下部井段钻井难度；造斜段采用弯螺杆钻具滑动钻进；稳斜段采用小角度弯螺杆钻具配合转盘复合钻进或采用微增斜钻具转盘钻进；水平井的水平段（储层段）采用旋转地质导向加地质综合录井跟踪储层，确保储层水平段钻进中"上不碰顶部盖层、下不触底部托层"，见表 3–2–10。

表 3–2–10　轨迹控制及监测方式

注释	钻井方式	监测方式
直井段	塔式/钟摆防斜打直	单点（电子多点） （丛式井间距小采用陀螺监测）
造斜段	1°或 1.25°弯螺杆滑动钻进定向造斜	MWD （气体钻进采用 EMWD）
稳斜段 （微增斜井段）	0.75°弯螺杆+转盘钻复合稳斜钻进 （或微增斜钻具组合转盘稳斜钻进）	MWD
水平段	旋转导向钻进 （转盘稳斜钻进）	旋转导向系统 （气体 EMWD 或液体 MWD）

2. 监测方式

直井段主要采用单点或电子多点监测,单点监测间距不得大于 50m,多点测斜间距不大于 30m;造斜段、稳斜段以及扭方位增斜段均采用 MWD 无线随钻监测仪监测井眼轨迹;水平段(储层段)采用 MWD 与旋转地质导向跟踪储层。旋转导向钻进主体采用"旋转地钻头+旋转导向系统+GVR6(电阻率、成像测井、伽马)+ECOSCOPE(伽马、中子、密度、井径)+TELE-SCOPE(MWD)+钻具"等钻具组合。

3. 丛式井防碰措施

杜绝井眼相碰是储气库井工程完整性的重要要求。因此,丛式井组第一口井直井段应采用电测(电子多点),甚至陀螺仪取得准确的井斜、方位数据,为后期所钻井防碰提供依据。若是利用老井场钻丛式井,应在老井封堵时,对老井眼进行陀螺测井,并与原数据进行对比。对于井间距离较小(小于 5m),更应加强防碰设计分析和施工轨迹控制。钻进中若井间距小于 5m 或分离系数小于 2 时,应采取必要的防碰措施,确保井眼不相碰。

三、钻井工艺

(一)钻井方式优选[3]

通过对已完钻井分析可知,须家河—嘉陵江地层极易井漏;库区内煤矿、石膏矿多,有的区域存在大片采空区;储气层石炭系之盖层梁山组地层极易垮塌;相国寺构造存在多个已开发产层,如茅口组、石炭系两个产层采空程度非常大,压力系数仅为 0.1~0.2,井漏失返风险大。

相国寺构造井漏主要以裂缝和溶洞为主的恶性井漏,伴钻遇采空低压区严重井漏类型。尤其在构造主体部位上部署的注采井,井漏地层多为中下统三叠系碳酸盐岩,由于长期地下水的侵蚀,裂缝、溶洞发育,井漏十分严重,且长兴、茅口组、石炭系产层采空程度大、压力系数低,一旦钻遇采空低压区,发生严重井漏的可能性非常大,防漏治漏非常困难,给钻探造成巨大的经济损失。

通过对相国寺构造井漏类型、可能钻遇的复杂情况以及储气库对注采井完整性管理要求,在分层、分井段研究地层漏失压力系数、可能钻遇的各类复杂情况基础上进行钻井方式优选。对采用常规钻井液、气体钻(空气或氮气)、钻井液性能要求、对付复杂的措施等进行研究确认。

1. 嘉陵江及以上地层钻井方式

构造北部:相国寺北部嘉陵江及以上地层井漏异常严重,相国寺构造开发井在 1000m 以内多数钻遇严重井漏,常规钻井液钻井通常井漏损失大,需大量水资源,且有漏入浅表地层污染浅表水的风险,一般只有边钻边堵、混桥浆钻进,任何堵漏措施效果均不明显。一旦混桥浆打钻或携带岩屑不好,甚至可能造成卡钻、井眼报废的风险。针对这一具体问题,为提高注采井钻井速度、确保钻井成功,该段推荐气体钻井方式钻进。经过前期先导试验井相储 7 井、相储 1 井、相储 8 井的现场实践,证实该方式不仅可以成功钻过上述漏层,大大节约处理井下复杂时间和井漏损失,还可大幅度提高该井段的钻井速度,为缩短钻井周期做出了突出贡献。

构造南部:由于其部署井为了远离煤矿开采巷道、已部署在主体构造之外的山下,实施大斜度井完成地质目标,相对于构造北部,嘉陵江及以上地层井漏情况相对较小,且需从井深 70m 就开始作业,同时还要避开嘉陵江断层 100m 以上,因此,研究推荐采用常规钻井液钻进。如先导试验井相储 22 井采用常规钻井液钻进,只遇微漏,采用随钻堵漏剂,立即堵漏成功,且不影响定向作业。

2. 长兴—梁山组地层钻井方式

长兴—梁山组地层有三个气藏及 2 个易垮塌井段,地层流体含有 H_2S 等有毒气体,同时多数注采井均必须在该井段实施定向井作业以及因地质目标对轨迹的井斜方位调整作业,才能最终实现地质目的,因此,该段主要采用钻井液钻进。钻井液柱压力需要平衡三个气藏、防止 2 个易垮塌井段的应力与水敏垮塌,还需要考虑防止 H_2S 等有毒有害气体对钻井液的污染。因此,加强钻井液的抑制性和防塌性尤为重要,同时备用钻遇茅口组气藏采空区的防漏治漏措施,以及构造南部钻遇高压的防井涌井喷等井控措施。

3. 石炭系地层钻井方式

相国寺构造石炭系气藏经过多年开采后,采空程度已达 96.6%,地层压力异常低压,相储 7 井 1.45g/cm³ 的聚磺钻井液直接钻完石炭系,全井段未发生井下井漏复杂,侧钻井段采用 1.06~1.08g/cm³ 的低密度聚磺钻井液也未发生井漏复杂,说明相国寺构造石炭系虽然地层压力异常低,但在优质无固相钻井液的护壁作用下,其漏失压力相对较高,因此,石炭系地层仍可采用低密度 1.06~1.08g/cm³ 优质钻井液钻进。

在以上分析研究基础上,形成了有针对性的钻井方式、钻井液体系以及对付井下复杂的对策,见表 3-2-11 和表 3-2-12。

表 3-2-11 构造北部井钻井方式选择

开次	层位	钻井方式	钻井液体系	预计井下复杂情况及对策
一开	须家河	常规钻井	高粘聚合物钻井液	地表井漏,快速钻完表层固井
二开	须家河—嘉陵江	气体钻井	备用聚合物无固相	地表情况复杂,井漏严重,地层稳定性较好,先导试验井相储 7 井气体钻井应用效果非常好。首选气体钻井,若采用钻井液钻进,必须搞好堵漏工作,提高地层承压能力
三开	嘉陵江—飞仙关组	气体钻井	备用聚磺钻井液	
四开	长兴组—石炭系顶	常规钻井	聚磺钻井液	长兴组、茅口组可能钻遇高压气藏井喷或低压井漏,必须储备高密度钻井液及堵漏剂,提高钻井液抗硫化氢污染能力,加强钻井液封堵能力
				龙潭组、梁山组为易垮塌层,要求提高钻井液抑制性及封堵能力,严格控制高温高压滤失量
五开	石炭系—志留系	常规钻井	聚磺钻井液	地层压力系数低,防止出现恶性井漏,选用优质低密度钻井液,以加强储层保护

表 3-2-12 构造南部井钻井方式选择

开次	层位	钻井方式	钻井液体系	预计复杂情况及对策
一开	自流井	常规钻井	高粘聚合物钻井液	地表井漏。快速钻完表层固井
二开	自流井—嘉陵江	常规钻井（备用气体）	聚合物钻井液	井漏。该井段定向造斜,首选聚磺钻井液钻进,并提高钻井液防塌性能。储备足够堵漏材料
三开	嘉陵江—飞仙关组	常规钻井（备用气体）	聚磺钻井液	井漏。该井段定向造斜,首选聚磺钻井液钻进,提高钻井液抗膏盐污染能力和防漏堵漏能力。储备足够堵漏材料
四开	长兴组—石炭系顶	常规钻井	聚磺钻井液	长兴组、茅口组钻遇可能钻遇高压气藏井喷或低压井漏,必须储备高密度钻井液及堵漏剂,提高钻井液抗硫化氢污染能力,加强钻井液封堵能力
四开	长兴组—石炭系顶	常规钻井	聚磺钻井液	龙潭组、梁山组为易垮塌层,要求提高钻井液抑制性及封堵能力,严格控制高温高压滤失量
五开	石炭系—志留系	常规钻井	聚磺钻井液	地层压力系数低,防止出现恶性井漏,选用优质低密度钻井液,以加强储层保护

(二)气体钻井防漏提速技术

通过对已完钻井的调研,须家河—嘉陵江地层极易井漏,同时含有硫化氢;库区内煤矿、石膏矿多,有的区域存在大片采空区。研究总结相国寺储气库嘉陵江及以上地层的漏失特点是:漏失速度大,漏失段长、多,漏层的地层压力梯度均小于静水柱压力。因此,一旦井下发生漏失,即使采用清水强钻也很难再建立井筒循环,还有窜入煤矿开采巷道的风险;采用常规的堵漏技术很难达到预期的堵漏效果,特别是在缺水的井区会严重影响施工进度,增加钻井成本,且很容易导致携砂不好、下漏上垮造成卡钻复杂事故。因此采用气体钻非常必要。

气体钻井虽然具有解决低压漏失井段钻井问题、获得更高的钻井速度、降低钻井作业成本、提高效益等技术优点,但也有它的局限性,如地层出水后的井壁稳定和卡钻问题、含硫地层的安全及井控风险控制问题等。因此,必须针对相国寺构造的具体情况,优化相国寺储气库注采井气体钻井方案,落实地层出水后的井壁稳定措施、防卡钻措施、制定井控风险控制和含硫地层安全钻井措施。

1. 地层油气水分布评价

相国寺储气库属丘陵地貌,以山地为主,地表水相对不丰富,且受雨季控制,一般雨季地表水相对较多,且地表水深度 50~100m 较多。在构造北部区域深度 200m 以后即使地层出水,由于地层岩石主要为灰岩,也不易导致井壁失稳,虽然气体钻井有一定困难,但采用充气钻井和加大气体排量能克服,且井身结构设计了在 500m 下表层套管封固,钻井时间缩短,使这一问题得到了解决,也使下一开气体钻井更顺利。但由于嘉陵江—飞仙关段地层有气显示且含 H_2S,安全措施尤为重要,防燃爆与中毒是重中之重。例如相储 1 井在井深 354.00m(嘉四)就开始在出口测得有微臭味,相储 8 井氮气雾化钻进至井深 762.79m(距嘉二底 80m),H_2S 达满量程 151.8mg/m³。

2. 井壁稳定性评价

老井实钻资料显示,仅相5井在使用钻井液中,地表地层曾出现井壁失稳垮塌,导致钻具卡钻事故,其余井在清水钻进中井壁稳定。

从构造北部地层出露须家河,到适应气体钻井的低压井段飞仙关底部,多数是以灰岩为主,不易垮塌,只有须家河地层中页岩和煤层有垮塌风险,但表层钻井时间非常短且钻后被表层套管封隔,给气体钻井创造防垮塌的条件。另外构造北部出露层为须家河,层地层倾角大,在10°~30°之间,气体钻井也有利于防斜打直。

3. 气体钻井方案

(1)气体钻进井段:须家河—飞仙关。

(2)井眼尺寸:ϕ444.5mm/ϕ311.2mm 井眼与 ϕ660.4mm/ϕ444.5mm 井眼。

两类井身结构的气钻钻井参数见表3-2-13。

表3-2-13 相国寺储气库气体钻井参数设计

井段 (m)	井眼尺寸 (mm)	层位	地层压力当量密度 (g/cm^3)	介质	钻压 (kN)	转盘转速 (r/min)	立压 (MPa)	气体排量 (m^3/min)
50~500	660.4	须家河—嘉三	1.0	空气	20~40	20~40	≤2.5	200~400
500~1550	444.5	嘉三—飞一	1.0	氮气	20~40	20~40	≤2.5	150~200
50~500	444.5	须家河—嘉三	1.0	空气	20~40	20~40	≤2.5	150~330
500~1602	311.2	嘉五—长兴顶	1.0	氮气	20~40	20~40	≤2.5	120~180

(3)气体安全钻井措施与复杂预防:若钻遇地层出水,可转为雾化、充气钻井;若钻遇硫化氢,可转为充气钻井后,泵入加除硫剂0.5%~1%水或低密度钻井液,调整pH值大于9.5;若出现井漏严重,且漏气不漏砂时,应及时采取堵漏措施,再转换成常规钻井液钻进。

(4)出现以下情况之一时,应结束气体钻井:

地层产出流体中硫化氢浓度超过75mg/m^3,或作业环境中硫化氢浓度持续大于15mg/m^3;钻进或循环状态下持续30min监测到全烃显示;井眼条件不能满足施工要求;岩屑池不能满足施工要求等均应结束气体钻井作业。

(三)优选PDC钻头与螺杆快速钻进技术

相国寺储气库长兴—梁山组地层有三个气藏及2个易垮塌井段,地层流体含有H$_2$S等有毒气体,同时需要满足定向作业施工需要,因此该段主要采用钻井液钻进。由于长兴组地层由于地层含燧石结核及硅质灰岩,单只钻头进尺及机械钻速均较低,尤其是部分PDC钻头钻遇燧石结核及硅质灰岩后损伤严重,机械钻速低,起下钻频繁。为探索二三叠系地层提速空间,在总结前期相储7井等几口先导试验井使用各厂家钻头、螺杆取得的经验的基础上,优选了哈里伯顿的FX64D或MM64DH钻头,并积极探索全井段PDC钻头和螺杆钻进模式,确定分区块、分井段钻井提速试验方案,在南段相储19井二叠系地层开展PDC钻头+螺杆+MWD全程提速试验,该井长兴~石炭系段平均机械钻速2.44m/h,同比邻井相储22井提高机械钻速

164%,北段几口提速井二叠系地层平均机械钻速2.96m/h,同比提高了134%,优选PDC钻头+螺杆快速钻进技术的推广应用成功,为该地层钻井提速提供了新的途径[4](表3-2-14)。

表3-2-14 相国寺储气库二叠系井段PDC钻头+螺杆提速对比情况

项目	北段								南段		
	前期试验井			提速井					前期井	提速井	
	相储1	相储7	相储8	相储3	相储16	相储15	相储6	相储4	相储22	相储19	相储2
钻速(m/h)	1.21	1.31	1.24	3.02	2.89	3.20	2.81	2.90	0.92	2.44	2.57
平均钻速(m/h)	1.26			2.96					0.92	2.48	

第三节 注采井固井

储气库注采井固井质量是实现储气库长期安全、高效运行的关键。针对相国寺储气库注采井井筒内气流双向流动、流速高、流量大、井筒内周期性高压低压变化、套管柱承受交变应力等特点,要求管柱寿命长,选用韧性水泥浆,采用管外封隔器和气密封螺纹管柱、地层承压井眼准备技术、优化预应力固井等固井工艺、超声波成像测井等系列先进技术,解决了超低压漏失、枯竭层的固井施工问题,保证了复杂井筒条件下的井筒密封完整性[4,5]。

一、水泥浆体系评价与优选

相国寺储气库注采井固井韧性水泥浆体系需满足表3-3-1力学性能指标,因此,储气库注采井固井前,应根据地层、套管力学性能和储气库运行压力对水泥石力学性能进行分析,对水泥浆体系进行评价与选择。

表3-3-1 韧性水泥浆体系力学性能指标要求

密度 (g/cm³)	48h抗压强度 (MPa)	7d抗压强度 (MPa)	7d抗拉强度 (MPa)	7d杨氏模量 (GPa)	7d气体渗透率 (mD)	7d线性膨胀率 (%)
1.90	≥16.0	≥28.0	≥2.3	≤6.0	≤0.05	0~0.2
1.80	≥15.0	≥26.0	≥2.2	≤5.5	≤0.05	0~0.2
1.70	≥14.0	≥24.0	≥2.0	≤5.0	≤0.05	0~0.2
1.60	≥12.0	≥22.0	≥1.8	≤4.5	≤0.05	0~0.2
1.50	≥10.0	≥20.0	≥1.7	≤4.0	≤0.05	0~0.2
1.40	≥8.0	≥18.0	≥1.5	≤3.5	≤0.05	0~0.2
1.30	≥7.0	≥16.0	≥1.3	≤3.0	≤0.05	0~0.2

(一)国产柔性自应力水泥浆开发评价

在相国寺储气库建设之前,通过采取水泥环失效的力学模型分析及水泥石力学性能评价,开展水泥环水力胶结失效机理及对策研究,采用了如图3-3-1的技术路线,强化了对功能性增韧材料,水泥浆体胶结改性阻裂等材料筛选评价,形成了基本体系;加强了对所要使用韧性水泥浆的性能进行第三方评价,重点按规范要求评价"水泥石的弹性模量、膨胀率、自应力和抗压强度"等指标,提高了现场实施的成功率,且很好地保证了固井质量和水泥环完整性。另外,国产柔性自应力水泥浆在相国寺储气库注采井固井应用之前,还开展了水泥浆其他外加剂与复配性能评价,先在与相国寺储气库注采井具备相同条件或高于储气库条件的开发井使用成功后,才逐步应用到储气库注采井表层套管、技术套管,再到油层套管。采取这一严谨的技术思路与做法,很好地保证相国寺储气库固井水泥环的密封完整性。

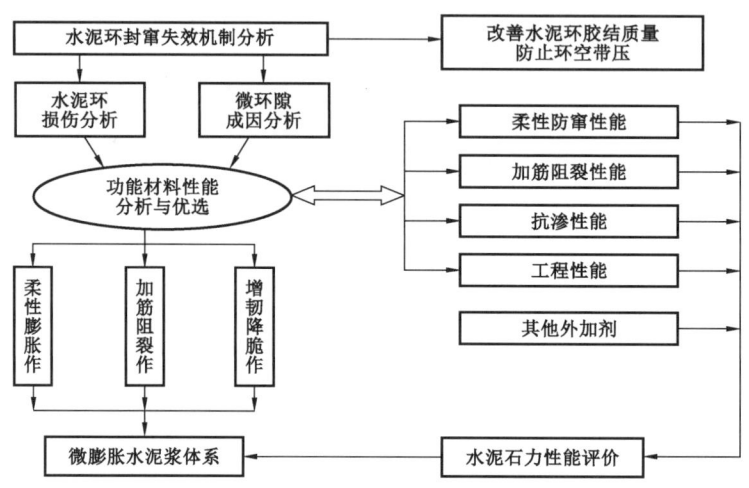

图3-3-1 评价技术路线

(二)储气库所用韧性水泥浆的性能评价

按照《储气库固井韧性水泥浆技术要求(试行)》(油勘[2012]162号文件)规范中的水泥浆性能评价方法,选择了斯伦贝谢公司弹性水泥浆体系、哈里伯顿公司弹性自愈合水泥浆体系、国产柔性自应力水泥浆体系进行严格的第三方对比室内实验,其结果见表3-3-2、表3-3-3。实验数据表明,三种水泥浆均能基本满足《储气库固井韧性水泥技术要求(试行)》的要求,现场实践中,为确保固井质量,综合费用成本等因素,相国寺储气库注采井油层套管悬挂固井均使用进口的弹性水泥浆体系[5],技术套管和大部分油层套管回接固井使用国产柔性自应力水泥浆体系。

表3-3-2 三种水泥浆体系外掺剂比例及基本性能参数

项目	指标要求	哈里伯顿公司弹性自愈合水泥浆体系	国产柔性自应力水泥浆体系	斯伦贝谢公司弹性水泥浆体系
柔性外掺剂比例	≤0.02	7.8%~8.5%	11.5%~13%	49.5%~51%
密度(g/cm^3)		1.82	1.89	1.68
稳定性(g/cm^3)	≤0.02	0	0	0
流动度(cm)	≥18	19.5	21	21.5
API 失水量(mL)	≤50	26	14	25
游离液(%)	0	0	0	0

表 3-3-3　三种水泥浆体系水泥石实测性能

项目	指标要求	哈里伯顿公司弹性自愈合水泥浆体系水泥石	国产柔性自应力水泥浆体系水泥石	斯伦贝谢公司弹性水泥浆体系水泥石
48h 抗压强度（MPa）	≥15.0	20.7	21.5	22.3
7d 抗压强度（MPa）	≥26.0	26.3	30.4	24.7
7d 抗拉强度（MPa）	≥2.2	3.06	3.4	2.61
7d 杨氏模量（GPa）	≤5.5	2.2	2.7	3.1
7d 气体渗透率（mD）	≤0.05	0.001124	0	0.0095
7d 线性膨胀率（%）	0~0.2	0.063	0.015	0.02
泊松比		0.3155	0.4321	0.2165

（三）储气库注采水各层套管水泥配方方案

根据上述评价研究，相国寺储气库注采井技术套管和生产套管固井均采用韧性水泥浆体系，其中油层悬挂（部分）采用进口弹性水泥浆体系，技术套管和（部分井）回接套管采用国产柔性水泥浆体系。进口水泥浆体系主要包括斯伦贝谢公司弹性水泥浆体系、哈里伯顿公司弹性自愈合水泥浆体系。各层套管水泥浆体系配方方案见表 3-3-4。

表 3-3-4　各层套管水泥浆体系配方方案

套管程序	水泥浆	隔离液
导管	G 级水泥 + 催凝剂 + 消泡剂	配浆水
表层套管	柔性自应力水泥体系：柔性自应力水泥 + 多功能纤维 + 减阻剂 + 堵漏剂 + 催凝剂 + 消泡剂 + 降失水剂	配浆水
技术套管	两凝柔性自应力水泥体系：两凝柔性自应力水泥 + 降失水剂 + 分散剂 + 缓凝剂 + 稳定剂 + 消泡剂 + 防沉降剂 + 多功能纤维	配套隔离液
油层悬挂	两凝弹性自愈合水泥浆：两凝弹性水泥 + 降失水剂 + 分散剂 + 缓凝剂 + 稳定剂 + 消泡剂 + 防沉降剂 + 多功能纤维	配套隔离液
油层回接	弹性水泥浆或柔性自应力水泥：弹性水泥/柔性自应力水泥 + 降失水剂 + 分散剂 + 缓凝剂 + 稳定剂 + 消泡剂 + 防沉降剂	配套隔离液

若井漏、地层承压不起可采用高低密度水泥浆，一般是油层套管管鞋以上 300~500m 井段采用高密度快干水泥浆，上部井段采用 1.35~1.45g/cm^3 缓凝低密度水泥浆，保障固井水泥返高达到要求，同时防止和减少茅口组、长兴组储层的低压漏失，确保固井质量。

二、固井套管选择及管柱结构

（一）固井套管选择及强度校核

套管强度首先应按标准《套管柱结构与强度设计方法》（SY/T 5724—2008）进行设计，其次应充分考虑储气库注采井长生命周期性交变应力和定向井弯曲应力的影响，考虑其套管磨损等问题，以确保注采井全生命周期井筒安全。套管选择与强度校核原则是：

（1）老井钻井已经证实嘉陵江、飞仙关、长兴和茅口组等地层都含有硫化氢,因此,技术套管和油层套管都应选择抗硫、气密封螺纹套管。

（2）完井储层段尾管选择使用防砂筛管,防止井壁垮塌和出砂堵塞井眼以及冲蚀油管。

（3）气密封螺纹套管设计入井前做气密封检测,不合格者不得入井。

（4）水平井中 ϕ244.5mm 生产套管根据完井试油施工需要,造斜点后井段设计采用95S-3Cr 套管防止 CO_2 腐蚀。

（5）为确保储气库水体监测井与储气库注采井一致,达到30~50年的运行周期,储气库水体监测井的各层套管钢级与螺纹、壁厚与注采井套管相同。

（6）管柱安全系数与壁厚可以参考标准适当提高,可考虑10%~20%提高。

（7）管外封隔器需与尾管悬挂器同时考虑其坐封方式与压力等级。

定向井套管强度校核结果见表3-3-5、水平井套管强度校核结果见表3-3-6。

表3-3-5 定向井套管强度校核

套管程序	垂深(m)	规范 尺寸(mm)	规范 螺纹	钢级	壁厚(mm)	抗外挤 额定强度(MPa)	抗外挤 安全系数	抗内压 额定强度(MPa)	抗内压 安全系数	抗拉 额定强度(kN)	抗拉 安全系数
导管	0~49	508	偏梯	J-55	11.13	3.6	7.13	14.5	50	6236	105
表层套管	0~498	339.7	偏梯扣	J-55	10.92	10.6	2.08	21.3	—	4559	10.01
技术套管	0~1668	244.5	气密封扣	95S	11.99	35.1	3.05	51.7	1.85	4626	2.48
油层套管	0~200	206.4	FJ	95S	16.00	93	—	71	2.21	3452	3.02
油层套管	200~1568	177.8	气密封扣	95S	11.51	67.15	3.17	65.64	2.08	3480	3.50
油层悬挂	1568~2361	177.8	气密封扣	95S	11.51	67.15	2.09	65.64	4.37	3480	9.37
悬挂	2311~2361	127	长圆扣	80S	9.19	72.33	2.58	69.91	—	1710	—
悬挂	2361~2400	127	防砂筛管								

表3-3-6 水平井套管强度校核

套管程序	斜深(m)	规范 尺寸(mm)	规范 螺纹	钢级	壁厚(mm)	抗外挤 额定强度(MPa)	抗外挤 安全系数	抗内压 额定强度(MPa)	抗内压 安全系数	抗拉 额定强度(kN)	抗拉 安全系数
表层套管	0~540	508	偏梯	J-55	12.7	5.3	1.06	16	—	7099	9.16
技术套管	0~1460	339.7	气密封扣	95S	12.19	16.1	3.5	41.2	1.32	8216	5.17
生产套管	0~1308	244.5	气密封扣	95S	11.99	35	1.53	56	2.00	5734	3.09
生产套管	1308~2361	244.5	气密封扣	95S-3Cr	11.99	35	1.10	56	3	4587	5
悬挂	2361~2380	177.8	长圆	80S-3Cr	10.36	48	—	56	—	3007	—
悬挂	2380~2420	177.8	筛管								

(二)固井方式及套管串结构方案

经过优化设计,确定了固井方式及套管串结构方案,见表3-3-7。

表3-3-7　固井方式及套管串结构方案

套管程序	固井方式	水泥浆返高	套管串结构	备注
导管	内插管固井	地面	引鞋+套管+联顶节	
表层套管	内插管固井	地面	引鞋+套管+插座+套管	做好正反注水泥浆准备
技术套管	常规固井(双胶塞)	地面	加长引鞋+套管鞋+套管1~2根+浮箍+套管3~5根+浮箍+套管+管外封隔器+套管	钻井时若发生井漏则堵漏提高地层承压能力,并做好反注水泥准备,确保该层套管固井质量
油层套管	悬挂固井	喇叭口以上100m	加长引鞋+套管鞋+套管1~2根+浮箍+套管3~5根+浮箍+套管1~2根+碰压总成+套管+管外封隔器+套管	钻井时若发生井漏则堵漏提高地层承压能力,管外封隔器尽可能安放套管柱下端,阻隔石炭系储层与上部储层连通
	回接固井	地面	回接插头+套管+浮箍+套管	回接套管上部100~150m套管内径应满足安全阀下入尺寸要求

三、固井工艺

(一)井眼综合准备工艺

1. 地层承压试验

根据储气库固井要求,钻至设计井深需开展地层承压试验。套管鞋按水泥浆当量密度,采用井口憋压的方式做套管鞋处承压试验。若套管鞋承压试验成功,则全井替入与水泥浆密度相同的泥浆,模拟固井设计注替最大排量循环,进一步做地层漏失承压试验。若出现漏失,则进行堵漏作业提高地层的承压能力直至满足固井需求。

2. 钻井液性能调整

套管入井前调整钻井液流变性能,依靠高流性指数和适当结构强度,清除钻井液中的钻屑,预防下套管遇阻;降低钻井液的屈服值、塑性黏度与初、终切力,降低流动摩阻压耗,防止顶替过程中出现因泵压变化压漏敏感薄弱地层;降低钻井液的黏切便于形成流变性级差,为提高顶替效率创造条件。

3. 井眼下套管通过性准备

为了保证套管顺利下到位,在计算套管刚度、套管弯曲半径与钻具刚度、井眼曲率半径相适配的基础上,应模拟套管刚度,在下套管之前进行试通井。试通井必须考虑每根套管加装刚性扶正器后的刚度和通过性,对试通井管柱进行设计。保证试通井管柱无阻卡地通井到位。

(二)套管串密封完整性技术[4]

气密封性检测技术是确保套管串长期密封完整性的技术手段。也是检验套管柱在入井状况下密封性的有效方法。为最大限度降低因套管螺纹密封失效而造成的潜在泄漏注入气的风险,相国寺储气库注采井技术套管、油层套管均进行套管气密封入井现场检测,确保每根入井套管螺纹密封。累计检测了3911根套管,发现泄漏62根,泄漏率1.62%,有效保障了入井管串的密封完整性。

使用管外封隔器可进一步增强环空密封能力。将管外封隔器连接在套管柱上,通过液压膨胀坐封,使套管与裸眼环空形成永久性桥堵,有效封隔层间窜流,也可防止钻井液或水泥浆漏失。管外封隔器坐封位置选择在井径规则、井壁稳定的盖层段。储气库注采井技术套管和油层套管均使用管外封隔器。

(三)提高环空顶替效率技术

1. 隔离液抗污染技术

针对技术套管与油层套管固井,注水泥浆前泵入高效隔离液,避免水泥浆与钻井液的接触污染。

2. 提高顶替效率技术

为了提高注采井固井顶替效率,固井施工使用斯伦贝谢CW100化学冲洗液和SD80高效冲洗液,清除虚滤饼,改善界面润湿性,并实现前置液紊流顶替。

3. 优化套管居中技术[5]

固井工程设计软件考虑扶正器在三维井眼中的挠曲变形,计算方法更加科学、合理,计算结果保证套管平均居中度达到67%以上;设计结果输出数据化、图像化,更加直观。相储22井软件计算套管居中度曲线见图3-3-2。该软件可以根据实钻井眼的井斜、方位数据

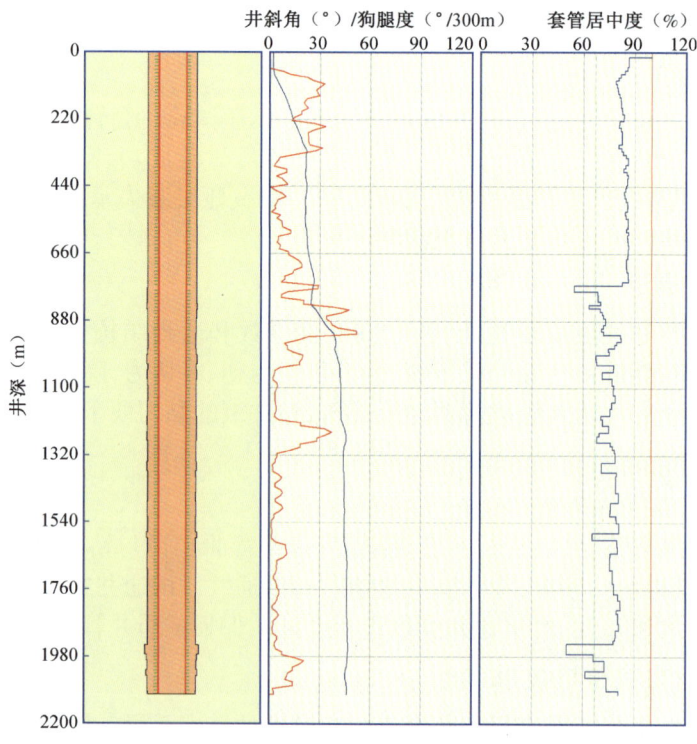

图3-3-2 相储22井软件计算套管居中度曲线

进行设计,针对某一具体井段调整扶正器密度及类型,确保在满足居中度要求的前提下又不至于扶正器下入密度过大,具有较强的针对性及灵活性。

4. 环空顶替效率模拟技术

根据实际电测井眼数据、设计施工参数并结合注入流体流变性能参数,利用固井工程设计软件模拟固井施工,直观地预知环空顶替效率情况,若顶替效率不佳,则调整施工参数或流体流变性能。固井顶替效率曲线见图3-3-3、图3-3-4。

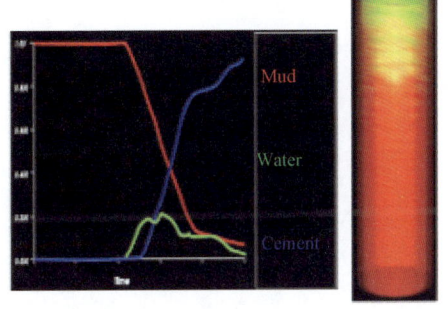

图3-3-3 相储22井 ϕ177.8mm 固井顶替效率曲线

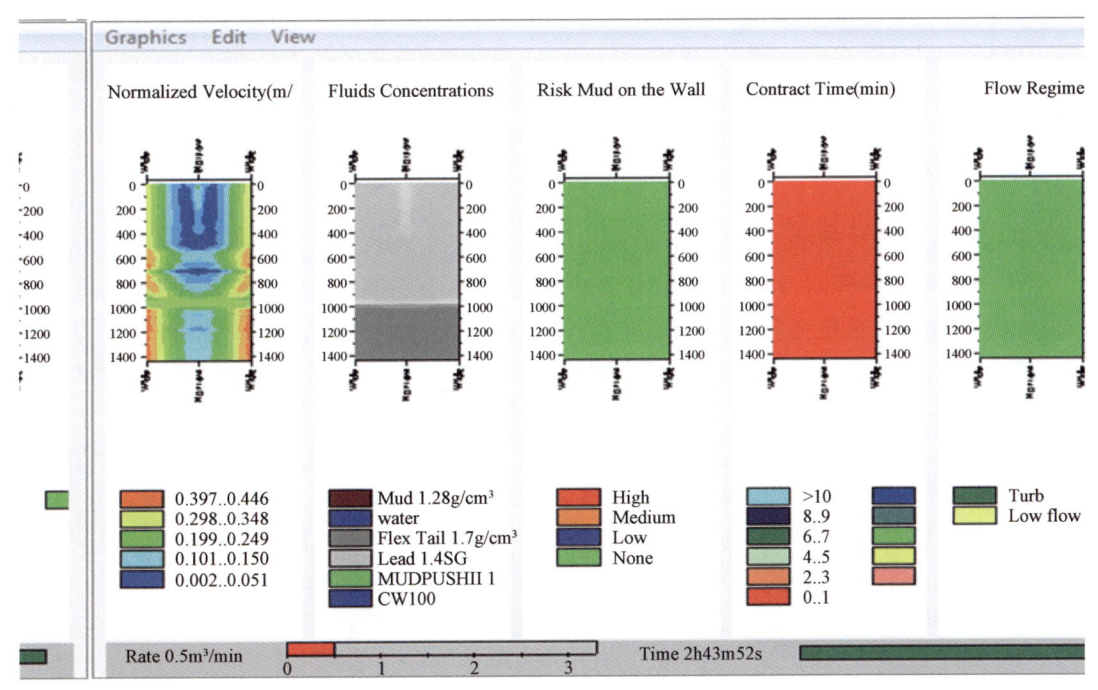

图3-3-4 相储8井 ϕ339.7mm 固井顶替效率曲线

(四)大尺寸井眼干井筒固井技术

依据井筒条件和套管柱情况,合理选用常规注水泥、内管法注水泥、自平衡注水泥(在套管内正注水泥浆至井底,利用水泥浆液柱自重作用返至环空,使水泥浆在套管内外自动平衡的注水泥方法)等工艺,同时配合采用管外注水泥工艺,如图3-3-5所示。

(1)采用常规注水泥法施工时,宜采用单胶塞固井工艺;应根据水泥浆返高对胶塞的正向密封性能和浮鞋、浮箍的反向承压能力的影响;施工过程中管内外压差应控制在胶塞、浮箍额定工作压力的80%以内。

(2)采用内管法注水泥施工,下水泥塞设计50~100m,注水泥插头长度大于1.0m。施工过程中,插管工具工作压力应控制在其额定工作压力的80%以内。管内外压差应控制在浮箍

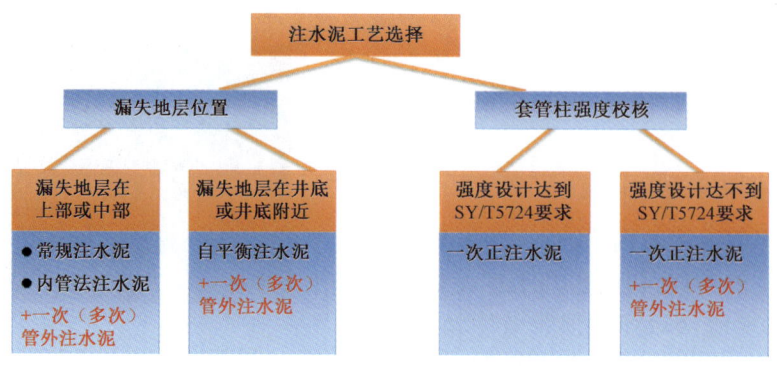

图 3-3-5　干井筒固井注水泥工艺

额定工作压力的80%以内。应校核套管内外总液柱压差作用于套管的上浮力,应计算注水泥过程中管柱及附件受力变化情况,在内管柱与套管之间环空及时灌入钻井液,防止工具附件失效和套管柱上浮;顶替量计算应将内插管内的水泥浆顶替至插座位置以下。

（3）采用自平衡注水泥,水泥浆用量宜设计为返至井底附近漏层位置以上100~200m的管内外容积之和。

（五）预应力固井技术

储气库注采天然气时,注采井套管柱及水泥环需承受周期交变力,若套管、水泥环及地层的力学性能不匹配,则在交变载荷的作用下,极易在第Ⅰ、第Ⅱ胶结面形成微间隙。为解决水泥与套管、水泥与地层的密封问题,提出应用弹性力学理论,从套管、地层应力应变特性出发,采用预应力固井技术（图3-3-6）。通过施加外挤压力使套管、地层具备弹性能,在水泥石发生径向体积收缩时,释放弹性能,弥补体积收缩产生的微间隙,使地层-水泥环-套管结合更紧密,从而提高固井质量,保障水泥环长期整体密封性能,消除环空气窜通道。现场应用表明,该技术行之有效,能够显著提高固井质量和减缓环空带压。因此,在现场井下和装备条件允许的情况下,顶替液宜全部采用清水和环空憋压候凝。相国寺储气库注采井油层套管固井多采用清水顶替与环空憋压候凝,回接固井多采用井筒替为清水实施固井和憋压候凝。

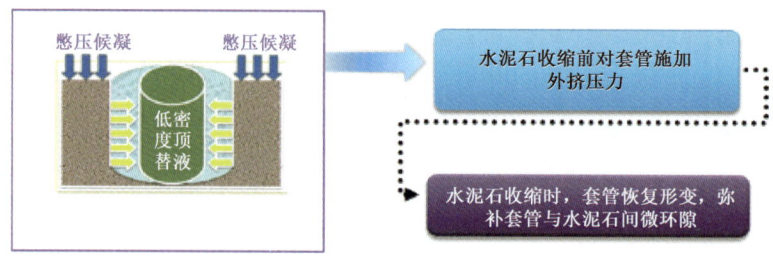

图 3-3-6　预应力固井技术

四、固井质量检测评价

根据中国石油天然气集团公司《中国石油气藏型储气库建设技术指导意见》要求,固井质量要满足储气库长期高低压交互变化条件下的需要,生产套管盖层段及以下采用超声波成像测井技术检测固井质量,水泥胶结质量的评价应符合《固井质量评价方法》(SY/T 6592—2004)的规定。生产套管固井质量胶结合格段长度不小于70%;对于封固盖层的技术套管,盖层段固井质量连续优质水泥段不小于25m,且胶结合格段长度不小于70%。

相国寺储气库注采井固井质量评价采用了常规 CBL+VDL 测井与引进的 IBC 及 AUI 成像测井技术,通过多家测井资料综合评价储气库盖层段固井质量。通过集成钻完井配套技术与固井技术的运用,储气库固井质量指标突出,CBL+VDL 测井解释结果表明[6],储气库完成井生产套管固井合格率96.8%,优质率87.1%,同比相邻构造开发井固井质量提高了21个百分点和34个百分点。

第四节 注采井完井

一、完井方式

合理的完井方式是确保注采井注采能力的关键。相国寺储气库单井注采气量大,且为周期性反复注采,完井方式不仅要保证井筒和地层有足够的渗流面积,还应考虑井壁稳定性能和储层出砂的影响。

(一)岩石力学实验

采用三轴应力实验设备对储层岩心进行测试。针对石炭系储层取得4块标准试验岩心,开展了4套模拟实际地层条件下的岩石力学实验。岩石抗压强度、弹性模量和泊松比等相关参数见表3-4-1。从岩石力学实验结果可以看出,石炭系岩石具有较高的强度,抗压强度平均值为214.287MPa,杨氏模量平均值为5.824×10^4MPa,泊松比平均值为0.325。根据上述岩石力学实验结果计算得到该层段岩石内聚力和内摩擦角见表3-4-2。

表3-4-1 石炭系岩石力学实验结果

岩样编号	深度(m)	密度(g/cm^3)	抗压强度(MPa)	杨氏模量(10^4MPa)	泊松比
ZYX-2010-216-01	2480.65~2537.18	2.664	203.192	4.906	0.297
ZYX-2010-216-02		2.815	398.442	7.761	0.258
ZYX-2010-216-03		2.721	225.382	6.742	0.352
ZYX-2010-216-04		2.690	179.326	7.734	0.265
平均值			214.787	5.824	0.325

表3-4-2 石炭系岩石内聚力和内摩擦角

深度(m)	内聚力(MPa)	内摩擦角(°)
2480.65~2537.18	15.27	29

(二) 储层出砂预测

常用的出砂预测方法有出砂指数法、斯伦贝谢比以及声波时差法三类。

1. 出砂指数预测

出砂指数又称产砂指数，出砂指数法也称组合模量法。出砂指数(B)定义为：

$$B = K + \frac{4}{3}G \qquad (3-4-1)$$

$$G = \frac{E}{2(1+2\mu)} \qquad (3-4-2)$$

$$K = \frac{E}{3(1-2\mu)} \qquad (3-4-3)$$

式中　B——出砂指数，10^4MPa；

　　　K——体积弹性模量，10^4MPa；

　　　G——剪切弹性模量，10^4MPa；

　　　E——杨氏模量，10^4MPa；

　　　μ——泊松比。

出砂指数越大，说明岩石的体积弹性模量和剪切弹性模量之和越大，故岩石的强度大，稳定性越好。大量生产实践表明：当砂岩的出砂指数$B \geq 2 \times 10^4$MPa时，在正常压差下生产，储层不会出砂；当1.4×10^4MPa$\leq B < 2 \times 10^4$MPa时，会轻微出砂，当$B < 1.4 \times 10^4$MPa时，就会严重出砂，就需要采取必要的措施防砂维持正常生产。

2. 斯伦贝谢比预测

斯伦贝谢比(R)定义为：

$$R = KG \qquad (3-4-4)$$

式中　R——斯伦贝谢比，MPa^2；

　　　K——体积弹性模量，MPa；

　　　G——剪切弹性模量，MPa。

斯伦贝谢比越大，地层的稳定性越好，越不容易出砂。斯伦贝谢比同出砂指数一样，均由岩石力学参数定义，大量的应用表明，斯伦贝谢比R比出砂指数B能更好地估计岩石的强度和稳定性。根据斯伦贝谢公司的现场应用表明，当斯伦贝谢比$R > 3.95 \times 10^7$MPa^{2}时，气井不出砂；当斯伦贝谢比$R < 3.95 \times 10^7$MPa^{2}时，气井出砂。

3. 声波时差预测

利用压缩声波在地层中的传播时差可以进行出砂预测。最低临界值为：低于Δt就不需要防砂，高于Δt气井在生产中就会出砂，应该采取防砂措施。不同岩石有不同的Δt，其变化范围为$295 \sim 390\mu s/m$。

根据上述方法计算得到注采井石炭系层段的出砂指数B、斯伦贝谢比R和声波时差见表$3-4-3$。

表 3-4-3 石炭系储层出砂预测结果

层位	B (10^4 MPa)	R (10^7 MPa^2)	Δt (μs/m)	结论
石炭系	6.147	6.336	222.3	不出砂
	8.758	13.682	195.6	不出砂
	10.23	15.02	218.9	不出砂
	8.855	13.863	252.4	不出砂
平均	8.498	12.225	222.3	不出砂

可以看出,石炭系出砂指数和斯伦贝谢比均大于出砂临界值($B > 2 \times 10^4$ MPa,$R > 3.95 \times 10^7$ MPa^2),而声波时差则小于出砂临界值($\Delta t < 295 \mu$s/m),也即是说,在不超过临界生产压差的条件下进行生产,注采井不会出现出砂现象。

(三)井壁稳定性分析

1. 临界生产压差计算

根据石炭系测井资料计算得到垂向地应力、最大水平地应力和最小水平地应力梯度分别为 0.204 MPa/10m、0.228 MPa/10m、0.129 MPa/10m。可以看出,相国寺石炭系地应力分布规律为 $\sigma_H > \sigma_v > \sigma_h$,因此,随着井斜角的不断增加,井壁稳定性不断增强;而井眼方位从最大主应力方向变化到最小主应力方向过程中,井壁稳定性不断降低。

采用井壁稳定性分析软件建模,以井壁最易发生失稳的情况作为边界条件(井斜角 0°、井眼方位与最小主应力一致)进行计算,图 3-4-1 至图 3-4-3 是注采井生产压差分别为 10MPa、15MPa 和 20MPa 时,井壁上的最大剪应力与岩石抗剪强度的关系。可以看出,生产压差为 10MPa 和 15MPa 时,在井周任何方位上,岩石抗剪强度始终大于井壁上的最大剪应力,即裸眼状态下保持该生产压差生产,不会出现井壁垮塌的情况;生产压差为 20MPa 时,井壁上的最大剪应力大于岩石抗剪强度,裸眼状态下会发生井壁不稳定的状况。通过计算,裸眼状态下,保持井壁稳定的最高生产压差为 15.4MPa。

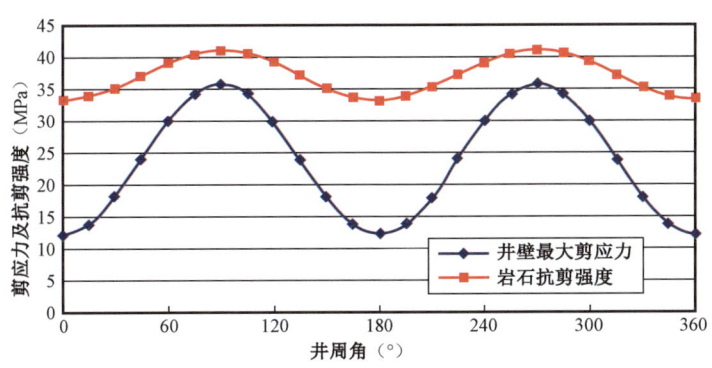

图 3-4-1 生产压差为 10MPa 时井壁上最大剪应力与岩石抗剪强度

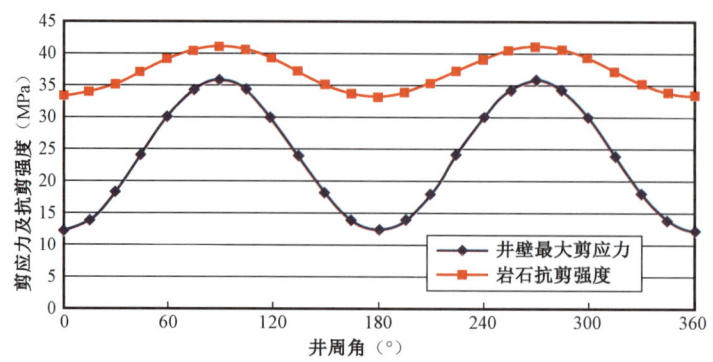

图3-4-2 生产压差为15MPa时井壁上最大剪应力与岩石抗剪强度

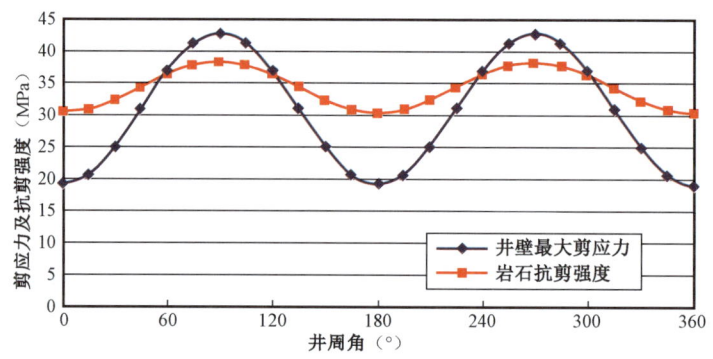

图3-4-3 生产压差为20MPa时井壁上最大剪应力与岩石抗剪强度

图3-4-4为注采井临界生产压差随地层压力衰减的变化规律。可以看出,随着地层压力的不断衰减,注采井生产的临界压差不断降低。注气末地层压力为28MPa,此时临界生产压差为15.4MPa;采气末地层压力为13.2MPa时,临界生产压差仅为3.8MPa。

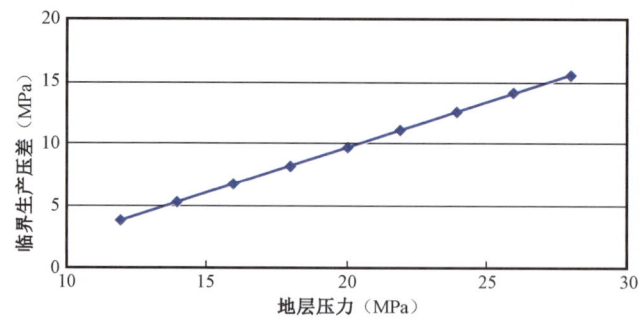

图3-4-4 注采井临界生产压差随地层压力衰减的变化关系

2. 井壁稳定性分析结果

根据相国寺地下储气库地层运行压力及注采参数,在地层压力13.2~28MPa运行时,注采井以最大合理采气量进行生产时的生产压差见表3-4-4和图3-4-5。

表 3-4-4 最大合理采气量生产时的生产压差数据表

地层压力(MPa)		28	25	20	15	13.2
相18	最大合理采气量($10^4 m^3/d$)	184.1	168.3	143.1	101.4	62.4
	生产压差(MPa)	5.07	4.90	4.75	3.58	2.08
相25	最大合理采气量($10^4 m^3/d$)	160.3	143.7	113.8	69.5	40.0
	生产压差(MPa)	9.24	8.88	8.06	5.51	3.11
相16	最大合理采气量($10^4 m^3/d$)	126.1	112.7	86.4	58.7	38.3
	生产压差(MPa)	14.56	13.11	9.36	5.51	2.88

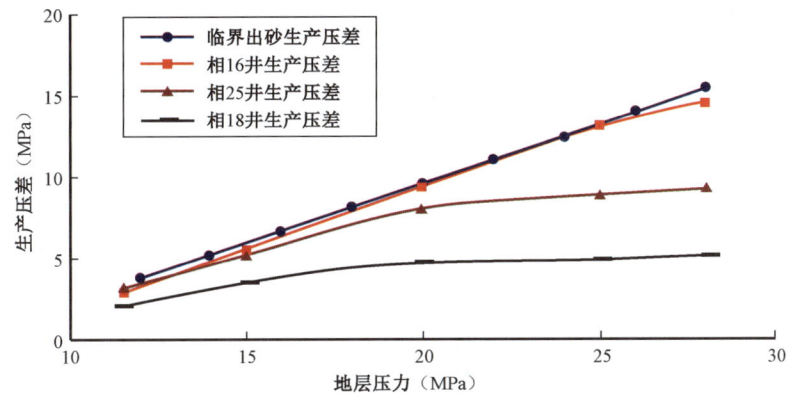

图 3-4-5 最大合理产量时的生产压差与地层压力关系曲线图

由图 3-4-5 可知,相 25、相 18 井地层渗透性较好的井区,注采井在最大合理产量生产时的生产压差均小于临界出砂生产压差,此时井壁稳定;渗透性较差的相 16 井区的注采井以最大合理产量进行生产时,其生产压差与临界出砂生产压差非常接近,可能会出现生产压差大于临界生产压差的情况,存在井壁不稳的风险。

综上所述,在储气库应急调峰时,可能出现突然增大天然气产量的情况,引起井下压力大范围波动,出现生产压差大于临界出砂生产压差,造成井壁不稳定,出现垮塌的风险。

(四)完井方式优选及应用

1. 完井方式优选

石炭系储集层裂缝平均密度一般在 5.69~27.97 条/m,孔、洞、缝都十分发育,渗透性能好。经过多年开采,建库前压力系数仅为 0.1,固井时储层保护难度大;通过岩石力学分析计算,在储层较差的区域的注采井,产量波动较大时,可能产生井壁垮塌的现象,需用具有井壁支撑作用的完井方式完井;在储气库应急调峰时,可能出现突然增大天然气产量的情况,引起井下压力大范围波动,出现生产压差大于临界出砂生产压差,造成井壁不稳定,出现垮塌的风险;同时考虑注采时产生的交变应力和长生命周期对岩石的影响,推荐采用筛管完井,确保注采井长期安全运行。

2. 现场应用

1) 大斜度井筛管完井方式

现场考虑注采井"强注强采"的特点,选用过滤精度高,防砂效率高,有效期长,可靠性强的冲缝筛管作为大斜度井的完井筛管。该筛管满足相国寺储气库 $150\times10^4\text{m}^3/\text{d}$ 以上产量的要求,相关参数见表 3-4-5。现场应用 11 口新钻注采井,最大注气量 $222.6\times10^4\text{m}^3/\text{d}$,最大采气量 $274.2\times10^4\text{m}^3/\text{d}$。

表 3-4-5 大斜度井筛管技术参数

中心管技术参数						
直径（mm）	壁厚（mm）	钻孔孔径（mm）	钻孔密度（孔/m）	钻孔分布	过流面积（m^2/m）	材质
127	7.52	10	180	螺旋（45°相位）	0.0141	95S
冲缝筛管技术参数						
最大外径（mm）	过滤精度（mm）	冲缝套壁厚（mm）	过流面积（m^2/m）	材质		
140	1.5	1.5	0.1027	不锈钢		

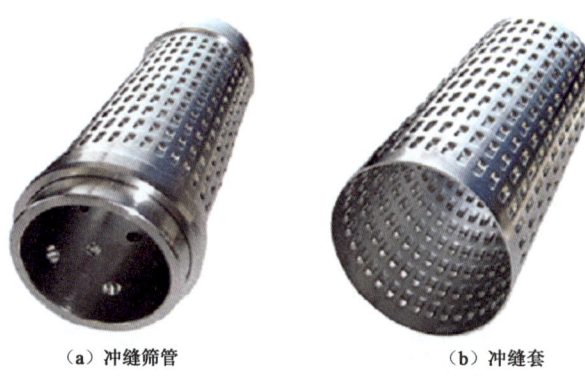

（a）冲缝筛管　　　　　（b）冲缝套

图 3-4-6 冲缝筛管及冲缝套

该筛管由中心管、高密冲缝套、不锈钢配环组成（图 3-4-6），其主要特点是：

（1）过滤性能好：采用精密冲压技术,过滤精度得到保证,同时形成侧流孔（直角过流面）,具有更强的自洁能力,采用螺旋焊接形成,确保了过滤套的强度,下入时过滤单元得到有效保护。

（2）过流能力大：有效过流面积约为普通割缝筛管的 3~5 倍。

（3）管体强度高：筛管中心管选用套管钢级材质,采用螺旋形式打孔,减少了管体横截面的开孔面积,管体强度远大于割缝筛管；

（4）抗腐蚀性能优良：过滤材料选用优质不锈钢,特殊的焊接工艺,消除热应力影响,抗腐蚀性能优异；

（5）下入性能好：外径小于同规格套管接箍,具有优良的下入性能。

2)水平井筛管完井方式

筛管必须满足相国寺储气库水平井(200~500)×10⁴m³/d 以上产量及水平段下入 300m 以上段长的要求,鉴于大斜度井的冲缝筛管下入长水平段存在较大的风险,现场采用 φ177.8mm 普通打孔筛管完井,材质为 95S,筛管技术参数见表 3-4-6。计算可知 300m 筛管孔眼流通面积是 φ177.8mm 油管流通面积的 24.3 倍,满足注采要求。现场应用 2 口新钻注采井,最大注气量 394.4×10⁴m³/d,最大采气量 481.6×10⁴m³/d。

表 3-4-6 水平井筛管技术参数

直径 (mm)	壁厚 (mm)	钻孔孔径 (mm)	孔密 (孔/m)	钻孔分布	过流面积 (m²/m)	材质
177.8	10.36	10	20	螺旋(45°相位)	0.00157	95S

二、完井管柱

(一)注采油管尺寸

储气库注采井与通常的油气生产井相比,主要具有单井产能大、安全性能好、同一井内实现注气和采气、注采气井免修期长等特点。结合相国寺储气库气藏特点,选择注采井的油管尺寸主要考虑以下因素:(1)与地层产能相协调,满足单井注采气量要求;(2)单井注采气量条件下具有平稳的井筒压力损失;(3)防止发生气体冲蚀现象,满足储气库长期安全运行要求;(4)满足携液采气要求;(5)所选尺寸的油管具有技术成熟、应用广泛的配套井下工具;(6)经济合理可行[1]。

1. 不同尺寸油管的最大理论注采气量

按中等储层条件的注采井进行建模,选取井底为节点,采用节点分析方法计算在不同地层压力条件下,内径 76mm、100.53mm、112mm、157.08mm 油管在井口定压条件下采气所能达到的最大采气量和最大注气量见表 3-4-7、表 3-4-8。

表 3-4-7 最大理论采气量预测(计算条件:井口采气压力 7MPa)

地层压力 (MPa)	最大采气量(10⁴m³/d)			
	内径 76mm 油管	内径 100.53mm 油管	内径 112mm 油管	内径 157.08mm 油管
28	130.8	183.4	196.5	214.2
26	118.5	164.9	176.6	193.8
24	106.3	147.2	157.8	173.6
22	94.3	130.5	140.1	152.9
20	82.0	113.4	121.0	132.4
18	70.0	95.6	102.2	111.5
16	59.9	78.5	83.1	90.7
14	39.8	59.7	63.2	67.6
13.2	39.6	51.9	54.8	58.6

表 3-4-8 最大注气量预测(计算条件:井口注气压力 30MPa)

地层压力 (MPa)	最大采气量($10^4 m^3/d$)			
	内径 76mm 油管	内径 100.53mm 油管	内径 112mm 油管	内径 157.08mm 油管
28	92.35	129.79	141.61	153.44
26	114.47	158.43	169.21	184.01
24	127.47	175.77	187.4	202.71
22	136.76	190.01	204.68	222.42
20	145.43	203.01	216.51	234.25
18	153.48	213.54	228.34	248.04
16	160.29	222.83	238.19	259.87
14	165.24	230.26	246.08	269.72
13.2	153.20	219.10	237.10	264.40

结果表明,采用内径 100.53mm 以上油管完全满足采气 $(50 \sim 150) \times 10^4 m^3/d$ 和注气 $(50 \sim 100) \times 10^4 m^3/d$ 的注采气量要求。

2. 井筒内压力损失分析

以中等储层条件的注采井进行建模,分别计算注采井采用内径 76mm、100.53mm、112mm、157.08mm 油管在不同采气量下井筒内的压力损失,计算结果见表 3-4-9。结果表明:在气库工作范围内,内径 76mm 油管井筒内的压力损失明显高于内径 100.53mm 以上油管,而油管内径从 100.53mm 增大到 157.08mm,井筒内的压力损失变化幅度较小。

表 3-4-9 采气时井筒内压力损失(地层压力 28MPa)

采气量 ($10^4 m^3/d$)	井筒内压力损失,MPa			
	内径 76mm 油管	内径 100.53mm 油管	内径 112mm 油管	内径 157.08mm 油管
40	4.9	4.4	4.4	4.3
50	5.3	4.5	4.4	4.2
60	5.7	4.5	4.4	4.2
70	6.3	4.6	4.4	4.2
80	7.0	4.7	4.4	4.1
90	7.8	4.8	4.5	4.1
100	8.8	5.0	4.5	4.0
110	10.8	5.1	4.6	3.9
120	11.9	5.4	4.6	3.9
130	14.5	5.6	4.7	3.8
140	—	5.9	4.9	3.7
150	—	6.3	5.0	3.6
160	—	6.8	5.2	3.5
170	—	7.4	5.4	3.4
180	—	8.4	5.7	3.3

3. 油管抗气体冲蚀能力分析

由于注采井的强采强注特点,抗气体冲蚀能力分析是确定注采井油管尺寸的关键因素。根据 API RP 14E 标准,计算冲蚀临界流量,绘制不同尺寸油管抗冲蚀能力分析图(中等储层条件的注采井),见图 3-4-7~图 3-4-10。不同地层压力条件下,对应的单井最大合理产量应以不超过冲蚀流量为限进行确定,如在储气库最高地层压力 28MPa 时,内径 76mm 油管合理产量约为 $100 \times 10^4 m^3/d$;内径 100.53mm 油管合理产量约为 $160 \times 10^4 m^3/d$;内径 112mm 油管合理产量约为 $177 \times 10^4 m^3/d$;采用内径 157.08mm 油管求合理产量约为 $215 \times 10^4 m^3/d$。

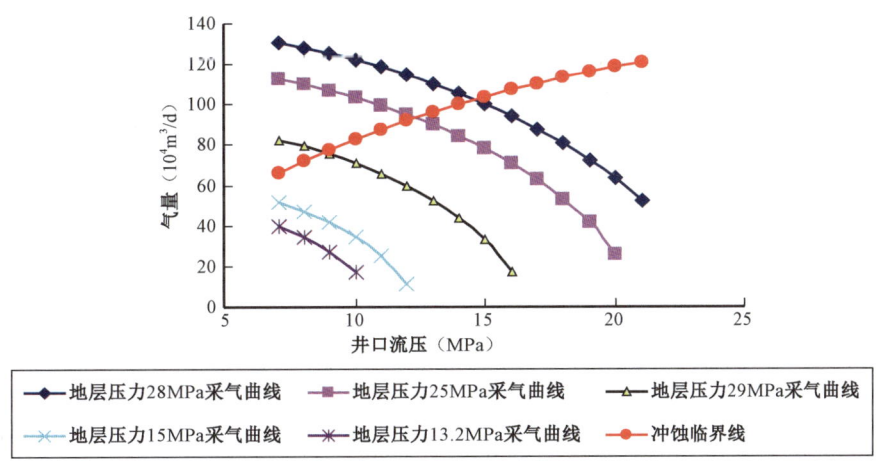

图 3-4-7 内径 76mm 油管抗冲蚀能力分析图

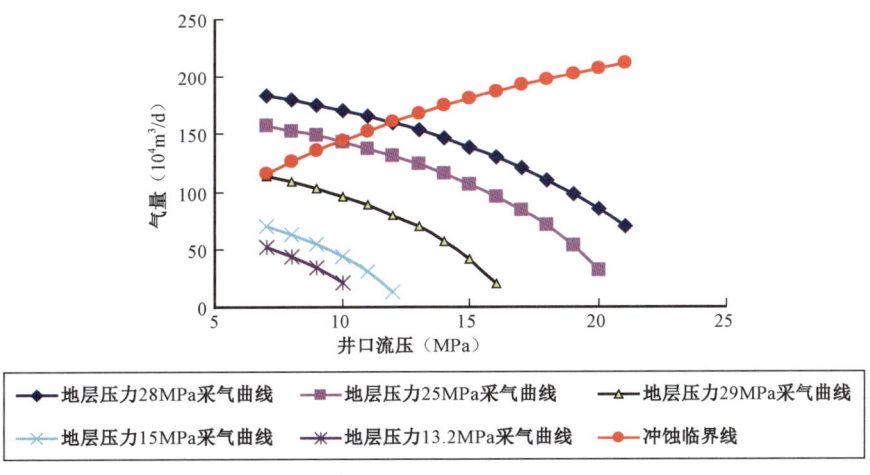

图 3-4-8 内径 100.53mm 油管抗冲蚀能力分析图

4. 油管携液能力分析

根据预测,相国寺储气库注采井在采气过程中的井底流压变化范围为 5.6~26.9MPa,因此,取井底流压 5~27MPa,计算内径 76mm、100.53mm、112mm 和 157.08mm 油管的携液临界流量,计算结果见表 3-4-10。结果表明:在储气库下限压力 13.2MPa 时,内径为 76mm、

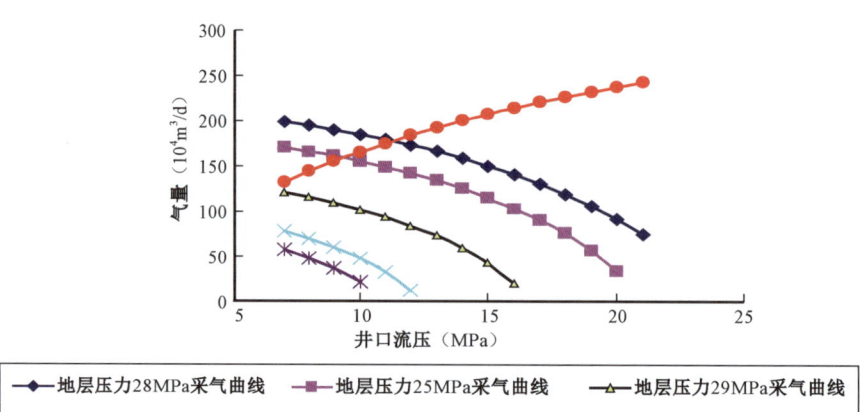

图 3-4-9　内径 112mm 油管抗冲蚀能力分析图

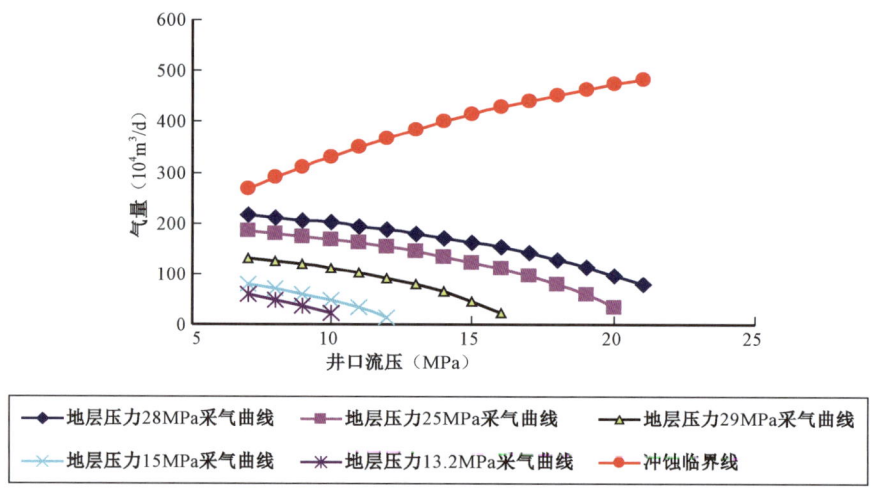

图 3-4-10　内径 157.08mm 油管抗冲蚀能力分析图

100.53mm、112mm 和 157.08mm 油管最小产气量达到 $39.6 \times 10^4 \mathrm{m}^3/\mathrm{d}$、$51.9 \times 10^4 \mathrm{m}^3/\mathrm{d}$、$54.8 \times 10^4 \mathrm{m}^3/\mathrm{d}$ 和 $58.6 \times 10^4 \mathrm{m}^3/\mathrm{d}$，地层压力高时，产气量更大，高于临界携液流量，因此，几种规格油管能满足带液生产需要。

表 3-4-10　油管临界携液流量计算结果

井底流压 （MPa）	临界携液流量（$10^4 \mathrm{m}^3/\mathrm{d}$）			
	内径76mm油管	内径100.53mm油管	内径112mm油管	内径157.08mm油管
5	6.2	10.9	13.5	27.3
7	7.3	12.7	15.8	32.0
9	8.2	14.3	17.7	35.9
11	8.9	15.6	19.3	39.2
13	9.5	16.7	20.7	42.0

续表

井底流压(MPa)	临界携液流量($10^4 m^3/d$)			
	内径76mm油管	内径100.53mm油管	内径112mm油管	内径157.08mm油管
15	10.1	17.6	21.9	44.3
17	10.5	18.4	22.9	46.3
19	10.9	19.1	23.7	48.0
21	11.2	19.6	24.4	49.4
23	11.5	20.1	24.9	50.4
25	11.7	20.4	25.3	51.3
27	11.8	20.6	25.6	51.8

5. 油管尺寸选择结果及应用情况

综合以上计算分析结果,相国寺储气库在运行压力范围内,11口大斜度井最大注采气量($150\sim200)\times10^4 m^3/d$,采用$\phi$114.3mm(内径100.53mm)油管作为生产油管;2口水平井最大注采气量超过$200\times10^4 m^3/d$,采用ϕ177.8mm(内径157.08mm)油管作为生产油管。

(二)油管螺纹选择

对于储气库注采井,生产管柱既要注入天然气,又要采天出然气,注入、采出的温度和压力不断变化,管柱将长期受到交变应力的影响,极易造成生产管柱的密封性失效。金属对金属的气密封螺纹,外螺纹末端与内螺纹形成一个径向或轴向环形的金属接触面,可以隔开油流和螺纹油,保持油管的密封性,克服API普通油管接头圆螺纹连接在抗交变负荷能力差的局限性,大大提高抗漏失性能,延长油管的密封寿命。同时借鉴川渝地区高产气井气密封螺纹实验评价及现场应用情况,VAM TOP螺纹和BGT1螺纹均具有较好的密封性能,基本可满足储气库注采管柱气密封要求。因此,相国寺储气库注采油管采用VAM TOP气密封螺纹,同时入井前在井口逐扣进行气密封检测,以保证完井管柱的整体密封性。

(三)完井管柱强度校核

1. 静态校核

相国寺石炭系产层中深2311m左右,按最大下深3100m(斜深)计算油管强度,计算结果见表3-4-11,结果表明静态条件下80S钢级的ϕ114.3mm和ϕ177.8mm气密封螺纹油管抗挤毁强度、内压屈服强度、螺纹连接屈服强度都能够满足静态校核要求。

表3-4-11 气密封扣油管强度校核表

钢级	尺寸	壁厚(mm)	单位长度质量(kg/m)	螺纹抗拉安全系数	抗内压安全系数	抗外挤安全系数
80S	114.3	6.88	18.99	2.21	1.94	3.08
	177.8	10.36	43.16	2.25	1.88	1.73

2. 不同工况条件下管柱力学校核

选取储气库的先导试验井相储 7 井建立模型,运用 WellCat 软件对其最大注气和最大采气两种工况进行力学计算和分析。

1)大斜度井注采管柱力学校核

大斜度井完井时下 ϕ114.3mm、壁厚 6.88mm、80 钢级气密封螺纹油管至井深 2500m 左右,可取式封隔器坐封位置 2120m 左右,插管封隔器坐封位置 2150m 左右。

(1)注气工况。地层压力 28MPa,井口注气量 $100 \times 10^4 \text{m}^3/\text{d}$,注气温度 50℃,环空注保护液,管柱力学性能计算结果见表 3-4-12。

表 3-4-12 大斜度井注气时管柱力学计算结果

工况	油压(MPa)	套压(MPa)	位置	油管安全系数			
				三轴	抗拉	抗内压	抗外挤
注气 $100 \times 10^4 \text{m}^3/\text{d}$	28.22	0	井口	2.04	2.51	2.02	100+
			封隔器上部	1.98	8.26	1.87	100+
	28.22	5	井口	2.34	2.68	2.46	100+
			封隔器上部	2.41	10.6	2.27	100+
	28.22	10	井口	2.69	2.88	3.14	100+
			封隔器上部	3.10	14.7	2.92	100+

(2)采气工况。地层压力 28MPa,最大采气量 $150 \times 10^4 \text{m}^3/\text{d}$,环空注保护液,计算结果见表 3-4-13。

表 3-4-13 大斜度井采气时管柱力学计算结果

工况	油压(MPa)	套压(MPa)	位置	油管安全系数			
				三轴	抗拉	抗内压	抗外挤
采气 $150 \times 10^4 \text{m}^3$	13.1	0	井口	2.77	2.56	4.41	100+
			封隔器上部	3.29	8.63	3.04	100+
	13.1	5	井口	2.94	2.73	7.14	100+
			封隔器上部	4.67	11.1	4.29	100+
	13.1	10	井口	2.95	2.94	18.6	100+
			封隔器上部	7.81	15.5	7.31	100+

(3)结果分析。通过对大斜度井完井管串在注气和采气工况下的力学计算可以得出,在最大采气量 $150 \times 10^4 \text{m}^3/\text{d}$ 和最大注气量 $100 \times 10^4 \text{m}^3/\text{d}$ 工作时,完井管柱三轴安全系数、抗拉安全系数、抗内压安全系数、抗外挤安全系数均大于设计要求值,管柱处于安全状态。

2)水平井注采管柱力学校核

水平井采用下 ϕ177.8mm、壁厚 10.53mm、80 钢级气密封螺纹油管至至井深 2500m 左右,永久封隔器坐封位置 2100m 左右。

(1)注气工况。注气压力30MPa,注气温度50℃,注气量300×10⁴m³/d、500×10⁴m³/d,环空注保护液,计算结果见表3-4-14。

表3-4-14 水平井注气时管柱力学计算结果

工况	油压(MPa)	套压(MPa)	位置	三轴	抗拉	抗内压	抗外挤
注气 300×10⁴m³/d	30	0	井口	1.99	2.84	1.88	100+
			封隔器上部	4.22	5.89	4.17	100+
	30	5	井口	2.32	3.06	2.25	100+
			封隔器上部	5.60	6.89	6.63	100+
	30	10	井口	2.73	3.31	2.81	100+
			封隔器上部	6.49	8.31	16.16	100+
注气 500×10⁴m³/d	30	0	井口	1.99	2.86	1.88	100+
			封隔器上部	4.55	5.95	4.67	100+
	30	5	井口	2.32	3.07	2.25	100+
			封隔器上部	5.96	6.98	7.99	100+
	30	10	井口	2.74	3.33	2.81	100+
			封隔器上部	6.31	8.44	27.61	29.68

(2)采气工况。井口油压7MPa,采气量300×10⁴m³/d、500×10⁴m³/d,环空注保护液,计算结果见表3-4-15。

表3-4-15 水平井采气时管柱力学计算结果

工况	油压(MPa)	套压(MPa)	位置	三轴	抗拉	抗内压	抗外挤
采气 300×10⁴m³/d	7	0	井口	4.00	3.63	8.04	100+
			封隔器上部	4.33	10.17	100+	4.87
	7	5	井口	4.05	3.99	28.13	100+
			封隔器上部	3.31	8.12	100+	3.24
	7	10	井口	3.69	4.43	100+	11.53
			封隔器上部	2.64	6.76	100+	2.43
采气 500×10⁴m³/d	7	0	井口	3.67	3.33	8.04	100+
			封隔器上部	4.88	8.43	100+	6.99
	7	5	井口	3.68	3.62	28.13	100+
			封隔器上部	3.80	10.23	100+	4.08
	7	10	井口	3.38	3.98	100+	11.37
			封隔器上部	2.99	8.16	100+	2.87

(3)结果分析。通过对水平井完井管串在注气和采气工况下的力学计算可以得出:注采井在注采气量 300×10^{4}m^3/d 和 500×10^{4}m^3/d 工作时,完井油管三轴安全系数、抗拉安全系数、抗内压安全系数、抗外挤安全系数均大于设计要求值,管柱处于安全状态。

(四)完井管柱结构及配套工具

1. 注采井完井管柱结构

(1)大斜度井采用 ϕ114.3mm 气密封螺纹油管+井下安全阀+可取式封隔器+插管封隔器+坐放短节+球座的完井管串作为注采管柱(图3-4-11)。该管柱具备采用不压井作业进行完井施工,并可安全下入井下安全阀及液压控制管线,在储气库运行期间中可充分保护套管免受交变应力的影响,并可实施对储气库压力、温度的阶段性监测。根据注采井运行情况,可随时下堵塞器暂闭石炭系,进行检查或更换上部油管的修井作业,能最大程度地保护储层,现场应用 10 井次。

(2)水平井采用 ϕ177.8mm 气密封螺纹油管+井下安全阀+永久式封隔器+坐放短节+球座的完井管串作为注采管柱(图3-4-12)。该管柱结构简单、密封可靠,能满足大产量注采能力的要求和后期注采井动态监测的需要,现场应用 2 井次。

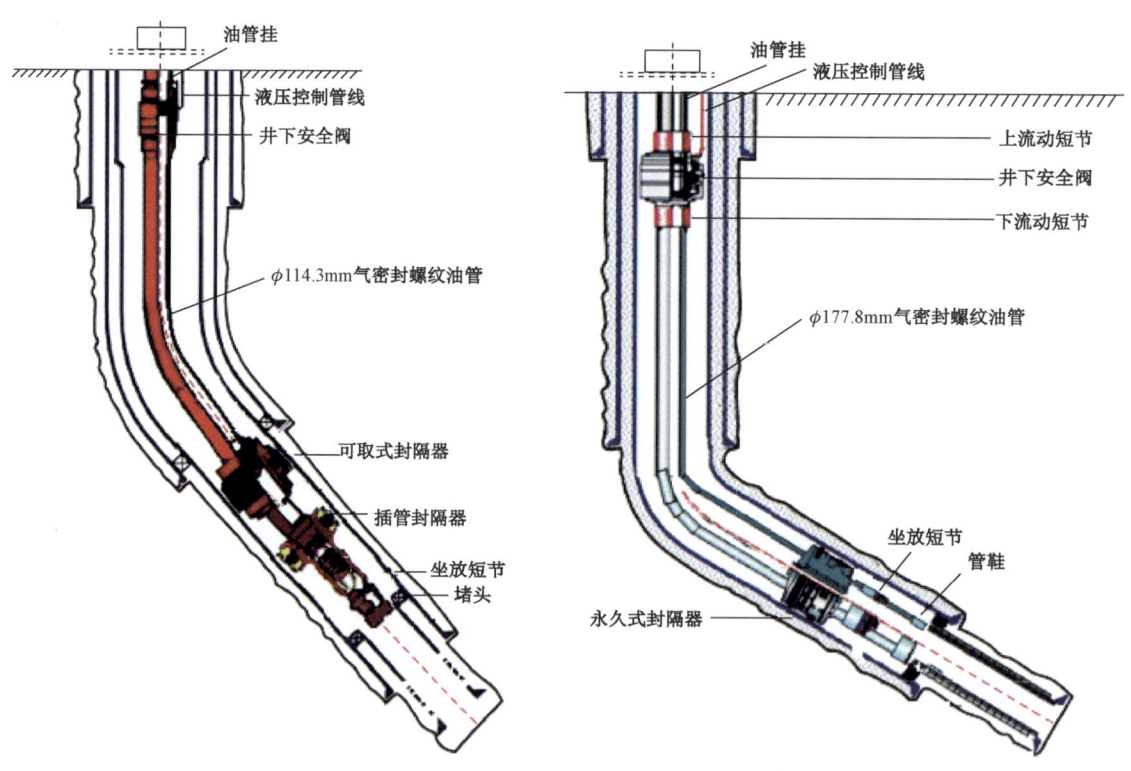

图3-4-11 大斜度井完井管柱结构示意图　　图3-4-12 水平井完井管柱结构示意图

(3)光纤监测采气井采用 ϕ114.3mm 气密封螺纹油管+井下安全阀+2$^\#$压力计托筒+可穿越永久式封隔器+坐放短节+球座+筛管+1$^\#$压力计托筒+筛管+管鞋的完井管串作为注

采管柱(图3-4-13),光缆随完井管柱下至产层底部。该管柱不仅可满足注采井采气的要求,同时具备井下压力和井筒温度剖面的实时监测功能,现场应用1井次。

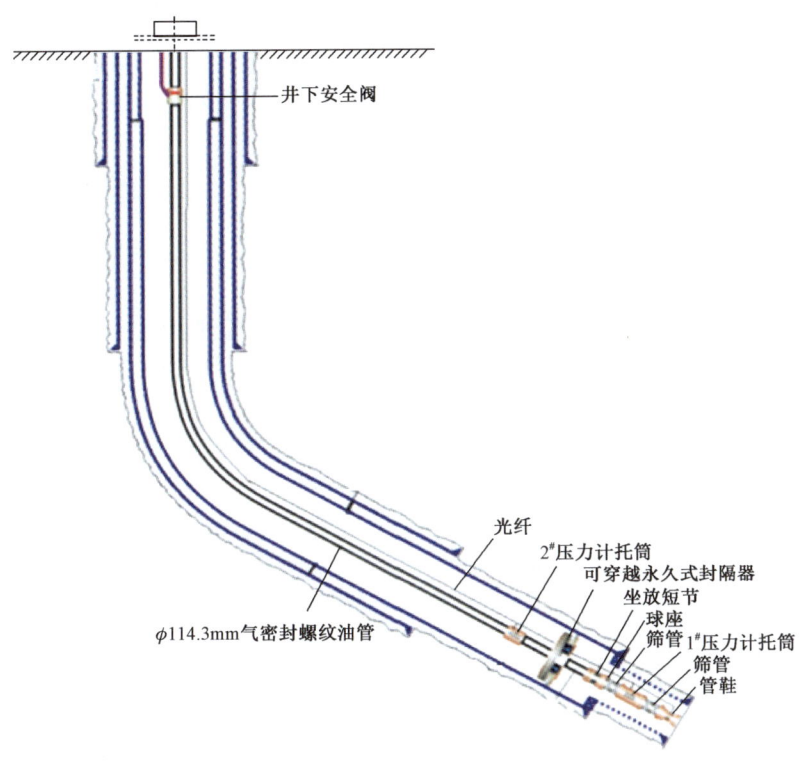

图3-4-13　光纤监测采气井完井管柱结构示意图

2. 配套工具

主要配套工具有井下安全阀、永久式封隔器、可取式封隔器、插管封隔器、坐放短节等。在配套工具的配置上,既考虑工具本身与油管注采能力和井身结构的协调性,又考虑操作工具通过配套工具时的适应性。

1)井下安全阀

选用油管起下、地面控制的自平衡式井下安全阀;安全阀安装在井口以下80~100m,在采气树被毁坏时或地面出现火灾等异常情况时可实现自动或人为关闭,实现井下控制,保证储气库的安全;在安全阀上下各安装一个流动短节,防止流体流动对安全阀的冲击,参数见表3-4-16、表3-4-17,示意图见图3-4-14。

表3-4-16　4½in 井下安全阀技术规格

油管规格	114.3mm	安全阀规格	4½in
型号	油管回收式	特点	具有自平衡特性
最大外径	152.00mm	最小内径	96.80mm
材质	9Cr-1Mo	工作压力	35MPa
安全阀控制管线规格	外径6.35mm、壁厚1.24mm、内径3.86mm	螺纹类型	与生产油管配套的气密螺纹

表 3-4-17　7in 井下安全阀技术规格

油管规格	177.8mm	安全阀规格	7in
型号	油管回收式	特点	具有自平衡特性
最大外径	212.73mm	最小内径	149.23mm
材质	9Cr-1Mo	工作压力	35MPa
安全阀控制管线规格	外径6.35mm、壁厚1.24mm、内径3.86mm	螺纹	与生产油管配套的气密螺纹

附件：液压控制管线、控制管线护箍、液压油、手压泵、安装工具、流动短节等。

2）完井封隔器

地下储气库生产管柱一般使用封隔器隔注采管和生产套管环空，避免气体腐蚀套管和阻止气体压力变化对套管产生的交变应力，保护套管，延长注采井寿命。封隔器按作用功能可分为永久式封隔器和可取式封隔器，永久式封隔器一旦坐封，封隔可靠，不易解封，只有通过套铣才能解封取出；而可取式封隔器坐封后，可以通过上下提放进行解封，方便管柱更换。相国寺储气库大斜度井注采气量相对较小，为了方便后期修井作业，选用可取式的封隔器（表 3-4-18、图 3-4-14）。而针对水平井，注采气量较大，为保证水平井完井封隔器的工作性能，选用液压坐封的永久式封隔器（表 3-4-19、图 3-4-15）。配套光纤监测系统的采气井采用可穿越永久式完井封隔器，技术参数见表 3-4-20。

表 3-4-18　可取式封隔器技术规格

套管尺寸	177.8mm	材质	9Cr-1Mo
最大外径	147.8mm	最小内径	97.3mm
螺纹	VAM TOP	适用温度	149℃
坐封方式	液压	解封方式	上提
压力级别	35MPa	坐封压力	21MPa

表 3-4-19　永久式封隔器技术规格

套管尺寸	244.5mm	材质	9Cr-1Mo
最大外径	208.78mm	最小内径	152.40mm
螺纹	VAM TOP	适用温度	149℃
坐封方式	液压	解封方式	磨铣
压力级别	35MPa	坐封压力	24.48MPa

表 3-4-20　可穿越完井封隔器技术规格

套管尺寸	177.8mm	材质	13Cr80
最大外径	148.0mm	最小内径	74.9mm
螺纹	VAM TOP	适用温度	149℃
坐封方式	液压	解封方式	磨铣
压力级别	34.5MPa	坐封压力	27.5MPa
穿越孔参数	具备 1 条 1/4in 金属管线整体穿越功能，压力等级 70MPa		

 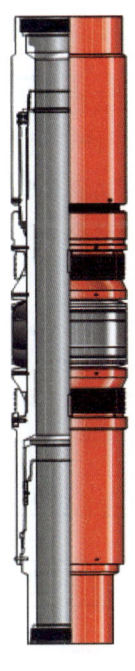

图 3-4-14　可取式封隔器　　　　图 3-4-15　永久式封隔器

3) 插管封隔器

使用插管封隔器可以暂闭石炭系,实现在不压井状态下安全下入井下安全阀及液压控制管线。插管封隔器由锚定机构、坐封机构、锁定机构、插管总成几大部分组成;插管总成实现管柱与封隔器的密封,当生产管柱发生上下蠕动时,插管随管柱上下活动,要求封隔器坐封位置在井斜角小于 50 插的井段上。插管封隔器及密封插管结构示意图如 3-4-16、图 3-4-17 所示,参数见表 3-4-21。

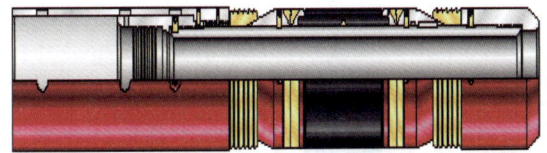 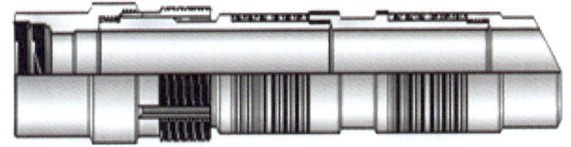

图 3-4-16　插管封隔器示意图　　　　图 3-4-17　双层密封插管示意图

表 3-4-21　插管封隔器技术规格

套管尺寸	177.8mm	螺纹	4½in 气密封内外螺纹
坐封方式	液压	压力级别	35MPa
材质	9Cr-1Mo	密封材料	AFLAS
最大外径	149mm	最小内径	97.2mm
胶筒外径	144mm	插管座长度	1140mm
坐封压力	14MPa	丢手压力	21MPa

附件:坐封工具、伸缩加力器、油管扶正器等。

4)坐放短节

可通过钢丝作业将堵塞器坐落在坐放短节,实现管柱上下隔绝,完成油管密封试压及不压井更换井口作业;用钢丝作业将储存式温度压力计悬挂于坐放短节上,可实现对注储气库压力、温度的阶段性监测,参数见表3-4-22、表3-4-23,坐放短节和堵塞器结构如图3-4-18、图3-4-19所示。

表3-4-22　4$\frac{1}{2}$in 坐放短节

规格	4$\frac{1}{2}$in	材质	9Cr-1Mo
螺纹	气密封内外螺纹	压力级别	35MPa
最大外径	127.25mm	最小内径	79.37mm

表3-4-23　7in 坐放短节

规格	7in	材质	9Cr-1Mo
螺纹	气密封内外螺纹	压力级别	35MPa
最大外径	195.71mm	最小内径	146.05mm

图3-4-18　坐放短节示意图

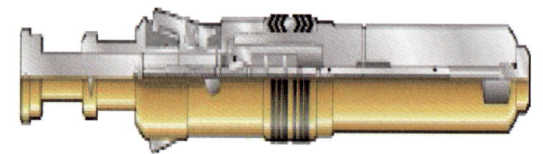

图3-4-19　堵塞器示意图

三、超低压气井完井储层保护技术

相国寺储气库储气层石炭系为枯竭碳酸盐岩气藏,采出程度大,压力系数极低,注采井均设计为大产量强注强采。因此,对钻完井过程储层保护要求高,储层钻进与完井技术方案必须充分考虑对储层的保护,尽可能降低完井期间的储层伤害,才能保证注采能力达到设计要求。

根据相国寺储气库储气层石炭系建库初期地层压力系数仅为0.1~0.2的实际情况,设计采用了两套超低压石炭系储层保护钻完井方案:一是使用氮气对储层专程实施钻井,采用不压井完井作业,使超低压石炭系储层根本不受伤害,这一方案投资成本大,风险相对较高;二是研究低密度低伤害完井液[5],该方案投资小,风险低,使用条件是完井液密度1.07~1.10g/cm³不发生井漏或只发生微小渗漏。在钻第一口注采井相储7时,使用1.45g/cm³钻过了超低压的石炭系且未发生大型井漏,只有微小渗漏情况间断发生。后续注采井储层保护优化设计为1.07~1.10g/cm³低密度优质完井液加液氮顶替酸液的酸化解堵方案。

(一)低密度优质完井液

根据早期对相国寺石炭系气藏储层潜在伤害因素分析,结合钻井液及完井液体系与地层配伍性评价实验结果,为了适应相国寺储气库大斜度井与水平井钻井工程、对超低压石炭系气藏储层保护的需要,开展了保护储层完井液实验,优选出了保护储层的低密度聚磺完井液。

1. 完井液配方

2%~3%膨润土浆+0.1%~0.3%NaOH+0.15%~0.3%聚合物抑制包被剂A+0.15%~0.3%聚合物抑制包被剂B+0.5%~1%聚合物降滤失剂+2%~4%降滤失剂A+2%~4%降滤失剂B+2%~3%防塌剂+3%~4%润滑剂+0.5%~1%除硫剂+3%~4%油气层保护剂。

2. 完井液性能

完井液性能见表3-4-24。

表3-4-24 优选聚磺保护储层完井液配方性能

实验条件	ρ (g/cm³)	PV (mPa·s)	YP (Pa)	切力(Pa)		pH值	FL_{API} (mL/30min)	FL_{HTHP} (mL/30min)	K_f
				10″	10′				
热滚前	1.06	20.0	3.0	1.0	4.0	10.0	2.8/0.5	7.8/2.0	0.0422
90℃×16h热滚后	1.06	18.0	2.0	0.5	3.0	10.0	3.0/0.5	8.2/2.0	0.0422

完井液热滚前后具有较好的流变性能、润滑性能,较低的中压滤失量和高温高压滤失量,能够满足钻井工程的需要。

3. 完井液抑制性能评价

1)回收率评价

用6~10目的经烘干的泥岩岩屑50g加入350mL完井液,在80℃滚动16h后,将岩屑倒入40目筛,并用水冲洗1min,将筛余物烘干,称量后计算出岩屑回收率。实验结果见表3-4-25。结果表明:优选配方完井液滚动回收率达到85.3%,说明其具有较好的抑制性能。

表3-4-25 优选的聚磺保护储层完井液配方回收率评价实验结果

序号	配方	回收率(%)
1	350mL清水	23.3
2	优选完井液+50g岩屑	85.3

2)抑制黏土分散评价

实验通过在优选完井液配方中加入3%的岩屑粉,经过90℃滚动16h后完井液的流变性能变化情况来评价优选完井液抑制黏土分散的能力,实验结果见表3-4-26。

表3-4-26 强包被、强抑制、防塌完井液抑制膨润土分散评价实验结果

配方	AV (mPa·s)	PV (mPa·s)	YP (Pa)	G_{10s}/G_{10min} (Pa)	FL_{API} (mL)	pH值
优选完井液	20.0	18.0	2.0	0.5/3.0	3.0/0.5	10
优选钻井液+3%的岩屑粉	21.0	17.0	3.0	1.0/4.0	2.6/0.5	9.5

上述评价实验结果表明:3%的岩屑粉加入完井液经过90℃滚动16h后完井液的流变性能与不加岩屑粉的相比黏度和切力增加幅度较小,说明完井液具有较好的抑制黏土分散的能

力,可预防水敏对储层的伤害。

(二)超低压储层酸化解堵技术

针对超低压石炭系储层多采用大斜度和水平井钻井,可能存在少量滤液侵入伤害,有必要采取酸液解堵酸化。为了更好返排和不再次产生伤害,技术上采用连续油管拖动酸化、液氮顶替与助排等措施,达到了工作液量少,酸后能返排,需返排液少等作用,最终实现了超低压石炭系储层有效解堵。以相储7井为例(表3-4-27),酸量34.0m^3,顶替液氮18.0m^3,减少顶替液16.0m^3,酸后测试产量5.98×$10^4m^3/d$,远高于相国寺老井后期最大产量。

表3-4-27 相储7井储层连续油管酸化步骤

序号	步骤	注入量(m^3)	排量(m^3/min)	泵压(MPa)	套压(MPa)
1	连续油管诱喷,下连续油管至产层底部	—	—	—	—
2	低替转向酸	6.3	0.8	30~40	0~5
3	高挤转向酸	28.7	0.8~1.0	35~55	0~5
4	连续油管提升至产层顶部	—	—	—	—
5	高挤顶替液氮	3500	140	30~45	0~5
6	开井,用连续油管排液	—	—	—	—

四、井口装置与井口安全控制系统

(一)注采井井口装置选择

1. 采气树类型

大斜度井注采气量(150~200)×$10^4m^3/d$,采用"十"字形采气井口装置即可满足要求;水平井注采气量(200~400)×$10^4m^3/d$,为减少井口冲蚀,采用整体式"Y"型采气井口装置,确保高产量生产时井口平衡、安全。

2. 压力等级

根据相国寺石炭系气藏天然气储气库运行方案,储气库地层压力上限不超过28MPa,井口最大注气压力不超过30MPa,因此采用35MPa采气井口装置即可满足注采井压力要求。

3. 材质级别与温度等级

根据API-6A标准,结合相国寺石炭系气藏流体性质,采用EE级材质,温度级别P-U(-21~120℃)的井口装置。

4. 其他要求

采气树主通径与完井油管通径一致,油管挂与油管头四通的主密封为金属对金属的密封,并能够整体穿越安全阀控制管线;采气井口装置在产品出厂前必须进行整体气密封试验,确保其质量。

(二)现场实施

相国寺储气库11口大斜度井采用常规"十"型井口装置(图3-4-20),其主要技术规格为:(1)压力等级35MPa;(2)温度等级P–U级(-29~121℃);(3)材料级别EE级;(4)气密封试验压力35MPa;(5)采气树闸阀主通径4 1/16 in,翼通径4 1/16 in;(6)产品性能级别PR2,产品规范级别PSL3G;(7)井下安全阀控制管线整体穿越。

图3-4-20 大斜度井注采井口装置示意图

相国寺储气库2口水平井采用整体式Y型采气井口装置(图3-4-21),其主要技术规格为:(1)压力等级35MPa;(2)温度等级P–U级(-29~121℃);(3)材料级别EE级;(4)气密封试验压力35MPa;(5)采气树闸阀主通径6 3/8 in,翼通径6 3/8 in;(6)产品性能级别PR2,产品规范级别PSL3G;(7)井下安全阀控制管线整体穿越。

图3-4-21 水平井注采井口装置示意图

(三)井口安全控制系统

地下储气库注采井的安全控制系统应具有以下功能:(1)在发生火灾情况下,可以自动关井;(2)在井口压力异常时,可以自动关井;(3)在采气树遭到人为毁坏和外界破坏时,可以自动关井;(4)在发生以上意外,自动关井没有实现时,或者其他原因需要关井时,可以在近程或远程实现人工关井;(5)要能够实现有序关井,保护井下安全阀。

1. 井口安全控制系统组成

安全控制系统主要由井下和地面设备组成,结构示意图见 3-4-22,井下由安全阀和封隔器配套形成井下防线,地面由地面安全阀和传感器以及控制盘组成。主要包括:(1)井下安全阀;(2)地面安全阀;(3)采集压力信号的高低压传感器;(4)熔断塞;(5)紧急关井用的紧急关断阀;(6)单井控制盘和井组的总控制盘。

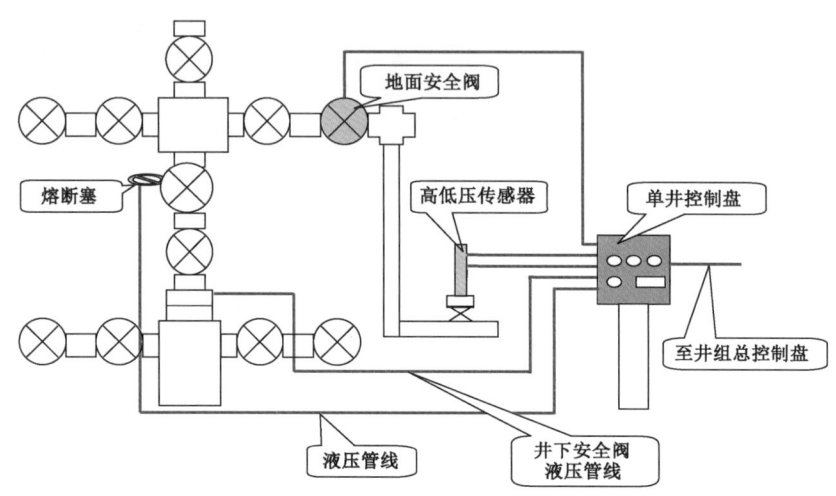

图 3-4-22　安全控制系统示意图

2. 安全控制系统安装方式

安全系统的安装有两种方式:单井控制和多井联合控制方式。

(1)单井控制就是每一口井的安全设备自成系统,不与其他井发生联系。

单井控制系统能监控井下和井口压力传感器的工作状态,在压力超出规定高压或低压范围、现场起火或有害气体泄漏等情况时,自动地对要求紧急关闭的报警信号做出快速反应,实现自动紧急关井。单井控制的优点是简单、有效。它可以无须安装控制盘,各个设备直接控制井下安全阀和地面安全阀的关闭。

(2)多井联合控制就是通过一个控制盘控制一个井组。多井联合控制适用于井口较集中的陆上丛式井井场和海上平台。

结合相国寺储气库注采井布置特点。采用单井和多井联合控制相结合的形式,这种形式的优点是可以在紧急情况下统一关井,如个别单井发生问题不影响其他井的正常生产。安全控制系统要与地面设计紧密结合,既满足完井工程整体安全控制要求,又符合地面工程的要求。

五、防腐工艺

(一)腐蚀类型

1. 腐蚀介质含量

川东及相国寺气田开发历程证明,相国寺气田从嘉陵江组、飞仙关组、长兴组、茅口组到储气层石炭系等气藏都属于含硫化氢、二氧化碳酸性介质气藏。如长兴组气藏天然气组分为：CH_4含量97.20%~98.35%、H_2S含量144~380mg/m³、CO_2含量1.74~6.41g/m³，相对密度在0.575左右；茅口组气藏天然气组分为：CH_4含量97.01%~98.35%、H_2S含量68~473mg/m³、CO_2含量1.02~3.03g/m³，相对密度在0.578左右。作为储气库储气层的石炭系，其天然气组分是：CH_4含量97%以上，H_2S含量0.001~0.047g/m³，CO_2含量为4.207~7.01g/m³，相对密度0.567~0.568，产出天然气含少量凝析水。储气层石炭系30多年开发证明，在累产气$40.07×10^8 m^3$下已累计产水1890m³，气藏工程研究认为石炭系气藏为弱边水气藏，水体储量小、能量弱、地层水向气藏均匀推进，不会出现"水窜"或"塞进"等地层出水现象。

虽然相国寺储气层石炭系不会出现"水窜"或"塞进"等地层出水问题，但产凝析水与低含硫化氢、二氧化碳对井下管柱与工具的腐蚀也是不容忽视的，是我们研究储气库注采井防腐必须重视的问题。表3-4-28是相国寺储气库原石炭系产出天然气、作为储气库后的注采天然气组分统计表，表3-4-29是相国寺气田产出凝析水组分表。

表3-4-28 相国寺储气库原石炭系气、注入气、产出气主要组分统计表

项目	组分摩尔含量(%)				湿气干气描述
	CH_4	C_2~C_5	CO_2	H_2S	
原石炭系	97.6	1.09	0.27	0.01	产凝析水
注入气	92.5	4.72	1.89	0.0001	干气
采出气	92.79	4.54	1.81	0.001	前期仍产凝析水，后期不确定

表3-4-29 相国寺储气库原石炭系产出水分析表

井号	层位	水分析(mg/L)							水型	矿化度(g/L)
		K^+	Na^+	Ca^{2+}	Mg^{2+}	Cl^-	SO_4^{2-}	HCO_3^-		
相9井	C_2hl	3	183	165	45	592	9	189	$CaCl_2$	1.19
相21井	C_2hl	9	516	175	51	1010	10	427	$CaCl_2$	2.2
相6井	P_2ch	8	616	402	162	1910	1060	371	$CaCl_2$	3.49
相24井	T_1f^3	3	149	341	42	9	6	288	Na_2SO_4	1.89
相15井	茅口	8	624	630	176	2420	65	279	$CaCl_2$	4.16
相22井	茅口	262	23900	1390	394	40900	80	446	$CaCl_2$	6.8

从表3-4-29中可以看出，其水中的总矿化度6.8g/L左右，氯根离子40.9g/L，还含有产出砂粒对井下管柱腐蚀有贡献作用。

另外，相国寺储气层石炭系以上的嘉陵江组、飞仙关组、长兴组、茅口组天然气属于含硫化氢、二氧化碳等酸性介质气，也是我们选择套管必须考虑的。

2. 腐蚀因素分析

1) 主要腐蚀因素

对于相国寺气田，无论是已有井开发的长兴组、茅口组和石炭系气藏，还是无井开采的嘉陵江组、飞仙关组均属含硫化氢、二氧化碳酸性介质气藏。主要腐蚀因素是硫化氢、二氧化碳和水。石炭系改建成储气库后,注入气虽可以忽略不计硫化氢含量,但仍含有1.89%的CO_2,也不含水,此时对油管及封隔器以下的套管造成腐蚀影响较小,甚至可以不考虑;储气库采气期间,目前采出气含有1.81%的CO_2(分压0.51MPa)和微量的H_2S(分压0.00028MPa),同时会带出少量的凝析水,会对油套管造成电化学腐蚀。但随着多个注采周期的推进,采出气的含水也许会越来越低,这对油套管的腐蚀也会越来越小。

(1)水的影响。水是电化学腐蚀的先决条件,一旦有水附着在金属表面,只要有腐蚀介质存在,均会产生腐蚀,而且水的液滴在适宜的腐蚀温度井段运动会加剧该位置的坑蚀等作用,因此,必须高度重视水对腐蚀的作用。水中的矿化度、氯根离子、硫酸根离子以及pH值是加剧水对井下管柱与工具腐蚀最重要的影响因素。相国寺气田产出凝析水矿化度已达到40900mg/L、氯根离子6800mg/L、硫酸根离子1060mg/L,必须高度重视水对井下管柱与工具的腐蚀影响。

(2)CO_2的影响。无论是注气还是采气过程中,井内天然气均含有CO_2,且最高分压达了0.51MPa,会产生腐蚀。且井底温度只有60℃左右,在此温度条件是不能形成有保护作用的腐蚀产物膜[6],因此,将以均匀腐蚀或坑蚀为主。

(3)H_2S的影响。无论是注气还是采气过程中,不仅原石炭系天然气或注入天然气均只含有微量H_2S气体,对管材造成电化学腐蚀、硫化物应力腐蚀开裂是很微小,但氢脆不可忽视,应考虑抗硫材质。

2)次要腐蚀因素——冲蚀腐蚀

对于大产量气井,油管冲蚀腐蚀也是必须考虑的因素之一。储气库注采井应将油管中高压流动气体的流速控制在冲蚀流速以下,以减少或避免冲蚀的发生。对于临界冲蚀流速的确定,应充分考虑气体压力、温度、油管材质、酸性气体含量、气流是否含砂等多个因素,通常采用API RP 14E中的公式进行计算,得出不同条件下气井的临界冲蚀流量。气井在相同生产条件下生产时,配产应不高于临界冲蚀流量,从而减少油管冲蚀的风险。

(二)油套管材质选择

正确选用油管、套管及各种井下工具、采油树是注采井防腐的最重要措施之一,现借鉴国内外相关研究和川东气田生产实践的经验,根据储气库相关要求和上述腐蚀因素、类型分析资料,对相国寺注采井油套及井下工具材质进行选择。

相国寺石炭系原气井套管主要采用C75、N80的碳钢,油管主要采用J55、C75、N80的碳钢。从历年修井及储气库老井封堵的油套管检测情况看,除产水的相6井油管腐蚀穿孔外,其余井油管未见明显的腐蚀坑注,未发现套管异常井。

1. 油管材质选择

油管材质选择主要依据储气库原石炭系天然气的组分和将来注气组分来共同确定,相国寺原石炭系天然气为低含硫气和产少量凝析水(地层水),储气库注入气为干气、CO_2含量1.89%。同时考虑反复注采生产产量大、产生交变应力影响和安全使用周期长等实际情况,推荐注采井油管材质选用80S。

2. 套管材质选择

相国寺石炭系储气层以上地层嘉陵江、飞仙关、长兴和茅口组等都含有硫化氢、二氧化碳等腐蚀介质,结合储气库安全运行50年以上的要求,保证注入气不因套管的腐蚀破坏泄漏至其他地层,注采井技术套管和油层套管材质选择应高于原生产井的抗硫套管,并选用密封性较好的气密封扣。储层段选用抗硫套管或防砂抗硫筛管。结合完井工程章节对套管强度的计算,相国寺储气库技术套管和油层套管推荐选用95S级抗硫套管,悬挂尾管选用80S级抗硫套管。

相国寺储气库注采井完井封隔器、井下安全阀、井下监测仪器的材质选用要求应高于油套管,建议选择13Cr或9Cr1Mo材质。

为进一步了解80S及以上油套管在相国寺储气库注采阶段耐腐蚀性,这里利用OLI腐蚀分析评价软件,对采注采阶段进行油管腐蚀材质评价,由OLI软件模拟计算井底出pH值5.0,氧化还原电位为0.51V,结果见图3-4-23。图中灰色区即A区为不腐蚀区,绿色区即C区为钝化区,B区为腐蚀区。由计算的氧化还原电位与介质pH值的交点D点处于绿色钝化区,采用80S及以上材质能满足储气库防腐要求。

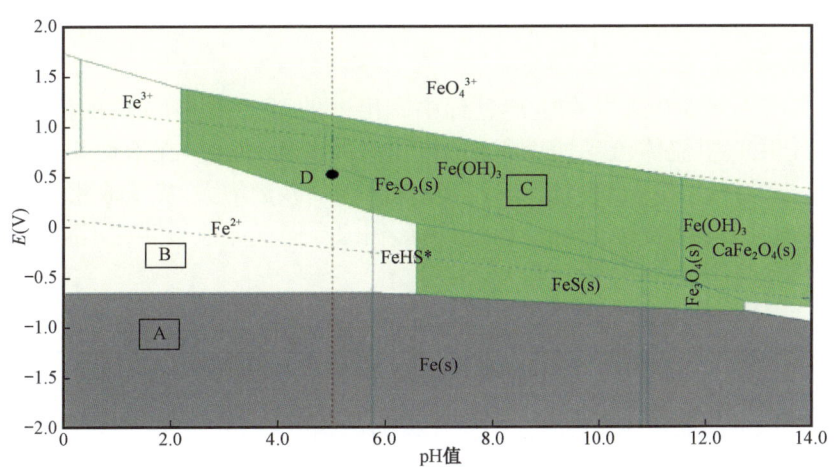

图3-4-23 80S油管在温度62℃、压力28MPa条件下的电位—pH值图

(三)注采井防腐措施

井下腐蚀是普遍存在的,从经济实用的角度考虑,在做好材质选择的基础上,还应考虑防腐措施。

1. 油套环空防腐措施

按储气库建设技术要求,相国寺储气库均采用了完井封隔器将油套环空与井下流体隔离,实施环空加注保护液对套管内壁和油管外壁进行保护。但油套环空中保护液会混有氧气、微生物、溶解盐等对油套管产生腐蚀,因此,应对环空中保护液进行脱氧、除微生物、控溶解盐处理,才可以在完井时注入环空中。环空保护液应具有如下性能:(1)具有良好的防腐蚀性能;(2)高温及长期稳定性,聚合物材料无分解,加重材料无沉降;(3)环空保护液具有一定的密度,以平衡油管内的高压和对封隔器施加一定回压。

相国寺储气库环空保护液由10%缓蚀剂+90%清水组成,具体使用量根据油套管尺寸、封隔器坐封位置计算油套环空面积,并考虑10%的富裕量。采用环空保护缓蚀剂与清水交替注入的方式从油管正替进入油套环空,封隔器坐封后,保护液充满油套环空。

另据报道,也有采用环空注氮气进行保护的经验,后续储气库建设可探索环空注氮气的方式对套管内壁和油管外壁进行保护。

2. 油管预膜保护措施

储气库注采井油管内壁的保护可采用完井预膜和注采期定期预膜的方式进行保护。其预膜量可按照井下油管预膜管壁上附着缓蚀剂厚度 0.0762mm 计算每口注采井缓蚀剂的预膜加量,计算公式如下:

$$V = h \times S \times (1 + A) \quad (3-4-5)$$

式中 V——预膜量,m^3;

S——油管内表面积,m^2;

h——管壁附着缓蚀剂厚度(推荐取值 0.0762×10^{-3}m),m;

A——富余量,%。

3. 防冲蚀措施

由于原相国寺石炭系生产井在生产过程中有出砂的历史,且储气库的注采气量(相对老井开采)大,由于井筒中流体流动速度很高,管柱可能产生冲蚀。在地面应设置相应的监测点,定期或不定期监测注采井出砂情况,一旦发现出砂或砂量增大,应采取相应的措施,如控制采气量,防止砂对油管内壁造成冲蚀。通过计算,相国寺储气库注采井在不同地层压力条件下的最大合理采气量见表 3-4-30。

表 3-4-30 相国寺储气库注采井最大合理采气量统计表

井号	不同地层压力下的最大合理采气量($10^4 m^3/d$)							
	13.2MPa	16MPa	18MPa	20MPa	22MPa	24MPa	26MPa	28MPa
相储1	225	302	335	367	396	423	450	472
相储2	115	137	148	161	171	183	192	200
相储3	104	130	143	156	168	178	188	198
相储4	108	132	145	158	170	180	190	199
相储6	104	130	143	157	168	178	189	198
相储7	102	129	142	155	167	177	188	197
相储8	193	272	311	340	370	400	428	450
相储10	102	129	142	155	167	178	188	197
相储11	118	138	151	163	175	185	194	202
相储15	89	122	137	150	161	173	184	194
相储16	73	106	127	138	150	162	173	184
相储19	113	135	148	160	171	182	191	200
相储22	56	83	101	119	132	144	155	166
合计	1502	1944	2173	2379	2566	2743	2910	3057

4. 储气库腐蚀监/检测要求

为加强注采井油管腐蚀监测,储气库在注采期间在气库北部、中部和南部各选一口井,开展油管腐蚀监测工作,根据监测情况及生产变化选择和调整合理的防腐方案进行注采井生产通道防腐。

对选择的腐蚀监测井,在油管及井下工具下井前,采用超声波测厚仪提前测量其壁厚值,储气库运行期间,采用多臂井径仪和电磁测厚仪对井下油管进行腐蚀冲蚀检测,可以取得井下真实的腐蚀速率。

对于区块的典型井,应采用腐蚀挂片法进行腐蚀监测,推荐做法为:

监测点:井口采油树、旁通试验管;

监测方法:腐蚀挂片法,监测均匀腐蚀和点坑腐蚀程度;

腐蚀速率计算公式:

$$K_W = \frac{W_0 - W}{S \times T} \quad (3-4-6)$$

式中 K_W——腐蚀速率,g/(m²·h);
W_0——测试前挂片重量,g;
W——测试后挂片重量,g;
S——挂片表面积,m²;
T——测试时间,h。

由 K_W 可计算求的年腐蚀速率:

$$v = \frac{8.76 K_W}{\gamma} \quad (3-4-7)$$

式中 v——年腐蚀速率,mm/a;
γ——金属重度,g/cm³。

具体计算过程参见文献[6]。

第五节 钻完井 QHSE 管理

一、总体要求

(1)应遵守国家、当地政府有关健康、安全与环境保护法律、法规等相关文件的规定。

(2)应严格执行《石油天然气钻井健康、安全与环境管理体系指南》(SY/T 6283)和《石油天然气钻井作业健康、安全与环境管理导则》(Q/SY 1053)标准的相关规定。

(3)调查井场周边环境,如居住人口、电力、河流情况、地方政府情况、安全、环保、消防、卫生机构的联络途径。

(4)钻前工程应撤迁距井口100m范围的民居;钻开油气层和中途测试期间,在距井口100~500m范围内建立监测点(必要时增设监测点),与地方政府建立联防机制和采取警戒措施,进行监测、警戒。

(5)施工前应根据井控措施和 H_2S 防护要求,制订各种安全、事故预防与补救具体措施、逃生方案。

二、质量管理

(1)钻井过程中应按设计加强井眼轨迹的监测与控制,严格落实井下防碰措施,井与井的轨迹空间间距不小于 5m。

(2)表层钻进,防止井漏导致钻井液进入煤矿巷道或污染地表水系。若实施气体或充气钻井,应制定相应施工设计和施工安全预案,并按相关程序报批;气体钻进过程中实施可燃性气体、H_2S 实时监测。

(3)钻井液钻井应根据地层"三压力"剖面,选择合理的钻井液体系及密度,提高地层稳定性。应有效保护低压石炭系气藏,减少储层漏失伤害。

(4)施工过程保护好套管及套管头,严格按设计要求加入套管防磨接头及套管头保护套。

(5)固井作业,表层套管严格按规定下过煤矿巷道 100m,采用柔性自应力水泥浆体系并实施有效封固,水泥浆返至地面;技术套管及油层套管固井前应做好地层承压试验,按一类井进行固井设计,均采用特殊气密封螺纹,由专业队伍使用专用工具进行套管下入,并实时监测、记录上扣扭矩,入井前必须逐根进行气密封检测确保合格,采用柔性水泥或自愈合水泥浆体系固井;套管、入井固井工具等厂家专业技术人员上井现场服务,确保入井套管的连接质量;技术套管及油层套管采用 IBC(超声波成像)及 CBL + VDL 两种测井方法进行固井质量的检测;储气层顶部盖层段连续优质水泥段不小于 25m,生产套管固井段良好以上胶结段长度不小于 70%。

(6)储层钻进时,使用先进的近钻头地质导向工具,确保设计轨迹要求;联合工作组驻井现场把关,导向过程出现异常情况要及时组织分析,确定合理的下步措施。

(7)测井宜采用 5700 或 EXL2000 以上测井仪器,保证测井数据资料质量。

(8)地质录井:① 注采井从表层开始使用综合录井;② PDC 钻头或石炭系储层段钻进过程中,使用碳酸盐岩分析仪及双目体视显微镜,准确判断岩性;③ 须家河、飞仙关、栖一、石炭系等关键层位,地质录井公司应派遣熟悉储气库构造、具有丰富经验的技术人员驻井卡层把关;④ 加强地质跟踪分析预报,出现与设计不符或者异常情况时应及时分析、上报;⑤ 地质录井单位必须保障足够数量具有资质的录井人员驻井。

(9)完井管串采用气密封螺纹油管,并进行气密封检测,同时做好记录。

(10)完井管串、气密封检测、酸化改造等施工设计应报项目建设单位备案。

(11)完井设计中应对完井管串做力学分析和计算。

(12)入井工具要求在室内检查调试合格,井口装置进行室内气密封试压和现场整体试压合格。下完井工具作业时,要求工具方到现场技术服务。

(13)完井液、酸化液、压井液应与储层配伍,减少完井过程中对储层的伤害。

三、健康管理

(1)劳动保护用品按 GB/T11651《个体防护装备选用规范》有关规定发放,并根据钻井队所在区域特点配发特殊劳保用品。

(2)防护用品使用、急救和保健制度均按《石油天然气钻井作业健康、安全与环境管理导则》(Q/SY1053)标准执行。

四、安全管理

(一)安全标志牌的要求(位置、标识等)

(1)在井场和搬迁途中应设立醒目的健康、安全与环境警示标志。

(2)标志的标识方法和项目按国家标准有关规定执行。

(3)主要工作场地应设有明显的逃生路线标志,并在明显高处设置风向标。

(二)易燃易爆物品的使用和管理

按《石油天然气钻井作业健康、安全与环境管理导则》(Q/SY 1053)标准执行。

(三)井场消防器材和防火安全要求

(1)钻井队消防器材的配备按消防安全相关规定执行。

(2)各种灭火器的使用方法、有效日期、应放位置要明确标识。

(四)井场动火安全要求

井场内严禁烟火。钻开油气层后应避免在井场使用电焊、气焊。若需动火,应执行《动火作业安全管理规范》(Q/SY 1241)等安全规范中的安全规定。

(五)井喷预防和应急措施

(1)井控技术管理措施按《钻井井控规程》(SY/T 6426)标准执行。

(2)防 H_2S 的安全要求执行《硫化氢环境钻井场所作业安全规范》(SY/T 5087)。

(3)逃生设备:二层台应安装二层台逃生器;钻台至地面应安装专用逃生滑道。

(4)应急措施:井喷发生后,按应急救援预案实施。

(六)钻井过程中硫化氢安全防护措施

该构造在嘉陵江、飞仙关、长兴、茅口、石炭系等气藏均含 H_2S,钻井过程应严格按照《含硫气井安全钻井推荐作法》(SY/T 5087)、《含硫油气田 H_2S 监测与人身安全防护规定》(SY 6277)中相关标准的相关规定落实 H_2S 安全防护措施。

(1)合理确定钻井液密度。该构造硫化氢含量较低,不属于高含硫气藏,因此方案设计要求储层段钻井液密度按标准要求附加,即附加 $0.07 \sim 0.15 g/cm^3$。

(2)合理调整钻井液性能。由于采用丛式井钻井,部分井水平位移较大,井斜角大,在含硫储层井段钻进,钻井液除应具有良好的润滑性和带砂能力外,其 pH 值必须大于 9.5,同时还应加入足够的除硫剂。

(3)储备足够的高密度钻井液。进入储层前必须储备足够的高密度钻井液,储备钻井液密度应比使用井浆密度大 $0.2 \sim 0.3 g/cm^3$,并储备相应的加重材料。

(4)施工人员(包括钻井、钻井液、地质、气测及井下作业等人员)必须接受 H_2S 防护技术培训,并取得合格证,持证上岗。

(5)井场布置要满足 H_2S 防护特殊要求。井场要设置救护室,按规定配备防毒面具、空气呼吸器、救急箱、担架、氧气袋、大功率电风扇等用具。

在井场入口、井架上、钻台边上、循环系统等处应设置风向标,一旦发生紧急情况,作业人员可向上风口疏散。

(6)加强硫化氢监测防护装备。施工单位应按规定配备 H_2S 安全防护设施及装置,定期对其进行检查,确保能有效使用,带探头四通道硫化氢监测报警系统探头触点安放在钻台井口,钻井液出口及司钻旁边三处,主机安装在值班房;同时必须配备足够的其他硫化氢监测防护装备,见表 3-5-1。

表 3-5-1　H_2S 监测防护设备表

设备名称	数量
四通道硫化氢监测报警系统	1
空气呼吸器	20
空气压缩机	1
便携式报警数字显示硫化氢监测仪	5
大功率防爆排风扇	5
自动点火装置	1

五、环境管理

(一)认真贯彻环境保护"三同时"原则

施工单位要组织力量在井场附近进行环境水质调查;同时向地方环境部门填报《建设项目环境保护"三同时"报审表》和《建设项目环境影响报告表》;基建部门的钻前工程设计应包括污染防治设施内容,并符合规定标准,建成后必须经组织验收合格后和井场同时投入使用。

(二)钻前环境管理要求

(1)在修建通往井场公路时,避免堵塞和填充任何自然排水通道。

(2)井场应设污水处理系统,包括污水沟、污水池和污水处理设备。污水沟和污水池应进行防渗漏和垮塌处理。

(三)钻井作业期间环境管理要求

1. 废水、废钻井液的处理要求

(1)搞好钻前土方工程,设置专用的储砂坑堆放岩屑;为钻井液固化提供相应条件(承包方对井场污水池容积及周围施工条件等提供相应的要求及系统方案)。

(2)钻井施工过程中加强工艺技术的科学管理手段,减少钻井废物的产生量。产生的污水应进行处理和利用,需要外排的污水应达到排放标准。

(3)对废弃钻井液应进行固化处理掩埋,固化后形成的基岩其指标满足各项环保技术指标,并由相关环保部门进行检测合格,恢复原地貌。

(4)本井若要废弃,产层要注水泥塞封闭。

2. 钻屑的处理要求

完井后,在取得当地环保部门同意后,掩埋压实,恢复地貌。

3. 钻井材料和油料的管理要求

钻井材料和油料要集中管理,减少散失或漏失,对被污染的土壤应及时妥善处理。

4. 保护地下水源的技术措施

钻井过程中,尽量使用低毒和无毒钻井液处理剂。同时,提高钻井液造壁性,减轻钻井液的渗漏。

5. 钻井作业完成后环境管理要求

(1)施工完成后,做到井场整洁、无杂物。
(2)剩余污水、污泥应按钻井环境保护规定处理。

六、应急预案制定

根据《石油天然气钻井健康、安全与环境管理体系指南》(SY/T 6283)和《石油天然气钻井作业健康、安全与环境管理导则》(Q/SY 1053),以及集团公司《关于立即开展以岗位责任制为中心的安全生产知识教育和检查活动的紧急通知》(中油质安传字〔2003〕13号)和《关于进一步完善事故应急救援预案的通知》(中油质安传字〔2003〕14号)的要求,为了在安全事故和其他突发事件一旦发生的情况下,能快速、高效、有序地进行应急处理,最大限度的保护施工人员和井场附近群众的生命及财产安全,把事故危害和对环境的影响降到最低限度,在进入飞仙关气层前,钻井施工单位要主动与当地政府取得联系,教育井场周边的群众、普及安全知识,要将危害程度、防范措施印成小册子下发当地群众;根据井队设施配置、人员构成、地理位置、作业环境、气候特征、交通状况等实际情况制定切实可行的应急预案,与当地政府和有关部门建立相衔接的应急救援体系,并按规定程序报批后进行宣传和演练,加强信息交流,建立与相关方面的通信联系系统。

(一)应急预案分类

(1)井喷及井喷失控应急处理预案。
(2)硫化氢中毒应急救援预案。
(3)火灾应急救援预案。
(4)自然灾害应急预案。
(5)重大疫情应急预案。
(6)重大环境污染应急预案。
(7)交通事故应急预案。
(8)地震应急预案。
(9)其他应急预案。

(二)应急预案要求

应急预案必须从人员、设备、组织机构和程序上作出规定,应急预案程序切实可行,具有可操作性。

(三)应急预案内容

各应急预案至少应包括以下内容:

(1)建立应急组织机构。具体落实机构各部门人员配置,明确应急事件中相关人员的责任与义务。

(2)建立安全知识教育制度。对现场所有施工人员及井场附近的群众进行安全知识教育,包括井喷和硫化氢的危害等安全知识。

(3)建立应急演练制度。所有涉及应急工作的人员和井场附近的群众均应参加应急演练,并达到熟练程度,要有应急演练的时间安排。

(4)应有应急设备和物资的准备要求。

(5)应建立应急服务信息和联络手段。

(6)应建立切实可行的应急实施程序。事故一旦发生,立即启动应急预案,应急组织机构各部门成员应在规定时间内赶到各自岗位,服从指挥中心统一指挥,各司其职,各负其责,争取在最短的时间内控制事故的进一步扩大,将损失降到最低。

(7)应制定必要的应急替代计划。

参 考 文 献

[1] 熊伟,余箭,钟俊,等.相国寺储气库老井封堵难点与对策[J].天然气工业,2014,34(增刊2):107-110.

[2] 黎洪珍,刘畅,张健,等.老井封堵技术在川东地区储气库建设中的应用[J].天然气工业,2013,33(7):63-67.

[3] 濮强,刘文忠,范兴亮,等.相国寺储气库低压地层安全快速钻完井配套技术[J].天然气工艺,2015,35(3):93-97.

[4] 刘文忠.相国寺储气库注采井完整性技术探索与实践[J].钻采工艺,2017,40(2):27-30.

[5] L. Wu,L. Yi,S. Taoutaou,et al. Maintaining Well Integrity in Underground Gas Storage Wells in China Using a Novl Cementing Technology[C]. SPE171938,2014.

[6] 李章亚.油气田腐蚀与防腐技术手册[M].北京:石油工业出版社,1999.

第四章 地面工程

储气库地面工程主要承担注入和采出输配的任务:在注气期(夏季用气低谷),由输气管网来的天然气经双向输送管道到达集注站,经分离、计量和注气压缩机组增压后去往单井,通过注气井将天然气注入储气库;在采气期(冬季用气高峰)和应急供气期,储气库中天然气通过采气井采出、调压,经净化处理后,再由双向输送管道输回至输气管网。

第一节 特点及难点

由于地下储气库必须具备气体"注得进、采得出、存得住"以及短期高产、高低压往复变化、长期使用的特点,因而储气库总体布局、管网优化、注采工艺、集输工艺及材料的选择均有其独特之处。

相国寺储气库地理环境复杂。地势陡峻、植被浓密、环境敏感;地表沟壑纵横,落差大;沿线及场站周边煤矿资源丰富。地表主要出露须家河组砂泥岩,局部雷口坡组灰岩,地下煤矿多。相国寺储气库集注站总平面图见图4-1-1。

图4-1-1 相国寺储气库集注站总平面图

储气库区环境敏感,位于北碚区三圣镇和渝北区兴隆镇之间的华蓥山林场和北碚区茅庵林场及经济价值极高的红豆杉科技园区,此外尚有茶场和小型煤矿(图4-1-2),地形最大高差达968m。

相国寺储气库注气气源来自中贵线,功能定位为中贵线的季节调峰、事故应急供气、战略应急供气和川渝市场季节调峰、事故应急供气。储气库最大注气量为$1380\times10^4m^3/d$,季节调峰采气量为$1393\times10^4m^3/d$,最大应急采气量为$2855\times10^4m^3/d$。

相国寺储气库兼顾季节调峰和事故调峰的特性,增大了储气库地面工程的调峰采气设计难度。

一、建设特点

通常对于纯气藏型、注采组分相差不大的储气库,采用注、采管道合一设置,而相国寺储气库由于注气系统规模与采气系统规模差别大,采用注、采管道合一设置方案将导致投资增加。

另外,储气库具有注采压力高、采出物组分复杂、注采系统弹性小等特点:

(1)注采压力高。欧洲天然气骨干管网输送压力 6～10 MPa、美国洲际天然气管道输送压力 10MPa,我国大部分天然气管网运行压力 10～12 MPa,从而要求储气库的采气压力高。注气方面,由于我国部分储气库埋藏深,导致注气压力较高,部分可达 40 MPa 以上。

图4-1-2 储气库区自然条件示意图

(2)采出物组分复杂。我国大部分储气库采出物为油气水三相,采出气处理需同时控制水露点和烃露点,流程相对复杂。

(3)注采系统规模弹性较小。国外注采系统操作弹性大,多为最大运行规模的150%～260%,我国一般为最大运行规模的120%。

二、建设难点

与国外储气库相比,相国寺储气库的主要难点在于储气库注采规模的确定、地下地上一体化工艺分析和设备材料选择方面。

(一)注采规模确定

此前,国内已建储气库及在建储气库的注采规模仅以气藏与地质工程所提储气库本身注采能力进行注采气规模设计,而实际应当首先明确储气库功能定位,考虑天然气的市场需求以及需求结构,核算市场需求的调峰规模,再分析储气库本身所具备的注采气能力是否满足市场调峰规模要求,如果不满足则以储气库本身的地质能力进行设计,并考虑今后在工程区域范围内再次扩建储气库,如果超过市场调峰规模需求,先按照市场需求的调峰规模建设储气库,并在储气库设计过程中保留后期扩建的余地,以此达到地上地下一体化设计,为储气库建设规模决策提供科学依据。

采取地上地下一体化思路开展季节调峰型地下储气库注采规模设计,关键在于储气库调峰技术的研究,为地下储气库的建设规模决策提供科学依据。

注采规模的设计是地下储气库项目设计的一个重要环节,注采规模的确定影响了地下储气库井口数量、井口油套管尺寸的设计以及地面集输系统的设计规模。相国寺储气库采用消费系数法对市场需求量进行预测,分析天然气需求结构及月不均匀系数,完善季节调峰型地下储气库注采规模计算方法和步骤,为其他类型储气库注采气规模设计提供参考。

(二)地下地上一体化工艺分析

我国地下储气库起步晚,建设历程相对较短,尽管目前在地下储气库动态监测、跟踪评价、优化预测等方面积累了一定的经验,但仍然面临很多问题和挑战,如建库理念转变、库容参数优化技术等。当前投运的地下储气库(群)未实现投产、循环过渡到周期注采运行全过程一体化管理,基于地质、井筒和地面三位一体的完整性管理处于初级阶段。

国内储气库目前建设模式基本上与常规气田一致,地质与气藏工程、注采气工程、地面工程各自为政、各自背靠背建模分析计算。

相国寺储气库在概念设计初期,首先对中贵线和川渝管网的市场需求分析,计算季节调峰规模和战略应急供气规模,分析储气库注采规模需求。随后,西南油气田分公司组织勘探开发研究院、工程技术研究院、CPE 西南分公司面对面共同搭建计算模型。采气系统从储层、油管、地面管网进行一体化建模分析计算,得出注采井产能最大限制条件;注气系统从地面管网、油管、储层进行一体化建模分析计算,得出注采井注气能力最大限制条件。

通过地下地上建模分析,在一体化考虑储层边界条件、油管冲蚀流速、地面注采气设施处理能力等基础上分析储气库最佳建库规模。

(三)设备材料选型

储气库地面工程技术与常规气田开发地面工程技术基本相同,其特殊性主要在于地面注气系统和大规模的地面处理系统。目前国内储气库地面工程技术基本成熟,满足了国内地下储气库建设和运行的需要。但是,国内储气库的地面装备还主要依赖进口,尤其是地面压缩机完全依赖进口。为满足储气库调峰采气的需要,地面采出气处理系统的规模一般较大,灵活性较差。鉴于此,在储气库地面工程技术领域,国内需要努力实现核心设备的国产化,尤其是压缩机制造的国产化。同时在地面采出气处理方面,要实现采气处理装置向大型化和灵活化方向发展,采取灵活的采出气处理方案,以满足不同类型储气库调峰大范围波动的需要。

第二节 区域总体布局

相国寺储气库是国内首座碳酸盐岩储气库,与中亚来气的中贵线及中缅线相连,是国家环形管网的重要配套工程。

一、区域管网布局

(一)区域管网位置关系及功能需求

相国寺储气库作为西南地区首个储气库,与中贵线和已经建成的川渝管网连接。其中拟建的中贵线是一条将我国三大气区连通,并把国内多条东西走向的干线管道相互联网,形成全国和区域的不同层次的大型环状管网,提高管网调配灵活性,保障供气安全的输气联络线管道。

中贵线干线起于宁夏中卫,经甘肃、陕西、四川、重庆,止于贵州贵阳,干线全长 1898km,设计输气能力 $150 \times 10^8 m^3/a$,设计压力 10MPa,管径 1016mm,材质为 X80,设输气站场14座(压气站6座),中卫首站在原有西气东输二线中卫站的基础上进行扩建,贵阳末站与中缅天然气管道贵阳压气站合建,其余站场均为新建站,其中与相国寺储气库连接设于铜梁分输站。

川渝管网是我国天然气利用最早、最广泛的川渝地区供气的环型骨干管网。该环形管网将川渝地区五大油气产区的区域性管网连通,形成了川渝地区管网构架(图4-2-1),担负着川渝地区、云贵部分地区及两湖地区的天然气输送任务。

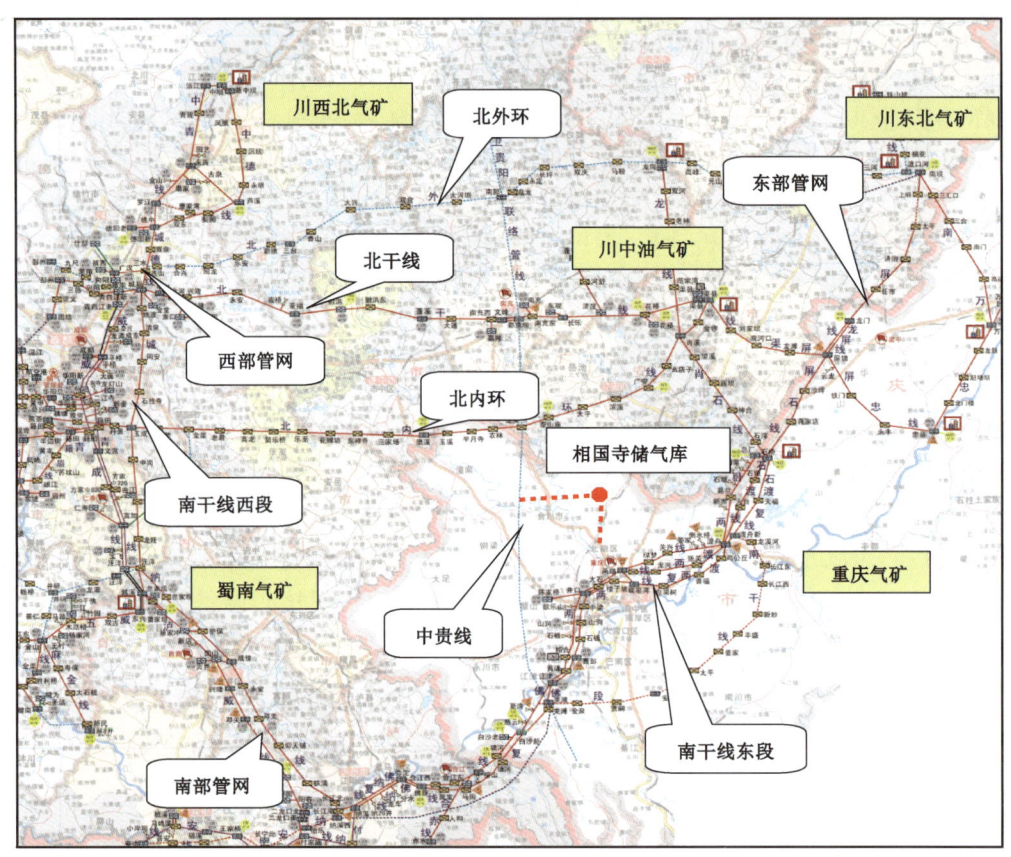

图4-2-1 相国寺储气库与川渝管网位置关系图

从图4-2-1可以看出,相国寺储气库靠近川渝管网中的南干线东段管网。

相国寺储气库建成后具有以下功能:

(1)协调供求关系和调峰。缓解因各类用户对天然气需求量的不同和负荷变化而带来的供气不均衡性。

(2)提高输气效率,降低输气成本。地下储气库可使天然气生产系统的操作和输气管网的运行不受天然气消费不均衡性的影响,有助于实现均衡性生产和作业;有助于充分利用输气设施的能力,提高管网的利用系数和输气效率,降低输气成本。

(3)提供应急服务。当气田生产设施或输气管道出现故障时,可加大储气库的采气量提供应急供气服务。

相国寺储气库位置靠近重庆主城区,它的建成为缓解重庆地区乃至整个川渝地区用气紧张的局面均具有重要意义。

(二)天然气总体流向

相国寺储气库位于重庆市北碚区和渝北区交界,西距拟建中贵线铜梁分输站90km,东邻川渝管网南干线东段旱土站38km,其注气气源来自中贵线铜梁分输站。

注气时,天然气经过铜相线输至储气库集注站,经清管、分离除尘、计量后进入注气压缩机,增压天然气经冷却后进入出站汇气管,然后通过注气干线输往各井场,经各单井计量装置计量后从井口阀组注入井下,完成整个注气过程。

采气时,采出天然气在注采井场节流后通过采气干线输至集注站进入脱水装置,脱水后一路经计量后通过铜相线输往中贵线的铜梁分输站,一路经计量调压后通过相旱线输往川渝管网的旱土站。储气库注气期和采气期天然气总体流向如图4-2-2所示。

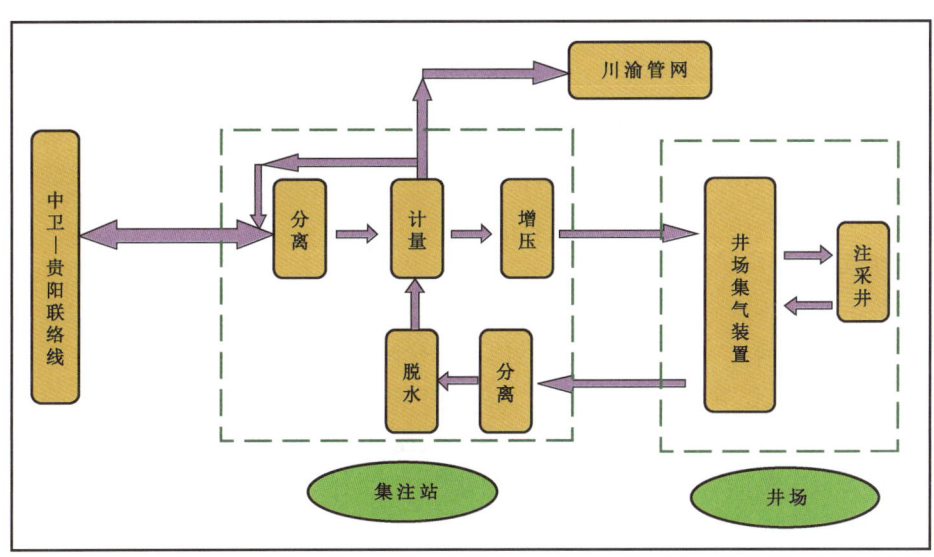

图4-2-2 储气库注气期、采气期天然气总体流向

二、站场布局及管网优化

(一)地面工程站场布置的目标

1. 满足目标市场的需求

部署地下储气库应在满足用户需求的前提下,考虑安全、合理、经济。一般要求储气库与用户的距离在50～150km的范围内,最远距离不超过200km。为确保安全运行,地下储气库宜建在用户区主流向的下游,并尽可能接近主输气主干线。

相国寺储气库目标市场:(1)中贵线,注气期通过铜梁分输站下载气源,采气期通过铜梁分输站向中贵线提供季节调峰、不可中断应急供气、事故应急供气;(2)川渝地区,仅作为季节调峰供气和应急供气。

2. 输气管道接入方案合理

储气库布局应在满足用户需求的同时,尽量与管网合理配置。特别是在多条输气管道联网的情况下,必须按管道走向和输气量规划部署储气库。

相国寺储气库作为西南地区首座季节调峰及应急供气储气库,注气气源及下气点明确,但与川渝管网调峰供气接入方案复杂,需要结合管道建设现状及地区供气需求综合技术经济对比得出最佳接入方案。

3. 注气系统、采气系统站场布置统筹、合理

储气库的建设是长期的,关系地面和地下的复杂系统工程,投资巨大,因此建设储气库必须慎重考量,必须是在储气库注气系统增压站布站方案、采气系统天然气净化处理厂站布置方案综合分析、权衡利弊的基础上进行,通过建立注气系统、采气系统的枝状管网布局优化数学模型与求解方法,为集输管网布站优化奠定基础,使建库地面管网规划具备前瞻性,进而保证储气库布局合理、经济、可行。

(二)管网接入

管网接入方案需要以地方建设规划、目标市场的需求度(中贵线和川渝地区各类调峰及应急供气,目标市场的需求关乎是否满足储气库功能定位)、技术经济等综合因素为抓手,做出最佳的管网接入方案。

1. 地方建设规划

管网接入方案应该满足地方建设规划需求及当地燃气公司拟建的城市燃气环网现状。相国寺储气库与川渝管网接入点确定为旱土站,主要优势如下:

(1)卧龙河片区气田井产能下降较快,低压气产量减产较多,今后该片区低压气总产量将很快低于 $300\times10^4\,m^3/d$,即卧引总厂将很快没有低压气通过卧两线提供给长寿地区使用,且长寿厂产能预计很快将低于 $250\times10^4\,m^3/d$,因此接入点设置在旱土站后管网实际接入能力应能满足 $1100\times10^4\,m^3/d$ 的置换要求。

(2)随着长寿厂气量进一步下降至 $170\times10^4\,m^3/d$ 时,卧龙河和长寿片区产气量将远低于重庆市主城区和长寿地区用气要求,将不需要利用南东段高压外环管道外输,因此预计当川渝地区最大应急供气能力到达 $1700\times10^4\,m^3/d$ 将不会影响南东段高压外环管道外输。

(3)如果近期川渝地区出现大规模应急供气,而旱土站接入方案的输配管网置换能力小于需要的应急供气量,可通过本工程新建的铜相线返输中贵线,由中贵线在南部、武胜或夹滩进行下载,补充川渝地区调峰和应急所需气量。

综上所述,旱土站接入方案近期置换能力不足可通过铜相线和中贵线进行补充,远期随着卧龙河片区气田产量降低将完全具备川渝地区季节调峰量所需要的置换能力。当川渝地区净化厂脱硫装置检修需要储气库应急供气时可通过中贵线进行倒气;当屏石线等管道出现事故需要储气库应急供气时,可临时增加渡两复线运行压力和输气量,分别通过南东段的输配系统给重庆市主城区和下游用户供气。

因此,结合地方规划及与重庆市燃气公司在建的城市供气管网交接点位置,选定旱土站作为川渝管网的接入方案。

2. 目标市场需求分析

相国寺储气库靠近川渝管网南干线东段管网系统，本工程建成后，从铜梁至储气库、储气库到中贵线及川渝管网的位置关系，如图4-2-3所示。

图4-2-3　相国寺储气库与川渝管网位置关系图

1）中贵线正常调峰供气

储气库向中贵线调峰供气，根据中贵线调峰量需求情况调减中贵线在川渝地区的分配气量，川渝地区减少的供气由储气库供给，以实现调峰供气。即每月调减川渝分输气量即为当月季节调峰需求量。

2016年中贵线季节调峰量最大，2020年中贵线向川渝地区补充气量最少，因此以2016年和2020年作为典型年进行分析，调峰需求量见表4-2-1和表4-2-2。

表 4-2-1 2016 年中贵管道季节调峰需求量表（$10^4 m^3$）

项目	1月	2月	3月	4月	5月	6月	7月	8月	9月	10月	11月	12月
年日均用气量	1125	1125	1125	1125	1125	1125	1125	1125	1125	1125	1125	1125
当月不均匀系数	1.40	1.30	1.10	0.90	0.70	0.75	0.80	0.65	0.78	0.94	1.21	1.48
当月日均用气量	1575	1463	1238	1013	788	844	900	731	878	1058	1361	1665
当月日调峰规模	450	338	113	-113	-338	-281	-225	-394	-248	-68	236	540
当月总调峰规模	13951	9788	3488	-3375	-10463	-8438	-6975	-12207	-7425	-2093	7088	16741

表 4-2-2 2020 年中贵管道季节调峰需求量表（$10^4 m^3$）

项目	1月	2月	3月	4月	5月	6月	7月	8月	9月	10月	11月	12月
年日均用气量	939	939	939	939	939	939	939	939	939	939	939	939
当月不均匀系数	1.40	1.30	1.10	0.90	0.70	0.75	0.80	0.65	0.78	0.94	1.21	1.48
当月日均用气量	1315	1221	1033	845	657	704	751	610	732	883	1136	1390
当月日调峰规模	376	282	94	-94	-282	-235	-188	-329	-207	-56	197	451
当月总调峰规模	11656	8169	2911	-2817	-8733	-7043	-5822	-10188	-6197	-1747	5916	13972

经测算，2016 年高峰月需求的总季节调峰量为 $1.67×10^8 m^3$，年季节调峰量为 $5.11×10^8 m^3$；2020 年高峰月需求的总季节调峰量为 $1.40×10^8 m^3$，年季节调峰量为 $4.26×10^8 m^3$。

2）中贵线应急供气方案

储气库向中贵线应急工况是指在管道出现供应中断等紧急事故状况下，应保障沿线至少 3 天的 90% 城市燃气用气量和 50% 工业企业用气量（主要是玻璃、建材等不可中断用户的用气量）。

储气库正常调峰量为 $(879~1390)×10^4 m^3/d$，井口压力为 13.32~20.15MPa，12 月中旬到 1 月末的战略应急气量为 $(1913~2855)×10^4 m^3/d$，井口压力为 7.76~9.14MPa。应急供气时工作气量高、压力低、集气过程中压损大。向中贵线战略应急供气方案：提高应急工况集注站脱水后的压力，确保出站压力为 6.0MPa 以上，使得注气压缩机完全满足 $2081×10^4 m^3/d$ 应急供气规模要求，最佳采气管道管径为 DN250~DN500 变径管道。

3）川渝地区季节调峰供气

相国寺储气库以 2020 年作为川渝地区调峰需求量进行测算，见表 4-2-3。

表 4-2-3 川渝地区季节调峰需求量表（$10^4 m^3$）

项目	1月	2月	3月	4月	5月	6月	7月	8月	9月	10月	11月	12月
年日均用气量	2302	2302	2302	2302	2302	2302	2302	2302	2302	2302	2302	2302
当月不均匀系数	1.40	1.30	1.10	0.90	0.70	0.75	0.80	0.65	0.78	0.94	1.21	1.48
当月日均用气量	3222	2992	2532	2071	1611	1726	1841	1496	1795	2164	2785	3406
当月日调峰规模	921	690	230	-230	-690	-575	-460	-806	-506	-138	483	1105
当月总调峰规模	28540	20024	7135	-6905	-21405	-17262	-14270	-24973	-15191	-4281	14500	34248

经测算,2020 年高峰月需求的总季节调峰量为 $3.42 \times 10^8 m^3$,年季节调峰量为 $10.44 \times 10^8 m^3$。储气库向川渝管网季节调峰供气方案:整个川渝地区季节调峰气量分配给重庆,置换川渝管网给重庆的供气,即原来川渝管网给重庆的供气通过川渝管网的北干线、北内环及北外环供给四川,实现整个川渝地区的季节调峰供气。

4) 川渝地区应急供气方案

川渝地区应急供气主要包括脱硫装置事故应急和南坝—屏锦段输气管道事故应急,其中以龙岗净化厂单套脱硫装置事故应急需求量最大,脱硫装置事故应急要求供气量为 $0.18 \times 10^8 m^3$。当龙岗净化厂脱硫装置事故时,储气库需要多采出 $0.18 \times 10^8 m^3$ 天然气给重庆地区使用,同时减少川渝管网给重庆的供气以实现事故应急供气需求。

5) 目标市场需求分析结论

旱土站方案离南东段更近,更靠近用户市场,储气库集注站正常季节调峰的出站压力为 2.92MPa。集注站出站压力越低,越有利于降低储气库下限压力,增加储气库应急储备气量及工作气量。

根据储气库功能定位及储气库注采规模,双向输气管线中铜相线的目标市场主要为向储气库注气、向中贵线季节调峰供气及应急供气,相旱线和旱白线的目标市场为向川渝地区提供季节调峰供气及应急供气。

实际项目在设计过程中,需要结合上述分析和接入方案进行技术经济对比后,综合确定最终管网接入方案。相国寺储气库接入方案设计过程中对旱土站和渡舟新站 2 个站址接入方案做了详细的综合技术经济对比,最终推荐旱土站方案。

(三)注气系统、采气系统站场布置

一般来讲,地下储气库与长输天然气管道配套建设,用气淡季将长输管道中的富裕天然气注入地下储存,用气高峰期将天然气采出,用于旺季用气补充。根据地下储气库库容、输气管网输气能力、用户用气量的不同,一条长输管线可配套多座地下储气库建设,一座地下储气库也可配套多条长输管线建设。

地下储气库的注气与采气是一个闭合系统,注采系统关系框图如图 4-2-4 所示。

因此,储气库内部集输系统站场布置需从注气系统、采气系统综合统筹、优化最终确定储气库注采集输系统的布置。

1. 注气系统

1) 注气系统功能

注气系统的功能是,将中贵线下载的净化天然气在储气库分输后通过压缩机增压、经各注气井注入地层。即,通过中贵线铜梁分输站下气后,通过新建双向输气管道输送储气库集注站进行分配,增压后通过注气井注入地层,相国寺储气库气体流向示意图如图 4-2-5 所示。

2) 井位部署

相国寺储气库井位部署布置如图 4-2-6 所示。

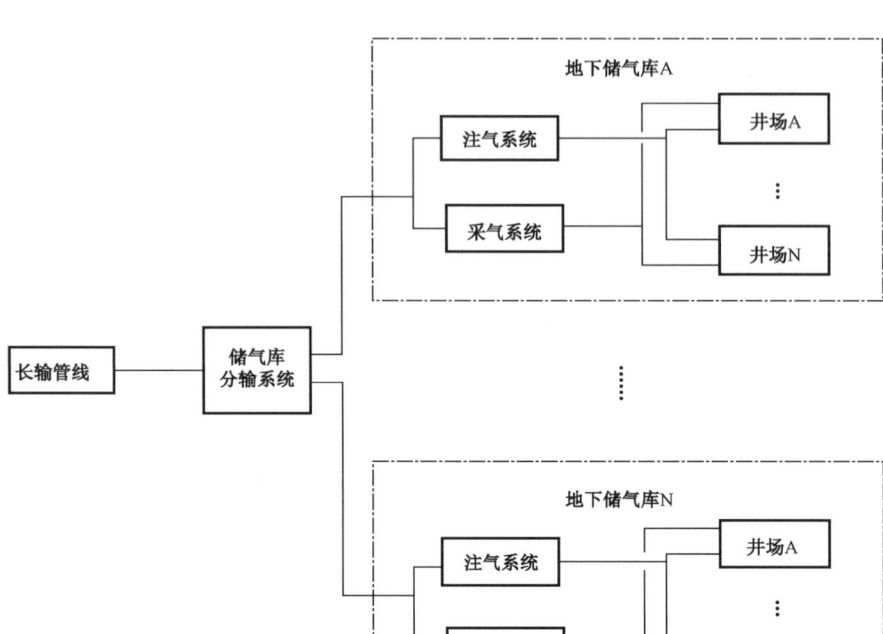

图 4-2-4 地下储气库地面工程结构图

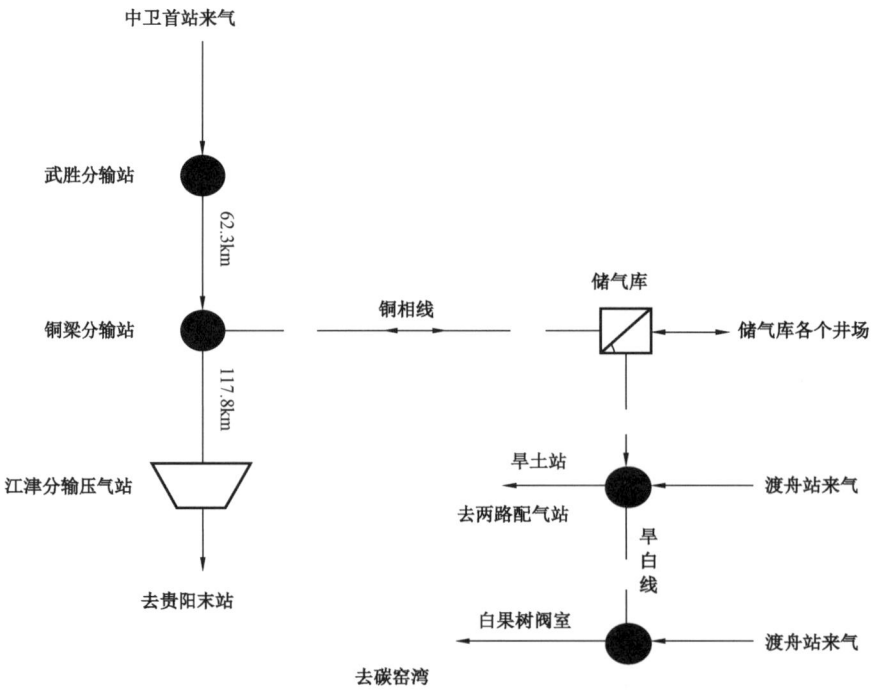

图 4-2-5 相国寺储气库气体流向图

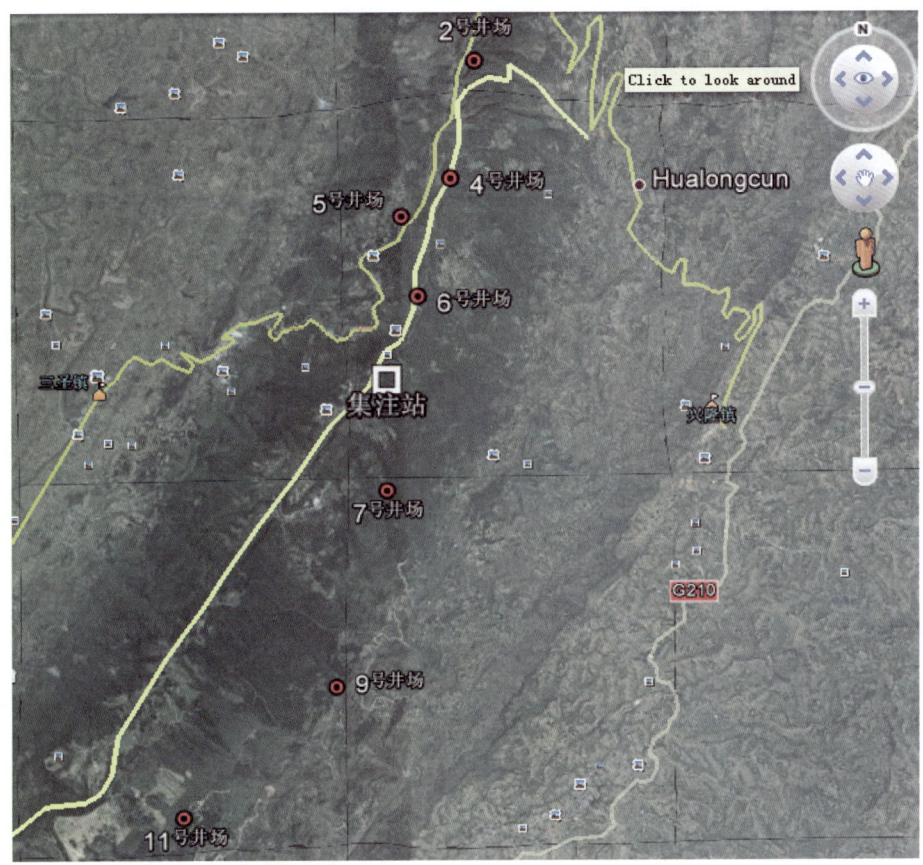

图 4-2-6　相国寺储气库井位部署图

3）注气系统增压及场站布站方案

结合储气库运行特点,根据注气增压机组布署方式的不同,注气系统增压站布站方案包括集中增压、分区集中增压和分散增压。

通过对最优的集中增压方案、最优的分区集中增压方案和分散增压方案的压缩机配置、增压站配套设施建设、高压注气管道线路工程量、后期生产运行维护及管理的站控系统和综合值班室、各增压站噪声治理等多方面综合技术经济对比,从而得出最佳注气系统站场布置方案。

集中增压方案站址位于储气库中心,线路短,管径小,对环境影响小,交通依托较好,道路工程的工程量小,投资低、噪声集中治理、压缩机备用灵活。

因此,相国寺储气库注气系统站场布置采用在储气库中心集中布站方案。

2. 采气系统

1）采气系统功能

采气系统的功能是,将各个采气井采出的天然气集输到集注站经净化处理后,分别通过铜相线双向输气管道的分输实现中贵线的季节调峰和应急供气,通过相旱线、旱白线的分输实现川渝地区及重庆主城区的季节调峰和应急供气。

2) 采气系统处理站布站方案

结合储气库运行特点,根据采气处理装置的布署方式不同,采气系统处理装置的布站方案分为集中处理、分区集中处理和分散处理等类型。通过对比,集中处理方案站址位于储气库中心,天然气集中净化处理的配套设施统一设置,天然气净化处理装置的备用装置设置灵活,对环境的影响最低、投资最低。且可以将注气增压的压缩机组兼做储气库采气期末压力降低外输气增压,以应对特殊应急采气工况。因此,相国寺储气库采气系统站场布置采用在储气库中心集中布站方案。

3. 储气库注气系统、采气系统统筹布站方案

通过对相国寺储气库注气系统、采气系统的分别综合技术经济比选,采用了注气系统集中增压、采气系统集中处理的布站方案。

将注气系统的集中增压和采气系统的集中处理再次高度集中,在储气库中心位置建立1座集注站,实现注气系统和采气系统的联合集中布置,实现配套工程最优化的生产运行及维护管理的最优化。

(四) 总体布局

结合目标市场需求分析、双向输气管道和调峰输气管道的接入方案分析、储气库内部注气系统、采气系统站场布置分析等分别综合技术经济对比后,分别得出最佳的输气管网接入方案、内部注采气系统站场布置方案的最佳方案,最终形成储气库地面工程管网连接关系和站场布置方案。

注气期,天然气经过铜梁分输站—储气库输气干线输至储气库集注站,经清管、分离除尘、计量后进入注气压缩机,增压天然气经冷却后进入出站汇气管,然后通过枝状的注气管线输往各井场,经各单井计量装置计量后从井口阀组注入井下,完成整个注气过程。

采气期,采出天然气在注采井场节流后通过枝状的采气管线输至集注站进入处理装置,净化处理后一路经计量输往中贵线的铜梁站,为中贵线提供季节调峰和应急供气;另一路经计量调压后输往川渝管网的旱土站,为重庆主城区和川渝地区提供季节调峰和应急供气。

第三节 集输工艺设计

国内气藏型储气库地面工程总体工艺技术较成熟,与国外储气库地面工程主要工艺接轨,并根据区域特性及注采规模不同做出更详细的技术储备及方案。

一、注采气规模设计

(一) 一体化设计思路

国外地质、井筒和地面三位一体的完整性设计和管理较为成熟,不仅仅依赖地质与气藏工程确定注采气规模。国内已建储气库及在建储气库的注采规模仅以气藏与地质工程所提储气库本身注采能力进行储气库的注采气规模设计[1]。

相国寺储气库的注采规模设计,首先通过市场需求分析,计算季节调峰规模和战略应急供

气规模,分析储气库注采规模需求。其次,注气系统从地面管网、油管、储层进行一体化建模分析计算,得出注采井注气能力最大限制条件;采气系统从储层、油管、地面管网进行一体化建模分析计算,得出注采井产能最大限制条件。

(二)一体化注采气规模设计应用

1. 一体化注采规模设计步骤

在明确储气库功能定位后,预测市场天然气需求量、天然气需求结构以及用户的不均匀性,再计算市场需要调峰量,最后根据储气库气藏特性分析拟选储气库是否满足市场需求,明确储气库注采规模。一个完整的地下储气库注采规模确定分析过程如图4-3-1所示。

2. 市场需求预测

相国寺储气库市场需求主要为中贵线沿线用户及川渝市场用户。根据消费系数法思路,采用基于市场调研之上的项目分析法对天然气市场需求量进行预测,该方法比较适合于中国当前的天然气市场发展阶段。天然气市场需求预测的思路为:分析天然气主要应用于哪些行业,包括现存的和潜在的市场;分析天然气的城市燃气、工业燃料、发电和天然气化工四大行业中消费系数;结合油气田公司规划,预测各行业的消费需求量;汇总各个行业的天然气需求量,得出目标市场的天然气总需求量。

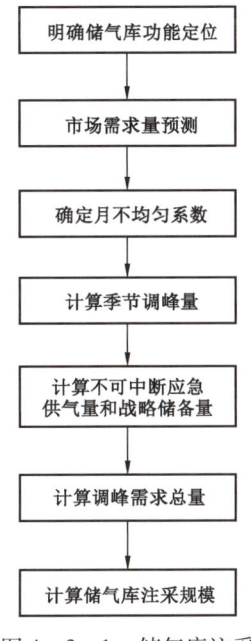

图4-3-1 储气库注采规模设计步骤

1) 不均匀系数

用气不均匀性一般可分为三类:月不均匀性(有时也称季节不均匀性)、日不均匀性和小时不均匀性。在所有的不均匀系数中,月不均匀系数是最为重要的不均匀系数参数之一,与地域分布、气候条件等因素具有较强的相关性。

根据《城镇燃气设计规范》(GB 50028—2006),月不均匀系数指计算月的日平均用气量和年的日平均用气量之比。设计应根据用户前几年逐月的用气情况进行统计,计算用户的月不均匀系数,同时在设计时充分预留,以便保障用气高峰时期供气的平稳和安全。例如西南油气田公司前5年的年最大月高峰系数为1.25(图4-3-2),为了保障安全,设计取值约1.5(图4-3-3)。

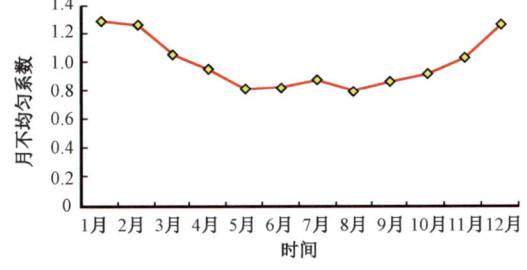

图4-3-2 川渝2008年城市燃气月不均匀系数

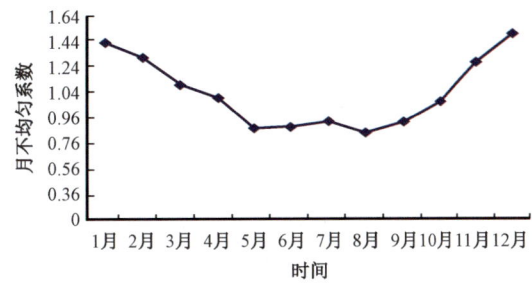

图4-3-3 川渝地区综合月不均匀系数

2) 季节调峰量

天然气消耗的季节不均匀性主要体现在冬夏季用气不平衡方面,通常表现为冬季用气量远远超过夏季用气量。根据天然气市场需求预测的逐年城市燃气量以及城市燃气的月不均匀系数可以计算出市场需求的城市燃气季节调峰气量,从而得出正常情况下长输管道逐年夏季的逐月剩余气量(即注气调峰量)及冬季逐月需要补充气量(即采气调峰量)。相国寺地下储气库计算的2020年逐月季节调峰量如图4-3-4所示(其中负值表示注气调峰,正值表示采气调峰)。

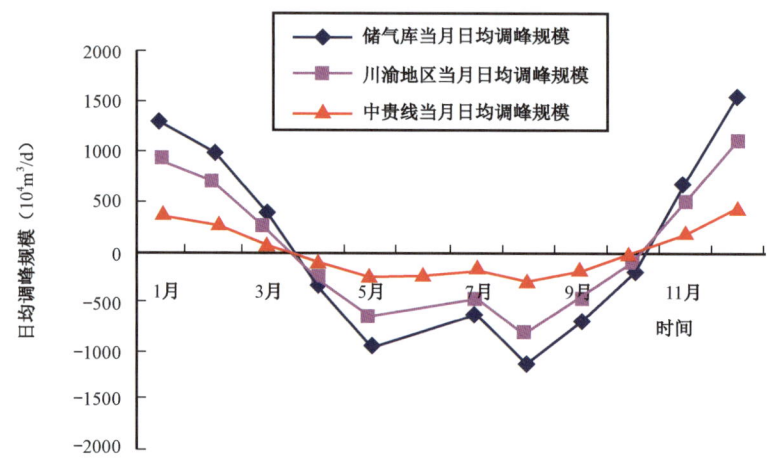

图4-3-4 相国寺储气库2020年季节调峰需求量图

3) 不可中断应急供气和战略储备

根据应急预案制定原则,一般在出现供应中断等紧急事故情况下,必须优先保证城市居民生活、公共福利设施等用气。确定不可中断应急气量的原则是:在出现供应中断等紧急事故状况下,应保障至少3天的90%城市燃气用气量和50%工业企业用气量(主要是玻璃、建材等不可中断用户的用气量)。

当管道可用气源单一,在运行中必须充分考虑到气源供应的安全性,考虑一定的战略储备量。战略储备取45天的90%城市燃气用气量和50%工业企业用气量作为战略储备气量。

4) 调峰需求总量

季节调峰需求量和战略储备需求量构成了季节调峰型地下储气库的调峰总需求量(只要满足战略储备即可满足应急供气要求)。相国寺地下储气库调峰总量计算结果如图4-3-5所示。

5) 储气库目标市场需求的注采规模

相国寺地下储气库注采井的设计应按照市场逐年(如图4-3-5中的2020年调峰需求量)中各月的需求波动,夏季逐月剩余气量作为当月注气量,冬季逐月需要补充气量即为当月调峰量,且原则上储气库任意时刻均需满足应急供气要求。

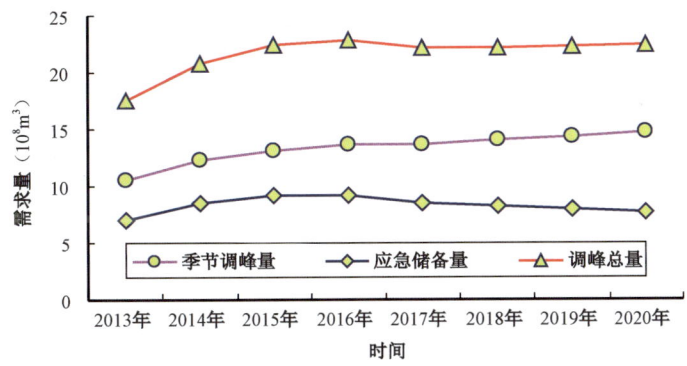

图 4-3-5　相国寺地下储气库调峰总量预测图

3. 相国寺储气库一体化注采规模设计

相国寺储气库库容 $42.6 \times 10^8 m^3$，通过设计储气库输气管网接入、确定储气库下限工作压力、储气库上限工作压力，从而实现储气库目标市场需求的调峰规模和注采气规模。

通过地下地上建模分析，在一体化考虑储层边界条件、油管冲蚀流速、地面注采气设施处理能力等基础上分析储气库最佳建库规模。

二、注采气工艺设计

(一) 注采气规模

天然气消耗的季节不均匀性主要体现在冬夏季用气不平衡方面，通常表现为冬季用气量远远超过夏季用气量。相国寺地下储气库计算的逐年日均注气量和最大注气量统计表见表 4-3-1，逐年日均采气量和最大采气量统计表见表 4-3-2。

表 4-3-1　逐年日均注气量和最大注气量计算表

项目	2012 年	2013 年	2014 年	2015 年	应急注气
注气天数 (d)	110	220	220	220	220
年注气量 ($10^8 m^3$)	10	18.1	17.3	15.77	22.8
注气期平均日注气量 ($10^4 m^3$)	909	821	786	717	1036
最大日均注气量 ($10^4 m^3$)	1087	1253	1219	1156	1383
注气期地层压力 (MPa)	2.5~7.3	7.4~20.2	12.7~25.0	16.3~27.5	13.0~27.9
注气期井口压力 (MPa)	18.14~12.86	9.0~20.8	13.5~25.5	16.6~28.0	15.0~28.0

表 4-3-2　逐年日均采气量和最大采气量统计表

项目	2013—2014 年	2014—2015 年	2015—2016 年	应急采气发生时间		
				11月中旬—12月末	12月中旬—1月末	1月中旬—2月末
采气天数 (d)	120	120	120	120	120	120
采气量 ($10^8 m^3$)	10.60	12.29	13.17	17.52	16.86	16.17

续表

项目	2013—2014 年	2014—2015 年	2015—2016 年	应急采气发生时间		
				11月中旬—12月末	12月中旬—1月末	1月中旬—2月末
采气期平均日采气量($10^4 m^3$)	883	1024	1098	1460	1405	1348
最大日均采气量($10^4 m^3$)	1122	1300	1390	2555	2855	2313
中贵线最大日均调峰量($10^4 m^3$)	409	498	538	≤2081	≤2081	≤2081
川渝最大日均调峰量($10^4 m^3$)	713	802	855	≤1705	≤1705	≤1705
注气期地层压力(MPa)	18.7~16.7	23.2~16.2	25.6~18.1	28.0~15.0	28.0~15.4	28.0~15.9
注气期井口压力(MPa)	13.7~7.3	17.9~11.3	20.2~13.3	17.7~9.1~12.0	22.4~7.8~12.4	21.8~8.0~12.8

经设计计算,相国寺储气库最大日注气量为 $1380 \times 10^4 m^3$,季节调峰最大日采气量 $1393 \times 10^4 m^3$,同时考虑季节调峰和应急时最大日采气量 $2855 \times 10^4 m^3$。

(二)集输工艺

国外少数储气库注气井和采气井分开设置(如 VNG 公司 Bad Lauchstädt 储气库),但是大多数储气库都采用注采井合一设置的注采同管集输工艺(如法国的法国 Total 公司 TIGF 储气库和荷兰 Shell 公司 Norg 储气库),如图 4-3-6 所示。

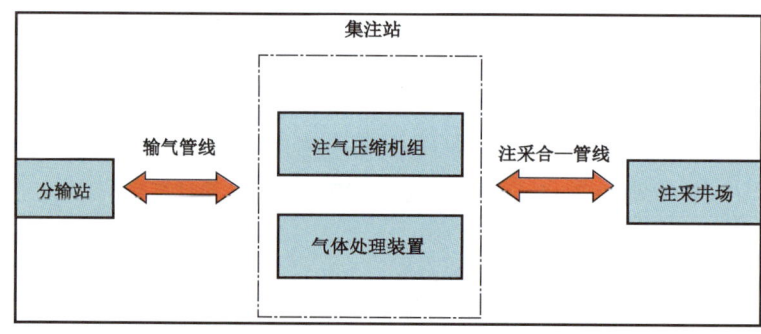

图 4-3-6 储气库注采井合一设置的注采同管集输工艺流程图

大张坨和京 58 地下储气库采用注、采气管道分开设置的注采异管集输工艺,金坛储气库和刘庄储气库采用注、采气管道合一的注采同管集输工艺。

国内外对于纯气藏型、注采组分相差不大的储气库,通常采用注、采管道合一设置的注采同管集输工艺;对于油藏型、凝析气藏型、油水产量较高的储气库,采用注、采管道分开设置的注采异管集输工艺。

相国寺储气库属于纯气藏型、注采组分相差不大的储气库,但是相国寺储气库既有季节调峰供气功能,又有应急供气功能。正常季节调峰时工作气量小、但压力高,即正常调峰时采气集输需求管径规格小。应急供气时工作气量大、压力低,即应急供气时采气集输需求管径规格大。

地面集输管网必须同时满足正常调峰和应急供气要求,如果按照传统注采同管方案(如西气东输的金坛储气库和刘庄储气库,注气和采气共用一条管道),则注采同管的集输干线管径规格大,设计压力高,工程投资高;如果按照传统的注采异管方案(如京58储气库、华北储气库群、大张坨储气库,注气干线与采气干线相互独立),采气系统管径规格大,且正常调峰时采气集输流速过低,可能造成积液严重,清管作业难度大,工程投资高。

相国寺储气库突破传统储气库注气和采气共用管道的集输方案或是注气和采气分开独立集输的集输方案,创新集输工艺,提出注采同管和注采异管相结合的注采集输管网布局方案。注采同管和注采异管相结合的注采集输方案在节约投资的同时确保储气库安全运行,正常季节调峰时采用注采异管方案,注气系统和采气系统分开相对独立;应急供气时将注气干线和采气干线均作为应急采气集输管线,即注采同管方案。相国寺储气库采用注采同管与注采异管相结合的集输方案,相比注采同管方案节约投资约25%,相比注采异管方案节约投资约10%。

第四节 储气库注采与采气系统工艺设计

储气库地面注采气集输管网、集输工艺、设备选型明确后,需要根据真实地面装置配置进行全周期注气工艺设计和采气调峰工艺设计,充分应用储气库调峰工艺技术,分析储气库地面装置装配后实际运行注气系统能力和采气系统能力。

一、注气系统设计

注气系统关键设备为注气压缩机,系统分析计算应结合所选择压缩机及配套计算软件分析地面注气系统注气能力。

(一)注气压缩机设计

1. 注气工艺分析

各个注气阶段机组实际进气压力为7~8.64MPa,排气压力为9.27~28.83MPa,其中储气库达容后的进气压力基本上为7MPa,排气压力为16.73~28.83MPa,各个注气阶段注气压缩机总处理量及进排气压力如图4-4-1所示。

2. 装机功率分析

各个注气阶段注气需要的压缩功率为615~27077kW,集注站注气压缩机电动机需要的总装机功率为677~29785kW,各个注气阶段注气增压功率及需要的装机功率如图4-4-2所示。

(二)注气压缩机装配

压缩机配置时结合了各注采周期的注气规模及注气压力,合理配置压缩机台数及运行工况,确保全周期注气压缩机的安全运行,并实现注气装置的使用效率最高。

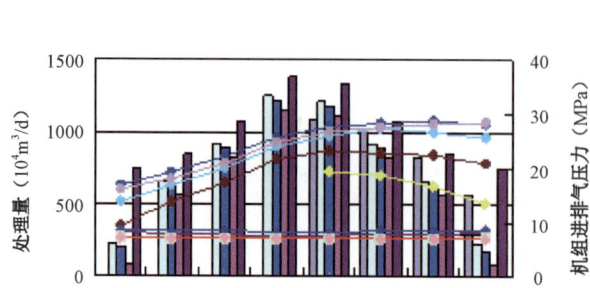

图4-4-1 各个注气阶段注气压缩机总处理量及机组进排气压力计算图

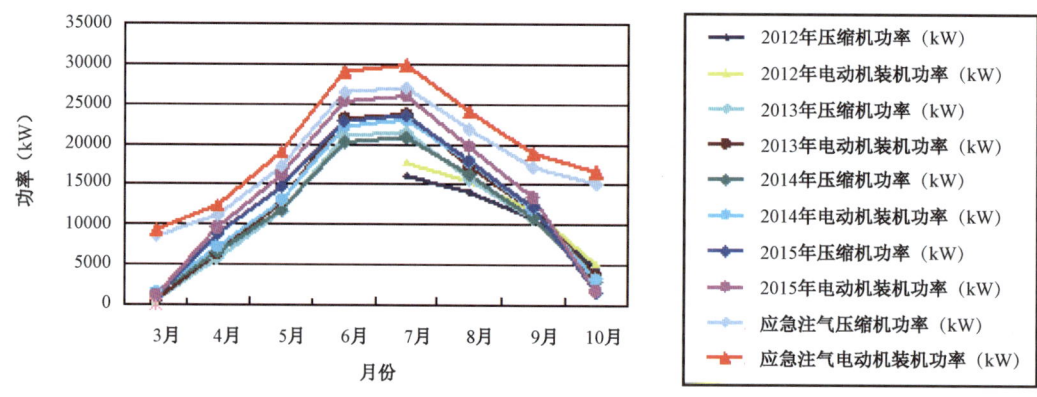

图4-4-2 各个注气阶段注气增压需要的压缩机功率及总装机功率计算图

1. 机组性能要求

结合往复式压缩机(即容积式)工作原理,机组进气压力设计点为7.0MPa、排气压力设计点为30MPa,设计处理量为$170 \times 10^4 m^3/d$。经核算,机组气缸设计处理能力可满足7.0MPa进气压力时的总吸气能力$1383 \times 10^4 m^3/d$处理要求。

2. 机组配置方案

电动机单机装机功率为4000kW,一级气缸缸径为177.8mm、额定排气压力为21.9MPa,二级气缸缸径为136.5mm,额定排气压力为42MPa,压缩机具有一级、二级串并联增压功能,作用方式均为双作用。

经核算,机组一二级气缸并联作为一级压缩且排气压力接近18MPa时杆载将超过100%。因此,必须采取措施使排气压力低于18MPa。

在排气压力低于18MPa下,根据处理量的大小调整压缩机一二级气缸的串、并联模式。计算表明,并联压缩处理量较串联处理量大。

7台压缩机可完全能够满足注气要求,8台可满足应急注气要求。因此,项目配置8套压缩机满足各个注气阶段的注气要求。

(三)注气装置运行设计

机组选型后,由于气缸及电动机的限制,机组实际运行功率要与计算功率会略有出入,且机组在排气压力低于18MPa,根据需要的单机处理量选择采用一级增压或是二级增压,处理量大时选用一级,处理量小选二级。2012—2015年注气压缩机运行方案见表4-4-1~表4-4-4,战略应急采空后一个周期内注满气库的应急注气工况注气压缩机运行方案见表4-4-5。

表4-4-1 2012年注气压缩机运行方案

月份	7月	8月	9月	10月
日注气量($10^4 m^3$)	1087	1004	833	567
月末井口压力(MPa)	18.14	17.46	15.82	12.86
机组进气压力(MPa)	7.32	7.38	7.5	7.63
机组排气压力(MPa)	19.46	18.64	16.74	13.43
压缩机运行台数(台)	6	6	4	2
单机运行功率(kW)	2692	2343	2424	2348
实际日处理量($10^4 m^3$)	1095	1004	843	567
压缩机运行级数(级)	2	2	1	1

表4-4-2 2013年注气压缩机运行方案

月份	3月	4月	5月	6月	7月	8月	9月	10月
日注气量($10^4 m^3$)	233	660	925	1253	1212	925	660	226
月末井口压力(MPa)	8.99	12.5	15.46	19.18	21	21.4	21.68	20.78
机组进气压力(MPa)	7.72	7.59	7.44	7.18	7.22	7.44	7.59	7.72
机组排气压力(MPa)	9.27	13.63	17.18	21.68	23.2	22.72	22.4	20.95
压缩机运行台数(台)	1	3	4	8	7	6	4	2
单机运行功率(kW)	1180	2176	2790	2580	3004	2634	2658	2517
实际日处理量($10^4 m^3$)	328	767	925	1253	1212	951	660	337
压缩机运行级数(级)	1	1	1	2	2	2	2	2

表4-4-3 2014年注气压缩机运行方案

月份	3月	4月	5月	6月	7月	8月	9月	10月
日注气量($10^4 m^3$)	200	627	893	1219	1180	893	627	181
月末井口压力(MPa)	13.52	16.08	18.72	22.14	24.35	25.34	26.03	25.49
机组进气压力(MPa)	8.49	8.38	8.25	8.03	8.06	8.25	8.38	8.49
机组排气压力(MPa)	13.7	16.83	19.96	24.05	26.02	27.32	26.56	25.63
压缩机运行台数(台)	1	3	5	6	6	5	3	1

续表

月份	3月	4月	5月	6月	7月	8月	9月	10月
单机运行功率(kW)	2218	2304	2407	3284	3412	3165	3569	3048
实际日处理量($10^4 m^3$)	314.5	627	926	1219	1180	893	627	186
压缩机运行级数(级)	1	2	2	2	2	2	2	2

表4-4-4 2015年注气压缩机运行方案

月份	3月	4月	5月	6月	7月	8月	9月	10月
日注气量($10^4 m^3$)	83	563	832	1156	1119	832	563	81
月末井口压力(MPa)	16.62	18.77	21.31	24.16	26.44	27.65	28.43	27.98
机组进气压力(MPa)	7.04	7	7	7	7	7	7	7.04
机组排气压力(MPa)	16.73	19.29	22.22	25.65	27.76	28.36	28.83	28.09
压缩机运行台数(台)	1	4	5	7	7	5	4	1
单机运行功率(kW)	2037	2280	2862	3184	3274	3467	2978	2929
实际日处理量($10^4 m^3$)	154	599	832	1156	1119	834	563	142
压缩机运行级数(级)	2	2	2	2	2	2	2	2

表4-4-5 战略应急采空后一个周期内注满气库的应急注气工况注气压缩机运行方案

月份	3月	4月	5月	6月	7月	8月	9月	10月
日注气量($10^4 m^3$)	750	850	1081	1383	1339	1081	850	750
月末井口压力(MPa)	15.02	16.81	19.36	22.57	24.88	26.27	27.35	27.90
机组进气压力(MPa)	7.54	7.48	7.33	7.08	7.12	7.33	7.48	7.54
机组排气压力(MPa)	16.02	17.95	20.92	24.75	26.79	27.51	28.14	28.48
压缩机运行台数(台)	3	4	7	8	8	7	5	5
单机运行功率(kW)	2714	2678	2466	3185	3292	3037	3341	3080
实际日处理量($10^4 m^3$)	750	850	1101	1371	1339	1081	850	779
压缩机运行级数(级)	1	1	2	2	2	2	2	2

因此,相国寺储气库8台压缩机配置方案基本可满足注气工艺要求,经核算各个注气阶段单机耗电量为1113~3341kW。

二、采气系统设计

(一)进站分离方案

通过对采气系统进行气液混输工艺模拟计算得出,正常采气阶段天然气进站携液量最大值为118.2L/h,最大单管清管液量为7.5m^3;战略应急供气阶段天然气进站携液量最大值为291.7 L/h,最大清管液量为5.2 m^3,为了减少分离设备数量、简化工艺流程,进站仅设置一级分离,且选用卧式气液分离器作为进脱水装置的初级分离(考虑到实际地形起伏远比工艺计算所输入的地形起伏大,且补充考虑了工艺计算与实际生产存在的差异性,清管

积液存放能力按 $5m^3$/套考虑),该分离器可分离出绝大部分液相流体,二级分离可直接利用低温分离器,分离器数量与脱水装置一致,均为 4 套,并采用前后串联的方式确保分离分离工艺要求。

(二)脱水工艺方案

1. 脱水装置设置方案

集注站共设计建设 4 套具有相同处理能力的脱水装置,单套装置设计原料天然气处理规模为 $700\times10^4m^3$/d,正常工况下 4 套装置总的设计处理规模为 $2800\times10^4m^3$/d,年运行时间 3000h。

2. 产品气水烃露点要求

水露点:交气条件下 $\leqslant -5℃$。

烃露点:在交气条件下无液态烃析出。

3. 脱水装置运行方案

正常时,采气脱水工艺装置使用套数 2 套,应急调峰供气需要采气脱水工艺装置使用套数 3～4 套。各个采气阶段集注站进、出脱水装置参数统计表见表 4－4－6、表 4－4－7。

表 4－4－6 各个采气阶段集注站进脱水装置参数统计表

采气类型	采气阶段	采气时间	压力(MPa)	温度(℃)	水合物形成温度(℃)	流量(10^4m^3/d)	携液量(L/h)	注醇量(L/h)	北侧管道清管液量(m^3)	南侧采气干线清管液量(m^3)
正常调峰	2013—2014 年采气	11.15～12.15	12.55	27.61	18.26	707	49.63	0	0.2	2.8
		12.16～1.15	8.1	32.12	14.62	1122	90.01	0	1.8	5
		1.16～2.15	6.68	31.14	12.9	968	95.54	0	1.8	5
		2.15～3.14	7.06	29.47	13.41	714	74.51	0	1.4	4.6
	2014—2015 年采气	11.15～12.15	12.55	20.87	18.26	830	80.26	0	2.2	6
		12.16～1.15	12.55	32.1	18.26	1300	75.82	0	1.8	5.2
		1.16～2.15	11.42	32.55	17.5	1129	61.83	0	0.6	3.8
		2.15～3.14	11.2	30.16	17.34	811	49.17	0	0.6	2.6
	2015—2016 年采气	11.15～12.15	12.55	17.61	14.23	900	117.2	19.63	2.4	6.9
		12.16～1.15	12.55	26.98	18.26	1390	118.2	0	2.9	5.4
		1.16～2.15	12.55	26.9	18.26	1194	75.99	0	1.9	5.3
		2.15～3.14	12.55	28.64	18.26	879	49.86	0	0.6	2.7
应急采气	5 月初—6 月中旬	5 月初	10.17	31.93	16.55	1500	115.5	0	1.8/0.7	5.1/1.6
		5 月中旬	8.15	31.6	14.67	1500	139.6	0	1.8/0.8	5.0/1.6
		5 月末	7.45	30.66	13.88	1300	138.5	0	1.8/0.8	5.0/1.7
		6 月中旬	7.29	29.45	13.68	1100	126	0	1.8/0.8	5.1/1.7
	8 月初—9 月中旬	8 月初	12.55	29.27	18.26	2000	164.6	0	1.9	5.2
		8 月中旬	12.55	34.58	18.26	2000	93.54	0	1.8	5

续表

采气类型	采气阶段	采气时间	压力(MPa)	温度(°C)	水合物形成温度(°C)	流量($10^4 m^3/d$)	携液量(L/h)	注醇量(L/h)	北侧管道清管液量(m^3)	南侧采气干线清管液量(m^3)
应急采气	8月初—9月中旬	8月末	10.22	33.32	16.59	2000	136.2	0	1.7/0.7	5.0/1.6
		9月中旬	7.22	32.3	13.6	2000	179.7	0	1.7/0.9	4.7/1.5
	11月中旬—12月末	11月中旬	12.55	27.91	18.26	2374	253.5	0	1.9	5.3
		11月末	12.55	30.24	18.26	2374	138.7	0	1.8	5.1
		12月中旬	9.51	33.6	15.99	2555	168.1	0	1.7/0.7	4.7/1.5
		12月末	8.76	33.02	15.29	2155	143.7	0	1.6/0.7	4.7/1.4
	12月中旬—1月末	12月中旬	12.55	23.58	18.26	2855	291.7	0	1.9	5.2
		12月末	8.46	33.08	14.97	2855	202.3	0	1.6/0.9	4.6/1.4
		1月中旬	8.38	32.94	14.9	2213	169.9	0	1.6/0.8	4.7/1.5
		1月末	7.4	32.32	13.82	1913	172.6	0	1.6/0.6	4.7/1.5
	1月中旬—2月末	1月中旬	12.55	25.67	18.26	2313	186.4	0	1.9	5.2
		1月末	7.87	32.75	14.37	2313	182.6	0	1.6/0.9	4.6/1.5
		2月中旬	7.64	32.42	14.11	1935	169.2	0	1.7/0.9	4.7/1.6
		2月末	7.74	31.91	14.22	1635	152.9	0	1.7/0.8	4.8/1.6
	2015年(最大注醇量)	11.15	12.55	14.3	10.94	900	144.1	38.43	4	7.5

表4-4-7 各个采气阶段集注站出脱水装置参数统计表

采气类型	采气阶段	采气时间	压力(MPa)	温度(°C)	水露点(°C)	流量($10^4 m^3/d$)	单套装置注醇量(kg/h)	脱水装置运行台数
正常采气调峰	2013—2014年采气	11.15~12.15	9.56	16.97	-8.45	707	170	2
		12.16~1.15	6.05	24.00	-7.74	1122	200	2
		1.16~2.15	4.76	24.14	-8.02	968	180	2
		2.15~3.14	5.08	21.30	-8.23	714	170	2
	2014—2015年采气	11.15~12.15	9.56	11.34	-8.20	830	180	2
		12.16~1.15	9.56	23.09	-8.34	1300	200	2
		1.16~2.15	8.82	23.30	-8.30	1129	190	2
		2.15~3.14	8.66	21.36	-8.21	811	170	2
	2015—2016年采气	11.15~12.15	9.56	7.93	-8.64	900	180	2
		12.16~1.15	9.56	17.74	-8.19	1390	220	3
		1.16~2.15	9.56	17.74	-8.19	1194	200	2
		2.15~3.14	9.56	19.48	-8.19	879	160	2
应急采气	5月初—6月中旬	5月初	7.82	23.45	-8.21	1500	220	3
		5月中旬	6.10	23.40	-8.22	1500	220	3

续表

采气类型	采气阶段	采气时间	压力(MPa)	温度(°C)	水露点(°C)	流量(10^4m³/d)	单套装置注醇量(kg/h)	脱水装置运行台数
应急采气	5月初—6月中旬	5月末	5.48	22.39	-8.23	1300	200	3
		6月中旬	5.33	21.19	-8.23	1100	190	2
	8月初—9月中旬	8月初	9.56	20.14	-8.19	2000	380	4
		8月中旬	9.56	25.70	-8.19	2000	380	4
		8月末	7.86	25.00	-8.21	2000	380	4
		9月中旬	5.27	24.30	8.23	2000	380	4
	11月中旬—12月末	11月中旬	9.56	18.35	-8.52	2374	380	4
		11月末	9.56	20.78	-8.52	2374	380	4
		12月中旬	7.27	25.10	-8.59	2555	360	4
		12月末	6.63	24.60	-8.53	2155	340	4
	12月中旬—1月末	12月中旬	9.68	23.83	-8.50	2855	360	4
		12月末	6.37	24.63	-8.61	2855	320	4
		1月中旬	6.30	24.64	-8.51	2213	360	4
		1月末	5.43	24.01	-8.52	1913	380	4
	1月中旬—2月末	1月中旬	9.68	16.18	-8.59	2313	400	4
		1月末	5.85	24.41	-8.58	2313	360	4
		2月中旬	5.65	24.10	-8.52	1935	380	4
		2月末	5.74	23.59	-8.38	1635	400	3

三、全系统适应性分析

储气库地面工程包括输气管道、分输站、集注站、注采集输系统、井场等单元,在注气系统分析、采气系统分析的基础上,需要将整个地面工程进行一体化适应性分析,如图4-4-3所示。

(一)地上地下一体化注采能力分析及受限环节分析

输气系统、注气系统、采气系统分别设计后,需要结合地质与气藏工程开展地上地下一体化调峰能力分析及受限环节分析,应急供气系统压力分布见表4-4-8、图4-4-4,为相国寺储气库的安全运行提供参考。

(二)储气库应急调峰能力与目标市场需求对比分析

结合目标市场季节调峰需求、应急供气需求、地上地下一体化注采周期各个月份的注采能力分析及受限环节分析,最终得出已建储气库地面设施及设备选型是否能满足目标市场需求,是否能最大程度发挥储气库的战略应急供气能力。

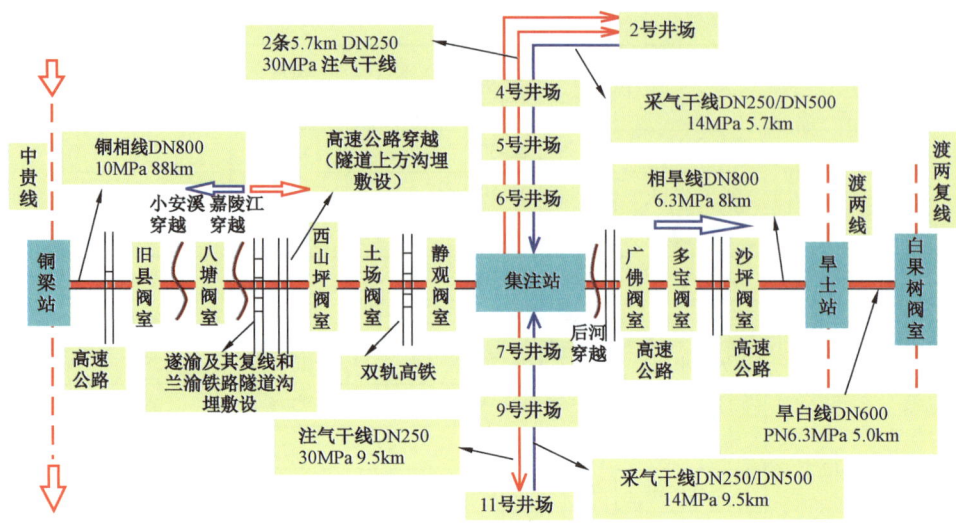

图 4-4-3 相国寺储气库地面工程构成图

表 4-4-8 地上地下一体化注采能力分析及受限环节分析

月份	3月	4月	5月	6月	7月	8月	9月	10月	11月	12月	1月	2月
气藏能力（$10^4 m^3/d$）	1721	1917	2217	2620	3023	3300	3300	3300	3235	2734	2303	2017
注采集输系统应急采输能力（$10^4 m^3/d$）	1472	1424	2152	2000	2752	2880	2880	2880	2880	2064	2208	1624
铜相线铜梁站限压输气能力（$10^4 m^3/d$）	2990	2990	2990	2990	2990	2990	2990	2990	2990	2990	2990	2990
储气库系统事故应急能力（$10^4 m^3/d$）	1472	1424	2152	2000	2752	2880	2880	2880	2880	2064	2208	1624
扣除川渝调峰气量后应急能力（$10^4 m^3/d$）	1472	1424	2152	2000	2752	2880	2880	2880	2486	1833	1552	1454
应急能力受限环节	压缩机	压缩机	压缩机	压缩机	压缩机	脱水装置	脱水装置	脱水装置	脱水装置	压缩机/调峰	压缩机/调峰	压缩机/调峰

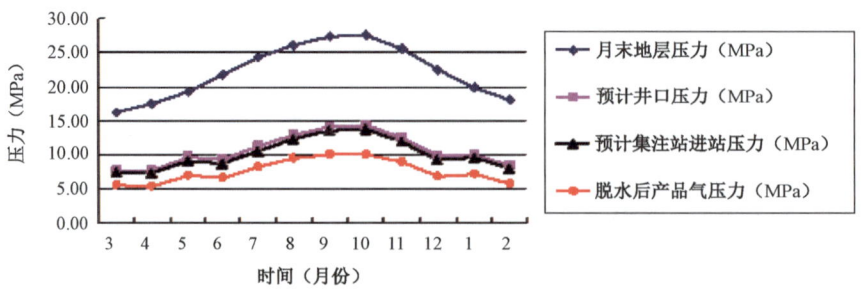

图 4-4-4 相国寺储气库应急供气系统压力分布图

图4-4-5可看出,相国寺储气库地面装置个最大程度发挥地质与气藏的全部能力,可满足最大日注气量为 $1380 \times 10^4 \mathrm{m}^3$,季节调峰最大日采气量 $1393 \times 10^4 \mathrm{m}^3$,同时考虑季节调峰和应急时最大日采气量 $2855 \times 10^4 \mathrm{m}^3$。

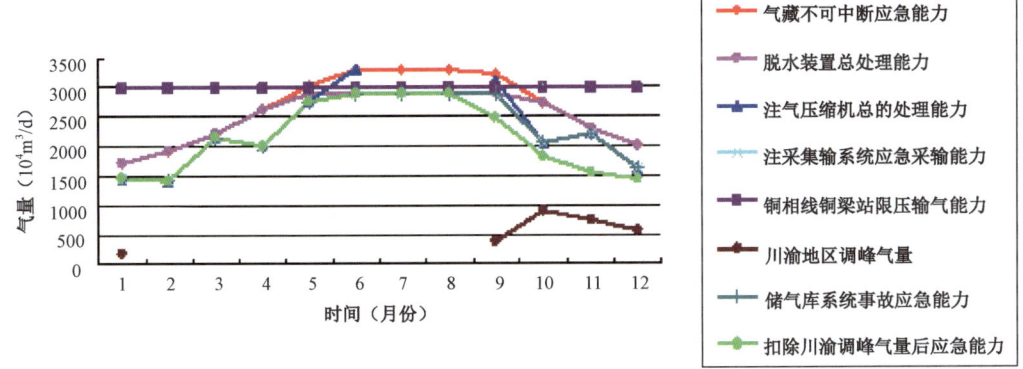

图4-4-5 相国寺储气库系统事故应急供气能力分析图

第五节 主要设备选型

为确保储气库地面工程安全、可靠、供气及时与通畅,根据国内外制造业发展水平以及现有标准与规范的要求,通过对储气库注采设备、管线及管件方案进行分析研究,推荐技术成熟、满足工艺要求的设计、制造及检验方案,为储气库地面的建设提供可靠的依据。

一、注气压缩机

相国寺储气库8台大功率注气压缩机组作为地面工程关键设备,对注气生产作用重大,其选型优化是储气库建设阶段的重要工作之一。以先进适用、安全环保、经济高效为原则,通过从压缩机组注采气工艺需求、技术配置、成橇设计及配套系统等方面的系统化设计,优选了美国 ARIEL 公司 KBU/6 往复式压缩机和德国 SIEMENS 公司 1SB46366JE80-Z 驱动电动机,配备了全自动的启停机控制系统,单台机组设计处理量 $166 \times 10^4 \mathrm{m}^3/\mathrm{d}$。8台机组经加拿大 PROPAK 公司整体设计,其中2区4台由中油济柴成都压缩机厂成橇,安装投用后满足了注气工艺要求的 $(81 \sim 1380) \times 10^4 \mathrm{m}^3/\mathrm{d}$ 大流量变化需要。

(一) 工艺需求

注气压缩机完全处于变工况运行,排气压力受储气库储气压力而变化,注气流量随管道剩余气量而变化,在相国寺储气库注气期间,压缩机组的作用是将 $7.0 \sim 9.5 \mathrm{MPa}$ 的管线来气增压注入到气库,累计注入气库气量越多,压缩机组排气背压越大,机组所需功率也越大,但功率也与注气量相关。储气库注气工艺要求流量变化幅度大 $[(81 \sim 1380) \times 10^4 \mathrm{m}^3/\mathrm{d}]$,注气压缩机压比在 $1.1 \sim 4$ 之间变化,压缩机选型应满足注采气工艺增压流量和压比的变化需求。

(二)压缩机选型

目前常用的压缩机有离心式压缩机和往复式压缩机。离心式压缩机,适宜于大排量、低压比的工况;而往复式压缩机正好相反,适宜于低排量、高压比的工况;两种类型压缩机优缺点对比见表4-5-1,使用范围见图4-5-1。

表4-5-1 两种类型压缩机优缺点对比表

压缩机类型	离心式压缩机	往复式压缩机
优点	单机排量大、重量轻、结构简单、占地面积小、功率大,运行效率较高、运行平稳、噪声小、操作灵活、使用寿命长、维护工作量较小,安装、维护费用低	单机排量小、压比较高、对压力及流量的波动适应性较强,在额定流量的40%~50%范围内均可正常工作、无喘振现象、效率高
缺点	输气量和压力波动适应范围较小,流量、压力波动对机组的效率影响较大,低输量下易发生喘振工况、单级压比较低;对气体组分和密度变化敏感性高	体积大、单机排量较小、机体笨重、结构复杂、存在动力不平衡现象、机组运行噪声及振动较大、连续运转性能差、检修间隔期短、维护工作量大、维护费用高,被压缩气体可能受到润滑油类污染而对输送产生不利影响、单机功率较小

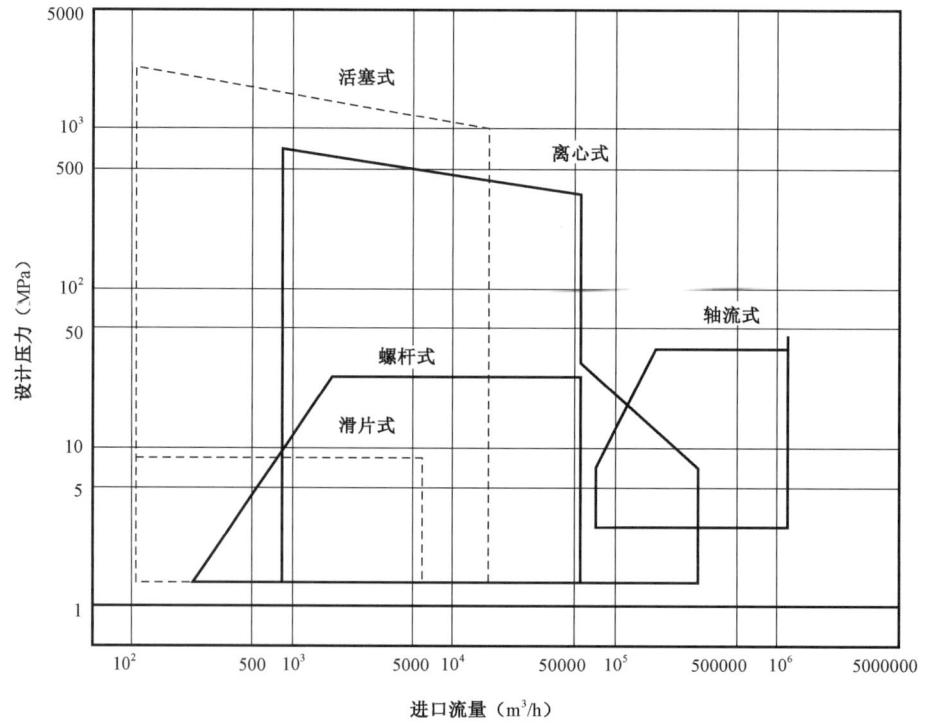

图4-5-1 压缩机的使用范围图

往复压缩机、离心式压缩机和螺杆式压缩机均可用于天然气增压工艺,但当工况变化较大时,宜选用多台往复式压缩机,可通过机组运行台数调节,还可以利用机组的气缸串并联、气缸余隙、气阀单双作用及转速调整等多手段实现工况调节[1]。结合储气库注气运行方案预测,注气量及注气压力波动大,离心式压缩机难以满足注气运行方案要求,总注气功率32MW,选用了大型橇装往复式压缩机(8套,功率4000kW)注气。

1. 注气期

按照相国寺储气库最大注气规模 $1400 \times 10^4 m^3/d$ 的工艺需求,核算选用了单机装机功率为4000kW,具有一级、二级串并联增压功能的8台大功率往复式压缩机组。单机具体设计参数为:进气压力 7~9.5MPa,排气压力 9~30MPa,最大处理量 $166 \times 10^4 m^3/d$,经计算对应设计3个一级气缸缸径177.8mm,额定排气压力21.9MPa,3个二级气缸缸径136.5mm,额定排气压力42MPa。机组进气压力7.0MPa,排气压力在9~16MPa时用一级压缩,单机处理量 $(280 \sim 220) \times 10^4 m^3/d$;排气压力在16~30MPa时二级压缩,单机处理量 $(220 \sim 170) \times 10^4 m^3/d$。

2. 采气期

为兼顾低于管网压力情况下的采气需求,8台压缩机组还具备一级压缩的采气工况功能,单机具体参数为:进气压力 4~7MPa,排气压力 9~12MPa,最大处理量 $303 \times 10^4 m^3/d$。同时,为最大限度地发挥配套水平,设计了在注气工况9~14MPa区间采用采气工况进行注气一级压缩,实现了低压注采阶段增压技术一体化。

(三)驱动及选型

往复式压缩机的驱动方式主要有电动机驱动和内燃机驱动,西南油气田公司之前90%以上的压缩机组均采用了内燃机驱动,这主要是由于增压需求多在川渝地区农村,电网配套能力不足。在相国寺储气库的设计时,储气库周边已经具备国家电网供电条件,因此为采用电动机驱动创造了基本条件。再加上集注站所处位置为森林绿地,对绿色储气库建设要求较高,而内燃机驱动形式噪声较大,电动机驱动会减少噪声达标排放的投入。4000kW往复式压缩机作为西南油气田公司首次应用的最大单机功率设备,其驱动机的选型主要是比较电动机驱动与燃气发动机驱动的可靠性和运行成本投入,具体详见表4-5-2、表4-5-3。

表4-5-2 驱动机选型主要工程量及经济对比

序号	项目	集注站	
		燃气发动机驱动	电动机驱动
1	驱动机台数	8台	8台
2	驱动机单价(万元/台)	1500	680
3	驱动机投资(万元)	12000	5440
4	配套电力投资(万元)	190	8690
5	降噪厂房面积(m^2)	2520	2520
6	降噪厂房单价(万元/m^2)	0.6	0.57
7	厂房降噪(万元)	1512	1436
8	可比工程投资(万元)	13702	16266
9	能耗	$2437 \times 10^4 nm^3/a$	$9469 \times 10^4 kWh/a$
10	年运行费用(万元)	6019	6295

续表

序号	项目	集注站	
		燃气发动机驱动	电动机驱动
11	年维护费用(万元)	840	187
12	年运行及维护费用(万元)	6859	6482
13	20年运行及维护费用现值(万元)	51236	48418
14	投资+20年运行及维护费用现值(万元)	64938	63984
15	优点	(1)运行费用较低;(2)不受用电限制	(1)噪声相对较小;(2)驱动机维护工程量较小
	缺点	(1)噪声相对较大;(2)驱动机维护工程量较大	(1)运行费用较高;(2)受用电限制、变配电维护工程量较大

注：(1)电度电价按0.561元/kW·h，基本电价按变压器容量26元/(kV·A·月)计算。
(2)铜梁分输站燃料气价格按2.47元/m³计算。
(3)两种驱动机变配电差异主要工程量。

表4-5-3 两种驱动方案变配电差异主要工程量及经济对比

序号	项目	电动机驱动方案	燃气发动机驱动方案
1	外电线路	1	1
	出线间隔数量(个)	1	—
	间隔费用(万元)	150	—
	外电线路长度(km)	35	—
	外线平均造价(万元/km)	180	10
	外线造价(万元)	6300	—
	合计(万元)	6450	
2	变电站		
	电压等级(kV)	110	10
	110kVGIS间隔数量(个)	2	
	间隔平均费用(万元)	150	
	110kV设备总价格(万元)	300	
	10kV开关柜数量(台)	20	
	10kV设备总价格(万元)	400	—
	110kV主变31.5MV·A	1	
	主变单价(万元)	350	
	主变总价格(万元)	350	
	10kV变压器800kV·A	—	2
	站变单价(万元)	30	30
	站变总价格(万元)	—	60
	直流电源装置价格(万元)	40	—

续表

序号	项目	电动机驱动方案	燃气发动机驱动方案
2	微机保护装置价格(万元)	120	30
	低压配电柜	—	20
	配电柜单价(万元)	5	5
	低压配电柜总价(万元)	—	100
	建筑面积(m²)	1200	—
	建筑价格(万元)	300	—
	合计(万元)	1540	190
3	电动机起动装置	700	—
	合计	700	—
4	投资小计(万元)	8690	190

电动机驱动方案维护工程量小、噪声治理难度相对较小,工程区域范围内供电较为可靠,因此选用电动机驱动方案。明显优势为:

(1) 在同为进口设备的条件下,8台电动机的一次性投资更为节约。

(2) 在可靠性和效率方面电动机也比燃气发动机明显更有优势。其动力输出可靠性100%,满载或70%轻载效率均高于燃气发动机,且转速变化对效率影响较小。

(3) 在环境保护方面电动机优势明显。电动机运行噪声明显比燃气发动机低,有助于噪声治理达标,减少了治理成本;电动机的润滑油消耗主要是机械传动部分,消耗量也比内燃机低,燃气发动机动力缸活塞环还需要润滑,部分润滑油被燃烧作为废气带走;燃气发动机的工作原理也决定了它运行中会产生大量的热量,不利于现场安全生产。

(4) 电动机的日常维护技术要求比较简单,含电网维护的情况下,维护费用略高于燃气发动机。由于电动机结构简单,易损件少,日常运行的故障率远低于燃气发动机,因此本身的维护工作量减少,主要维护费用源自对供电系统按相关规定进行线路、系统的检测检定等。电动机在使用过程中,还可根据生产需要优化组织,错峰用电,尤其对大功率电动机节能潜力更大。

根据相国寺储气库的注气需求,结合实际选择了德国SIEMENS公司1SB46366JE80-Z定频电动机作为往复式压缩机的驱动机,额定转速994r/min,额定功率4000kW,为Ex PⅡ T3防爆等级本安型,主配电箱正压通风。

(四) 压缩机配套系统

在压缩机组类型确定后,最重要的工作就是机组的配置,其中压缩机的结构型式和其他辅助系统(冷却系统、润滑系统、仪表控制系统和软启动装置等)最为关键。

1. 压缩机的结构型式

往复式压缩机的选型重点在于压缩机的结构形式及其主要部件的配置,要满足整机具有可靠性、易操作性、易维修性。围绕上述需求,相国寺储气库注气压缩机选型为ARIEL公司KBU/6往复式压缩机,具有以下技术特点:

(1) 主机选用卧式对称平衡结构形式，一级、二级各三个气缸分列在曲轴两侧，额定转速 1200r/min，在运行过程中受力状态平稳，气缸振动烈度满足《容积式压缩机械振动测量与评价》（GB/T 7777—2003）小于 18mm/s 的要求[2]。

(2) 机体结构为箱体型零件，以合金铸铁为材料，顶部为可打开盖板形式，机体下部作为润滑油池，实现对连杆大头瓦和曲轴的飞溅润滑。

(3) 曲柄连杆机构对应的曲轴与主轴承瓦、曲轴与连杆大头瓦、十字头销与铜套、十字头与中体滑道等运动副，均设计考虑了易损件的寿命延长和易损件更换成本降低措施，如：主轴承瓦、连杆大头瓦和十字头外表面均采用了巴氏合金覆层，并辅以低压力润滑，降低运动摩擦，提高使用寿命。

(4) 气缸是压缩机工作部分最关键的零部件，由于注气压力达到了 30MPa，选用了 ARIEL 公司锻造合金钢气缸，主要特点为无缸套设计和自然冷却。针对无缸套设计技术，对气缸内孔采用了离子渗氮技术，有效提高耐磨性能，即使气缸出现磨损，也可在磨损量小于 1.27mm 时进行修复；采用无须夹套水冷却气缸的自然冷却结构，减少了气缸夹套型腔的设计，使气缸的刚性大大提高，也更容易机械加工。

2. 辅助系统的选型

往复式压缩机的辅助系统包括了冷却系统、润滑系统、仪表控制系统和软启动装置等，其选型技术特点如下：

(1) 天然气冷却系统的作用是对压缩机组各级增压后天然气进行冷却，天然气出口温度应低于 55°C。配置上采用了 Air－X－Limited 公司 180－2ZF 型空冷器，按 1m 处噪音小于 87dB(A) 设计，采用双风扇水平布置，底部进风对气管束冷却后上部出风，风扇配置电动机驱动，额定转速 241r/min。该空冷器为整体为 ExdⅡBT4 防爆等级，经减速箱可实现电动机双速输出，工艺气管束外侧配置自动温度调节百叶窗开度，可实现不同工况的冷却需求。

(2) 润滑系统分为高压系统和低压系统，二者独立设计，其中高压系统对一级、二级气缸和填料进行润滑，低压系统对主轴承、连杆轴承、十字头滑道等部位进行润滑。高压润滑系统通过曲轴驱动的润滑油分配器供油，为点对点润滑设计，确保了气缸和填料充分润滑。气缸和填料的润滑管路为 316L 不锈钢，在滤芯前端配置了无油流检测开关，实现无油流时报警。低压系统的润滑经油泵注入主轴承、连杆轴承、十字头滑道等部位，并回流到曲轴箱，并配置了自动润滑油排污系统。由于曲轴箱润滑油为闭式循环，在带走各运动部位热量后自身温度升高，设置了管壳式油冷器对曲轴箱润滑油冷却，其冷却水来自空冷器。

(3) 仪表控制系统的作用是对压缩机组启机、加载、停机及运行状态监控。相国寺储气库压缩机组控制系统自动化程度高，在西南油气田分公司首次实现了一键启机，只需要按照操作规程按下 PLC 柜屏幕上的按钮就能自动完成电动机吹扫、压缩机组吹扫、预润滑、启机、空载、小循环、加载过程。为实现这一功能，相应的进出口管线、排污管线、旁通管路，以及润滑与冷却管路上都配置了自动控制阀门，并配备了相应的压力、温度、流量检测传感器。储气库压缩机组还具有较强的自动保护功能设计，各种报警与联锁停机检测点位达 23 处，其中主轴承温度、填料温度、电动机三相绕组温度等是首次在分公司压缩机组上应用，并在站控系统中设计了远程紧急停机控制功能,就地 PLC 可接受站控系统的紧急停机信号。

(五)成橇设计

KBU/6 压缩机组功率大,配套系统齐全,工艺管线多、管径大,如何优化集成是成橇设计要解决的主要问题,成橇水平的高低决定着压缩机组橇在现场的安装进度和质量。同时,为探索大型机组的成橇设计、制造能力,中国石油天然气集团公司组织在西南油气田分公司开展了 4 台机组的国产化成橇,形成 DTY4000,对解决大型压缩机组建设施工中的相关问题积累了宝贵经验。

(1)驱动电动机轴的选型设计技术。通过电动机轴的材料参数、性能参数的选用因素探索,运用数模分析技术,建立了电动机轴在各种典型工况下的载荷与扭矩模态,进一步掌握了大型电动机轴的选型规则,对开展电动机与压缩机的合理配套提供了技术支撑,确保了相国寺储气库压缩机组现场安装、投运一次成功。

(2)压缩机组的主橇与辅橇相结合的设计与制作技术。由于该型压缩机组功率大,气缸共有六列,成橇后长×宽外形尺寸达 13570mm×4650mm,重量超过 100t,采用常用的一个橇体难以完成各功能单元的布置。为此,采用了主电动机和压缩机布置在主橇的设计方案,确保二者橇座刚性,分离器、缓冲罐、润滑系统等采用辅橇的方式,围绕在主橇的周围合理布局,其与主橇不直接相连,具体位置在现场施工完成。这样的设计方式保证了主橇设计精度,减小了工厂制作难度,缩短了厂内成橇周期,也减轻了主橇重量,便于道路运输和现场施工,一举多得。

(3)压缩机组工艺管线预制设计与现场安装技术。由于采用主辅橇的设计技术,空冷器、润滑系统、排污系统等工艺管线与压缩机主机连接时就只能在现场安装,同时,为缩短厂内成橇周期,降低橇体上配管焊接的应力,也需要将原来的橇体上配管改为橇体外管线预制好后再装配。通过三维设计技术,在准确控制安装位置的基础上,优化设计了管线走向和布局,统一了 8 台机组的配管标准,且减少了工艺管线用料,现场安装借助专业工具,实现了快速安装、配套。

(4)压缩机组橇体振动与工艺区脉动联合分析与控制技术。大型压缩机组的振动和气流脉动控制是机组能否良好运行的关键,根据 API618 标准第 3 种方法[4]的要求,必须进行脉动抑制分析。通过与加拿大 Beta 公司的技术合作,先后做了一系列相关工作,起到了较好的减振降噪效果:对单台机组进行了振动分析,根据分析结果补强了整个橇座结构;开展增压一区和增压二区多机组联合运行条件下的整体脉动分析,查找到一区和二区排气工艺汇管振动严重超标,采用了加装节流孔板方法有效解决了工艺汇管的振动;针对多台机组联合运行至 23MPa 左右出现的 3#、7#机组除油器振动超标达 100mm/s,分析后通过对除油器增设管卡和加强筋的结构,使问题得到彻底解决。

二、采气处理装置

从相国寺储气库中采出的天然气含有饱和水,而饱和水的存在不仅会降低天然气的热值,还会降低管道输送能力,并且当天然气被压缩或冷却时,饱和水会从气流中析出形成液态水。在一定条件下,液态水和气流中的烃类、微量的酸性组分等其他物质一起将形成白色结晶状固态水合物,水合物的存在会增加输气压降,减少输气管道通过能力,严重时还会堵塞阀门、管道及过滤分离设备,影响正常供气,同时液态水和天然气中二氧化碳会造成管道的腐蚀。因此,从储气库中采出的天然气须经过脱水处理,达到产品气要求后,才允许进入输气干线。

(一)采气处理装置工艺方案的确定

采气处理工艺方案的确定对设备选型的意义重大。可用于天然气脱水的工业化方法有多种,如低温法、溶剂吸收法、固体吸附法、化学反应法和膜分离法等。而目前国内应用最多的主要有J-T阀节流膨胀制冷脱水、三甘醇脱水和分子筛吸附脱水三种方法,这三种方法均可满足相国寺储气库工程对产品气水露点的要求,如仅为了脱除天然气中所含的水分,则三甘醇脱水法和J-T阀节流膨胀制冷法工艺成熟可靠,应为首选。由于分子筛吸附法的设备投资和操作费用均相当高,通常只用于深度脱水的场合,不适用于相国寺储气库的采气处理。

因储气库注入气为外输产品气,储气库天然气不含重烃,不必对烃露点进行控制,故J-T阀节流膨胀制冷工艺和三甘醇脱水工艺均能满足本工程原料气脱水要求。基于集输系统采用注采异管方案,通过对三甘醇脱水工艺方案和J-T阀节流膨胀制冷工艺方案的工程量、能耗、投资、占地面积、操作维护方便性等要素比较,两种方案总投资相当,但J-T阀节流膨胀制冷工艺在节能降耗及生产操作维护管理方面的优势比三甘醇脱水工艺更大,故最终采用J-T阀节流膨胀制冷脱水方案作为相国寺储气库采气处理装置的工艺方案。

该工艺是利用焦耳—汤姆逊效应,当原料天然气经过J-T阀作等焓膨胀时,温度降低,在新的平衡条件下,天然气中的大部分饱和水和重烃就会冷凝析出。通过节流降压控制适当的温度,就会获得水露点和烃露点均满足外输要求的天然气。该工艺主要具有以下特点:

(1)充分利用高压原料气的压力能;
(2)工艺流程成熟、可靠,设备数量相对较少,占地面积小;
(3)乙二醇作为水合物抑制剂,损耗小、容易再生;
(4)投资省,装置操作费用低。

结合正常生产工况和应急工况两方面考虑,储气库设置有4套处理量$700 \times 10^4 m^3/d$的脱水装置,可以满足应急工况下采气$2855 \times 10^4 m^3/d$的需求,正常生产只需要运行2套装置即可。

由于脱水装置年运行时间为3000h,因此配套的乙二醇再生及注醇装置设置1套,处理量为1815kg/h,不考虑备用。仅设置两台$50m^3$贫液缓冲罐,供装置短时间停产时注醇用。

(二)脱水装置主要设备选型

1. 原料气分离器

正常采气阶段天然气进站携液量最大值为118.2L/h,最大单管清管液量为$7.5m^3$;战略应急供气阶段天然气进站携液量最大值为291.7L/h,最大清管液量为$5.2m^3$,为了减少分离设备数量、简化工艺流程,进站设置一级分离,且选用分离效果较好、处理量及范围宽、结构简单的卧式气液分离器作为进脱水装置的初级分离,该分离器可分离出绝大部分液相流体。

2. 原料气预冷器

预冷器即原料天然气与产品天然气的换热器,起到预冷原料天然气及复热产品气,回收冷量,提高能量的利用率,节约能源的作用。预冷器的结构选型一般可选用管壳式换热器、板翅式换热器等,管壳式换热器能承受高压,适应性广,制造工艺成熟,材质选择多样。对采用低温分离工艺的油气田,为满足外输压力的要求,往往进厂天然气压力都比较高,故管壳式换热器是合适的换热器形式。由于原料气预冷过程中,容易生成水合物,发生冰堵,虽然注入了水合物抑制剂,但是该问题始终有可能发生,预冷器应使其在换冷过程中不生成水合物,不乳化和起泡,且有利于液体排出。

脱水装置的原料气预冷器选用固定管板式换热器,每套装置设置 2 台串联的预冷器,呈上下重叠布置。

3. 高效分离器

脱水装置的二级分离采用高效分离器(低温分离器),低温分离器为该工艺的关键设备,分离器的分离效率将直接影响产品气的水烃露点是否合格。分离器的直径可采用 Souder - Brown 公式计算,但是分离器的直径与选用的内构件有很大关系,一般采用立式的分离器,入口设置进料分布器,有多种内构件形式可供选择,分离效率主要与内构件有关。Shell 石油公司的 SM 系列分离器由于分离效率高、处理量大,符合天然气工业气体流量大、流速波动大的特点故得以广泛应用,安装量已超过 600 台。国内自长北合作区成立以来,长北、榆林、格里木、克拉等气田陆续引进该类设备,推动了国内天然气处理装备的进步。相国寺储气库脱水装置高效分离器的内构件选用的就是采用 Shell 专利的 SULZER 公司的 SMMSM 内构件,在液滴直径 ≥5μm 的条件下,分离效率超过 99.6%。

(三) 乙二醇再生及注醇装置主要设备选型

乙二醇装置的主要设备均采用成熟可靠的工艺设备,乙二醇贫富液换热器及再生塔底重沸器管束选用不锈钢材质。乙二醇再生塔选用处理量及范围宽、结构简单的填料塔,在塔的上部设置有预热乙二醇富液的盘管,有简化流程、提升分离效率的作用。再生塔底的重沸器采用导热油加热,相比传统的火管加热具有温度控制灵敏,可靠性高等特点。

装置内设置了 2 台 $50m^3$ 的贫液储罐,用于装置短时间停产时脱水装置的注醇,最大可储备 4 套脱水装置同时运行时约 36h 的注醇量。同时也设置了富液从乙二醇富液闪蒸罐至贫液罐的管线,贫液罐也可以临时作为富液缓冲罐使用。两台罐上均设置了氮气管线,当装置处于长期停产阶段,可将罐内充满氮气,以保护罐内长期储存的乙二醇。

由于原料气的压力比较高,再考虑管路压降和雾化喷嘴本身的压降,所以贫液压力应稍高于原料气压力,对于这种小流量,高压力的工况,乙二醇注入泵的选型就显得尤为重要,本装置选用的是往复泵作为乙二醇注入泵。乙二醇贫液注入泵入口设有过滤器,出口设有安全阀和缓冲罐,保证乙二醇平稳安全的注入到天然气中。

虽然乙二醇本身属于无色、无嗅、无毒,有甜味的液体,但其再生过程中的高温会使乙二醇与水和天然气中的杂质反应生成少量有臭味的化合物,这些化合物和少量烃类随再生塔顶尾气直接排放对环境有污染。因此,在装置内设置有尾气灼烧炉,不凝气体经灼烧后排入大气。由于灼烧炉距离装置较远,为确保不凝气体不带凝液燃烧,就近在灼烧炉前配套设置了尾气分离罐。

(四)设备国产化

除脱水装置的高效分离器内构件采用 SULZER 公司的 SMMSM 内构件外,脱水装置和乙二醇再生及注醇装置的其他主要设备全部采用国产设备。大大节约了储气库的投资,也为以后此类设备的应用积累了技术经验。

三、通用设备及材料

(一)注采气计量装置

注采井场的注采气计量满足地下储气库气藏数据分析和日常生产运行需要,单井天然气计量准确度通常优于 $\pm 2.0\%$ FS。注采气计量用流量计在储气库注气和采气阶段分别进行计量,即需满足双向计量功能。地下储气库注采气合一的双向计量常用流量计有超声流量计、靶式流量计和质量流量计,都适用于高压、高量程比和双向计量的工况,但每种流量计又具有自身的一些特点。

1. 超声波流量计

超声波流量计采用时间传输法或多普勒法,可以获得较高的准确度,通常用作交接计量流量计。超声流量计能覆盖很宽的流量范围,并且具有较好的线性度,通常流速可从 1m/s 到 30m/s,或者更大流速,能很好地适应单井注采气流量变化大的工况。超声流量计采用全通径设计,不存在附加阻力降,相比其他类型流量计可提高压缩机增压注气的能力。

2. 靶式流量计

靶式流量计是通过测量流体作用在靶板上的作用力计算流体流量,具有结构简单、稳定性高和易于维护等优点。靶式流量计的量程比通常为 1∶15,在注采气流量变化很大时,流量计的线性度变差,但基本能满足单井天然气注采双向计量准确度要求。

3. 质量流量计

质量流量计是基于科里奥利效应的直接测量质量的流量计,具有准确度高、量程比宽等优点。质量流量计安装对前后直管段无特殊要求,可很大的减小计量节流橇的整体外形尺寸,对工程实施有较大好处。

以上三种流量计的基本性能对比见表 4-5-4。

表 4-5-4 注采气合一的双向计量常用流量计对比表

项目	超声波流量计	靶式流量计	质量流量计
量程比	1∶100	1∶15	1∶50
压损	无	很小	很小
测双向流	可以	可以	可以

续表

项目	超声波流量计	靶式流量计	质量流量计
准确度	±1.0% FS	±1.0% FS	±1.0% FS
通道数	1	—	—
承压能力	高压	高压	高压
介质影响	固体和液体含量多时会影响计量准确度	固体和液体会造成计量正偏差	固体和液体会造成计量正偏差
直管段要求	前20D,后5D	前10D,后5D	无要求
维护	复杂	简单	较复杂
费用	较高	较低	较高
应用情况	国外储气库大量应用	国内储气库大量使用	国外储气库有应用

相国寺储气库注采站计量仪表优先选择差压式测量原理的流量计,因此选用靶式流量计进行计量。

(二)非标设备材质选择

储气库地面工程中注采系统的主要非标设备有清管器收发装置、汇气管、过滤分离器、干式除尘器。脱水装置的主要设备有原料气分离器、原料气预冷器、高效分离器等。设计压力从0.38MPa到14MPa。

在选择压力容器设备材质时,必须从操作条件出发,对设备的安全、制造、采购等各方面进行全面综合的比较和分析,以做出一个操作安全、技术先进、经济合理的设计。主要从以下几点考虑:

1. 工作介质的腐蚀

工作介质是H_2S含量0.0001%、CO_2含量1.8909%的净化天然气,总压在30.2MPa时,H_2S分压为0.0000302MPa(小于0.0003MPa),即使是湿天然气时,也不属于湿H_2S环境,因此不考虑SSC腐蚀。因此,非标设备仅考虑化学失重腐蚀,即均匀腐蚀,从使用寿命考虑,材质为碳钢和低合金钢的设备腐蚀余量为2mm。

2. 材质选择原则

材质选择按照以下原则进行:

(1)受压容器所用材料,必须符合《固定式压力容器安全技术监察规程》《压力容器》(GB150)等国家法规和标准的要求。

(2)材料的资源符合国情,容易获得。

(3)使用安全、具有良好的综合机械性能。即强度高,塑性和抗断裂性好,以及有较小的冷脆倾向,缺口和时效敏感性。

(4)制造加工性能良好。

(5)热稳定性好。

(6)有良好的可焊性。

对于压力容器常用钢板材料,要求板材组织均匀,性能稳定,可焊性良好,同一板厚各截面性能一致。经过各方面资料收集，国内目前对于压力容器钢板选材主要有Q245R、Q345R、对于高压容器主要是Q345R、18MnMoNbR等。

目前国内普遍使用的Q245R、Q345R钢板，18MnMoNbR钢板，属于低合金高强度钢，主要用于高压设备。18MnMoNbR是在C-Mn钢基础上加少量的Mo、Nb来提高强度。主要用于制作-20~450℃的高压容器，在正火加回火状态下供货，其抗拉强度在570~740MPa范围内。可焊性好，但有一定的淬硬倾向。焊接工艺中最关键的措施是焊前预热和焊后消氢热处理，否则容易产生氢致延迟裂纹。现在18MnMoNbR钢板已广泛使用在高温高压的工况中。

对于相国寺储气库的设备，钢板宜选用Q245R、Q345R，考虑材料间的匹配性，锻件宜选用20锻件、16Mn锻件，接管选用20、16Mn无缝钢管。

（三）注采管线材质选择

由于储气库存在短期高产、高低压往复变化、长期使用的特点，因此地面注气和采气系统输送管道必须具备足够的强度和韧性，确保其在压力频繁波动下仍然具有可靠的力学性能。

目前中高强度管线钢（L360、L415、L450等）生产工艺稳定，产品性能可靠，具有较好的机械性能及冷、热加工性能，同时在同等压力及规格条件下，相比低钢级管线钢，管道壁厚更薄，所需钢材更少，具有较强的经济性。

相国寺储气库地面工程注采集输系统中注气干线为$\phi 273mm$，设计压力30MPa，材质为L450；采气干线为$\phi 508mm$，设计压力14MPa，材质为L450。

注采干线钢管材质的选择根据《石油天然气工业管线输送系统用钢管》（GB/T 9711）的相关规定，同时经过与国内钢管生产厂家交流，工程所用注气干线管径规格较小，L450钢级管道壁厚已接近管道生产最小壁厚，因此本工程DN250管道就16Mn、L360、L415和L450进行比较。DN500直缝埋弧焊钢管材质用16Mn生产较少，结合工程钢材耗量，DN500管道就L360、L415和L450进行比较。根据计算结果且选用高强度低壁厚管材在管线布管和焊接过程中具有较大优势，因此注气干线和采气干线材质均选用L450。

输气管道钢管材质的选择根据《石油天然气工业管线输送系统用钢管》（GB/T 9711）的相关规定，选用目前常用的L415、L450、L485、L555四种管材进行强度计算及壁厚计算结果、管材耗量及投资对比，并结合西气东输、陕京二线以及目前川内已建和在建的罗家寨集输工程、北内环集输工程、南干线西段、肖石线等大口径、高压长输管道建设工程中已成功采用了L485管材，同时，生产厂家和油气管道施工企业在该材质的管件制造和管道施工方面也积累许多成功的经验，并且便于配件与之前已建管道统一，同时管材投资较省，所以综合考虑采用了L485管材。

（四）注采管件材质选择

相国寺储气库地面工程注采集输系统中注气干线为$\phi 273mm$，设计压力30MPa，采气干线为$\phi 508mm$，设计压力14MPa。输气管道系统分为三段：铜相线$\phi 813mm$，设计压力10MPa；相旱线$\phi 813mm$，设计压力6.3MPa；旱白线$\phi 610mm$设计压力6.3MPa。主要管件有三通、三通、弯头、异径接头、管帽、热煨弯管等。

管件的选材应按照GB50251、SY/T0609或MSS SP75标准的规定进行，选材原则如下：

(1)符合法规、规范和标准规定;
(2)确保安全可靠,利用成熟技术,且有类似工程成功经验;
(3)在满足前两项要求的前提下保证工艺功能,满足工艺要求;
(4)在采购和施工中具有可操作性;
(5)突出自身的设计特点。

管件材质应选择与管线材质相同或性能相似的材质,见表4-5-5。

表4-5-5 管件材质选用表

工艺管线材质或强度等级	管件类型	管件推荐材质
L450	三通、弯头、异径接头等	WFHY65、Q345R
L485	三通、弯头、异径接头等	WFHY70、Q345R
L415	三通、弯头、异径接头等	WFHY60、Q345R
L360	三通、弯头、异径接头等	WFHY52、Q345R
L245	三通、弯头、异径接头等	L245、Q245R

(五)相国寺储气库材料选择

1. 设备材质

设备材质的选择综合考虑介质腐蚀、设计压力、机械性能、便于采购等多种因素,设备钢板选用Q245R、Q345R,锻件选用20锻件、16Mn锻件,接管选用20、16Mn无缝钢管。

2. 管线材质

注采气管线采用L450Q,配套输气干线采用L485M。

3. 管件材质

管件材质选择与管线材质相同或性能相似的材质。

第六节 标准化设计

井场工艺安装橇装化,共形成井口节流橇、防冻剂泵橇、清管收发橇、进出站阀组橇4大类橇装定型图。

集注站、旱土站等站场及阀室工艺安装模块化,共形成井口模块、分离模块、计量调压模块、压缩机模块、清管接收模块、进出站阀组模块、空压机模块、放空分液罐模块、润滑油储罐模块等10大类模块定型图。

一、模块化橇装化设计

(一)井场一体化橇装设计

储气库注采井场的设计,采用标准化、橇装化建站的理念,来提高建设速度,缩短施工周期,对2#、4#、5#、6#、7#、9#、11#七个井场,实现了橇装化建站,橇装装置包括防冻剂加注橇、井口节流橇、清管发送橇、清管接收橇、进出站阀组橇等,橇装工艺性能、操作、维护及可靠性达到国内先进水平。

设计中采用的新工艺技术如下:

1. 橇底座

首先考虑橇装设备在冲洗过程和维修过程中产生的污水对环境因素的影响,设计对所用橇装装置的底板(底座)均采用托盘式+格栅板结构形式,格栅板起到很好防滑同时污水及液体容易沉降到橇托盘内,通过统一的排污口集中收集污水,减少污水对环境的影响。

2. 防冻剂加注橇

防冻剂加注橇与水合物抑制剂加注橇见图4-6-1,安装紧凑、美观、便于运输;计量泵的流量在运行或停车时均可在10%~100%范围内连续可调,并具有冲程速度和冲程长度均可就地调节的功能;计量泵结构具有自动过压保护装置和自动补油装置,使计量泵能实现自我保护及保证计量泵持续安全可靠的运行;为使系统能在运行过程中自动保护液压油量的恒定,内置机械自动补油系统,从而保证设备在要求精度内持续稳定运行;为了便于更换隔膜和拆卸其他部件,井口高压加注计量泵的隔膜不设前限制板,以保证良好的物料通过性,降低液力端部分的维修工作量。为便于装运操作,对于重量大于50kg的设备和阀门或部件都设有起重吊耳。

图4-6-1　防冻剂加注橇与水合物抑制剂加注橇

3. 水平井井口节流橇

将井口节流、计量功能集成于一个橇上,该橇内含靶式流量计、测温测压套(含防冻剂加注头)、节流阀、放空阀、自控仪表(压力表、压力变送器、温度计、温度变送器等)、自控阀门及相关配套执行机构、管线、管件等。井口节流橇的主要功能包括:井口采出气进入井口节流橇,经计量、节流后去进出站阀组橇;注入气进入井口节流橇,经计量后去井口采气树;防冻剂通过注入口进入井口节流橇;设置有放空预留口对橇内进行手动放空。水平井尺寸均为$7\frac{1}{16}$in,并采用统一压力等级进行设计。橇块进出口工艺管道与橇外管道采用法兰连接。

4. 定向井井口节流橇

将井口节流、计量功能集成于一个橇上(图4-6-2),该橇内含靶式流量计、测温测压套(含防冻剂加注头)、节流阀、放空阀、自控仪表(压力表、压力变送器、温度计、温度变送器等)、自控阀门及相关配套执行机构、管线、管件等。井口节流橇的主要功能包括:井口采出气进入井口节流橇,经计量、节流后去进出站阀组橇;注入气进入井口节流橇,经计量后去井口采气树;防冻剂通过注入口进入井口节流橇;设置有放空预留口对橇内进行手动放空。定向井尺寸均为$4\frac{1}{16}$in,并采用统一压力等级进行设计。橇块进出口工艺管道与橇外管道采用法兰连接。

图 4-6-2　定向井井口节流橇

5. 清管接收橇

清管接收橇将清管收发装置及配套的工艺管道、阀门等集成于一个橇上。清管所用的工艺设备有：清管器、清管收发装置、清管通过指示器和直通球阀等。

清管流程：上游采气干线来气进入清管接收橇，经球阀进清管接收装置，由双作用节流截止阀、平板闸阀后出清管接收橇。正常流程：上游采气干线来气进入清管接收橇，经电动球阀由旁通出清管接收橇。橇内污水由排污口出清管接收橇。橇内放空气设放空口，出清管接收橇。

6. 清管发送橇

清管发送橇（图4-6-3）将清管收发装置及配套的工艺管道、阀门等集成于一个橇上。清管所用的工艺设备有：清管器、清管收发装置、清管通过指示器和直通球阀等。

清管流程：上游采气管线来气进入清管接收橇，经平板闸阀、双作用节流截止阀进清管发送装置后出清管发送橇。正常流程：上游采气管线来气进入清管接收橇，经电动球阀由旁通出清管发送橇。橇内放空气设放空口出清管接收橇。

7. 进出站阀组橇

将井场进出站截断功能集成于一个橇上（图4-6-4），该橇内含电动球阀、气液联动球阀、放空阀、自控仪表（压力表、压力变送器、温度计、温度变送器等）、自控阀门及相关配套执行机构、管线、管件等。橇内将紧急切断阀、自控系统考虑电动方式作为紧急控制手段。进站阀组区设置紧急出口，在紧急状况下，方便站内人员及时撤离现场。正常采气时，上游采气干线来气进入进出站阀组橇，出口接清管接收橇；井场采出气经清管发送橇进入进出站阀组橇后，去下游采气干线。应急采气时，井场采出气除经过正常采气流程外，采出气可进入进出站阀组橇后去下游注气干线。注气时，注入气进入进出站阀组橇去井口节流橇。橇块进出口工艺管道与注采干线接口采用焊接，其余与橇外管道采用法兰连接。

图 4-6-3 清管接收橇

图 4-6-4 进出站阀组橇

8. 一体化集成

所用橇上的仪表设备采用先进仪表设备,完成站场数据采集、控制、报警和管理;外接 RTU 设备可上传至控制室,可实现远程控制操作。各个橇分别设置了气液联动执行机构,在各个橇发生事故的情况下,可自行切断。

从 2012 年 11 月开始相国寺储气库的橇装装置分别在相国寺 4#、5# 等井场投入使用,单体产品经单机试运、联动试运一次成功,橇装装置投入使用一年后运行情况良好,为今后类似储气库项目的快速建设提供了范例。

(二)集注站、分输站模块化设计

集注站包括注气工艺流程、增压工艺流程及采气工艺流程三大部分。标准化设计对不同功能的流程进行模块分解,集注站的标准化设计定型图以模块化的方式体现,共形成脱水模块、乙二醇再生模块和乙二醇储存与注醇模块、分离模块、计量调压模块、压缩机模块、清管接收模块、清管收发模块、进站阀组模块、进出站阀组模块、空压站模块、放空分液罐模块、润滑油储罐模块等14类型的模块。

1. 采气处理装置3大模块

采气处理装置系列及适用范围见表4-6-1。

表4-6-1 采气处理装置系列表

序号	系列	类型	适用范围
1	脱水模块	JT阀脱水	含油、含水气藏
2	乙二醇再生模块	提醇	乙二醇再生系统
3	乙二醇储存与注醇模块	注醇	

2. 分离模块

集注站分离模块主要是对中贵线来气进压缩机前的分离,分为多管干式除尘器和过滤分离器。统一各类型分离器的安装流程及方式,形成2种系列标准化定型图,具体见表4-6-2。

表4-6-2 分离模块系列表

序号	系列	类型	适用范围
1	分离模块标准化定型图系列1	DN900 27管干式除尘器	压缩机前
2	分离模块标准化定型图系列2	DN1000 过滤分离器	压缩机前

3. 计量调压模块

计量调压模块一种为注气流程中增压前计量,另一种为脱水后去旱土站前的计量调压,两种均采用超声波流量计,具体见表4-6-3。

表4-6-3 计量调压模块系列表

序号	系列	类型	适用范围
1	计量调压模块标准化定型图系列1	PN10MPa DN300 注气计量	只计量
2	计量调压模块标准化定型图系列2	PN10MPa DN300 采气计量	计量、调压

4. 压缩机模块

集注站设8组压缩机,由PROPAK公司统一按标准化要求供货及安装。

5. 清管接收模块

与井场清管发送模块相对应,集注站设置P14MPa DN500清管接收装置用于接收井场采气干线发送的清管器,具体见表4-6-4。

表4-6-4 清管接收模块系列表

序号	系列	类型	适用范围
1	清管接收模块标准化定型图系列2	P14MPa DN500型	集注站

6.清管收发模块

与铜梁站清管收发模块相对应,集注站设置P10.5MPa DN800清管收发装置用于铜相线双向清管,具体见表4-6-5。

表4-6-5 清管收发模块系列表

序号	系列	类型	适用范围
1	清管收发模块标准化定型图	P10.5MPa DN800型	输气管线

7.进站阀组模块

与清管接收模块对应,集注站进站阀组安装模块化,形成1个系列标准化设计定型图,具体见表4-6-6。

表4-6-6 进站阀组模块系列表

序号	系列	类型	适用范围
1	进站阀组模块标准化定型图系列2	P14MPa DN500型	集注站

集注站进站设紧急切断阀,采气干线自控系统考虑气液联动方式作为紧急控制手段。

8.进出站阀组模块

与清管收发模块对应,集注站进出站阀组安装模块化,形成2个系列标准化设计定型图,具体见表4-6-7。

表4-6-7 进出站阀组模块系列表

序号	系列	类型	适用范围
1	进出站阀组模块标准化定型图系列1	P30MPa DN250型	注气干线
2	进出站阀组模块标准化定型图系列2	P10.5MPa DN800型	输气管线

集注站进出站设紧急切断阀,该站设置空压站,注气干线自控系统考虑气动方式作为紧急控制手段,输气管道自控系统考虑气液联动方式作为紧急控制手段。

9.空压站模块

集注站空压站采用3台空气压缩机为注气压缩机等系统提供仪表风,3台机组设置模式为两用一备。每组空压机流程及安装方式标准化,统一由供货厂家将所包含的设备进行组橇后运至现场安装。每组空压机所含设备主要为:空压机、缓冲罐、高效除油器、无热再生干燥器、粉尘过滤器及相关仪表阀门等,具体见表4-6-8。

表 4-6-8 空压站模块系列表

序号	系列	类型	适用范围
1	空压机模块标准化定型图		集注站

10. 放空分液罐模块

集注站高压与次高压放空气体要进入放空分液罐分离掉液体后,在进入火炬燃烧。为减小分液罐的尺寸,本工程设置两个 DN2200 的罐体,两个罐体并联,安装方式相同。具体见表 4-6-9。

表 4-6-9 放空分液罐模块系列表

序号	系列	类型	适用范围
1	放空分液罐模块标准化定型图	集注站放空	集注站

11. 润滑油储罐模块

为 8 台注气压缩机提供曲轴和气缸润滑油,设置两台润滑油储罐分别用于储存曲轴润滑油及气缸润滑油。两储罐大小及安装方式相同。具体见表 4-6-10。

表 4-6-10 润滑油储罐模块系列表

序号	系列	类型	适用范围
1	润滑油储罐模块标准化定型图	$2.5m^3$	集注站

此外,集注站工艺标准化设计除主要体现在统一的模块定型图外,还包括站内用管及阀门标准化。

12. 站场用管

站场用管包括采气管线、注气管线、放空管线、输气管线及仪表风用管。为减少焊接工艺评定内容及订货方便,标准化设计选材时尽量减少管材规格。具体见表 4-6-11。

表 4-6-11 站场管材分类表

序号	钢管分类	材质	遵循标准
1	输气管线、采气管线、注气管线、放空管线	L485、L450、L360、L245	GB/T 9711.2
2	仪表风管线	0Cr18Ni9	GB 14976

13. 站场用阀门

为便于物资的规模化采购,集注站工艺阀门全部按照标准化选型。站场阀门选型原则:

(1)进出站设置气动紧急截断阀或气液联动截断阀,实现事故情况下快速关闭、截断气源的功能;

(2)Class2500 高压球阀符合 API 6D 规范,引进;

(3)压缩机出口设置 ESD 放空;

(4)高压系统超压泄压拟采用弹簧式安全阀,引进;其余安全阀为国产;

(5)对于站内≥DN200截断阀采用球阀,<DN150的截断阀,采用国产平板闸阀;

(6)站内排污拟采用国产阀套式排污阀,放空采用国产节流截止放空阀。

二、总平面布置及竖向布置

(一)竖向平面布置

集注站站场用地54493m², 站外边坡用地13423m²。用地范围大量位于林区, 少量茶树覆盖, 植被茂盛。整个地形呈现南高北低态势, 原始地形坡度约4%, 海拔高度在900～960m之间。属于狭长的山顶平台, 西侧约100m和东侧约50m之外, 地形标高急剧下降, 陡坎频现。南侧山顶平台绵延十余公里, 集注站出站道路在山顶向南延伸, 站区用地边界南侧约300m临近青峰会所。北侧约100m之外, 地形标高开始缓慢下降, 集注站进站道路向北约2km连接三圣镇—兴隆镇的主要交通公路。北侧用地边界约140m临近综合公寓。

现有地方道路从集注站用地范围中间由北向南横穿而过, 在集注站用地范围内段落的标高呈现由北向南逐渐抬升, 标高在926～942m之间, 坡度约为4%。

1. 场地竖向设计采用平坡式布置

为了与充分利用原始地形, 节约投资将整个场地平整为一个台阶, 采用由南向北4%的设计坡度, 由西向东0.5%排水坡度, 极大减少土方工程量, 节约了建设投资。与原有道路有机衔接, 减少道路改造的工程量, 并为现场施工提供了极大的便利。

2. 边坡替代挡土墙, 减少投资, 打造优美的环境

无论是钢筋混凝土挡土墙, 还是石料挡土墙, 都不可能降解, 都会给环境带来不良影响。唯有绿化边坡, 可以做到绿草如茵, 可以使站场与大自然和谐相接。如果单纯考虑节约用地, 根据原始地貌, 整个站场将会大量采用条石重力式挡土墙, 初步预估挡土墙的用量达到32000m³。结合现场实际需要, 仅在局部地方采用条石重力式挡土墙, 大部分采用挖填方边坡, 减少挡土墙工程量25000m³, 节约投资约700万元。

根据地质勘察报告显示的地质状况, 挖方边坡坡度按照1∶1.5设置, 填方边坡按照1∶1.75设置。边坡上采用机械成孔—锚杆固定—挂网—机械喷射营养土—洒水养护的绿化防护工程技术, 边坡防护完成后, 两个月时间, 边坡上就可以大面积见到青青的绿草, 与周围的森林保护区融为一体, 最大程度的降低了建设对环境造成的影响。

3. 两次场地平整, 加快建设进度, 减少土石方运输, 节约投资

场地平整分为两次进行。一次场地平整将场地进行挖高填低, 整平达到设计排水坡度, 满足设备安装要求。在建设组织中, 让部分施工单位先行进场, 做好部分主体设备建设及相关配套工程建设, 二次场地平整将建构筑物基础沟槽挖方就近堆放于沟边, 待建构筑物全部就位以后进行场地精平, 达到建设最终要求。

4. 土石方计算力求精确, 整体考虑, 总体平衡

站内土方量和高度小于等于8m的边坡土方量计算, 采用获得建设部认证的GPCAD规划总图设计软件包以20m×20m方格网进行土石方工程量计算, 该软件能自动采集原始地面标高, 根据输入设计标高进行自动计算, 减少了人工计算的误差, 力求准确。结合当地造价的岩

性分类,依据"岩石试验报告"所显示的地基土的"单轴抗压强度"对土质成分进行划分,对项目结算提供了便利。

集注站、集注站进站道路、集注站放空火炬区和综合公寓4个分项工程临近。在进行土方平衡计算时,将这3个分项工程进行统筹计算,总体土方量平衡,避免在单项工程上难以达到土方平衡的局面。

综合公寓需要大量土方回填,集注站进站道路有余土,但是尚远不能满足综合公寓填方量的需求。因此,有意识地让集注站多余一部分土方,余土运至临近集注站北侧的综合公寓进行回填,从而做到总体土石方平衡。

(二)总平面布置

集注站作为一个需要满足多专业工艺流程,相关配套设施要求极高,且重庆地区属于丘陵地带,新建一个大型站场,土石方挖填工作量巨大,建设时必须考虑重点则是在保证工艺设施顺利运行的基础上,降低投资,满足环保节能需要。同时,相国寺储气库集注站毗邻南天门森林公园,地面建设工程对地貌环境存在影响。为减轻地面建设的对环境的影响,地面建设尤其注重环境的保护。总平面布置重点从以下6点进行考虑。

1. 满足工艺流程,顺畅连续短捷

集注站的工艺流程分为注气和采气。注气工艺流程:原料气→进站阀组→清管收球→分离、计量、调压→增压→出站阀组→井场注气。采气工艺流程:井场→进站阀组→分离、计量、调压→脱水→清管发球→出站阀组→输往输气站。根据以上工艺流程,将进出站阀组区布置在站场西侧中部,将注采气分离计量区、清管装置区集中布置在站场东侧中部,4套$700 \times 10^4 \mathrm{m}^3/\mathrm{d}$脱水装置、2套压缩机厂房及空冷器区分别布置在注采气分离计量区、清管装置及阀组区的西侧和南侧。进出站的气流都通过阀组区、清管装置区、注采气分离计量区,然后根据各自的走向,向西侧和南侧的脱水装置和压缩机厂房及空冷器区分流,符合工艺流程要求,站内输气管道顺畅、连续、短捷,避免绕行现象,既节能又减少投资。

2. 满足运输要求,输送能耗最小

集注站担负了新鲜水和消防用水供给位于集注站东北侧的综合公寓的责任,综合公寓又担负了集注站生活污水的净化及绿化用水的返输,将消防、给水装置、污水收集区布置在集注站场的东北角,位于站场地势最低处,不仅便于相关水的收集,并且距离综合公寓最近,运输线路最短。

站场的供电线路来自于站场南侧,将变配电所布置在站场的东南角,方便架空电力线进站。

3. 布置紧凑合理,节约建设用地

集注站内建构筑物之间的距离仅满足防火规范要求的间距。同类型设备采用联合设备布置的方式(注、采气工艺装置、分离计量、脱水装置均采用联合布置的方式),在满足规范的前提下,尽可能紧凑布置,节约建设用地。

4. 利用自然条件,因地制宜布置

考虑到重庆夏季高温的情况,建筑物均南北向布置,具有良好的采光和通风条件,同时避免了建筑物西晒,降低了环境对工作人员的影响。建构筑物的长轴平行于等高线布置,最大化避免基础的不均匀沉降。将荷载较大的压缩机厂房及空冷器区以及脱水装置布置在挖方区上,减少了基础工程量,节约投资。

5. 满足卫生要求,有利环境保护

集注站最大的污染源来自于噪声。为了减少噪声污染,首先在选址和布置上进行优化设计:

集注站选址于人烟稀少的地段建设,集注站周围300m范围内没有无农户居住,更没有大型的公共福利设施,对环境的噪声污染影响最小。

总平面布置将集注站的噪声源压缩机厂房及空冷器区、空压机厂房集中布置在站场南侧中部,尽可能远离厂界,尽可能较小噪声对环境的影响;将压缩机厂房及空冷器区、空压机厂房集中布置在站场南侧中部,将中央控制室、门卫及宣传教育室等人员集中的建筑物布置在站场最北端,尽可能避免噪声对站内值班人员的伤害。

6. 加强绿化布置,站场回归自然

对站场进行绿化布置。在站场进行场平阶段,对原有征地区域的柳杉进行移栽,在站场施工完成后,将移栽的柳杉恢复至站内种植,并对原有场站闲置用地采用绿化布置,装置区域采用绿篱的形式进行视觉隔离,集注站绿化面积达到了28545m^2,整个站场视觉效果立体,与周围的森林融为一体。

第七节 主要配套工程

一、自控工程

(一)生产管理自动化控制需求

通过实时数据采集、处理、分析、计算等,实现对储气库动态监视、智能决策、远程控制与流程优化,促进各业务间高效、安全地进行数据共享与协同工作。

建设生产信息化系统的目的是为储气库生产提供技术手段,为优化运行方案提供数据,为提高劳动生产率和油气田的管理水平创造条件。储气库生产信息化建设的最终目标是实现辅助管理决策,实现这个目标的核心是搭建可视化的生产管理和调度指挥平台。该平台的搭建依托于六大部分:功能接口统一化、数据转出标准化、数据视频网络共享化、生产安全监控实时化、数据视频采集自动化和设备选型标准化。而生产信息化的基础是实现生产现场的网络化。

相国寺储气库为了实现中心站管理和井站无人值守的需要,需要采用分散控制与集中监控相结合的方式建设综合自动化控制系统,完成集注站内各装置的数据采集、调节控制、安全联锁保护及调度管理等功能;同时,利用通信系统与各注采井站、给水泵站、双向输气管道系统站场和阀室的控制系统进行通信,完成对各注采井站、给水泵站、双向输气管道系统站场和阀室的工艺过程参数的监视、控制、报警和存储等任务。

综合自动化控制系统由集散控制系统(DCS—Distributed Control System)、安全仪表系统

(SIS—Safety Instrumented System)、火气系统(F&GS—Fire & Gas System)、站控系统(SCS—Station Conrol System)和远程终端装置(RTU—Remote Terminal Units)组成,各类控制系统分别设置于各个站场的控制室内。

在调度室设置 RCC 系统,有人值守;集注站中央控制室设置 DCS/SIS/ F&GS,有人值守;在铜梁站、旱土站控制室设置 SCS,有人值守;在注采井站、给水泵站和阀室的机柜间设置 RTU,无人值守。

(二)自控系统设计原则

1. 积极争取国产化突破

自动化控制系统采用进口产品为主、国产产品配套的方式进行选型、采购,如电动执行器采用 ROTORK、BIFFI 等国际知名品牌,shafe 气液联动球阀为国际一流产品。在满足自动控制要求的前提下尽量采用国产产品,以缩短到货周期和建设时间。

(1)计量仪表优先选择差压式测量原理的流量计,注采站选用双向靶式流量,集注站和铜梁站选用多通道高准确度超声流量计。

(2)在集注站设有净化仪表风,所有阀门的自动控制优先选用气动方式;对于口径较大,如≥400mm 的切断球阀,考虑到气动执行机构体积大,不利于现场安装,可选用体积较小的电动执行机构。

(3)分析仪表包括净化天然气中微量 H_2O 分析仪,从国外引进。

(4)可燃气体探测器和火焰探测器选用具有国家消防部门的批准认证的产品;可燃气体探测器采用红外吸收型,火灾探测器采用三频红外型。

(5)控制系统选用先进、适宜、可靠与开放的成熟系统,包括软件和硬件。SIS 按 SIL2 安全度等级选择。F&GS 选用具有中国消防认证的产品。

2. 集中监视、分布式管理

采用分布式管理、集中监视控制的架构,采用双网、有线通信方式实现冗余的工控双网络。自动化控制系统稳定性、可靠性高。

(三)自控系统功能实现

根据储气库的生产运行管理模式,建立以储气库周期性注采气的生产操作、调度控制为中心的自动控制系统。利用计算机及通信网络技术对天然气的输送和处理进行集中监视控制和调度管理。自动控制系统实现以经济效益为中心的科学调度,以安全生产为前提的管理模式,为储气库的合理运行打下良好的基础。在注采站、阀室和给水提升泵站实现自动控制,无人值守。过程参数上传至集注站控制系统和调度控制中心,同时,接受集注站控制系统下达的控制命令;在铜梁站和旱土站实现自动控制,有人操作。各分输站场将过程参数上传至集注站控制系统和调度控制中心,同时,接受集注站控制系统下达的控制命令;集注站中央控制室设置自动控制系统,实现对集注站各装置的过程控制和安全联锁功能,并接受来自各注采站、阀室和站场上传的数据,同时,向各注采站、阀室和站场下达远控命令。

在各注采站、阀室和集注站等容易出现天然气泄漏的和火灾的场所设置气体探测器和气体泄漏检测报警系统。

1. 集注站

集注站有 DCS、F&GS、SIS 共计 3 套进口控制系统,所有系统均为 Honeywell 产品,目前点位共计 3700 多个,其具体作用为:DCS 系统(PLC)主要负责采集控制集注站现场所有数据、部分电动控制阀;F&GS 主要负责采集集注站现场所有固定式气体检测仪,并在现场检测到异常数据时进行报警提示;SIS 系统主要负责控制所有带有联锁控制功能的气动控制阀,如气液联动球阀、气动阀等。目前三套系统均在一套上位系统(Honeywell)上进行展示和功能操作。

1) DCS 系统实现相国寺储气库整体工厂式监视、控制和生产管理

相国寺储气库集注站的中央控制室(CCR - Center Control Room)内设置一套以 DCS 控制系统为核心,具有远程监控、数据采集的综合计算机控制系统。操作人员在中央控制室操作室通过操作员站对各注采站、给水泵站和集注站进行集中管理、监视和控制。整个系统建立在一条高速标准的冗余工业以太网结构上,运行标准的 TCP/IP 协议,整个控制系统采用两台冗余的数据服务器。利用此系统完成对整个相国寺储气库的各注采站、站外给水系统和集注站的工艺装置、辅助生产设施及重要的公用设施的集中监视、控制和管理。操作人员能同时完成对各注采站、站外给水系统和集注站进行监视、控制、调度和管理。系统提供一套冗余的 DCS 服务器,该服务器同时采集集注站 DCS 控制器、各注采站及站外给水系统的数据并存储在同一个数据库中,还包括所有的系统报警、事件、历史数据、诊断信息等等,并且设置不同的访问权限。每个操作员站通过 DCS 服务器均可访问所有 DCS 控制器的数据;不仅可以访问工艺过程的实时数据,而且可以访问历史、报警、事件、诊断等所有信息,并且所有操作员站可以互为备用。

2) 安全仪表(SIS)系统实现四级截断安全联锁功能

集注站中央控制室内设一套独立的安全仪表系统(SIS),当控制过程达到预警条件时,系统动作使被控过程转入安全状态。SIS 系统采用高可靠性的故障安全型可编程控制器(PLC),其控制器、通信模块、电源模块以及 I/O 模块等冗余配置,热备运行。SIS 系统能实现紧急停车、安全联锁、安全保护等功能。

(1)站场 SIS 系统。注采站、给水处理站和新鲜水中间提升泵站的 SIS 系统均由分布在各站场的 RTU 完成功能。

(2)集注站 SIS 系统。在集注站中央控制室设置独立的 SIS 控制站,控制站共享同一冗余网络(与 DCS 系统同网络),构成一个整个储气库的 SIS 系统。

SIS 系统的机柜放置在中央控制室机柜间。SIS 系统的操作、显示在 DCS 系统操作员站完成。

(3)铜梁站和旱土站 SIS 系统。在控制室设置独立的 SIS 控制站,控制站共享同一冗余网络(与 DCS 系统同网络)。SIS 系统检测仪表和执行机构单独设置,为故障安全型。

除自动实施紧急截断功能外,在装置现场适当位置设置就地 SIS 按钮和报警设备,用于现场工作人员在事故情况下手动实施紧急联锁功能,同时,在中央控制室 SIS 操作台上将设置全厂关闭、泄压手动按钮、紧急指示灯、报警装置等,当装置内可燃气体泄漏、火灾或地震等险情发生时,手动触发按钮,可关断相应装置或关闭全厂。

SIS 系统设置分为四个级别:

第一级针对全站,当装置事故将影响上下游装置的正常生产或关系到全站的安全时,将通

过有关联锁截断阀自动动作,对全站或某套生产装置进行隔离保护。

第二级针对单元,当装置事故将影响某个单元的正常生产或关系到单元的安全时,将通过有关联锁截断阀自动动作,对单元生产装置进行隔离保护。

第三级针对装置,当装置出现紧急情况将影响设备安全时,如液位超低、压力超高等,SIS系统紧急截断相关自控阀门,对该装置进行保护,当事故解除后,在人工确认后装置恢复正常生产。

第四级针对设备,当装置内某一部分设备出现异常时,联锁该设备相关的自控设备。当事故解除后,该设备自动恢复到正常生产状态。

SIS 系统与 DCS 系统之间互相通信。

3)可燃气体泄漏/火气检测报警系统

在各注采站设置可燃气体探测器、声光报警器和手动火灾报警按钮。信号直接接入 RTU,通过通信光缆上传至中央控制室的 F&GS 系统。

集注站设置独立的进口 F&GS 系统,包括可燃气体泄漏检测报警系统、火气检测报警系统。现场设置可燃气体泄漏/火焰探测器、声光报警器和手动 F&GS 报警按钮等,实现站场内的火灾和可燃气体的泄漏检测、报警及安全联锁保护。

2. 其他站场

注采站、线路阀室、给水泵站、铜梁站采用 RTU 进行数据采集控制,完成工艺参数的监控和管理。现场所有仪器仪表将数据采集后传入 RTU,现场通过触摸屏进行就地显示,同时通过通讯光缆将数据传送至集注站,而集注站通过 PLC 读取这些数据并在上位系统上显示。

二、通信工程

(一)生产管理通信需求

根据站场工艺、自控系统和运行管理维护对通信的要求,为了保证数据传输的稳定性,选用光通信作为主用通信方式,各系统的通信需求及实现方案如下:

1. 光纤通信系统

为满足中贵线配套相国寺储气库工程生产管理和自动化信息传输的业务需求,新建光纤通信系统,为数据、话音、图像等通信业务提供主用通信电路。

根据双向输气管道沿线站场设置和自控系统数据传输要求,共新建光通信站 2 座,扩容 1 座。其中相国寺集注站和沙坪阀室选用 STM－4(622M 设备),铜梁站增加 STM－4(622M 设备)光通信板卡。根据中贵线的管理体制及现状,储气库未配置网管系统。系统的所有监控管理纳入中贵线工程网管系统。时钟同步于中贵线 SDH 传输网络。为了现场维护调试的需要,在集注站、沙坪阀室配置 1 台便携式维护终端作现场维护用。

数据上传至调度室和重庆气矿路由:集注站—沙坪阀室—渝北石油基地—调度室—重庆气矿蔡家新办公楼。

通信预留数据上传至北京调控中心的接口,通过集注站—铜梁站的光缆线路上传。

双向输气管道光缆线路:光缆全程与输气管道同沟敷设,光缆在经过特殊地段敷设施工时,进行单独特殊保护处理。

2. 工业以太网

双向输气管道沿线设置 5 座监控阀室、白果树分输阀室和旱土站,每座阀室均选用带双光口的工业以太网交换机,为数据、话音和图像等业务提供通信电路。工业以太网交换机设置在阀室的通信机柜内。

注采集输系统设置的 8 座注采井站和给水泵站,站场均为无人值守站场,每座注采井站均设置工业以太网交换机 1 台,为数据、话音和图像等业务提供通信电路。

注采集输系统光缆线路:光缆全程与 10kV 电力杆路同杆架设。

3. 站场通信

站场通信系统包括:话音通信系统、工业电视监视系统、入侵报警系统、火灾自动报警系统、综合布线系统、通信机房、通信电源及防雷接地等。

(二)通信光缆线路设计

以集注站为中心,注采站和给水泵站采用架空光缆;铜梁站至集注站(包括铜相线线路阀室)建有一条通讯光缆;集注站至作业区基地建有一条通信光缆,同时包括了相旱线所有阀室。

三、供配电系统

相国寺储气库集注站工程区域范围内供电局主要有北碚供电局和江北供电局。

相国寺储气库集注站内的 110kV 变电所是专为相国寺集注站及配套设施供电的终端变电所,变电所内设置 110/10kV 40MVA 油浸式自冷三相双圈有载调压变压器一台,其 110kV 电源引自新农变电站,线路全长 21.4km,其中电缆线路 5.0km,采用 110kV 电缆 ZR – YJLW03 – 1×240;架空线路 16.5km,采用钢芯铝绞线 LGJ – 185。另外,由静观变电站提供一回 10kV 电源,架空线路长度 15km,采用钢芯铝绞线 LGJ – 70。这两路外供电源可为本工程集注站、井场、倒班公寓、给水泵站等用电级负荷供电。

(一)负荷等级及供电需求

相国寺储气库集注站内主要用电负荷为二级负荷,集注站对供电的要求是两回外电源。对集注站中重要负荷(仪表、通信负荷),设置 UPS 不间断电源装置作为应急电源。

给水泵站内用电负荷为三级负荷,采用一路外电源供电,对于泵站中重要负荷(仪表、通信负荷),设置 UPS 不间断电源装置作为应急电源。

旱土分输站用电负荷为二级负荷,采用一路外电源配电,一路柴油机配电,对于站中重要负荷(仪表、通信负荷),设置 UPS 不间断电源装置作为应急电源。

铜梁分输站新增用电负荷为二级负荷,新增的负荷电源依托中贵线工程的变电设施,设置单独的电能计量装置。井场用电负荷为二级负荷,采用一路 10kV 专用架空线电源供电,对于重要负荷(仪表、通信负荷),设置 UPS 不间断电源装置作为应急电源。

白果树分输阀室、6 座监控阀用电负荷为三级负荷,采用一路外电源供电,对于重要负荷(仪表、通信负荷),设置 UPS 不间断电源装置作为应急电源。

(二)用电总量及保安负荷

相国寺储气库用电负荷总计 31488.6kW,其中一级负荷(集注站内部分工艺采气设备及其辅助设备)计算容量合计为 190.93kW,占总用电负荷的 0.6%,二级负荷(集注站内工艺注气设备及其辅助设备、旱土分输站内动力负荷、铜梁分输站内动力负荷)计算容量合计为 30987.54kW,占总用电负荷的 97%。仪表通讯负荷等重要负荷(保安负荷)计算容量合计为 70.49kW,占总用电负荷的 0.2%。

(三)集注站电源供电方案

储气库注气通过中贵线铜梁分输站引入集注站,经过清管、分离除尘、计量后进入压缩机,增压后冷却进入管线,输往 22 座井场;采气时,由单井进入管线节流后进入汇气管,经气液分离进入脱水装置,然后输入铜梁分输站。集注站内负荷特性:主要用电负荷为电驱压缩机组,为二级负荷。部分工艺采气设备及其辅助设备为一级负荷,集注站内工艺注气设备及其辅助设备、旱土分输站内动力负荷、铜梁分输站内动力负荷为二级负荷,仪表、通信负荷为重要负荷。其余为三级负荷。

集注站内设置两座 10/0.4kV 变电所(厂用 1#变电所、厂用 2#变电所),电源引自 110kV 变电所 10kV 不同母线段。厂用 1#变电所、厂用 2#变电所为集注站内所有低压负荷供电。厂用 1#变电所内设置两台 10/0.4kV 800kVA 变压器,12 面低压配电盘。另有压缩机配套 8 台 MCC 柜、2 台 LCP 柜、UPS 不间断电源等配电设施安装在厂用 1#变电所内。厂用 2#变电所内设置两台 10/0.4kV 400kVA 变压器,10 面低压配电盘。集注站内 8 台压缩机电机(单台容量:4000kW)电源引自集注站内 110kV 变电所 10kV 母线。对于仪表、通信等特别重要负荷由 UPS 不间断电源供电。集注站电缆敷设主要采用沿电缆桥架、电缆沟敷设方式,局部电缆采用直埋方式。

(四)井场供电方案

井场用电负荷为电动阀、照明、仪表、通讯用电等。负荷等级为二级负荷。采用一路专用 10kV 架空线供电,导线截面为 LGJ-70。电源引自集注站 110kV 变电所 10kV 母线段。每座井场采用一台 10/0.4kV 30kVA 室外杆上变压器。对于仪表、通信等重要负荷由 UPS 不间断电源供电。低压电缆采用直埋方式配线到用电设备。

(五)分输站供电方案

1. 旱土分输站供电方案

旱土分输站用电负荷为电动阀、照明、仪表、通信用电等。负荷等级为二级。由一回 10kV 外电源和一台柴油发电机组供电。10kV 外电源在附近的徒永 10kV 架空线上"T"接至站内杆上变电站。线路长度为 1.5km,导线截面为 LGJ-35。分输站内设置一台 10/0.4kV 80kVA 室外杆上变压器。对于仪表、通信等重要负荷由 UPS 不间断电源装置供电。低压电缆采用直埋方式配线到用电设备。

2. 铜梁分输站供电方案

铜梁分输站新增用电负荷为电动阀、照明、仪表、通讯用电等。负荷等级为二级。铜梁站内新增负荷电源依托中贵线工程的变配电设施。

3. 白果树分输阀室供电方案

白果树分输阀室用电负荷为电动阀、照明、仪表、通信用电等。负荷等级为三级。白果树分输阀室附近有 10kV 外电源可利用,距离约 5km。白果树分输阀室主供电源可就近从该 10kV 架空线路上"T"接,采用 LGJ-35 架空线引至站内杆上变电站。白果树分输阀室设 10/0.4kV 杆上变电站一座,变压器容量为 10kVA。为确保仪表、通信及应急照明等重要负荷的不间断供电,设 UPS 不间断电源予以保证。

(六) 阀室供电方案

相国寺储气库双向输气管道共有 6 座监控阀室和 2 座监视阀室。

监控阀室用电负荷为电动阀、照明、仪表、通信用电等。负荷等级为三级。各监控阀室附近均有 10kV 外电源可利用,距离约 5km。监控阀室主供电源可就近从 10kV 架空线路上"T"接,采用 LGJ-35 架空线引至站内杆上变电站。

各监控阀室设 10/0.4kV 杆上变电站一座,变压器容量为 10kVA。为确保仪表、通信及应急照明等重要负荷的不间断供电,设 UPS 不间断电源予以保证。

监视阀室为无人值班阀室,用电负荷为照明灯具。巡检时,可通过一台小容量移动式柴油发电机为其供电。

(七) 给水泵站供电方案

给水泵站内用电负荷为转输泵、照明、仪表、通信用电等。负荷等级为三级。电源引自集注站 110kV 变电所 10kV 母线,采用 LGJ-70 架空线引至给水泵站变电所。对于重要负荷(仪表、通信负荷),设置 UPS 不间断电源装置作为应急电源。

(八) 运行方式

(1) 集注站厂用 1#、2# 变电所的运行方式为:两回电源分列运行,当一回电源失电或一台变压器故障退出时,自动合母联断路器。

(2) 给水泵站变电所、回注站变电所、白果树分输阀室、监控阀室、井场室外杆上变电站的运行方式为:单回 10kV 电源运行。

(3) 旱土站变电所的运行方式为:引自徒永 10kV 架空线的单回外电源与站内自设的柴油发电机组切换后供电给用电设备。

(九) 高压电动机启动

高压电动机启动采用直接启动方式。相国寺储气库集注站内 8 台压缩机电动机(单台容量:4000kW)电源引自 110kV 变电所 10kV 母线段,采用直接启动方式。8 台压缩机电动机同时运行工况,当 7 台压缩机电动机运行时,启动第 8 台压缩机电动机时供电侧—110kV 变电所 10kV 母线处电压降为 $0.9U_e$,满足设计规范关于电动机直接启动要求。

(十) 节能措施

(1) 变压器选用节能型。

(2) 电气设备及元件选用技术先进的产品。

(3) 采用电容补偿,提高功率因数,降低线路损耗。

(4) 对变工况运行的电机采用变频调速,降低电能消耗。

(5) 采用节能照明灯具:普通照明灯具选用节能型灯具;防爆灯具光源均采用节能荧光灯或高效气体放电灯。

(6) 室外照明采用石英钟或光控设备进行控制,建筑物内的楼梯间照明或走廊照明采用声控开关控制。

(十一)防雷、防静电及接地

1. 防雷

场站内的工艺装置区等爆炸危险环境的建(构)筑物按第二类防雷建筑物设防,其余建(构)筑物按第三类防雷建筑物设防。场站内变电所、压缩机厂房、综合值班室、消防水泵房等建筑物的屋面上均设避雷带,并充分利用建、构筑物内的钢筋作为防雷接地装置。

2. 接地

露天设置的工艺设备,当其壁厚大于 4mm 时,不设接闪器,但应接地,接地点数不少于 2 点,间距不大于 30m,接地电阻 $R_j \leq 10\Omega$。场站内设联合接地网,接地网兼作防静电接地。接地装置总接地电阻 $R_j \leq 1\Omega$。场站内的各种设备的金属外壳、电缆桥架、金属管道均需做等电位连接并与接地装置可靠连接。火炬区设单独的接地网,接地电阻 $R_j \leq 10\Omega$。低压配电系统的接地型式为 TN-S 系统。

3. 过电压保护

电力设施均采用避雷器作过电压保护。

4. 电子信息设备保护

为保护电子信息设备免遭受电涌过电压损害,在电源系统进线端加装电涌保护器(SPD)作为一级保护,在自控、通信设备前端的配电箱、UPS 等装置加装电涌保护器作为第二级保护,将电涌电压限制在相应设备的耐压等级范围内。

四、数字化系统

相国寺储气库通过在集注站建立办公局域网,并通过租用线路连接到管理处机关局域网,组成广域办公网,实现了办公数字化、管理智能化,生产过程自动化。集注站倒班公寓、综合办公楼都部署了办公网络,实现了进入中国石油内网方便使用各类生产经营管理系统。

按照集团公司、股份公司的总体部署,贯彻落实信息工作"十字"方针和"六统一"原则,以服务勘探开发主营业务和经营管理为主线,统一了共享应用环境,提高基础数据质量,巩固通信网络设施,强化信息管理和应用。

(一)生产经营管理信息系统建设管理

除集团公司和西南油气田分公司统一建设推广的系统外,储气库管理处数字化信息系统主要包括:井站数字化管理、计量自动检测及数据处理、环保与节能减排检测、闲置资产管理、气田地质管理、生产信息管理、职业健康辅助、交通管理、档案等信息系统。其中,井站数字化管理系统实现了生产、设备、计量、班组等 4 类基础数据的统一采集,避免了基础数据重复采集和多次上报,减轻了场站员工的工作负担;计量自动检测及数据处理系统,实现了计量器具入库、检定、报废等管理;环保与节能减排检测系统,实现了环境监测、气水分析、节能监测管理;三违行为及责任记分管理,实现了单位、个人三违计分查询、统计;气田地质管理系统,实现了气田开发、地质数据管理;受控管理系统实现了气矿重点工作、项目管理、现场许可、生产受控管理;生产信息管理系统实现了周、月度资料收集、分析、统计;项目管理平台实现了投资、大修、科研项目全过程管理。

(二)数据管理

数据管理主要依托集团公司和西南油气田分公司统一建设系统。通过场站数字化和自动化控制系统融合建设,实现了场站生产实时数据的自动采集、传输;生产信息化生产数据平台实现了场站数据(自动采集和手工录入)的集中存储与管理;生产运行管理系统实现了钻井、试油、原油及天然气生产、天然气净化、油气运销等生产数据的采集与管理;勘探开发成果数据采集系统实现了物探、钻井、录井、测井、试油、井下作业等勘探开发成果数据的采集与管理。通过场站数字化和自动化控制系统,为生产指挥提供了井站、管网、净化厂的一线生产数据;生产视频系统实现了西南油气田分公司生产视频的多级实时监控、分级管理,为生产指挥提供了支持;勘探与生产调度指挥系统(A8)实现了生产动态监控、信息综合展示、远程协同办公,为生产指挥决策提供有力支撑;应急管理系统(E2)接入了重大危险源、部分重要场站监控视频信号,实现了应急预案体系支持和移动终端的应用,提高了西南油气田分公司突发事件应急处置能力和效率。

西南油气田分公司统建的生产数据平台,实现了自动化控制系统实时数据和手工补录数据的管理,向生产运行系统、A2 系统、数字化系统等提供数据支持,并生成生产报表。

自建的数字化管理信息系统,包含班组管理、HSE 管理、生产管理、设备管理、经营管理等业务管理,实现生产动态数据采集、传输、汇总、审核、网上发布等功能,并与生产运行系统、地质管理系统、生产受控系统、员工职业健康辅助系统、技能培训系统等系统建立数据接口,实现了数据的交互与共享。

第八节 绿色储气库建设

一、山地林区及自然保护区施工措施

(一)谨慎选线,保护生态

相国寺储气库工程涉及南天门森林公园(省级森林公园)、缙云山国家级自然保护区、缙云山国家级风景名胜区、重庆市胭脂鱼自然保护区等多个特殊自然区域。为减少施工对自然保护区的伤害,设计选线时对多条线路进行了比选,采取线路避绕措施,避免或减少对环境的影响。管道建设对生态环境的影响,以预防为主,对穿越生态敏感区域和水源保护区的管道,应进行多条线路比选,采取线路避绕措施,避免或减少对环境的影响。根据不同区段的环境特

点,制定相应的选线原则:

(1)储气库 2 号注采井场位于南天门森林公园南侧,完全避开了南天门森林公园。

(2)双向输气管道嘉陵江穿越段距离缙云山国家级自然保护区外围保护带边界 1.2km,避开了自然保护区。

(二)生态恢复和补偿措施

1. 林地格局的保护

(1)严格控制林地内施工作业带的宽度,以减少对林地的破坏和扰动。

(2)尽量利用管道沿线既有公路作为施工便道、缩短新修施工便道的长度,无既有公路的地段,应先修施工道路,后作业,杜绝车辆乱碾乱轧,禁止随意开设便道。

(3)严格限定施工作业的范围,严禁在施工作业范围外行使车辆和开展施工作业活动。

(4)林地内管沟开挖或便道修筑等施工应尽可能避开雨季,产生的多余土石方严禁在林地内局部堆放,应采用坡改梯的措施进行拦挡,减少对林地的占用。

2. 植被的保护和恢复

对于原农业用地,在覆土后施肥,恢复农业用地。对不能复垦为耕地和作为其他利用的取土场、弃土场、弃渣场,以及不能继续利用的施工便道且不能退耕的,根据气候条件采取种树种草绿化措施。

1)绿化设计原则

临时用地范围内植被恢复:弃渣场改造及临时用地深翻处理后,对作为农用地以外的部分植树种草恢复植被,农用地周边结合当地的农田林网营造绿化林带。施工中加强施工管理,对边界以外的植被应不破坏或尽量减少破坏,两侧植被恢复除考虑管道防护、水土保持外,使水保、绿化、美化、环保有机结合为一体。

草种、树种的选择:在"适地适树、适地适草"的原则下,选择当地优良乡土树种为主,适当引进新的优良树种草种,保证绿化栽植的成活率。

2)绿化工程实施

根据各站场所在的地理位置及当地的气候特点和自然环境,在工艺装置区周围种植低矮的小灌木或草皮。

在办公生活区进行重点绿化,办公楼周围种植富于观赏性的常绿乔木、设置花坛、规划小园林,有良好的自然引入和空间引入,充分利用空地进行绿化,力求扩大绿化面积。

3. 密集林地恢复措施

管道途经地区有丰富的林地资源,工程施工占用林地约为 $830.8m^2$,针对这种情况工程从以下几个方面对林地进行恢复:

1)加强对施工人员及施工活动的管理

施工过程中,加强施工人员的管理,禁止施工人员对野生植被滥砍滥伐,严格限制人员的活动范围,破坏沿线的生态环境;工程施工占有林地和砍伐树木,管线通过生态林时,应向林业主管部门申报。施工便道选择尽量避开林带,以林带空隙地为主,尽可能不破坏原有地形、地貌。

2）施工后的植被恢复

管线两侧设置10m的防火带；施工完成后只种植浅根植物，不种植深根植物；管道覆土后及施工便道两侧裸露的地面，采取播撒草籽、灌木、栽植花、草等措施；施工带内无法避让的珍稀植物、古树名木等，要进行异地移栽；尽量把施工期安排在春季，以便更好地进行移栽植物工作。

3）站场的绿化

在总平面设计中，采取综合规划、合理布局、因地制宜的设计方法考虑绿化系统设计，绿化重点放在生产管理区和辅助生产区。布置小片绿地和行道树，改善站内的小气候，形成宜人的工作环境，绿化面积不小于场区面积的30%。为防止站场场地水土流失，提高站场景观生态效果，以花灌、草坪为主要种植方式对站场空地及周边实施绿化。

4. 科学施工，保护生态环境

（1）管道施工时采取分层开挖、分层堆放、分层回填的方式，施工后对沿线进行平整、恢复地貌。

（2）合理规划设计，尽量利用已有道路，少建施工便道。

（3）为防止对水生生态环境的影响，在穿越河流时，应合理选择穿越的方式并在穿越处采取水工保护措施。

（4）在土石山区，由于石多土少，破坏面植被恢复困难，在必要的工程防护基础上，尽可能覆土以恢复植被；局部难以治理的地段，可考虑异地补偿。

（5）在山坡地段，对不同坡度的坡体采用不同保护措施。

（6）林地内施工时，应首先剥离表层熟化土，并予以收集保存，施工结束后及时覆盖收集的表层熟化土，并选择乡土树种进行植被恢复。另外，在树种组成上尽量营造混交林，既提高了植物多样性又不至于太大改变原来的生态组分，增强森林群落稳定性。

（7）对于植被不能进行自然恢复的集注站、井场等应采取绿化措施，使水保、绿化、美化、环保有机结合为一体。绿化树种和草种的选择以当地优良乡土种为主，适当引进新的优良种。

（8）对物种多样性低的地段，如被破坏不易恢复，因此在井场施工及运行过程中应特别加以注意，避免对其造成破坏。

5. 野生动物的保护

为了保护野生动物，维护评价区内的生态平衡，并在工程完工之后，使工程沿线的生态系统尽快得到恢复和向良性循环的方向发展，采取了以下措施对工程区内的野生动植物进行保护。

（1）科学规划、严格管理施工场地，尽可能地保护现存植被。在工程期间要严格规化施工地点，尽可能地减少施工过程所造成的植被破坏，保护野生动物赖以生存的生态环境。

（2）在井场及集注站等各个工作区开展植树种草工作，提高工程周围植被的覆盖率，改善野生动物的栖息环境。在工程期间或完工以后，尽快开展种树种草工作，加快生物群落的恢复速度，改善本区的植被条件，恢复工程区野生动物资源。

（3）加强野生动物保护的宣传力度。加大野生动物保护法的宣传力度，提高施工人员对野生动物的保护意识，杜绝捕食野生动物的现象，改善项目隔离区野生动物的栖息环境。

(4)优化施工作业程序。减少夜间作业,避免灯光、噪声对夜间动物活动的惊扰;在经过林区进行施工时,优化施工方案,抓紧施工进度,缩短在林区内的施工作业时间,减少对野生动物的影响;施工工期避开生物的繁殖期,尤其是避开鸟类的繁殖季节,同时避免早晚鸟类活动的时间进行施工。

6. 土地恢复措施

(1)施工结束后,恢复地貌原状。

(2)对管沟回填后多余的土严禁大量集中弃置,要均匀分散在管线中心两侧,并使管沟与周围自然地表形成平滑过度,不得形成汇水环境,防止水土流失。

(3)道路施工中挖填方尽量实现自身平衡。

(4)对废泥浆池做到及时掩埋、填平、覆土、压实,以利于土壤、植被的恢复。

7. 风景名胜区保护措施

双向输气管道嘉陵江穿越段位于缙云山国家级风景名胜区内,穿越段景观资源主要为峡谷景观。双向输气管道在施工过程中,严格按照《重庆市风景名胜区管理条例》等文件规定,保护景观资源。

8. 大气污染、水污染和固体废弃物污染控制措施

1)大气污染防治措施

(1)采用合理的输气工艺,保证正常生产无泄漏。

(2)根据规范,在站场围墙外设放空火炬,去往放空火炬处的管线用密封良好的双阀控制。

(3)加强生产管理,尽量减少放空和泄漏。如果气体必须排放,可做点燃排放处理。

2)水污染防治措施

(1)站区初期雨水、生产废水和生活污水采用分流制排放,亦可处理达到当地排放标准后作为站区绿化用水。

(2)生活污水经化粪池处理后排入附近的市政污水管网。

(3)管道沿线各站场均设置排污池,在清管和检修时,污水排入该池自然蒸发不外排。

3)固废处置措施

(1)对于清管作业和分离器检修时产生的固体废物,将其导入站内污水池中集中存放,并定期清运到指定地点进行填埋处理。

(2)生活垃圾的处置按照《城市生活垃圾管理办法》的要求进行处置。

(3)压缩机检修时排放的废润滑油按《国家危险废物名录》属于危险废物(HW08),选择有资质的厂家回收利用。

二、嘉陵江穿越保护措施

嘉陵江穿越位于北碚区澄江镇干坝子村至东阳街道的桐子浩之间,草街电站下游(约2.5km),穿越断面邻近兰渝铁路的新草街嘉陵江特大桥(约500m),采用定向钻穿越方案。穿越水平长度约1200m,穿越入土点位于嘉陵江右岸,入土角8°~18°,出土点位于嘉陵江左岸,出土角4°~12°。

（一）与保护区位置关系

嘉陵江穿越位于"北碚胭脂鱼保护区"核心区江段。该处河面宽度400m（枯水）~600m（汛期），上游距离保护区起点草街电站坝下2.5km，距离渝遂铁路桥500m，下游距离缓冲区边界5km。

嘉陵江穿越右（北）岸洞口位于保护区边界以外110m，左（南）岸洞口位于保护区边界以外120m。输气管道位于嘉陵江河床冲刷线以下6m。

（二）主要保护措施及成效

1. 水污染防治措施

（1）泥浆沉淀废水及混凝土搅拌废水经沉淀后用于场地降尘。

（2）在砂石料冲洗场周围修建排水沟、沉砂池，废水经沉砂后用与场地降尘。

（3）泥浆池做防渗处理，池壁用条石浆砌，避免溃坝造成环境风险事故。

（4）泥浆排入泥浆池，经沉淀后上清液用于场地降尘，沉淀泥浆和沙石用于线路其他工段建筑原料。

2. 固体废弃物防治措施

（1）施工场地修建旱厕，营地产生的生活垃圾，收集处理掩埋。

（2）明确工程临时弃渣堆放位置，临时渣场远离嘉陵江两岸岸线，渣场周围修建堡坎和排水沟、沉砂池；弃渣表面应作固化处理。

3. 噪声防治措施

鱼类繁殖季节清晨及涨水时节合理安排班次，避免挖掘机、风搞等高噪声机械施工噪声对鱼类繁殖的干扰。

4. 悬浮物防治措施

（1）施工机具未进入保护区界内。

（2）工程填方采自陆域采石场。

（3）临时施工便道路基及护坡栽种速生草本植物（大麦草、燕麦等），以起到临时固土固沙的作用。

（4）施工场地和施工道路及时洒水降尘，减少灰尘飘落到邻近水域的几率。

5. 其他影响源防治措施

燃料油及泥浆振动筛、沉淀池等具有环境风险的设施周围修建防护沟或防护矮墙。

6. 繁殖期避让措施

场地平整陆域施工时，如遇场地开挖必须进行爆破的工序时，提前告知保护区相关部门，提交爆破方案和爆破时间安排，由保护区同意并根据鱼类繁殖时段和相关生物学特性提出意见后在保护区监管下进行。

由于鱼类通常集中在雨后和涨水时的清晨产卵，不在繁殖季节在雨天及涨水时爆破、挖掘机、捣碎机施工。

7. 监管措施

保护区机构监管方式包括施工期日常监管、专项项目运行监管、工程施工调度与渔业矛盾协调、环境风险监管等监管方式。

8. 成效

通过上述措施,相国寺储气库干线嘉陵江穿越工程在建设及运营期间与保护区管理机构建立了密切的协调管理机制,开展了施工队伍生态环境保护教育;通过水生态环境监测手段,掌握工程各阶段对水生生态系统的影响程度,做到了科学调度、文明施工、积极应对施工过程及建成后运营阶段可能出现的各种环境风险;并通过鱼类增殖放流这一目前最为快捷有效的资源恢复手段,辅之以自然增殖方法,将工程建设对保护区水生生态系统的影响减小到了最低限度。

三、噪声治理措施

（一）电驱往复式压缩机组厂房内的高噪声

针对电驱往复式压缩机组厂房内的高噪声设备采用全封闭式、高隔声量的吸隔声构造厂房,对厂房内的多台电驱往复式压缩机组噪声进行统一综合治理,包括压缩机厂房墙体的消声、吸声、隔声降噪设计、隔声门窗、通风散热系统的消声降噪等相关设计。

（二）电驱往复式压缩机组厂房外的高噪声

机组因通风需要,既要满足机组冷却的工艺要求,又要控制总噪声传到厂界边 ≤ 50dB,由于厂界征地有限,噪声的距离衰减量小。为保证冷却器通过本降噪措施后能达到一个良好的效果,必须选用尽可能低噪声冷却器设备。

本场站设置降噪目标为,厂界及敏感点均已达到《工业企业厂界环境噪声排放标准》(GB 12348—2008)及《声环境质量标准》(GB 3096—2008)规定的 2 类功能区标准。

设计前期,通过集注站全厂的噪声模型,模拟噪声量,并结合噪声频率采取对应的降噪措施,最终实现噪声达标。

项目结束时,根据实测的噪声值,再有针对性地对噪声超标的 JT 阀、空压机等系统进行有针对性的噪声治理,最终实现集注站的全厂噪声治理达标。项目实施后,不仅没有因为噪声超标影响环境,而且通过合理的总平面布置、绿化方案、噪声治理,是本项目成为真正的清洁、环保、绿色项目,同时为管道途经各地(市)提供干净优质的能源,将有效地改善这些地区的大气环境质量。噪声治理后厂界区域声学模拟见图 4-8-1。

四、水处理措施

（一）主要污水分类及处理方式

集注站污水主要有生产污水及生活污水,而生产污水随工况变化,其污水水量及水质也各有不同。注气工况时,生产污水量极少,主要为不定期的设备排污水;采气工况时,生产污水主

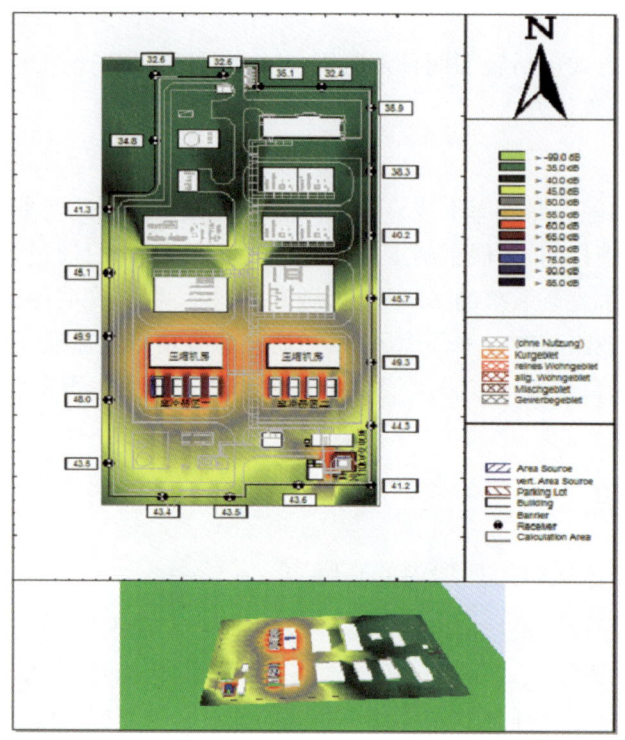

图 4-8-1　噪声治理后厂界区域声学模拟图

要为气田采出水;检修工况时,生产污水主要为各装置的检修污水。根据此特点,并贯彻西南油气田分公司集注站"污水零排放"的设计指导方针,集注站排水拟采用清污分流体制进行分类收集,厂区的检修污水和生产废水采用同一污水系统收集,采用罐车外运的方式处置;集注站内综合楼和110kV变电所的生活污水统一排入综合公寓中的污水处理系统进行处理,处理后返输到集注站进行绿化灌溉,不外排。

生活公寓污水处理系统处理后的回用水量为 12.5 m³/d,其中 3.5 m³/d 用于倒班公寓站内绿化用水,剩余 9.0 m³/d,通过回用水管道输送至集注站,用于集注站站内绿化。按草坪绿化用水定额按 1.0L/(m²·d) 计算,由倒班公寓输送至集注站内的回用水可供 9000m² 的草坪绿化,集注站站内实际绿化面积为 28545m²,故生活污水处理后可全部用作绿化,不需外排。给排水系统示意图见图 4-8-2。

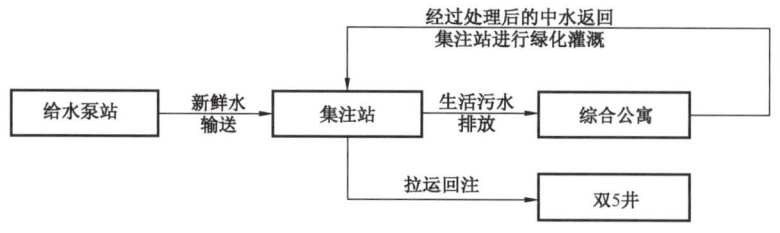

图 4-8-2　给排水系统示意图

(二)污水处理装置的特点

本工程生活污水排放量较小,若采用传统的生物接触氧化工艺,利用污水池处理会对站场操作人员有一定的技术要求,且运维不便,每日都需要专人定时结合处理池的工况进行风机启动,操作失误就会造成微生物大量死亡,处理效果降低。针对以上特点,选用的一体化生活污水处理设备,风机,曝气设备均根据实际情况自动运行,简化了操作,降低了技术人员要求,仅需要周期性进行水质监测,发现问题仅需要简单更换微生物即可解决,极大简化了污水处理装置的运行要求。水处理系统示意图见图4-8-3。

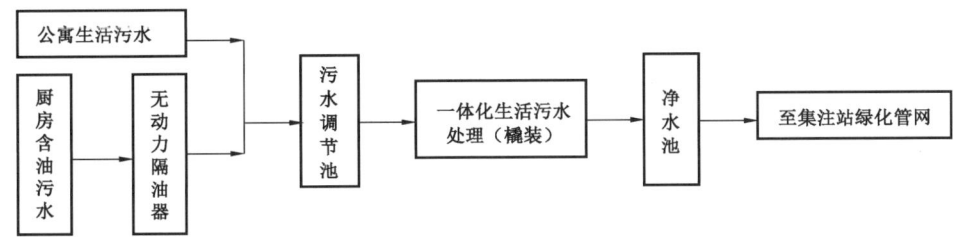

图4-8-3 水处理系统示意图

传统生物接触氧化工艺未考虑厨房含油污水的分离,该含油污水进入生化系统会对微生物的生长和繁殖带来很大影响,严重影响了污水的处理效果和出水水质;在职工食堂的排污总管上增加隔油隔渣无动力隔油器,将油污得到有效隔离,确保食堂产生的动植物油污不进入污水处理系统;使污水处理出水水质达到《城市污水再生利用城市杂用水水质》(GB/T 18920—2002)中的城市绿化用水水质标准和《国家污水综合排放标准》(GB 8978—1996)一级排放标准中的相关要求。

第九节 地面工程 QHSE 管理

QHSE 管理贯穿相国寺储气库地面工程建设全过程,从建设初期的设计、物资采购到现场施工,再到试运行。QHSE 管理重点和任务随相国寺储气库地面工程建设阶段变化而调整,设计阶段重在标准规范、工艺技术的选择,尽可能准确提出项目的工程量和风险分析;物资采购阶段重在采购物资质量和进度的把控;施工阶段重在现场 QHSE 管理;试运行阶段以审查确认和过程安全为主。相国寺储气库建设的质量是在工程建设过程中逐渐形成的,工程建设的各个阶段,都会对工程项目的质量产生不同的影响,同时工序的质量是形成工程项目质量的基础,因此只有严格工序质量的管理和控制,确保工序的质量,才能保证工程项目的质量。

一、组织机构和职责

为加强相国寺储气库地面工程建设项目管理,建立健全支持流程有效、运行高效的保障机制,提高管理流程效率,实现地面工程建设全过程受控管理、闭环管理,按建设工程项目"四位一体"监督管理要求,成立了相国寺储气库地面工程建设项目组,该组负责地面工程建设工作的 QHSE 管理。相国寺储气库地面工程建设参与机构还包括设计单位、执行单位、监督单位。项目组及参与单位职责如下:

(一)地面建设项目组

(1)负责相国寺储气库地面工程建设项目质量监督和 QHSE 监督检查申报。

(2)组织相国寺储气库地面工程建设项目施工组织设计(方案)的审查,组织相关专业组和单位对监理方案、监造方案进行审查。

(3)组织产品监造技术质量交底和工程现场质量、安全技术交底,建立交底记录。

(4)结合相国寺储气库地面工程建设实际开展情况,定期和不定期地进行现场办公,建立现场办公记录。

(5)负责地面工程建设项目实施全过程的组织、督促和检查,对各专业组及有关单位监督检查发现的问题负责落实整改和跟踪核实,并将整改结果对应回复检查专业组或单位。

(6)在工程监督检查中,对违反质量、安全、环境管理规定的行为按规定进行责任记分和经济处罚,并对处罚情况进行备案。

(7)参与相国寺储气库地面工程建设过程中事故事件的调查处理工作。

(二)设计单位

(1)按法律、法规、标准对相国寺储气库地面工程建设进行科学的设计。

(2)设计中涉及施工安全的重点部位和环节在设计文件中注明,并对防范生产安全事故提出指导意见。

(3)参与相国寺储气库地面工程建设现场质量、安全技术交底。

(三)执行单位

(1)川庆钻探油建重庆分公司编制安全技术措施和专项施工方案,负责相国寺储气库地面工程建设工作。

(2)西南油气田物资公司负责相国寺储气库地面工程建设的物资采购工作。

(3)西南油气田物资公司组织采购产品入库质量检验及其委托检验工作(川庆钻探油建重庆分公司:负责进行阀门的检验;重庆机械工业理化计量中心:负责进行管材、法兰的检验;计量检测中心:负责对仪器仪表的检定)。

(4)西南油气田物资公司及时报告采购产品入库检验发现的不合格信息,定期编制采购产品入库检验报表,报送地面建设项目组。

(四)监督单位

(1)西南油气田华成监理公司负责编制监理方案,严格按照《建设工程监理规范》要求实施监理职责。

(2)西南油气田石油天然气川渝工程质量监督站负责项目整体质量监督检查,编制项目质量评价报告。

(3) QHSE 监督站：

① 负责实施采购产品监造机构履职情况检查和工程 QHSE 监督检查，参与监理方案、监造方案、QHSE 作业计划书的审查。

② 受理工程项目 QHSE 监督检查申报，制定月度采购产品监造和工程 QHSE 监督检查计划。

③ 按照工作计划，对监造机构、工程承包商、工程现场进行抽查，对查出问题提出整改措施，及时反馈地面建设项目组，建立 QHSE 监督检查问题整改台账。

(4) 相国寺储气库作业区：

① 根据审定的地面工程建设项目 QHSE 作业计划书，制定地面工程建设 QHSE 监督检查月度计划。

② 按照月度计划，以 QHSE 办公室、生产办公室、工程项目配合人员为主对工程承包商、工程现场进行 QHSE 抽查，对查出问题提出整改措施，及时反馈地面建设项目组，建立 QHSE 监督检查问题整改台账。

(5) QHSE 监督站、相国寺储气库作业区在工程监督检查中，对违反 QHSE 管理规定的行为按规定进行责任记分和经济处罚，并将处罚情况报地面建设项目组备案。

二、工程设计 QHSE 管理

(一) 设计阶段的地位和作用

设计管理实际上从相国寺储气库地面工程建设投标阶段开始。重点对标书进行研究，充分领会要求；研究该项目的信息，选择合适的工艺技术、技术要求、标准规范；准确提出项目的工程量和风险分析，确定项目工期和成本。

在保证质量、控制投资的前提下，根据相国寺储气库地面工程建设项目总进度要求，及时提交设计文件和施工图，为采购、施工的顺利开展创造条件。此阶段重点考虑费用的控制，从根本上控制相国寺储气库地面工程建设的投资。

工程设计为采购提供技术支持。从设计前期，重点考虑长周期设备的采购（比如大功率压缩机及配套空冷器），中期动、静设备的采购，到设计后期安装材料的采购，设计为采购提供询价技术文件、报价技术澄清、技术评审、合同技术谈判、签订合同技术附件等，并协助采购参与设备的监制、制造过程检验、出厂检验、开箱检验；采购质量很大程度上取决于技术支持的水平和质量。

工程设计为施工提供技术支持。对于相国寺储气库地面工程建设而言，设计单位主动参与施工管理，承担专业施工技术管理和质量管理工作；设计人员的管理和专职施工管理人员的管理有机结合，整个工程建设施工质量、进度、费用控制的效果较好；施工图审查、交底、现场技术问题的处理更及时、准确、便利，有效地减少和避免返工、窝工等现象。

(二) 设计质量管理

工程设计是直接影响项目质量的关键活动，内容包括对招标书意图的正确理解，任命合格的设计负责人、设计接口及设计输入的管理、关键设备和材料参数的选择、重要方案论证或设计评审及验证等。

设计质量管理要点包括设计策划、设计人员配备及资格、设计输入及输出控制、设计评审、设计文件的校审与会签、设计确认、设计变更、设计接口控制、设计文件和资料的控制、设计现场服务、设计总结等。

为确保地面工程建设质量，抵制不合格产品进入工程过程，保证施工作业过程安全与环保，依照工程设计文件、相关标准规范及相关管理制度，编制工程质量控制方案。

（三）设计 HSE 管理

相国寺储气库地面工程建设通过设计 HSE、过程危险源分析（PHA）、危险性和可操作性研究（HAZOP）、布置图 HSE 审查、施工危害性研究（HACON）、本质安全设计、危险源辨识、过程安全等方法手段，实现设计 HSE 管理。

（四）设计专篇

通过编制安全设施、环境保护、职业卫生、消防、节能设计专篇，确保工程设计能满足装置对质量、职业健康和安全的要求，并能有效防止环境污染。

三、设备、材料采购 QHSE 管理

设备、材料采购 QHSE 管理与储气库工程建设全过程有着密切的联系，采购工作的质量影响着工程建设的质量、进度和费用，因此抓好设备、材料采购 QHSE 管理尤为重要。

（一）强化采购产品质量控制

储气库工程采购产品主要包括增压机组、管材、阀门、管件、法兰、仪器仪表及非标设备（分离器、收发球装置、储罐、汇管）等。对储气库采购产品质量控制从质量审核、驻厂监造、入库检验、入库验收等方面进行。

（二）强化采购 HSE 管理

考察制造商阶段，考察人员在考察期间，应服从制造商关于安全方面的提示及场所的各项标识的警示。

询价/签约阶段，询价文件/采购订单中注明"供货商有责任提供给检验员一个安全的工作环境并且告知其潜在的危险"；同时注明供货商的服务人员在项目施工现场服务时，应遵守的"职业健康安全与环境管理规定"，听从项目现场指挥。

车间检验/监造阶段，检验员在实施车间检验或监造期间，执行采购订单中关于安全环境条款的内容要求，服从制造商代表关于安全方面的提示及场所的各项标识的警示。特别是在接近有毒、强腐蚀、高温、强光、射线辐射等高危险区时，严格遵守所在方的相关规定。

运输阶段，当设备、材料采购由项目采购组负责运输时，严格遵守相关行业的安全规定。在场人员在货品装卸过程中注意安全距离。包装材料符合采购订单的相关要求，并通过国家执法部门的检验。

现场服务阶段,项目采购人员及供货商服务人员在现场服务期间,遵守施工现场的"职业健康安全与环境管理规定",听从指挥。

四、工程施工 QHSE 管理

为确保相国寺储气库建设工程施工 QHSE 管理到位,针对相国寺储气库涉及的不同地域自然条件可能对施工造成的影响,地面工程建设项目组采取相应的技术措施,严格按照施工程序文件、质量控制规定、HSE 管理规定等要求做好相关工作。

(一)编制相国寺储气库地面工程建设 QHSE 管理方案

地面工程建设项目组,编制了《相国寺储气库地面工程建设 QHSE 管理方案》(简称《方案》),该方案满足招标文件、合同文件以及监理单位对工程的要求。《方案》包括 QHSE 管理职责、主要风险和安全措施公示、危险源辨识和环境因素的评价、QHSE 管理相关记录、人员培训、应急救援、职业卫生、问题闭环管理等八项基本内容。

《相国寺储气库地面工程建设 QHSE 管理方案》明确了建设单位、施工单位、监理单位和属地单位的 QHSE 管理职责,并根据 QHSE 管理要求,建立程序文件、操作文件和 QHSE 监督管理手册,确保有章可循。要求现场设置六牌一图,对其中的重要危害因素和风险控制措施进行公示,对地面工程建设中可预见或潜在风险和环境因素产生后果的可能性和严重性进行识别、分析和评价,制定切实有效的削减和预防措施,编制风险和环境因素削减措施和应急预案。另外要求建立应急救援预案,组织参建人员入场前、施工过程中参加培训,定期开展应急演练,确保人人知晓应急处置程序、措施和联系电话。

《方案》还规定每年定期对所有参建人员进行职业健康体检,发现有传染病、较大疾病人员不得参加工程施工,健康体检周期不超过 1 年,有健康问题人员立即进行调整,食堂人员办理健康证后方可上岗;相国寺储气库建设期间每日开展现场安全检查,每日召开工地会,每周开展施工进度节点分析会,每月定期组织专项分析会,通过对施工过程中存在的问题进行分析、纠偏,提升项目建设施工水平,实现闭环管理。

(二)施工 QHSE 管理与控制

施工主要包括林区施工,河流穿越、公路、铁路穿越,山区、丘陵段施工,并行段施工,光缆、管道和地下构筑物穿越施工,土建工程,土石方爆破作业施工等。

施工工序主要涉及设计勘察、测量放线、土建平场、管材运输和堆放、管沟开挖、焊接作业、防腐补口、下沟回填、管道清管、试压、修建地面建筑物、铺设电缆、安装设备和联合调试等。

相国寺储气库地面工程建设涉及点、线、面广,工作量大,工序复杂,管理难度大,地面工程建设项目组通过以下主要措施进行控制与管理。

(1)地面工程建设项目组、执行单位、监督单位的 QHSE 监督人员每日最少对施工现场进行一次质量和安全环保检查。主要检查规章制度、作业指导书、作业许可(起重作业、安全用电、高空作业、有限空间和挖掘作业等)和工艺文件的执行情况,发现并记录不合格,立即进行纠正,直到合格,对一般以上的不合格,下发不合格通知单,限期整改。

（2）施工班组每天施工作业前，班组进行每日的动态风险识别与班前检查。施工班组安全监护人主要检查施工人员是否正确穿戴、使用劳动保护用品，检查是否存在违章指挥和违章作业现象；检查施工设备和施工人员是否对施工作业带以外的环境产生污染和破坏；质检员主要检查每道工序的质量是否符合标准规范的要求，发现问题，立即整改。

（3）西南油气田公司质检站和QHSE监督站对施工过程进行监督检查。质检站和QHSE监督站不定期到现场进行过程抽检，尤其进入施工难点或重点地段，指派专人到现场旁站，实时监督现场的安全状况。

（4）分包商的QHSE管理。所有施工分包商，相国寺储气库建设项目部都对其进行不少于32h的岗前培训，培训后严格考核，合格后方可上岗，并按照相同的标准和规范进行检查与监督。对施工过程中的任何工序存在的QHSE问题，按照相关办法进行处理。

（三）施工QHSE管理重点工作

1. 人员培训

对所有人员进行HSE知识、技能的培训，培训时间保证在32h以上，主要培训国家、地方和行业等有关QHSE方面的标准规范、法律法规、风险削减措施和作业指导书等。培训后经过严格的考核，合格人员方可上岗。特殊工种如电焊工、气焊工、起重工、挖掘机操作手、吊车操作手、推土机操作手、电工、防腐工、驾驶员等必须经过政府相关部门培训、考试，取得特种作业证方可上岗作业。

2. 人员的标识

所有进出现场人员持证上岗，人员要佩戴工作牌，以便检查上岗作业情况和个人防护用品的佩带情况。

3. 安全防护设施

现场配备一定数量的高精度的安全防护、检测设备，确保现场的安全。

4. 严格执行各种作业许可制度

削减现场风险，严格执行动火作业、临时用电、高处作业、移动吊装、进入有限空间、管线与设备打开、动土作业许可制度，以及施工机械设备、交通车辆的检查制度、环境保护制度和日常检查制度等。

5. 危险源的辨识和控制

危险源辨识和控制就是通过系统分析，界定出地面工程施工现场哪些部分哪些区域是危险源，并对其潜在风险进行分析，再针对性的制定出控制措施。针对人的不安全行为，通过管理措施（运行控制、检查、应急）来控制；针对物的不安全状态和质量通病，通过技术措施来控制；针对环境的不安全条件，通过防护措施来控制。对所有危险源的控制措施都责任落实到人，在施工过程中加强监控和分析，及时掌握危险源的动态变化，发现隐患立即排除，做到动态控制，闭环管理。

6. 环境因素的识别和评价

地面工程建设中的环境因素识别主要从其对环境造成影响的原因进行识别，包括施工过程中涉及的大气污染、水污染、土壤污染、噪声、振动、固体废物等因素。对识别出的所有环境因素按照西南油气田公司制定的《环境因素评价准则》进行评价,区分出重要环境因素和一般环境因素,对评价出的重大环境因素都编制了管理方案进行管理。通过施工现场水污染防治、噪声控制、固废处置等措施的实施,对环境因素进行管控,杜绝环境事件的发生。

7. 工程 QHSE 监督检查

储气库地面工程建设中承包商推行"四位一体"监督管理模式,由地面建设项目组、QHSE 监督站、储气库作业区和项目监理单位共同对项目承包商实施现场 QHSE 监督检查。

在实施监督检查中,发现有违反工程 QHSE 管理规定的行为和工程实体一般质量问题时,应责令其暂停该道工序施工和改正;发现有影响工程整体质量和使用功能、造成安全环境隐患的问题时,由地面建设项目组负责签发工程停工整改通知单发放责任单位和监理单位,责令其全面停止工程施工,督促其实施改正并符合要求后才能恢复施工。

8. 事故事件调查和处理

事件管理:检查单位在监督检查过程中,凡发现影响工程进度、工程整体质量和使用功能、造成安全环保隐患时,应立即填写《事件报告单》,报送(可采取电传方式)地面建设项目组,由地面建设项目组组织对事件进行调查和处理。

事故管理:若建设工程发生事故时,应立即组织查清事故的基本情况,填写《事件报告单》,在 4h 内报告地面建设项目组;接到事故报告后,地面建设项目组立即组织对事故进行核实,同时对所造成的经济损失进行统计,并对事故进行分级,一般事故、较大事故由地面建设项目组组织相关人员成立调查组进行调查处理,发生重、特大事故时,地面建设项目组应按规定报告分公司进行调查处理。

(四)工程主体完工后的 QHSE 管理

工程主体完工后,控制地貌恢复质量、水土保持和水工保护质量,检查和控制地貌恢复后是否影响农田复耕,检查竣工资料的及时性。一是检查承包商和分包商是否严格执行地貌恢复施工工艺;二是检查水工保护和水土保持是否符合国家、地方法律法规要求,从施工图设计阶段、施工实施阶段到移交地方政府无障碍,确保项目施工结束后,作业环境移交地方政府一次成功;三是检查施工承包商和分包商的竣工资料是否与工程进度同步,发现问题及时纠正和补充,力争投产和竣工验收一次成功。

五、工程试运行 QHSE 管理

试运行危险源集中的地点为相国寺集注站,高风险的时间段为天然气引入及站场设备设施开车时段,天然气引入系统后可能因局部少量泄漏或大量泄漏引发火灾爆炸的安全事故。初次开车是试运行过程中最复杂、风险性及不确定性最高的阶段,存在发生任何事故的风险。事故紧急停车是指装置运行过程中,突然出现不可预见的失去动力、设备故障、操作失误或工艺操作条件恶化等情况,无法维持装置正常运行而造成的非计划性被动停车,这期间存在着发生继发性事故的风险。

(一)试运行过程的 QHSE 管理

1. 建立组织领导机构

试运行前建立相国寺储气库试运行组织领导机构,落实各部门的具体职责,其中安全工作安排专门的部门负责,再安排具体的工作内容,以及制定出每项工作的工作质量标准。

2. QHSE 培训

根据生产技术人员、QHSE 管理人员、井站操作人员的岗位需求,投运前按照各岗位人员的业务分工不同,分别进行生产技术(采气地质、增压、输变电、集输管道、自控)和安全等专业方面的 QHSE 培训。

3. 工作前安全分析

根据项目管理权限,由相国寺储气库项目部牵头成立了工作前安全分析(JSA)小组,小组成员由相国寺储气库项目部、相国寺储气库作业区、川庆油建重庆分公司、四川华成油气工程建设监理有限公司、集注站井站班组等人员组成。目前,已对本次投运过程中的集输管道、压缩机组、自控计量、输变电等四部分进行了危害因素辨识和评价,并根据评价结果制定了相应的控制措施。

4. 启动前安全检查

根据项目管理权限,由相国寺储气库项目部牵头成立了启动前安全检查小组,小组成员由相国寺储气库项目部、相国寺储气库作业区、川庆油建重庆分公司、四川华成油气工程建设监理有限公司、集注站井站班组等人员组成,针对施工作业性质、工艺设备的特点,编制了人员培训、工艺技术、设备、集输工艺、输变电、自控、环境及应急响应等 8 大类检查清单。

5. 上锁挂牌

为避免本次投运过程中设备设施或系统区域内的天然气、电能等危险能量或物料的意外释放,需对投产区域和非投产区域进行系统隔离,经分析辨识,对所有危险能量隔离设施(电器开关、阀门等)进行上锁挂牌。

6. 安全目视化

根据《西南油气田分公司安全目视化管理规定》要求,投运前完成人员、工器具、设备设施、区域、安全警示牌、供配电等目视化工作。

7. 应急预案及演练

对相国寺储气库投产试运行过程开展危险有害因素分析的基础上,编制发布《相国寺储气库投产试运应急预案》,提高相国寺储气库投产试运行过程中,防范和应对各类突发事件能力,明确对突发事件快速处置、有效控制及应急准备等方面工作。在储气库投产试运行前,相国寺储气库项目部组织所有相关方人员开展应急演练。

8. 环保技术措施

(1)储气库工程项目配套建设的环境保护设施,必须与主体工程同时设计、同时施工、同时投产使用。

（2）储气库工程项目主体工程完工后,需要进行试生产的,其配套建设的环境保护设施必须与主体工程同时投入试运行。

（3）储气库试生产期间,委托法定监测部门对环保设施运行情况和建设项对环境影响进行监测,提出该建设项目配套建设的环保设施竣工验收申请,报审批环境影响报告书（表）或者环境影响登记表的政府环境保护部门批准。

（4）储气库工程环保设施竣工验收,由项目组配合,环保部门组织竣工验收,且要与主体工程竣工验收同时进行或提前进行。

（5）储气库工程配套建设的环境保护设施经验收合格,该项目方可投入生产运行。

（6）投产时污油、废水等输送到指定的处理点。

（7）注意对站内生产情况进行检查,避免跑冒滴漏情况的出现,废棉纱集中处理,严禁污染周围环境。

（8）放空时,注意监控火炬点燃情况,确保放空天然气完全燃烧,以免污染环境。

（9）疏通雨水收集通道,确保雨水经集聚、沉降,有控制性地排放。

（10）脱水剂装、卸作业由专业队伍实施。

（11）签订垃圾处理协议,（安评和环评报告）做到安全环保三同时。

（12）合理安排投运时间,减少车辆出入居民居住区时间,降低噪音扰民。

（二）试运行阶段 QHSE 记录

相国寺储气库试运行报告由项目组负责人组织编制,经地面工程建设项目组、建设单位共同签字确认。试运行报告内容包括试运行项目、试运行日期、参加人员、简要工程、试运行结论和存在的问题。每个试运行项目都填写了试运行记录,并经地面工程建设项目组、建设单位签字确认。试运行记录的格式、内容和份数均按国家现行规定施行。试运行质量记录由地面工程建设项目组收集、整理、编目和归档。

第十节　设计总结及回顾

储气库设计规模及主要工艺设计参数满足中贵线和川渝地区调峰和应急需求,其设计工艺技术、自动化程度、安全可靠性、节能降耗等均达到了国内同类先进设计水平。

一、整体评价

地面工程初步设计对"十二五"期间建设的储气库,在设计方面具有指导意义,为相国寺储气库建设奠定了良好的基础。特别是在"注采气规模设计""注采集输工艺""储气库调峰技术"和"储气库放空系统设计"等方面,第一次从理论到实际进行了系统分析,取得了技术创新。

总体布局经济合理,集注站总平面布置和竖向布置美观适用,既便于现场检维修管理、又美观大气经济适用。注采集输系统能满足各阶段正常注气和采气、应急注气和应急采气的需要,技术经济指标较好,能耗较低。

二、主要成功经验

(一)总体布局及流程合理

集注站位于储气库中心,南北侧注采气输气量相对平衡,既减少了对林区的破坏,又减小了注采气能耗。总工艺流程和总体布局经济合理。

(二)注采规模设计合理

注采规模的设计是地下储气库项目设计的一个重要环节,注采规模的确定影响了地下储气库井口数量、油套管尺寸的设计以及地面集输系统的设计规模。相国寺地下储气库项目系统阐述了消费系数法对市场需求量预测的应用,分析了天然气需求结构及月不均匀系数的影响,提出了季节调峰型地下储气库注采规模计算方法和步骤,为其他类型储气库注采气规模设计提供参考。

(三)集输管网布局合理

相国寺储气库正常调峰量为$(879\sim1556)\times10^4 m^3/d$,井口压力为$13.32\sim20.15MPa$;应急气量为$(1913\sim2855)\times10^4 m^3/d$,井口压力为$7.76\sim9.14MPa$。正常季节调峰时工作气量小、压力高,即正常调峰时采气集输需求管径规格小。应急供气时工作气量大、压力低,即应急供气时采气集输需求管径规格大。首次提出注采同管和注采异管相结合的注采集输方案。正常季节调峰时采用注采异管方案,注气系统和采气系统相对独立;给中贵线应急供气时将注气干线和采气干线均作为应急采气集输管线,即注采同管方案。

注采同管和注采异管相结合的注采集输方案在集输工艺方面既具备注采异管的环保、不污染地层,又既有注采同管的功效,在确保安全、环保前提下节约了工程投资。

(四)集注站总平面布置及竖向布置美观适用

站内一个个小边坡上长满茵茵绿草、翠绿的树苗、盛开的花卉;厂界植满与当地自然环境一致的水杉、香樟。集注站已经成为当地一大景观,过往行人无不驻足摄影留念。

总平面布置符合工艺流程、顺畅连续短捷,满足运输要求、运费能耗最小;布置紧凑合理、节约建设用地;利用自然条件、因地制宜布置,合理布置绿化创造良好环境。

装置区、建构筑物与道路之间采用缓坡连接,阶梯式和平坡式相结合布置,竖向设计连续有序,错落有致,取得了良好的视觉效果。

(五)放空系统设计经济有效

设计前期对各类放空系统做了大量分析计算,施工图阶段又对国外类似大规模储气库放空系统做了大量对比分析。同比国内其他大型天然气处理厂放空系统设置规模小而经济。

(六)噪声治理效果显著

本次针对8套4000kW大型往复式压缩机厂房(2个厂房、各4套压缩机)的噪声治理在同期建设的储气库中投资相对较低,治理效果相对较好,厂房布局合理,外观美观大气。

三、主要启示

(1)设计选线应加强当地调查,加强勘察深度,避开压覆矿产及地质不稳定段,线路调整过程中,注意提醒各单位开展地质情况及矿产情况评价。

启示:在以后类似工程选线、改线中,应邀请矿评单位全程参与,并加强勘察深度,尽量避开矿产地和地址不稳定段。

(2)采用 RTJ 面法兰的阀门,用"8"字盲板作为隔离措施不适用,无法更换"8"字盲板,无法实现应急采气功能。

启示:采用"8"字盲板时预留弹性打开操作空间。

(3)乙二醇泵无法实现互倒。原设计 4 台 EG 贫液注入泵 P-101122/A、B、C、D 为两两备用,即 A、B 泵互为备用,C、D 泵互为备用。

启示:设计时可考虑 4 台泵互为备用。

(4)设计不足方面:

① 无管线巡线自控系统。

② 压缩机组降噪厂房未实现温度与风机的联锁功能,目前只能手动启停风机。

③ 超声波流量计无法实时输入最新的气质组分。集注站未设置在线气质色谱仪,集注站的气质组分目前采用的是铜梁站分输站的气质报告。而铜梁分输站的气质报告时每天更新,集注站不能实现每天进行更新,因此可能会对计量结果造成一定误差。

参 考 文 献

[1] 胡连锋,等. 季节调峰型地下储气库注采规模设计——以川渝气区相国寺地下储气库项目设计为例[J]. 天然气工业,2011,31(5).

第五章　多周期注采优化运行

储气库多周期注采运行包括试运投产、运行动态监测,多周期动态分析与评价以及适应性优化调整四个环节。试运投产需要充分结合地质-井筒-地面设计方案,开展生产组织、投产准备等系列工作;运行动态监测包括储气库的密封性评价、储层监测以及井工程监测的部署、实施及评价;多周期注采动态分析与评价则对储气库注采能力、多周期注采动态特征与气库运行效果等进行了全面的剖析;最终,对储气库后续运行开展各类优化调整和适应性改造。

第一节　试运投产

一、投产简况

在储气库建设中,运行投产是最关键的节点,是储气库从建设转入运行的"过渡桥梁"。

针对储气库建设的实际情况,提出了主要工艺设施"分步投产"思路,即工艺设备具备运行条件后即可投产,各分项目逐步投产最终实现储气库全面投产。

(一)试注投产阶段

1. 试注投产方案设计原则

试注投运时间根据钻井及地面建设进度确定。2013年5号注采站的相储1、7井和4号注采站相储8井完钻并完成地面配套设施建设。集注站、铜相线双向输气干线、旱白线等基本上满足投注条件,仅铜相线嘉陵江定向穿越为临时管线 $\phi 273mm \times (10 \sim 1.16)km$,该临时管线最大输气量为 $450.0 \times 10^4 m^3/d$,受此因素制约2013年储气库注气量为 $(25.0 \sim 450.0) \times 10^4 m^3/d$。

2. 试注投产情况

相国寺储气库于2013年6月29日11:16成功投运,利用铜相线来气对相储8井进行不增压注气,二区压缩机组于2013年7月6日开始启机试运行,5、6号机组7月6日加载运行,7、8号机组7月8日加载运行。8月20日开始利用中贵线南部下载通过川渝管网置换反输回集注站对相储8井增压注气。

一区压缩机组9月22日开始加载试运行,9月25日铜相线恢复供气,相储1井9月25日投运,相储7井9月27日投运。2013年相储1、7、8井累计注气 $1.59 \times 10^8 m^3$。

(二)大规模注气阶段

1. 大规模注气方案设计原则

根据钻井及地面建设进度,2014年6月铜相线全面建成投运,同时相储3、4、15、16井完钻并完成地面配套设施建设。根据地面工艺最大处理能力及已投产注采井相储8、1、7、3、4、15、16井最大注气能力综合考虑,2014年储气库最大注气量可达到 $1380 \times 10^4 m^3/d$。

2. 大规模注气投产情况

2014年6月29日嘉陵江定向钻穿越工程完成后,铜相线于6月30日全面正式投运。同时相储3、4井于7月2日投产注气,相储15、相储16井于7月3日投产注气。7月16日,储气库达到当年最大注气量$1069\times10^4\mathrm{m}^3/\mathrm{d}$。

2014年11月15日停注,年累计注气$16.65\times10^8\mathrm{m}^3$。

(三)采气投运阶段

1. 采气方案设计原则

2013年注气期末存量为$5.25\times10^8\mathrm{m}^3$,预计平衡后地层压力为3.63MPa,未达到储气库垫底气$19.8\times10^8\mathrm{m}^3$和运行下限压力13.2MPa的要求。

2014年注气期末,储气库库存量达$21.90\times10^8\mathrm{m}^3$,地层压力15.15MPa,已经高于储气库运行下限压力,具备采气条件。

同时具备采气条件的注采井有相储1、相储7、相储3、相储4、相储15、相储16井,注采井最大采气量应低于油管临界冲蚀流量。

2. 采气投产情况

2014年12月1日,相储7井采气投产,后续相储1、相储3、相储4、相储15、相储16井投产采气,截至2015年1月5日采气结束,当期累计采气$1.21\times10^8\mathrm{m}^3$,最大采气量$593\times10^4\mathrm{m}^3/\mathrm{d}$。

二、组织准备

储气库试运行投产是一个复杂的系统工程,包括气井及注采井站的试运行投产,压缩机(含电动机)或脱水等装置(设备)的单体运行与联动试运,装置(设备)的生产运行指标考核等工作。试运行投产是在单项(单位)或整个工程项目完成中间交接或完工验收后,由建设单位负责组织,生产单位、业主项目部、业务主管部门、承包商(含关键设备厂家)配合共同开展。储气库试运行投产组织按照试运行投产准备、试运行生产、生产考核与总结三个阶段开展。

(一)试运行投产准备

储气库试运行投产准备的基本要求:建设单位应成立试运行投产的组织机构,统一组织试运行投产工作,组织编制试运行投产方案,明确试运行质量目标、试运行工序、工艺技术指标、关键质量控制点、开停车正常操作要点和事故处置应急预案等,按程序审批后组织实施。

建设单位应与相关方签订供水、供电、通信等协议,梳理项目试运行投产与运行风险,编制完成专项应急预案,并组织开展应急演练。

生产单位应组织试运行投产相关人员在施工主体完工前介入,依据设计资料、装置(设备)产品说明书及操作规程、上级相关管理制度等编制详细的试运行投产方案。试运行投产方案应按规定在投运前呈报上级主管部门,并完成审查批准。生产单位要组织试运行投产人员开展方案交底,完成技术培训并考核合格,投运物料准备到位,资金保障到位。同时,储气库试运行投产方案应按照有关规定报区(市)级政府主管部门备案。

试运行投产期间,设计、施工、关键装置(设备)厂家相关单位应按照合同约定或临时需要承担试运行投产保运工作。

1. 试运行投产组织机构

投产前,按照甲方项目部、承包商等,分别在储气库试注投运工作领导小组下设相应的工作机构,组织机构见图5-1-1。

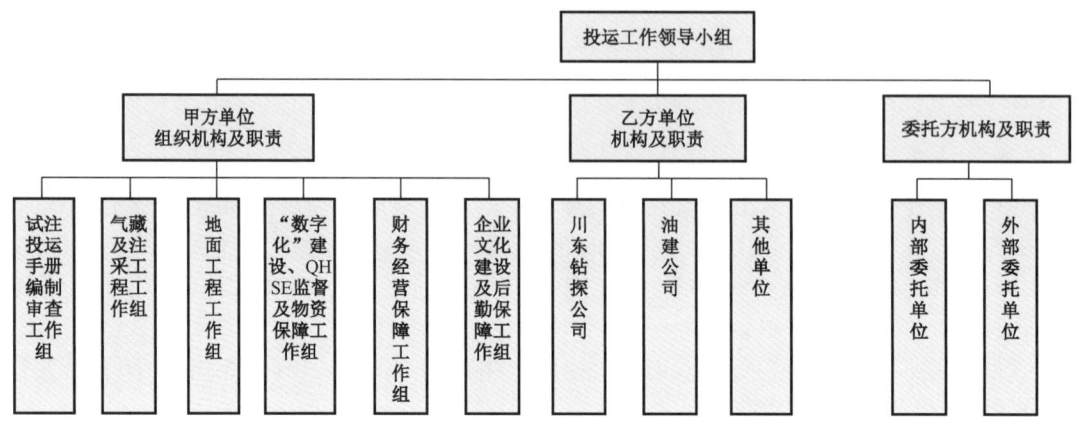

图5-1-1 相国寺储气库投运组织结构图

(1)甲方项目部主要职责:

① 负责储气库工程试注投运健康、安全和环境管理。

② 负责储气库工程试注投运准备和投运过程的组织。

③ 负责落实储气库工程投运人力保障、技术保障、物资保障、后勤保障和应急保障工作。

④ 负责储气库工程投运的内外协调、信息收集汇总以及编制发布工作。

⑤ 负责储气库投运各项工作的决策与部署。

(2)承包商根据各专业公司职责不同,主要负责以下工作:

① 负责技术方案的制定及实施;各工序安全技术方案的制定及落实;现场安全环保应急管理;根据方案部署和工作安排,落实好现场的具体措施,抓好现场安全环保工作。

② 全面负责储气库试注投运期间的运行保障及出现意外情况的处理。负责储气库试注投运期间工艺、电器仪表、试压等施工力量的保障和出现意外情况的处理。

③ 负责储气库投运相关各类管线、设备的焊口检测保障工作。

④ 负责投产试运现场各类设备的质量安全的现场监督工作。

⑤ 负责投产运行期施工现场质量安全的现场监督。

⑥ 负责投产试运期间的电力运行保障和出现意外情况的处理。

⑦ 负责各类设备技术指导、材料保障和意外情况处理。

投运组织结构合理、职责分工明确,能极大增强生产运行准备工作的组织性,使生产准备工作落实到相关责任人并按正确的程序有条不紊地开展。

2. 规章制度建立及技术准备

1)建立健全各项规章制度

储气库试运投产前,应修订完善适用于储气库的各类管理制度,制度应适应生产管理需求,促进技术人员在实际运行中不断改进,为生产管理提供制度保障。相国寺储气库管理制度见表5-1-1。

表 5-1-1 储气库修订和新增制度一览表

分类	名称	分类	名称
生产技术管理类	1.气藏工程管理办法(修订)	生产技术管理类	13.注采井管理规定(新增)
	2.封堵井管理办法(修订)		14.注采间歇设备维护管理规定(新增)
	3.井口设备操作与维护管理办法(修订)		15.采气系统管理(新增)
	4.井安系统管理办法(修订)	生产运行管理类	1.通信网络及视频安防系统管理规定(修订)
	5.DTY4000电驱往复压缩机组操作及维护保养规程(修订)		
	6.J-T阀脱水装置管理办法(修订)		2.110kV变电站运行管理(新增)
	7.集输气管道管理办法(修订)	质量安全环保类	1.安全生产责任制实施方案(修订)
	8.放空系统管理办法(修订)		2.消防管理规定(修订)
	9.自动控制系统管理办法(新增)		3.重庆气矿交通运输管理实施细则(修订)
	10.监测井管理规定(新增)		3.超声波流量计使用技术规定(修订)
	11.注气系统管理规定(新增)		4.靶式流量计使用技术规定(新增)
	12.高低压分界点管理规定(新增)		

2)完善各类操作规程、操作卡规范操作

为形成一套完善的受控体系,保障投运工作的顺利进行,应在投产前编制完成各类操作规程和操作卡。相国寺储气库主要操作规程见表5-1-2。

表 5-1-2 储气库主要操作规程清单

设备及系统	操作规程	设备及系统	操作规程
一、注采系统	井口装置操作规程	四、机泵	离心泵操作规程
	井下安全阀开、关操作规程		柱塞计量泵操作规程
二、工艺设备	清管器收发球操作规程	五、电气设备	10kV变压器换油操作规程
	分离器排污操作规程		柴油发电机跑车操作规程
	阀门盘根更换操作规程		低压开关柜操作规程
	阀套式排污阀操作、维护保养操作规程		110kV变压器操作规程
	更换GL、GQ、GZ型过滤器滤芯操作规程		110kV GIS组合电器操作规程
			10kV开关柜操作规程
	更换阀门操作规程		交流站用系统操作规程
	GD快开盲板操作规程		继电保护及自动装置操作规程
	HPS-2多路恒电位仪操作规程	六、自控设备	SHAFER气液联动球阀操作规程
三、增压装置	DTY4000电驱往复式压缩机组操作维护保养规程		相国寺储气库集注站放空火炬操作规程
	GC软启动中压开关柜操作规程		五阀组操作规程
四、机泵	给水泵站操作规程		相国寺储气库电动阀门操作规程
	电动消防泵操作规程		相国寺储气库气动阀门操作规程
	防冻剂加注泵加注操作规程	七、空压系统	空压系统操作规程

3. 物资准备

投产工作小组结合储气库的特点，分专业清理投运所需材料和物资，及时完成了非安设备采购、压缩机组备件的集中储备、压缩机组调试所需的防冻液及润滑油采购和储备工作、应急物资的配备工作。

配备足够的消防器材、防毒面具、医疗急救物资、排风扇及测试仪表、检测工具，同时对增压机组常见的气阀、阀片、活塞环等易损件进行物资配备，建立台账清单。

4. 应急预案演练及安全防护

组织相关单位开展投产前地企联合应急演练及应急管理培训。

5. 运用 HSE 工具

（1）PSSR（启动前安全检查）的运用。结合投运方案编制的启动前安全检查表格，对储气库投运部分进行了启动前安全检查，检查范围包括工艺技术、工程质量、投产准备、安全消防应急预案四个方面，形成一系列的检查表单。

（2）JSA（工作前安全分析）的运用。对集输管道、压缩机组、自控计量、输变电等四部分开展危害因素辨识和评价，开展工作前安全分析，并制定相应的控制措施。

6. 完成投产部分和不投产部分的隔断

如储气库无法一次全部投运，需编制储气库投产试运隔离方案。对高低压系统、注采气系统、放空系统、排污系统、仪表风系统、电气系统的投产与不投产部分进行有效隔离。

7. 试运行投产方案交底与培训

1）基础知识培训

组织相关人员开展了储气库基础知识、增压脱水基础知识、采气知识和 HSE 体系基础知识的培训，同时到增压站和脱水站现场跟班学习。可针对储气库众多的新工艺新技术，组织相关人员送外培训，主要包括到压缩机厂进行机组装配维修现场培训，其他储气库生产现场跟班实习，到相关专业院校进行专业知识培训等。

2）投产方案专项培训

针对投产项目部对相关人员进行工艺流程及参数、操作卡、投运方案、设备操作培训、电驱压缩机组、自控及通信现场操作等多方面的培训，就投产时间节点、现场风险、关键操作步骤等进行安全技术交底。

3）岗位取证培训

为确保人员素质满足生产运行要求，投产前应组织相关人员进行压缩机操作、高压电工、起重设备（行车）等资格证书取证培训并取证，相国寺储气库人员取证情况统计见表 5-1-3。

表 5-1-3 相国寺储气库人员取证情况统计表

序号	证书名称	取证人数	发证机关
1	硫化氢操作取证	63	集团公司
2	压力容器操作取证	64	集团公司
3	压缩机操作取证	32	集团公司

续表

序号	证书名称	取证人数	发证机关
4	空气呼吸泵操作取证	4	重庆市安监局
5	采气工	38	集团公司
6	管道保护工	4	集团公司
7	登高取证	11	重庆市安监局
8	电工作业（高压）	14	国家安全生产监督管理总局
9	电工作业（低压）	14	国家安全生产监督管理总局
10	外销计量操作员证	24	集团公司
11	机动车辆内部准驾证	6	集团公司
12	锅炉操作证	6	重庆市安监局
13	交接计量证	10	分公司
14	起重设备（行车）	12	重庆市安监局
15	叉车	6	重庆市安监局

（二）试运行生产

试运行生产是储气库工程注采井、压缩机、管道、供配电系统、自控系统、计量系统、供水系统等在完成第一部分投产试运准备并达到试运标准后，以水、空气或部分实物料等介质进行的模拟运行，以检验其除受介质影响外的全部性能和设计、制造、安装质量。

中间交接完成后，建设单位按照试运投产方案组织联动试运工作，生产单位、承包商、项目管理部等部门配合，其间发现的问题应汇总形成待整改问题清单，由责任单位整改。

承包商根据合同规定负责保运工作，系统连续平稳运行72h以上并符合投产试运方案要求，视为试运行合格，由项目管理部门、设计单位、监理单位、生产单位及相关单位代表共同签字确认。

试运行期间，各业务主管部门应开始组织检验消防、安全、环境、职业病防护、水土保持等设施完整性、可靠性，做好专项验收准备，项目管理部门、生产单位、承包商应予配合。

（三）试运行与生产考核

储气库工程投产试运行27个月内应编制生产准备及试运行考核总结并开展竣工验收，试运行与生产考核主要包括"三查四定"、联动试运行与投产试运行、生产考核、试生产。

"三查四定"主要包括："三查"即查设计漏项、查工程质量及隐患、查未完工程量；"四定"即对检查出来的问题定任务、定人员、定措施、定时间限期完成。

联动试运行与投产试运行包括联动试运行情况、投产条件检查情况、投产试运行情况。

生产考核主要是对注采气系统开展生产考核，总结生产考核情况及结果，找出存在的主要问题。

试生产对储气库试生产情况进行全面总结，并对经济效益进行分析。

1. 注气系统高限考核

注气期间，应对注气系统开展高限考核，包括注采井最大合理注气量；压缩机组在接近设计最大处理量时,高负荷率、高处理量、高压力下的稳定性;供电系统能耗考核等。

2017年7月24—27日,相国寺储气库完成注气系统72h的高限考核工作,对地质与气藏、井工程、注采橇、注采管线、压缩机组、供电系统、噪音等进行全面考核,除上游来气压力不足未连续实现日注气量超$1380 \times 10^4 m^3$及环境温度高引起压缩机组出口温度偏高外,注气系统其余各项参数满足设计要求。

2. 采气系统高限考核

采气期间,对应采气系统开展高限考核,包括注采井最大合理采气量;脱水装置各项运行参数等。

2017年11月25—30日,相国寺储气库利用冬季应急保供时机,开展了采气系统高限考核,对13口注采井、4套脱水装置及配套设备设施开展了运行考核工作,期间采气瞬量最高达到$2349 \times 10^4 m^3/d$,日采气量最高达到$2197 \times 10^4 m^3$,各类设备运行平稳,达到设计要求。

三、投产方案

(一)投产方案总体思路及安排

投产方案总体思路及安排是与储气库工程可行性研究、初步设计及最终确定的设计方案中的设计参数和功能组成相对应的,通常按照地面和地下分开,工艺设备功能模块化的思路来安排。

相国寺储气库在投产前,针对储气库建设的实际情况,提出了主要工艺设施"分步投产"思路,即工艺设备具备运行条件后即可投产,各分项目逐步投产最终实现储气库全面投产。

(二)投产方案编制

在确定投产总体思路及安排后,根据储气库工程涉及的专业分类,以及建设情况,确定投产试运方案框架结构。在后期编制过程中还根据建设最新进展或新认识对框架结构持续进行优化调整。

相国寺储气库投产试运方案总体框架是在借鉴股份公司"六规一纲"、西气东输管线投产方案、大港及华北储气库、龙岗气田投产方案以及储气库等相关规范标准与管理要求的基础上,结合建设实际情况不断优化,最终形成了"1个总体方案+1个应急预案+8个专项方案"的投产试运方案构架(图5-1-2)。

在确定投产试运总体方案框架后,结合施工进度进行方案的编制,各部分的主要研究内容如下:

1. 总体方案

1)总体方案结构及主要内容

总体方案结构包括:编制依据、编制目的、工程概况、投产计划、投运组织机构及职责、投产必须具备的条件、投产试运、投产HSE管理等。各部分主要内容如下:

(1)编制依据及编制目的。明确总体方案编制依据,主要涉及储气库建设、投产、运行的各项技术标准规范,储气库设计以及各类文件批复等。同时要对总体方案的功能目的进行说明。

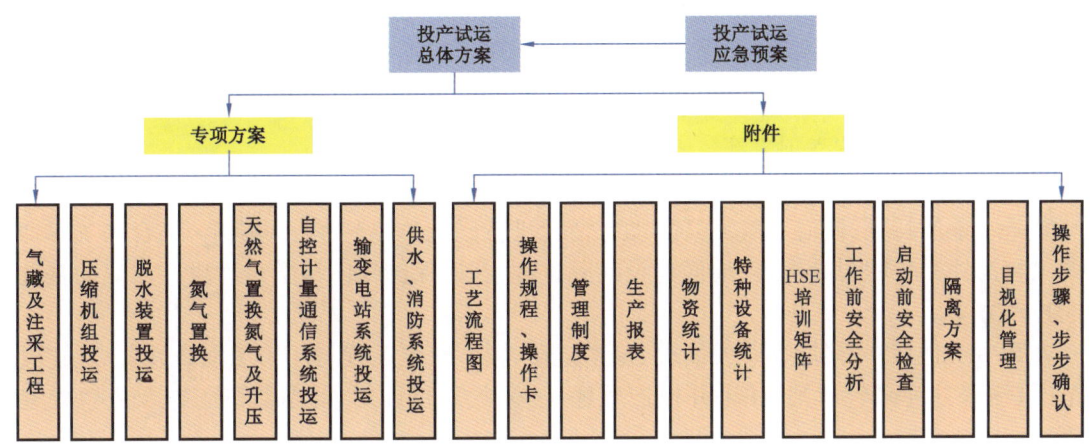

图 5-1-2　投运方案结构图(三阶段)

(2)工程概况。

气藏与注采工程:包括储气地理位置、构造特征、生产简况、储层及流体情况、气藏与注采工程设计要点进行说明。

钻井工程:包括钻井工程设计要点、储气库注采井部署情况、井身结构、老井治理、监测井部署等情况进行说明。

地面工程:包括地面各项工艺流程、各类生产系统的设计要点。

(3)投产安排。

地面工艺投运安排:明确地面各设备系统的投产试运项目、投产顺序、投产方式等内容。

投产运行安排:明确投产试运生产运行计划,包括注气井、日注气量等内容。

(4)投产准备工作。

人员准备:组织机构设置情况、人员配置情况、培训情况等。

技术准备:技术培训、运行管理资料准备情况等。

物资准备:投产试运的各项物资准备情况。

合规性准备:各项工作是否签订相关协议与合同,符合管理规范要求。

技术工艺准备:投产试运各生产系统是否完成调试,具备投产试运条件。

(5)投产步步确认内容。明确投产试运步步确认内容以及时间安排。

(6)投产试运 HSE 管理。明确投产试运过程 HSE 管理各项内容,包括 HSE 培训、启动前安全检查、目视化、隔离控制措施、环保等内容。

2)总体方案的作用

(1)指导储气库工程试运前各项准备工作,统一部署安排,规范有关操作。

(2)确定各试运阶段界面,使其有序进行,全面掌握各阶段试运的情况。

(3)协调各单位、各专业的投产试运工作,控制关联点和关键点,保证安全地将工程所有设备设施投入试运行,确保注采试运任务顺利完成。

(4)对各项生产参数进行全面考核评价,及时发现和整改试运期间出现的各类问题,为储气库工程的正式运行提供依据。

(5)考核储气库地质与气藏工程、钻采、地面工程设计的合理性、设备性能的稳定性、施工质量的可靠性、安全的风险性、环保的可行性,达到对项目工程建设初步评价的目的。

2. 专项方案

1)气藏与注采工程专项方案

方案编制需要建立在充分认识储气库气藏地质特征的基础上,因此方案首先需要详细介绍气藏基本地质特征,同时对气藏开发动态情况进行归纳总结。在此基础上,结合储气库地质气藏工程及注采工程设计内容、地面建设实际进度,在确保储气库科学合理投产注气的基础上形成投产方案。

方案主要包括:气藏勘探开发简况、基本地质特征、气藏工程与注采工程设计要点、建设进展情况、注采井注采气原则、注采井投产顺序、注采气运行计划、动态监测工作及应急处置措施等。

气藏与注采工程专项方案应具备以下作用:

(1)科学、合理安排储气库注采气量,为气量调配、增压机组运行及其他配套工程投运提供依据,使之协调、统一,保证储气库安全、平稳、有序投产试运。

(2)对动态监测工作进行详细安排,目的是规范相关操作,取全取准各项动态资料,搞清注采井及储气库的注采能力,评价圈闭密封性,及时发现问题,保证储气库本质安全。

(3)为储气库今后完成的注采井投产试运提供经验。

2)压缩机组投运专项方案

方案主要作用是指导压缩机组调试,并对相关操作人员进行技术培训,最终使压缩机组顺利投产试运。编制方案前需要对设计中的设备型号、参数、工艺流程等充分认识。在此基础上,清理正常投产运行所需开展的各项前期工作,并对人员、材料、技术培训等进行明确落实,以此确保设备顺利投运。

因此方案需要包括:设备型号、运行参数、流程、人员安排、投产条件步步确认内容,方案需要对机组吹扫、压缩机组区置换、升压验漏技术要求、操作内容、压缩机空载运行、负荷运行、增压机组加载组、应急处置措施等进行详细的说明。

方案结构包括:编制依据、目的、范围、工程概况、组织机构及职责、投产需具备的条件、置换升压、试运行及考核、应急措施等。

压缩机组投运专项方案应具备以下作用:

(1)考核储气库压缩机组设计的合理性、设备性能的稳定性、施工质量的可靠性、安全的风险性、环保的可行性,达到对项目工程建设初步评价的目的。

(2)检验压缩机性能、规范压缩机组操作、确定压缩机组与其他运行环节的边界及对生产指令的响应等。

(3)对压缩机组各项运行参数全面考核评价,及时发现和整改试运期间出现的各类问题,为储气库工程的正式运行提供依据。

3)脱水装置投运专项方案

方案编制思路与压缩机组投运方案类似,主要结构包括:编制目的、依据、工程概况、投产必须具备条件、置换升压验漏方案、投运检查内容、装置运行考核、组织机构及职能、应急处置措施。

脱水装置投运专项方案应具备以下作用：

（1）配合脱水装置投产试运，规范和指导相关操作，并抓好过程控制，保证投产试运期间的安全生产。

（2）检验相关设计的合理性，确保投产任务的顺利完成。

（3）对脱水装置的生产工况、对应的消耗指标和生产参数进行评价，同时发现实际操作中存在的各项问题并及时整改。

4）氮气置换专项方案

氮气置换方案主要编制目的是指导储气库管道及站场设备氮气置换空气，并进行干燥的整体方案。需要根据储气库地面工程设计实际情况，制定合理高效的氮气置换方案，确保置换高效无死角。

方案结构包括：编制依据与规范、工程概况、氮气置换及干燥具体方案、施工人员设备情况、组织机构及职责、指挥流程及通信联络、施工布置及运行计划、质量管理、HSE管理、资料收集与归档。

同时由于氮气置换的主要实施一般是由外委专业单位进行，因此方案还需要对具体置换流程、氮气置换内容、注氮口及检测点的选择、置换时间、施工人员设备情况、车辆的布置、施工布置及运行计划、注氮质量管理、注氮中应急处置措施等进行详细的说明。

5）天然气置换氮气及升压专项方案

编制思路与氮气置换方案类似，方案中主要对具体置换升压工作界面、置换升压内容、置换升压时间及天然气用量、升压、验漏技术要求、应急处置措施等进行详细的说明。

天然气置换氮气及升压方案的主要编制目的是为了确保储气库地面工程天然气置换氮气、升压验漏安全平稳有序地进行，特编制本方案。

6）自控计量通信系统专项方案

自控计量通信系统方案的主要编制目的是指导储气库自控、计量、通信系统正常调试投运。方案需要逐一针对各项具体工作明确时间节点，人员安排。由于自控计量通信系统调试专业性较强，方案中不便于详细展示各项工作具体过程。可只明确各项目的投运程序以及考核指标，同时还需提供相应的应急处置措施。

方案具体结构包括：编制依据、目的、试运投产范围、工程概况、组织机构及职责、投产时间安排、投产必须具备条件、试运及考核、应急预案、工作前安全分析、启动前安全检查。

储气库自控计量通信系统投运方案的范围主要为：

（1）现场自控仪表、自控设备和控制系统的联合调试及试运工作。

（2）通讯光缆、视频监控与大屏显示系统、防入侵报警系统、扩音对讲系统、视频会议系统、通信电话网络的联合调试及试运工作。

（3）仪器仪表调校、检定、投运；双向靶式流量计、高级阀式孔板阀、超声流量计及旋进漩涡流量计等计量设备的试运工作。

7）输变电系统投运专项方案

输变电系统投运专项方案主要对110kV/10kV供变电设备投运流程、倒闸操作原则、投运倒闸操作及关键技术要求，以及异常情况的应急处置措施等进行详细的说明。方案编制前清理投产试运前需要开展的各项工作，包括人员安排、技术培训、系统调试、管理制度等，再对设备设施各项技术要求进行明确,最后明确投运步骤及故障处置措施。

方案结构包括:编制目的和依据、工程概况、组织机构及职责、投运前准备工作、投产安排、关键技术要求、工作前安全分析、应急预案、作业指导书等。

输变电系统投运专项方案主要编制目的是保证储气库供电工程启动投运的顺利进行。方案以 DL/T 782《110kV 及以上送变电工程启动及竣工验收规程》为依据,结合本企业管理规定编制。

8)供水、消防系统投运专项方案

供水、消防系统投运方案主要编制目的是为确保相国寺储气库供水、消防系统安全正常投运,主要对供水、消防系统的水源,给水泵操作和消防器材的准备、以及投运中出现各类险情的应急处置措施等进行详细的说明。

方案结构包括:编制目的和依据、工程概况、组织机构及职责、投运前准备工作、投产安排、关键技术要求、工作前安全分析、应急预案、作业指导书等。

3. 应急预案

1)应急预案指导作用

应急预案主要是为提高防范和应对各类突发事件的能力,明确对突发事件快速处置、有效控制及应急准备等方面工作,最大限度地减少人员伤亡、财产损失及对周边环境产生的不良影响。当突发事件现场局势进一步升级时,应立即按相关程序启动相应应急预案。

预案应适用于储气库投产试运行过程中涉及站场、管线投运操作以及投产试运人员行为、活动过程各类突发事件的应急处置。预案中所指突发事件,是指与计划或期望有明显不同的情况。包括涉及现场或邻近现场的事件过程或自然灾害,并可能对现场人员健康或环境带来危险或不利的影响。

应急预案工作原则是当发生突发事件或事故后,第一处置原则是确保现场作业人员和邻近居民的人身安全和健康,其次是现场作业人员必须在确保自身安全的情况下,开展应急处置和响应工作,最大限度地减少因事件(事故)而导致的生态环境破坏、财产损失。

预案要求参加应急救援的有关人员,应首先对现场状况进行准确判断或检测后,在确认安全的情况下,方可采取进一步应急救援措施,防止事件(事故)后果进一步扩大。在应急响应过程中,坚持统一领导、分级负责、科学分析、果断处置的原则。

2)应急预案内容结构

应急预案的内容应在依照《生产经营单位安全生产事故应急预案编制导则》(AQ/T 9002—2006)及《中国石油天然气集团公司应急预案编制通则》相关要求,并对储气库投产试运行过程危险有害因素进行分析基础上,结合本单位生产管理特点来确定。

应急预案构架通常包括总则、组织机构与职责、风险分析与应急处置措施、信息报告与处置、应急响应、应急保障、预案演练等几部分。各部分应起到以下作用:

(1)预案总则。明确了应急预案的编制依据、适用范围、工作原则。

(2)组织机构及职责。确立了应急组织管理体系,成立了不同小组,明确各小组成员及职责。

(3)风险分析及处置控制措施。重大风险源辨识:开展储气库重大风险源辨识,明确相应的风险控制措施。

各类风险分析：开展各类风险辨识及分析并明确对应的风险控制措施。主要包括站场管线设备超压运行、天然气泄漏、火灾爆炸事故、电气事故处理、投运过程中其他异常情况处置等5方面进行风险分析，并制定了应急处置措施。

应急能力评估：对应急处置机构开展应急能力评估，要求应急处置能力能应对本次储气库投产试运行操作过程中各类突发事件及应急救援。

（4）信息的处置与报送。明确突发事件对内、对外的报送与处置程序，包括报送格式、时间要求。

（5）应急响应。明确应急响应的启动程序、流程、应急状态终止及恢复程序等。

（6）应急保障。明确应急保障的各项内容，包括通讯与信息、人员队伍、物资保障等。

（7）应急演练。明确应急预案发布、培训、演练、预案备案的相关要求。

4. 注采转换检维修后投复运方案

相国寺储气库对注采转换期开展各项检维修及动态监测工作进行梳理，编制了注采转换检维修工作大表及投复运方案，明确了注采转换期施工检维修内容、投复运生产运行安排、动态监测计划、HSE 管理等内容。

投运方案包括编制依据、目的、储气库基本情况、投运组织机构、注气或采气前准备工作、注气或采气投运安排、动态监测、风险分析及应急措施。

组织机构包括领导小组、调度组、现场投运组、现场保镖组四个小组。

每个注采转换期应编制注采转换期重点工作安排大表，按照站场、管线清理各专业重点检修内容。完成检修工作后注采气投运前按照注采转换期重点工作安排大表，对集输工艺系统检修、集注站内停气碰口、脱水装置检修、注采站投运前检查、阀室检查、自控仪表通信系统检查、供电系统检查、注采末期—平衡期现场测试和盘库工作进行启动前安全检查和步步确认。

注气采气投运安排应制定投运安排大表，包括投运方案的安全技术交底、注采气量安排、注采气初期投产及测试安排、注采气压缩机组、脱水装置运行安排、防冻堵措施等。

动态监测应包含天然气气质监测、气田水监测、压力和温度监测。

第二节　运行动态监测

储气库的动态监测以研究储气库注采动态特征，评价气井注采能力、储气库库容、气水关系以及井间连通性，综合评价储气库注采效果为目的。根据注采井建设进度和注采运行安排，结合储气库地质研究成果与认识，针对需要解决的问题，密切跟踪注采井投产情况、生产动态和反复注采过程中监测井、封堵井压力，确保储气库的封闭性。

一、密封性监测

（一）盖层密封性监测

相国寺储气库在用盖层监测井3口（相监2、4、5井），监测功能详见表5-2-1。目前相监4、5井均可利用井下压力计持续监控井下压力、温度变化。根据《油气藏改建地下储气库运行管理规范第1部分:储气库气藏管理》(Q/SY 1183.1—2009)中的要求,每日对盖层监测井巡检并录取资料,若发现异常则加密巡检。

表5-2-1 储气库盖层监测井统计表

序号	井号	监测功能	监测层位深度(m)
1	相监2井	盖层(嘉五^1)监测	400.79
2	相监4井	盖层(栖霞组)监测	2034.57
3	相监5井	盖层(茅口组)监测	1817.23

1. 相监2井(原相浅1井)

相监2井位于相国寺构造北高点轴部,该井于1998年8月4日完井,完井后由于无工业生产价值而一直关井。通过对该井修井后,2011年1月至4月对该井全井段注水泥塞永久性封闭,水泥塞深度400.79m,作为相国寺储气库的一口封堵井。2014年11月至2014年12月对嘉五^{1}地层射孔,将该井改作相国寺地下储气库盖层嘉五^{1}的监测井。相监2井自2015年6月投用以来,井口油套压均为0,证明嘉五^{1}盖层密封性良好,无泄漏。目前,该井井口油压和套压均为0(图5-2-1)。

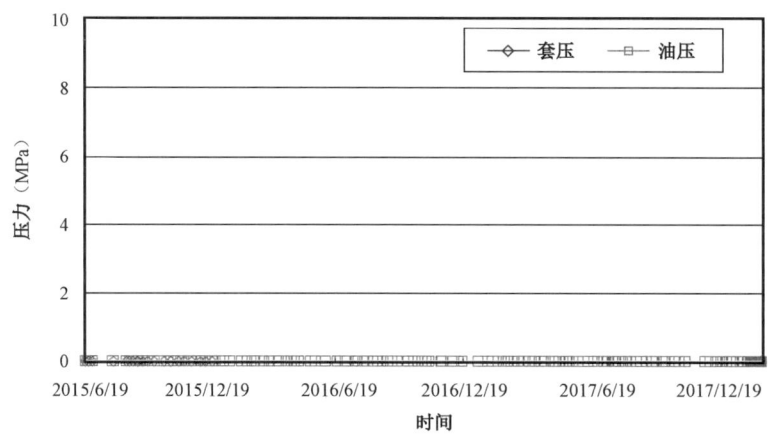

图5-2-1 相监2井压力曲线图

2. 相监4井

相监4井是位于相国寺构造中段轴部的一口监测井,监测层位为栖霞组,井型为定向井。相监4井利用相储6井和相5井老井场扩建而成,与相储6井井口相距10m,方位100.4°。该井采用"五开五完"钻井程序和筛管完井,于2015年3月3日完钻,完钻层位栖霞组一段,完钻井深2212m(斜),全井最大井斜位于井深1875.00m,斜度18.66°,方位105.81°。对栖一段2058.49~2212.00m下带电缆永置式压力温度装置的光油管柱完井,达到监测栖一段渗透层段在储气库运行时的渗漏状态,确保储气库的正常运行。完井后对栖一段井段2058.49~2212.00m试油,测试获天然气产量0.1008×10^{4}m^3/d,关井恢复压力3.04MPa,表明栖一段地层具一定储渗性。

相监4井自2015年6月投用以来,井口油压、套压和井底压力、温度均非常平稳,证明栖霞组盖层密封性良好,无泄漏。目前,该井套压 3.2MPa,油压 3.22MPa,井下压力 3.81MPa(图 5-2-2),52.53℃。

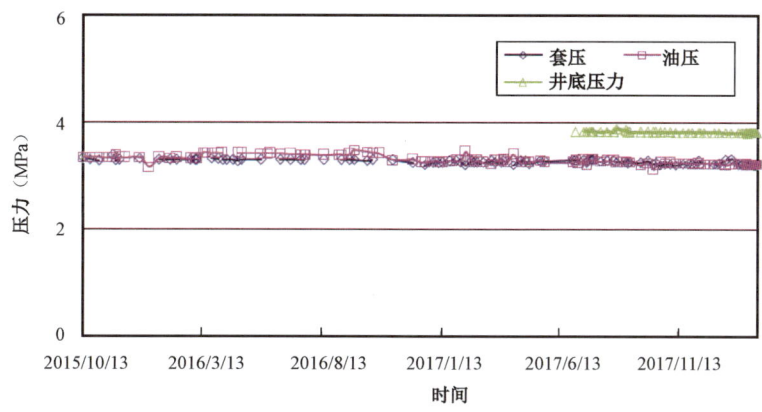

图 5-2-2　相监 4 井压力曲线图

3. 相监 5 井(原相 15 井)

相监 5 井位于相国寺构造顶部偏南,该井于 1977 年 8 月 24 日完钻,完钻井深 1903.00m,完钻层位茅口组。完钻后对茅口组试油,产层井段 1823.33~1903.0m,酸化后测试获气 112.63×10⁴m³/d。

该井于 1977 年 10 月 10 日用套管投产,投产初期日产气量 9.0×10⁴m³,产水量 1m³/月。截止到修井前生产套压 0.79MPa,日产气量 3.1×10⁴m³,产水量 6m³/月。历年累计产气 10.0×10⁸m³,累计产水 698m³。

2011 年 8 月 4 日完成修井作业,作为储气库茅口组盖层监测井。2012 年 2 月开始对本井压力监测,初期油压 1.157MPa,井口压力和井下压力均处于缓慢增长的趋势,证明茅口组气藏处于压力恢复的过程中。目前,该井井口油压 2.13MPa,压力稳定,无异常。井下压力由 1.7MPa(2013 年)恢复至 2.55MPa(2018 年),温度 47.6℃(图 5-2-3),属于茅口组气藏正常地层压力恢复,证明盖层茅口组封闭性完整。

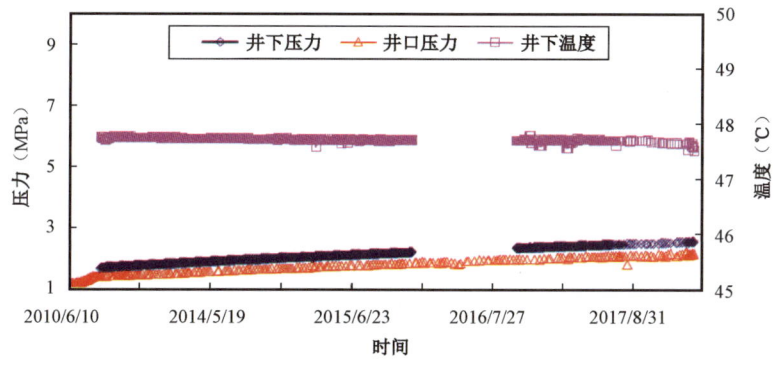

图 5-2-3　相监 5 井压力温度曲线图

(二)断层密封性监测

相国寺储气库在用断层监测井1口(相监3井),监测功能详见表5-2-2。目前相监3井可利用井下压力计持续监控井下压力、温度变化。根据《油气藏改建地下储气库运行管理规范第1部分:储气库气藏管理》(Q/SY 1183.1—2009)中的要求,每日对断层监测井巡检并录取资料,若发现异常则加密巡检。

表5-2-2 储气库断层监测井统计表

序号	井号	监测功能	监测层位深度(m)
1	相监3井	④号断层监测	1901.14

相监3井是原相8井经老井修复再利用。相8井构造位于相国寺构造北段东翼,该井于1977年8月2日完钻,完钻井深4047.00m,完钻层位石炭系。因当时对石炭系认识不清,所以未钻穿石炭系也未对其进行测试。该井对栖二井段3747.00~3757.00m、茅一井段3582.00~3630.00m进行过射孔酸化作业,均未获得工业气流,进行水泥塞封堵水泥塞面井深2844.84m。同时对长兴组2810.00~2821.00m进行射孔,酸化后获气2143m³/d,该井未进行生产。

相监3井位于相国寺构造北段③号断层下盘,石炭系已注水泥塞封闭,对储气库的运行安全不会带来影响。该井的实钻资料表明,在飞仙关组钻遇④号断层,通过对该井修井后,对该井长兴段进行注水泥塞、电桥封闭;套管固井质量、腐蚀情况检测后注塞至井深1967.88m,射开飞仙关组井段1900~1930m后,关井观察,油压0.0MPa,套压0.0MPa,反注液氮7.5m³后,再次关井观察,油压4.8MPa,套压4.8MPa。下压力计带脱筒完井管串至井深1901.14m,作为相国寺地下储气库④号断层的监测井。

2012年5月4日开始巡检相监3井并记录井口油套压,初期井口套压5.014MPa,油压4.949MPa。2012年8月15日下入井下压力计,对该井的井下压力和温度进行实时监控,当时的井下压力6.236MPa,井下温度56.835℃。目前,井口套压3.76MPa,油压3.51MPa,井下压力5.081MPa,温度56.810℃(图5-2-4),压力呈逐渐缓慢下降,通过修井过程分析后,原因如下:射开飞仙关组后井口压力为0,证明相监3井飞仙关组并无流体。此后反注液氮7.5m³后,井口油套压均为4.8MPa,此时的压力为注入液氮的压力,在此后的巡检过程中,需通过电子压力计测压,在每次测压过程中会损失部分氮气,因此井口及井下压力不断缓慢下降。因此可认为,④号断层密封性完好,无泄漏。

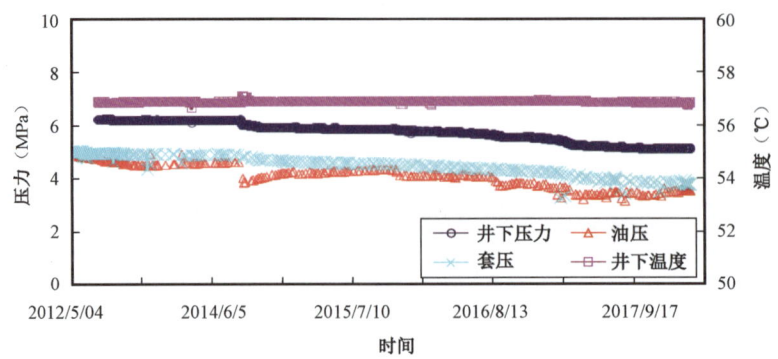

图5-2-4 相监3井压力温度曲线图

(三) 储层监测

相国寺储气库在用储层监测井 2 口(相监 1 井和相储 10 井),监测功能详见表 5-2-3。目前相监 1 井和相储 10 井均可利用井下压力计持续监控井下压力、温度变化。根据《油气藏改建地下储气库运行管理规范第 1 部分:储气库气藏管理》(Q/SY 1183.1—2009)中的要求,每日对储层监测井巡检并录取资料,若发现异常则加密巡检。

表 5-2-3　储气库储层监测井统计表

序号	井号	监测功能	监测层位深度(m)	
			$1^\#$压力计深度	$2^\#$压力计深度
1	相监 1 井	石炭系储层和北端水体监测	2479	2237
2	相储 10 井	石炭系储层监测	2473	2196

相监 1 井情况会在下节详细描述,本小节重点描述相储 10 井。

相储 10 井是位于相国寺构造北段近轴部的一口采气井兼储层监测井,井型为定向井,于 2015 年 9 月 18 日开钻,2016 年 4 月 6 日临时完井,2017 年 7 月 26 日二次完井,完钻井深 2570m,完钻层位志留系,采用"五开五完"钻井程序和筛管完井。

2017 年 8 月开始对相储 10 井巡检,2017 年 12 月井下压力计投入使用。目前井口套压 8.86MPa,油压 10.25MPa,井下压力($1^\#$)12.61MPa,温度($1^\#$)62.43℃,井下压力($2^\#$)12.34MPa,温度($2^\#$)60.24℃(图 5-2-5)。压力随注采气情况波动,按照压力温度的变化情况可以推断出,储气库运行正常。

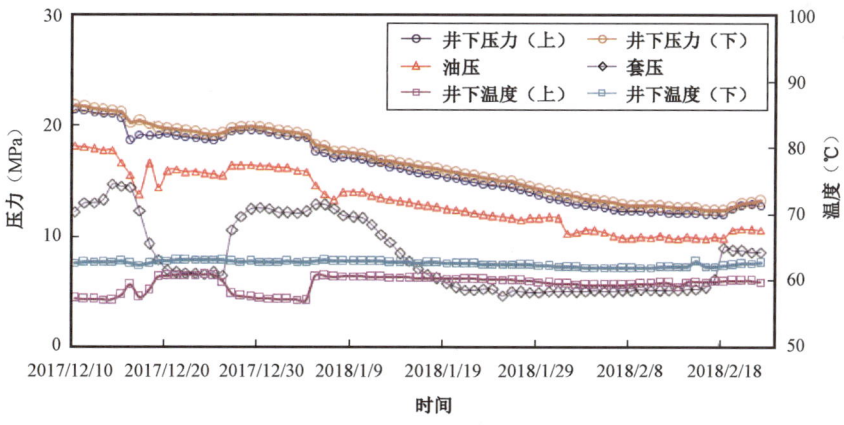

图 5-2-5　相储 10 井压力温度曲线图

二、水体监测

相国寺石炭系气藏为边水气藏,受构造和岩性的复合控制,边水与外界不连通,动态上表现出水体不活跃。

根据现有资料分析,在相国寺石炭系气藏改建储气库后,无论从水体能量角度,或从水侵对地下储集空间影响角度以及水侵强度角度考虑,地层水均不会对气库的库容和调峰能力造成大的影响。但气藏为边水气藏,在改建储气库后,应加强边水活动性动态监测和资料录取工作,跟踪分析地层水对储气库的影响。

相国寺储气库在用水体和石炭系监测井1口(相监1井),监测功能详见表5-2-4。目前相监1井可利用井下压力计持续监控井下压力、温度变化。根据《油气藏改建地下储气库运行管理规范第1部分:储气库气藏管理》(Q/SY 1183.1—2009)中的要求,每日对水体监测井巡检并录取资料,若发现异常则加密巡检。

表5-2-4 储气库水体监测井统计表

序号	井号	监测功能	监测层位深度(m)	
			$1^{\#}$压力计深度	$2^{\#}$压力计深度
1	相监1井	石炭系储层和北端水体监测	2479	2237

相监1井是位于相国寺构造主体北段东翼的一口监测井,钻探目的为满足储气库监测方案需要,保障相国寺储气库运行安全,井型为直井,于2015年10月27日开钻,2016年4月5日完钻,完钻日期2016年4月5日,完钻井深2558.00m,完钻层位志留系,采用"五开五完"钻井程序和筛管完井,完井后对石炭系黄龙组井段2531.40~2541.60m进行试油,经一次酸化后在井底流压15.97MPa(绝)条件下测试获天然气产量$18.3577 \times 10^4 m^3/d$。全井最大井斜位于井深2225.00m,斜度11.93°,方位79.41°。

相监1井于2016年6月8日投用,井下和井口压力均随注采气而波动,但有一定滞后性,分析认为:相监1井位于相国寺构造主体北段,距离最近的注采井相储15井仍有4.87km的距离,且构造北段储层物性和连通性相对较差,因此压力传导具有一定滞后性。目前井口套压18.16MPa,油压19.37MPa,井下压力($1^{\#}$)23.21MPa,温度($1^{\#}$)72.97℃,井下压力($2^{\#}$)22.9MPa,温度($2^{\#}$)65.98℃(图5-2-6)。按照压力温度的变化情况可以推断出,北部水体未水侵。

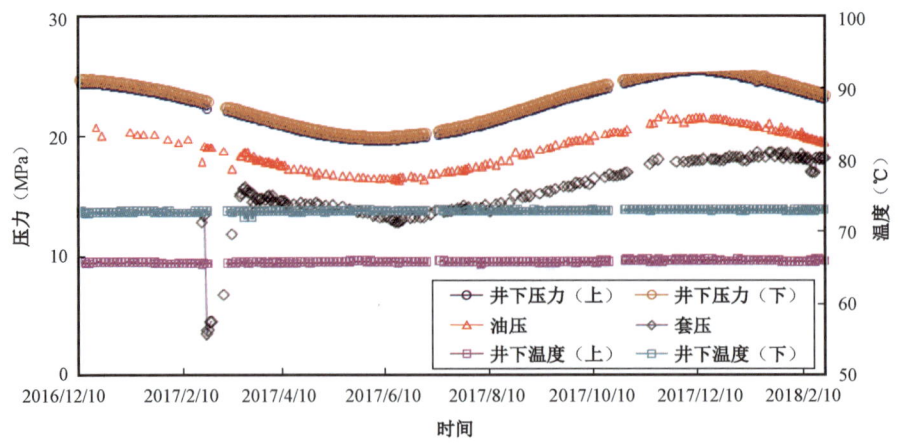

图5-2-6 相监1井(石炭系和北部水体)压力温度曲线图

三、注采动态监测

储气库投运后,为保证储气库长久、安全、平稳、高效运行,优化配置注采资源,尽可能提高气库运行效率,需要对储气库持续开展生产动态监测,主要对其运行过程中压力、温度变化、注采井注采能力变化、气水界面变化、采气井采出气气质和水质变化等进行监测。

(一)常规动态监测

1. 监测计划

常规动态监测主要对注采井、监测井和封堵井开展常规巡检测压及井下静压、静温梯度测试,以及气质监测、水质监测等,监测计划和内容见表 5-2-5。

表 5-2-5 相国寺储气库常规动态监测计划表

动态监测项目	监测对象	井号	监测内容	测试频率
常规监测	注采井	相储 1、2、3、4、6、7、8、10、11、15、16、19、22 井	油压、环空压力、计量温度、产量	每天一次
	监测井	相监 1、2、3、4、5 井	油压、环空压力	每天一次
			井下永置式电子压力计压力、温度	每天一次
	封堵井	相 1、5、6、7、10、12、13、14、16、18、23、25、30 井、相浅 15 井	油压、环空压力	每周一次
井下静压静温测试	注采井	相储 1、2、3、4、6、7、8、10、11、15、16、19、22 井	井底压力、温度	每个平衡期末一次
	监测井	相监 1、2、3、4、5 井		每个季度一次
注采井压力恢复、压力降落试井	注采井	相储 1、2、3、4、6、7、8、10、11、15、16、19、22 井	井口压力恢复、井口压力降落	每个平衡期一次
专项动态监测	注采井	相储 1、2、3、4、6、7、8、10、11、15、16、19、22 井	井底流压、流温	注气期末按照生产需要安排
流体性质监测	注采井	相储 1、2、3、4、6、7、8、10、11、15、16、19、22 井	注气气质、采气气质、带压环空气质	注气期和采气期各一次
	监测井	相监 1、2、3、4、5 井	井筒气气质、带压环空气质	注气期和采气期各一次
	封堵井	相 12、18 井,或出现异常带压井	井筒气气质	注气期和采气期各一次
	石炭系气藏	4 号、9 号注采站集输工艺排污处,集注站脱水区原料气分离器排污处	气田水水质	采气期每半月取一次水样
水体活动监测	监测井	相监 1 井	井筒内液面深度	每个季度一次

2. 监测成果

1）压力监测

相国寺储气库根据注采井、监测井和封堵井的运行情况,按照动态监测计划安排压力监测工作。自2013年至今,相国寺储气库录取了丰富的压力监测资料,为动态分析打下了坚实的基础。详情见表5-2-6。

表5-2-6 压力监测统计表

年份	实际井口测压次数（次）	井下压力温度测试（次）
2013	1075	19
2014	2574	68
2015	3604	27
2016	3903	33
2017	4893	37
合计	16049	184

2）气质监测

自2013年至今,相国寺储气库共取气样分析119次。各注采井、监测井和封堵井的环空气样分析为各井的安全运行和各类井工程作业提供了决策依据。

原相国寺石炭系气藏各井历次气分析资料表明,该气藏气质纯,天然气组分以甲烷为主,含量97.29%~97.38%,平均97.35%,乙烷平均含量0.82%,重烃含量微,天然气相对密度0.5661~0.5667,平均0.5663,H_2S含量0.001~0.025g/m^3,CO_2含量3.179~3.268g/m^3,为低含硫干气气藏。

相国寺石炭系气藏天然气气质变化特征分析表明（表5-2-7）,2014年采出气量与2014年注入气量气质相近,2015年、2016年、2017年气质表现出同样特性,均与原气藏气质存在一定差异。

表5-2-7 相国寺储气库天然气分析数据对比表

阶段		相18井采气	储气库注气				储气库采气			
日期		1986年4月	2014年平均	2015年平均	2016年平均	2017年平均	2014年平均	2015年平均	2016年平均	2017年平均
组分（mol%）	甲烷	97.36	99.55	93.81	94.17	94.63	99.57	93.83	94.32	94.30
	乙烷	0.8	0.09	3.01	2.73	2.56	0.11	2.96	2.62	2.70
	丙烷	0.08	0.02	0.45	0.38	0.408	0.03	0.50	0.43	0.44
	异丁烷	0	0.01	0.08	0.07	0.06	0.02	0.07	0.06	0.06
	正丁烷	0.008	—	0.10	0.09	0.08	—	0.10	0.09	0.09
	异戊烷	0	—	0.03	0.03	0.022	0.025	0.03	0.03	0.02
	正戊烷	0	—	0.02	0.02	0.02	0.015	0.02	0.02	0.02
	氮	1.50	0.18	1.39	1.44	1.226	0.19	1.39	1.49	1.31

续表

阶段		相18井采气	储气库注气				储气库采气			
日期		1986年4月	2014年平均	2015年平均	2016年平均	2017年平均	2014年平均	2015年平均	2016年平均	2017年平均
组分(mol%)	氦	0.069	—	0.08	0.01	0.01	—	0.06	0.01	0.01
	氢	0.002	—	0.06	0.04	0.024	—	0.03	0.02	0.02
	CO_2(g/m³)	3.223	4.662	16.942	17.863	16.72	4.235	17.863	15.653	17.28
	H_2S(g/m³)	0.007	0.001	0.001	0.001	0.001	0.001	0.0025	0.002	0.001
相对密度		0.5663	0.5578	0.5927	0.5914	0.589	0.5571	0.5934	0.5906	0.5917
临界温度(K)		190.8	190.8	195.5	195.1	194.9	190.7	195.5	195.0	195.4
临界压力(MPa)		4.59	4.606	4.612	4.615	4.617	4.603	4.614	4.612	4.616

3)气田水监测

相国寺储气库各注采井暂无单独取水样条件,2016年和2017年采气期对集注站脱水装置分离器处取水样进行水分析8次,分析报告见表5-2-8。

表5-2-8 储气库采气期水分析数据统计表

井号	采样时间	离子当量(mg/L)					水型	矿化度(g/L)	备注
		K^+、Na^+	Ca^{2+}	Mg^{2+}	Cl^-	Sr^{2+}			
相18井	1992.6.16	117	127	58	486	0	$CaCl_2$	0.94	
相25井	1992.6.17	87	143	92	661	0	$CaCl_2$	1.25	凝析水
相14井	1990.5.19	62	2	2	22	0	$NaHCO_3$	0.22	
相10井	2000.9.25	12572	1288	308	22545	322	$CaCl_2$	37.4	
相12井	2000.9.26	14307	1838	368	26634	528	$CaCl_2$	43.9	地层水
相13井	1990.10.27	15100	1951	391	27778	0	$CaCl_2$	45.4	
水样1	2016.1.14	171	91	15	22	0	$NaHCO_3$	1.06	
水样2	2016.2.21	447	21	1	302	0	$NaHCO_3$	1.5	
水样3	2016.3.2	105	2170	1120	6870	14	$CaCl_2$	10.9	
水样4	2017.1.16	55	61	16	40	13	$NaHCO_3$	0.48	
水样5	2017.1.12	55	61	16	40	13	$NaHCO_3$	0.48	
水样6	2017.2.7	113	24	2	19	<1	$NaHCO_3$	0.5	
水样7	2017.11.14	5	96	37	260	<1	$CaCl_2$	0.43	
水样8	2017.11.14	892	11257	6436	39453	22	$CaCl_2$	59.09	

水样1、3、7、8为南段采气管线通球时取样;水样2、4、5、6为正常采气期间取样。根据8次水样分析结果看,水样1、2、4、5、6检测水型为$NaHCO_3$,水样3、7、8检测水型为$CaCl_2$。水样3、7、8的Ca^{2+}、Mg^{2+}、Cl^-含量及矿化度均比其他4个样品分析结果偏大。

通过与原气藏所产地层水、凝析水水性对比分析,总体认为气藏出地层水可能性较小,出水主要为凝析水及注采井完井酸化时剩余钻井液及酸液。具体分析如下:

(1) 采气期间 4 次水样结果与石炭系原气藏水井水分析数据(相 10、12、13 井)对比分析,阳离子含量及 Cl^- 当量差异均较大,其余各项指标也存在较大差别,因此地层出水可能性较小。

(2) 根据储气库注采井完井酸化结果可知,南段各注采井钻完井酸化后,尚有大量钻井液及酸液未排出。南段 6 口注采井应排液量 360.51m^3,实际累计排液量只有 52.07m^3,未排液量达到 308.44m^3。

水样 4、5、6 取自 2017 年 1 月正常采气期,分析水型为 $NaHCO_3$,水性为凝析水。储气库经过三采,各注采井全部实现采气,推测各注采井井底残留液体近排完,目前产水主要为凝析水。下步将加强动态监测,持续跟踪水性变化情况。

(二)专项动态监测

为评价及预测储气库注采井的注采能力,明确井筒内的压力、温度剖面,为储气库注采方案调整提供依据,相国寺储气库对各注采井开展了专项动态监测,主要包括注采井注采能力测试、产气剖面测试、压力降落/恢复试井(井下测试)[1]。

相国寺储气库投产以来,先后开展了相储 1、2、3、4、6、7、8、10、11、15、16、19、22 井共 13 口井 20 井次注采能力测试(包括 12 井次井下连续油管测试和 1 井次钢丝下压力计测试),其中包括 3 井次注气能力测试和 9 井次采气能力测试(表 5-2-9)。监测获取的数据质量良好,达到了预期的监测目的。

表 5-2-9 相国寺储气库注采井注采能力测试统计表

年份	测试时间	测试井	测试类型	测试制度($10^4 m^3/d$)
2013 年	10 月 23 日	相储 7	注气能力	103、125、170、210
	10 月 26 日	相储 1	注气能力	160、180、220、260
2014 年	9 月 23 日	相储 3	注气能力	113、123、142、161
	9 月 27 日	相储 3	采气能力	43、64、78
	12 月 1 日	相储 7	采气能力(钢丝)	103、125、170、210
	12 月 5 日	相储 15	采气能力	38、54、68、86
	12 月 11 日	相储 1	采气能力	54、102、150、226
2015 年	12 月 12 日	相储 19	采气能力	48、77、91、115
	12 月 13 日	相储 22	采气能力	38.3、66、96.4、125
2016 年	11 月 27 日	相储 6	采气能力	61.0、97.4、140.4、176.8
	12 月 2 日	相储 11	采气能力	60.0、106.4、139.4
2017 年	8 月 11 日	相储 19	流温流压梯度测试(钢丝)	50
	8 月 22 日	相储 22	流温流压梯度测试(钢丝)	50
	8 月 23 日	相储 4	流温流压梯度测试(钢丝)	33
	8 月 24 日	相储 1	流温流压梯度测试(钢丝)	60
	12 月 7 日	相储 8	采气能力	50、100、150、200
	12 月 13 日	相储 10	采气能力	40、60、80、100
	12 月 8 日	相储 16	流温流压梯度测试(电缆)	89
	12 月 9 日	相储 4	流温流压梯度测试(电缆)	107
	12 月 11 日	相储 2	流温流压梯度测试(电缆)	93

第三节 多周期注采动态分析与评价

相国寺储气库 2013 年 6 月 29 日第一口注采井相储 8 井正式投产注气。截止到 2018 年 3 月,相国寺储气库已实现"五注四采",共计 13 口注采井(相储 1、2、3、4、6、7、8、10、11、15、16、19、22 井)投产,最大日注气量 $1274 \times 10^4 \mathrm{m}^3$,最大日采气量 $2196 \times 10^4 \mathrm{m}^3$,历年累计注气 $61 \times 10^8 \mathrm{m}^3$,历年累采气 $40 \times 10^8 \mathrm{m}^3$(图 5-3-1),预计 2018 年储气库全面建成。

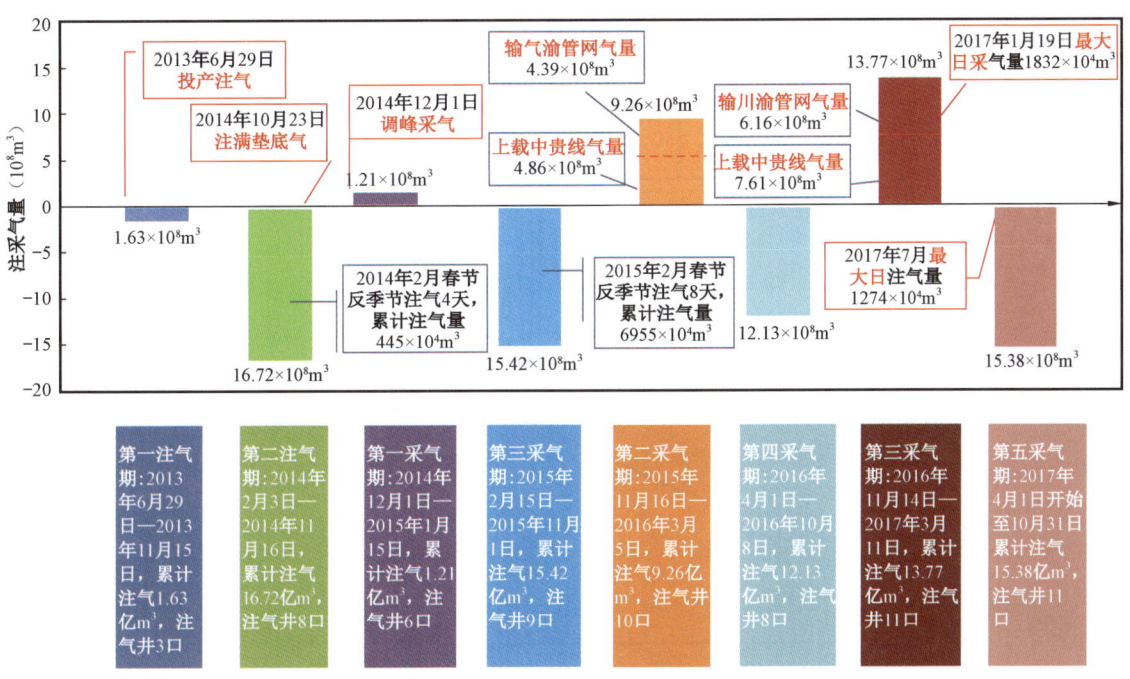

图 5-3-1 相国寺储气库历年注采运行柱状图

一、注采能力评价

(一)注采井能力测试

利用井下注采能力测试获取的数据,建立了各注采井二项式产能方程。结合注采井井身结构,通过节点分析制作了注采井不同注采阶段和不同地层压力下的注采能力分析图版,通过该图版可评价储层渗流能力和井筒的搭配关系,得到注采井不同地层压力、井底压力和井口压力下的注采气量。

同时,考虑注采井注采过程中油管受气流冲蚀的影响,形成了注采井不同地层压力下的油管注采抗冲蚀能力分析图版,为评价储气库注采能力及注采井优化部署提供了技术支撑。

根据注采井产能测试数据,得到注采井二项式产能方程(图 5-3-2、图 5-3-3):

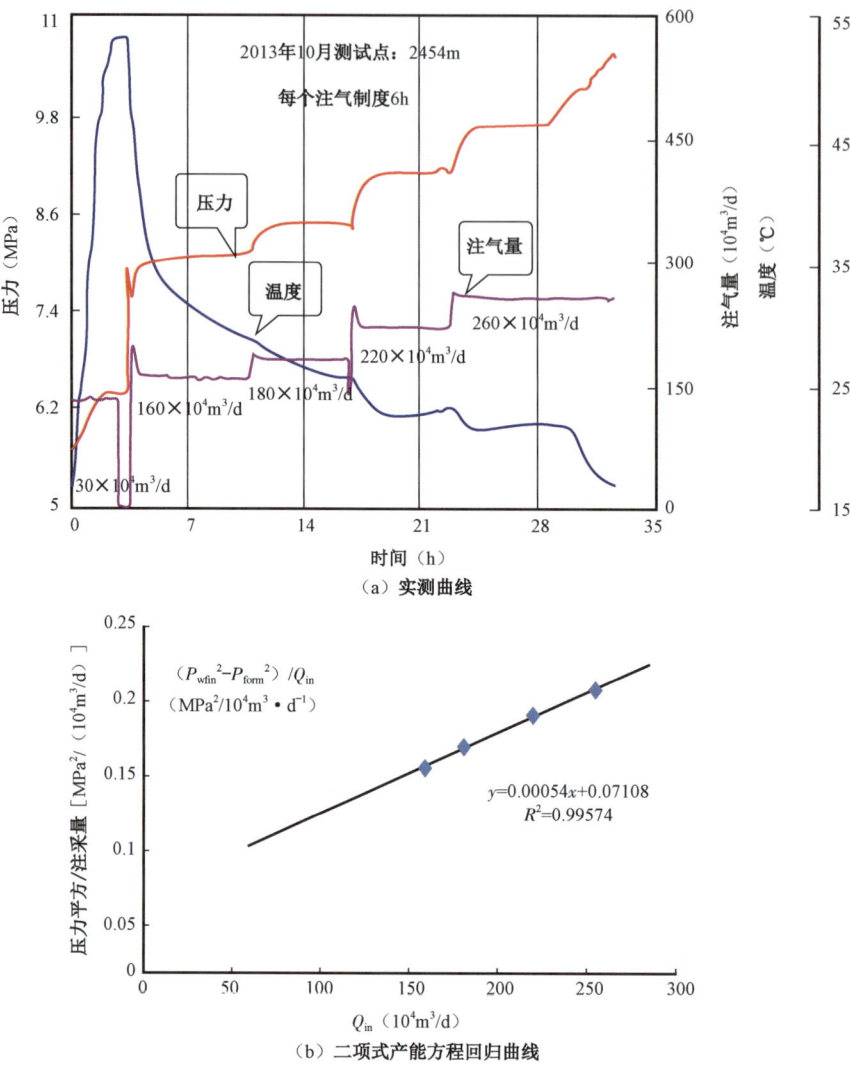

图 5-3-2 注气能力测试压力、温度与注气量实测曲线与二项式产能方程拟合图

根据注采井注气、采气二项式产能方程,考虑井筒内的沿程压力损失,预测不同井底压力下的注气能力以及相对应的井口压力,获取井底压力、井口压力与注气量的定量化关系图版,如图 5-3-4 所示。井底压力、井口压力与采气量的定量化关系图版,如图 5-3-5 所示。

由油管注采气曲线与临界冲蚀曲线交汇图可知注采井在不同地层压力下的合理注采气量范围(图 5-3-6、图 5-3-7)。

(二)储气库注气能力

根据注气能力测试分析,在 13.2~28.0MPa 地层压力下,13 口注气井最大注气量为 $(2872 \sim 3229) \times 10^4 \mathrm{m}^3/\mathrm{d}$,优于方案设计的 $1380 \times 10^4 \mathrm{m}^3/\mathrm{d}$ 的指标,相国寺储气库注采井最大合理注气量见表 5-3-1。由于目前 8 台压缩机组最大处理量仅为 $1380 \times 10^4 \mathrm{m}^3/\mathrm{d}$,因此相国寺储气库的注气能力已超过方案设计。

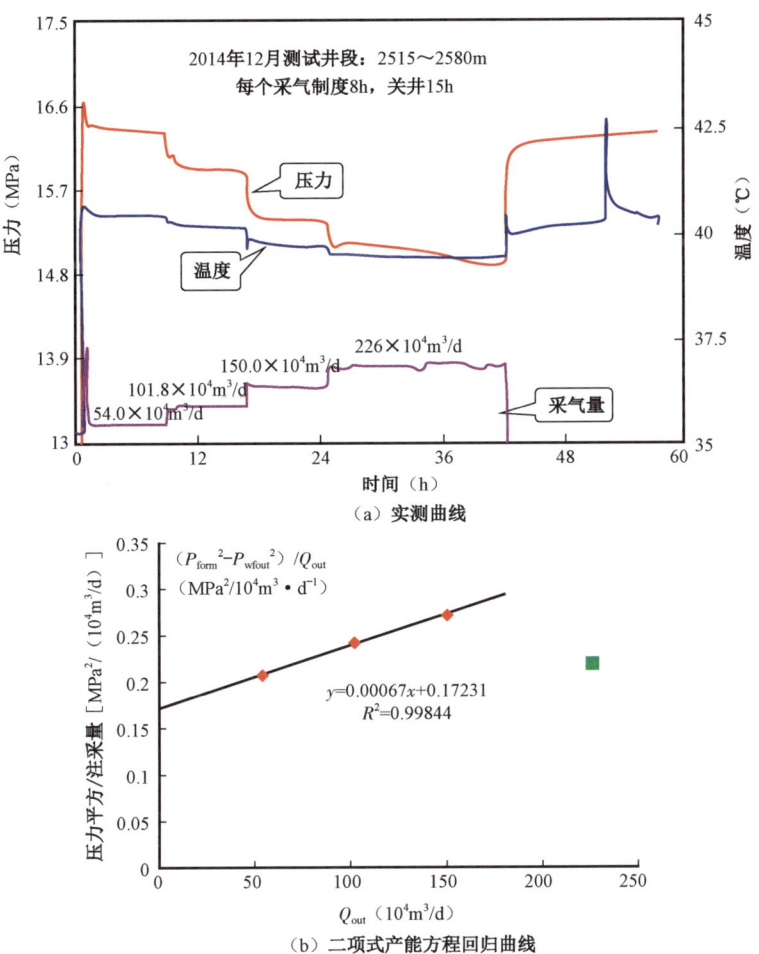

图 5-3-3 采气能力测试压力、温度与采气量实测曲线与二项式产能方程拟合图

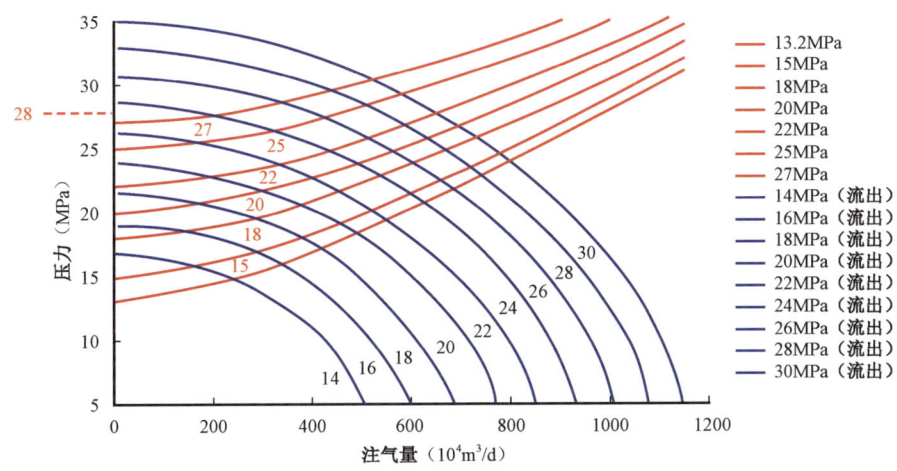

图 5-3-4 注气能力定量化分析图版

注：图中蓝色曲线代表不同井口压力下的井筒流出曲线；红色曲线代表的是不同地层压力下的地层流入曲线。

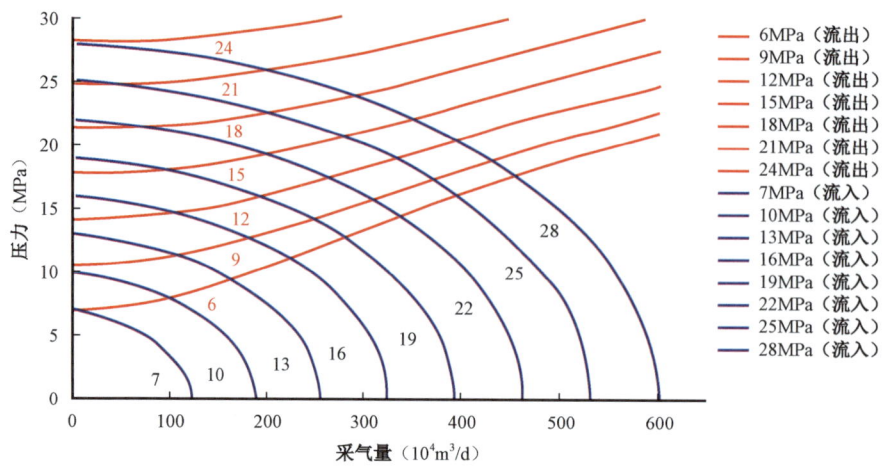

图5-3-5 采气能力定量化分析图版

注:蓝色曲线代表不同井口压力下的地层流入曲线;红色曲线代表的是不同地层压力下的井筒流出曲线。

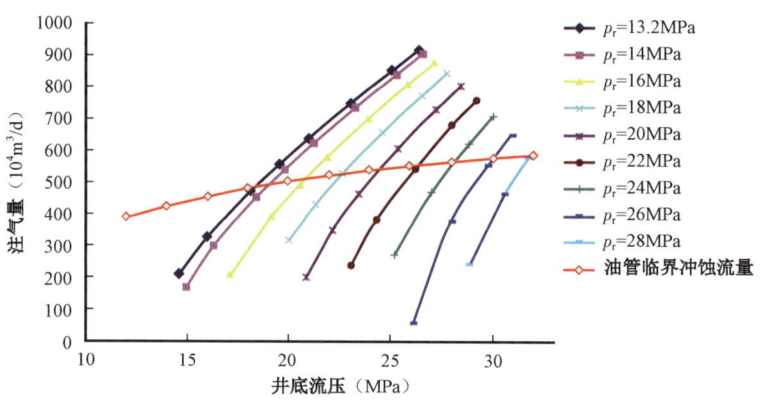

图5-3-6 油管注气抗冲蚀能力分析图

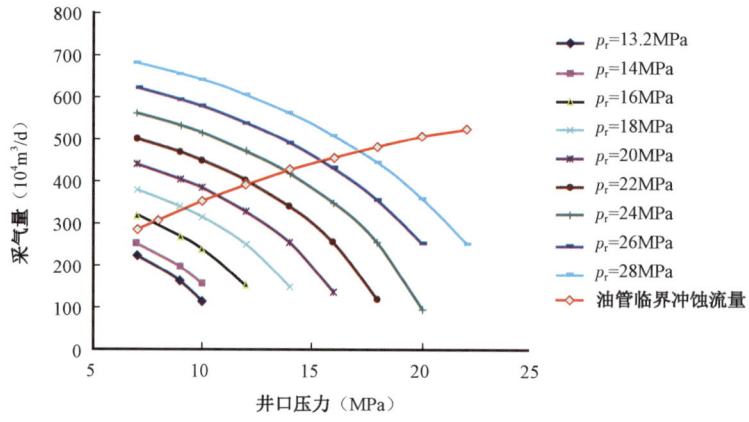

图5-3-7 油管采气抗冲蚀能力分析图

表 5-3-1　相国寺储气库注采井最大合理注气量(单位:$10^4 m^3/d$)

井号	13.2MPa	18MPa	20MPa	22MPa	24MPa	25MPa	26MPa	28MPa
相储1	520	555	565	575	585	590	572	510
相储2	181	207	214	222	228	230	232	238
相储3	179	204	212	219	225	229	231	238
相储4	194	215	221	228	232	237	240	210
相储6	178	204	212	219	225	228	230	237
相储7	175	201	211	218	223	226	229	232
相储8	520	555	565	575	585	590	572	510
相储11	174	202	210	219	225	228	231	235
相储15	181	207	214	222	228	230	232	238
相储16	194	215	221	228	232	237	240	210
相储19	182	207	215	222	228	230	232	231
相储22	194	215	221	228	232	237	240	210
合计	2872	3187	3281	3375	3448	3492	3481	3299

(三)储气库采气能力

根据计算,当一级节流后压力为12MPa时,在13.2~28.0MPa地层压力下,13口采气井最大合理采气能力为$(1440~3022)×10^4 m^3/d$,满足季节调峰采气量$1393×10^4 m^3/d$的设计指标,但在地层压力22MPa时,应急最大调峰采气量约$2526×10^4 m^3/d$,较设计$2855×10^4 m^3/d$少$329×10^4 m^3/d$,相国寺储气库注采井最大合理采气量见表5-3-2。

表 5-3-2　相国寺储气库注采井最大合理采气量(单位:$10^4 m^3/d$)

井号	13.2MPa	16MPa	18MPa	20MPa	22MPa	24MPa	26MPa	28MPa
相储1	225	302	335	367	396	423	450	472
相储2	89	122	137	150	161	173	184	194
相储3	104	130	143	156	168	178	188	198
相储4	56	83	101	119	132	144	155	166
相储6	104	130	143	157	168	178	189	198
相储7	102	129	142	155	167	177	188	197
相储8	225	302	335	367	396	423	450	472
相储10	102	129	142	155	167	177	188	197
相储11	118	138	151	163	175	185	194	202
相储15	89	122	137	150	161	173	184	194
相储16	56	83	101	119	132	144	155	166
相储19	113	135	148	160	171	182	191	200
相储22	56	83	101	119	132	144	155	166
合计	1440	1887	2117	2337	2526	2701	2871	3022

综合考虑单井最大合理注采气量及地面设备适应性,储气库在满库容地层压力28MPa情况下,储气库应急最大调峰能力为$2772\times10^4\mathrm{m}^3/\mathrm{d}$(表5-3-3)。

表5-3-3 相国寺储气库综合最大合理采气量

井号	最大合理采气量($10^4\mathrm{m}^3/\mathrm{d}$)	注采橇能力($10^4\mathrm{m}^3/\mathrm{d}$)	综合确定最大采气量($10^4\mathrm{m}^3/\mathrm{d}$)
相储1	472	535	472
相储2	194	310	194
相储3	198	140	140
相储4	166	140	140
相储6	198	310	198
相储7	197	310	197
相储8	472	535	472
相储10	197	310	197
相储11	202	310	202
相储15	194	140	140
相储16	166	140	140
相储19	200	140	140
相储22	166	140	140
合计	3022	3460	2772

通过储气库历年累计注采曲线对比,各周期注采运行规律基本一致,年累计注采气规模投产后逐年递增,目前基本接近设计规模趋于稳定,目前年累计注采气量达到$15\times10^8\mathrm{m}^3$以上(图5-3-8、图5-3-9)。

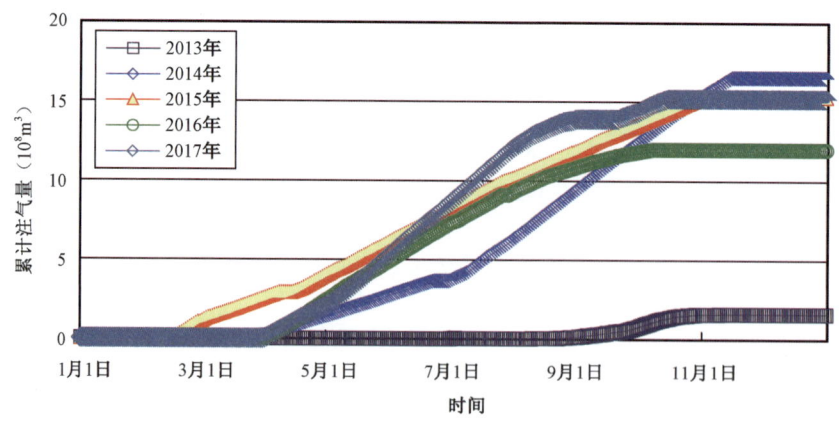

图5-3-8 相国寺储气库历年累计注气量对比曲线

通过储气库历年日注采曲线对比,最大日注采气量逐年增加,目前最大日注气量已达到$1200\times10^4\mathrm{m}^3/\mathrm{d}$以上,最大日采气量达到$2000\times10^4\mathrm{m}^3/\mathrm{d}$以上。各注气期注气量高峰均出现

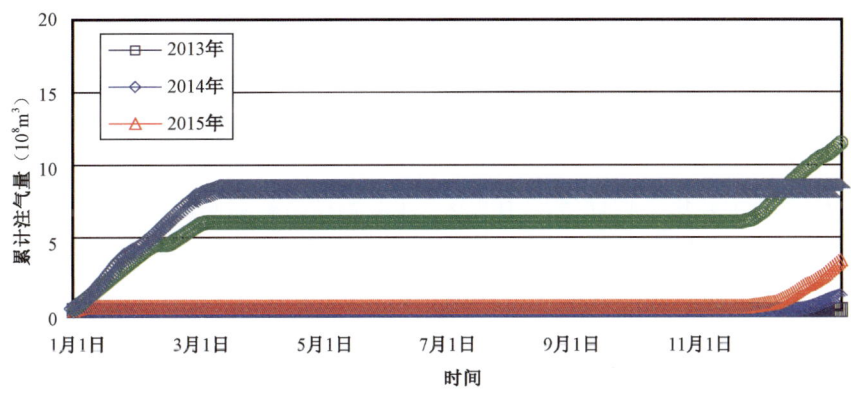

图5-3-9 相国寺储气库历年累计采气量对比曲线

在注气期中前期,后期由于地层压力增加,日注气量逐渐降低。由于冬季市场需求量增加,各采气量采气高峰出现在12月~1月(图5-3-10、图5-3-11)。

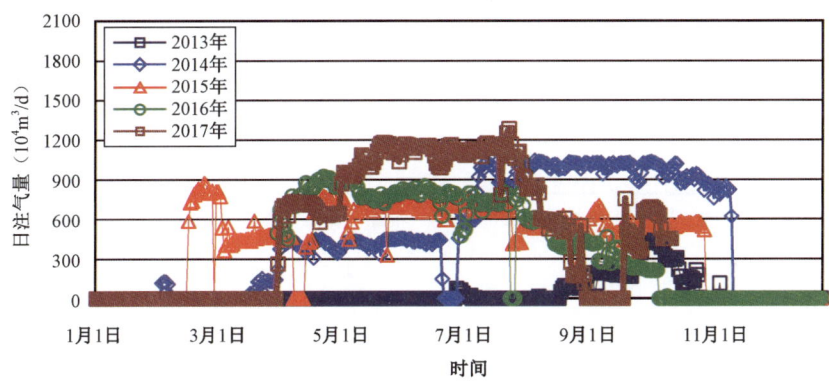

图5-3-10 相国寺储气库历年日注气量对比曲线

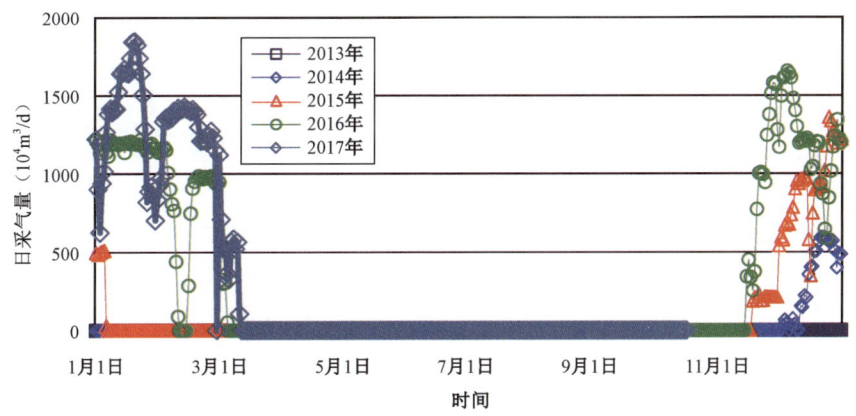

图5-3-11 相国寺储气库历年日采气量对比曲线

二、气库连通性评价

(一)注采井间连通性

通过对储气库"五注四采"历次平衡期井下压力测试数据对比,可以看出储气库基本实现了均衡注采。

2014年,注气井主要集中在储气库中北区,且平衡期较短,11月平衡期初中、北区地层压力高于南区3.64MPa,平衡期末仍有2.41MPa压差。2015年开始,南区注采井投运,基本实现均衡注气,各注采井平衡期压差约0.6MPa(图5-3-12)。

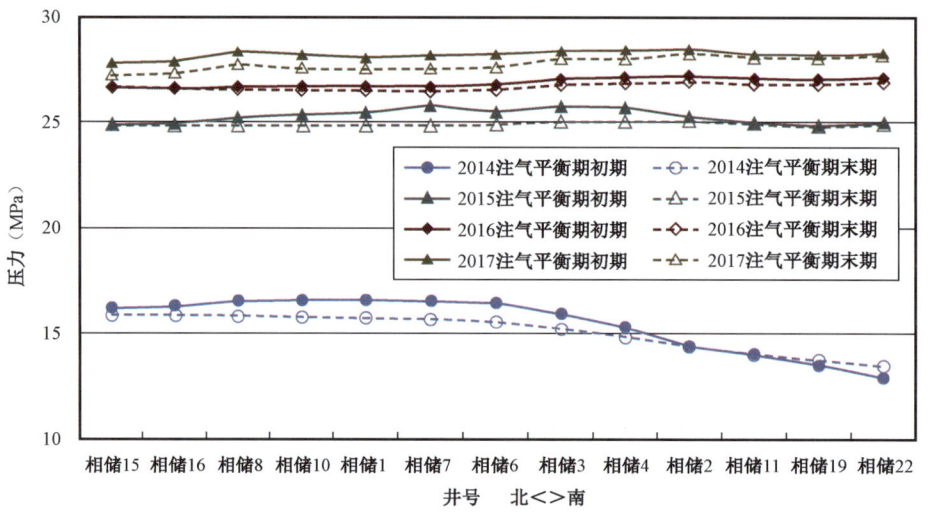

图5-3-12 储气库注气平衡期末压力剖面对比

采气期因采气井主要集中在渗透性较好的气藏中部,造成南北两端较中部存在约1.6MPa压差(图5-3-13)。

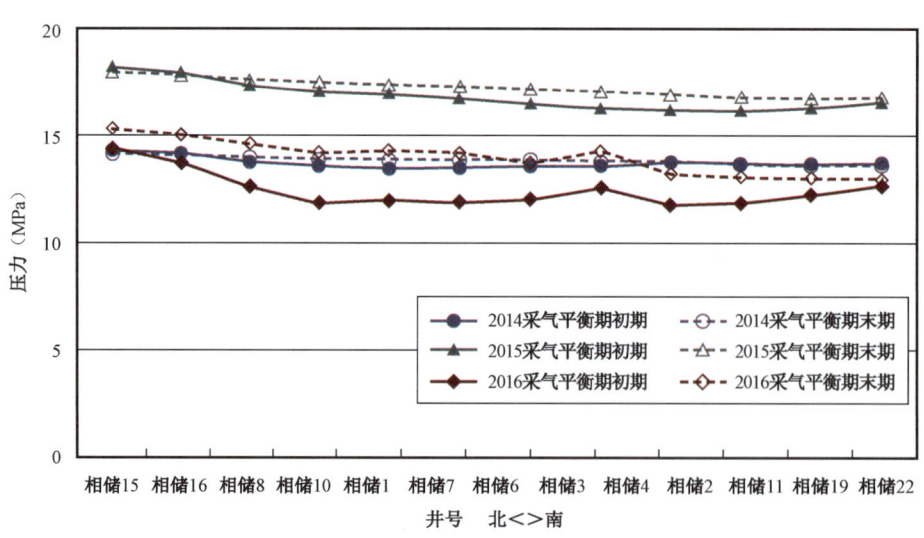

图5-3-13 储气库采气平衡期末压力剖面对比

储气库注气期间,各注采井井口压力均随注气量呈现均匀上升趋势,停注期间井口压力缓慢降落,采气期间,各注采井井口压力均随采气量呈现下降趋势(图5-3-14),说明储气库运行情况良好。

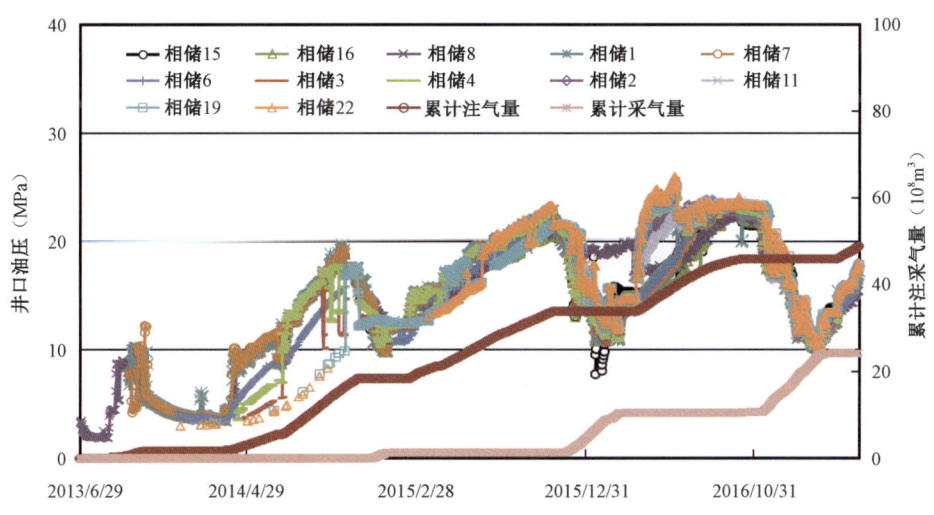

图5-3-14　相国寺储气库注气动态曲线

从数值模拟得到的各个注采周期内地层压力分布图,可以直观看到储气库随库存量增大、储层压力逐渐升高的过程(图5-3-15、图5-3-16),分析认为储气库各注采井点注采强度分配合理,运行过程中储层压力场分布均衡。

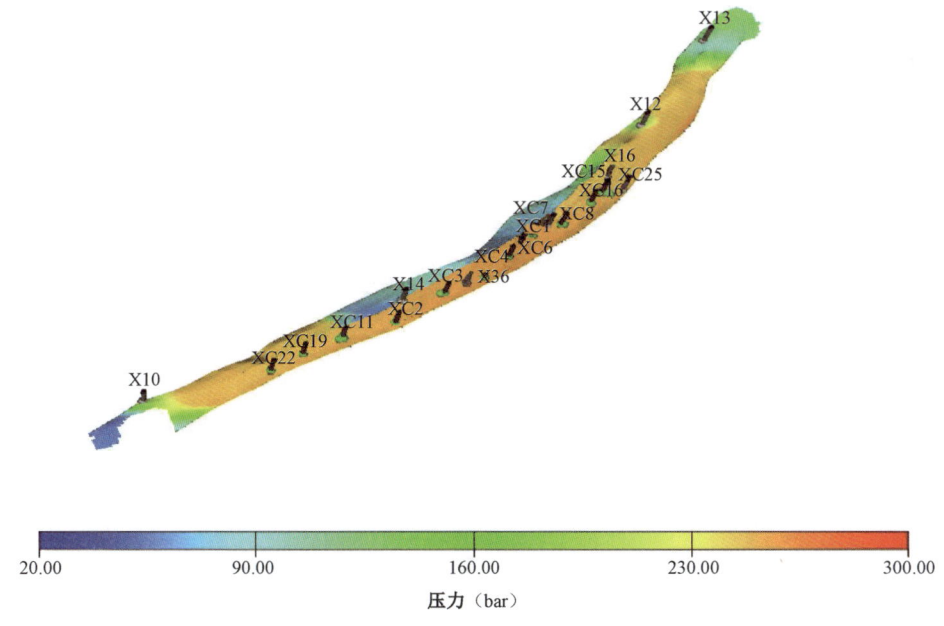

图5-3-15　相国寺储气库注气结束时地层压力分布图

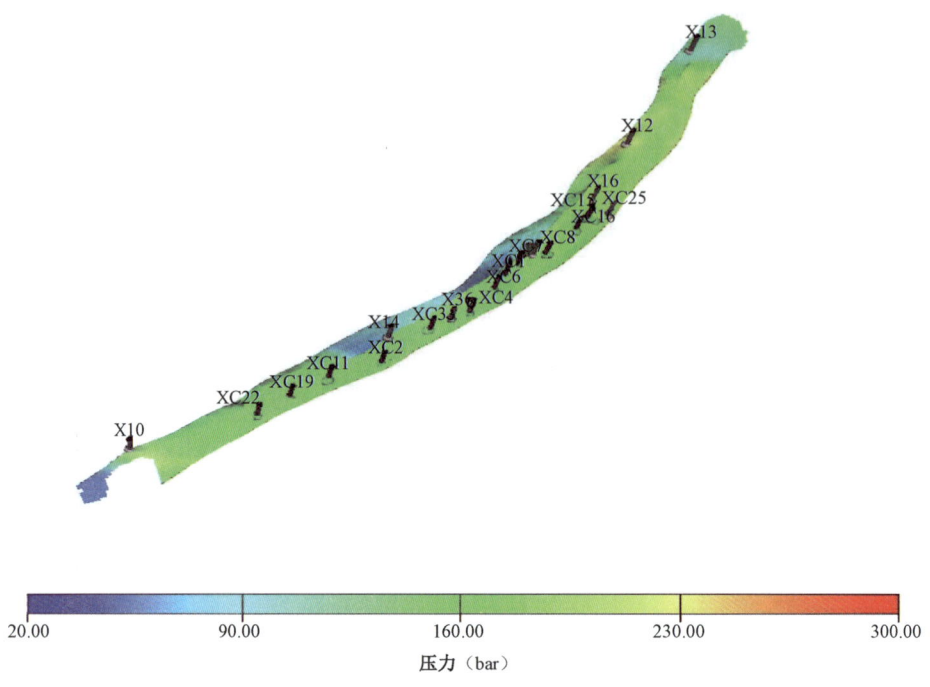

图 5-3-16　相国寺储气库采气结束时地层压力分布图

(二)注采区域与边部连通性

根据相监 1 井压力监测数据分析,相储 15 井注采压力波动需要通过 1~2 个月才能传递至相监 1 井(图 5-3-17)。主要由于两井之间间隔较远(4.87km),其间无其他注采井,其次两井间存在低渗区域,以上原因综合造成两井间较多储量不能及时动用。

图 5-3-17　相国寺储气库采气平衡期末压力剖面对比

三、多周期库容变化分析

在盘库计算中,非常重要的参数是气藏的平均地层压力数据,而这个数据以实测最为准确。自 2014 年以来,相国寺储气库每次平衡期末都会对具备测试条件的注采井进行静温、静压梯度测试,取准取好第一手资料。每次测试地层压力数据见表 5-3-4。

表 5-3-4　储气库不同阶段平衡期地层压力实测数据统计表　　（单位:MPa）

井号	2014 年 11 月 15 日	2015 年 1 月 6 日	2015 年 11 月 2 日	2016 年 3 月 5 日	2016 年 11 月 2 日	2017 年 3 月 11 日	2017 年 11 月 13 日
相储 22			25.19	17.195	27.14	15.676	28.109
相储 19	14.482	14.467	25.122	17.106	27.034	15.575	28.025
相储 11			25.183	17.161	27.059	15.528	28.068
相储 2			25.484	17.274	27.286	15.643	28.299
相储 3	15.533	14.485	25.242	17.137	26.998	15.391	28.041
相储 4	16.52	14.493	25.345	17.142	27.004	15.225	27.977
相储 6	18.889		25.118	17.037	26.622	14.95	27.700
相储 1	17.379	14.39	25.057	17.02	26.52	14.91	27.590
相储 7	17.511	14.436	25.114	17.11	26.552	14.954	27.634
相储 10							27.729
相储 8	17.918	14.571				15.425	27.587
相储 16	17.763	14.638	24.761	18.407	26.117	16.563	27.242
相储 15		14.745	24.625			17.162	27.232
相监 1					23.914	21.649	25.313
备注	注气结束	采气结束	注气结束	采气结束	注气结束	采气结束	注气结束

自相国寺储气库试注以来,共进行过五次盘库,利用原气藏压降储量公式开展库容复核[2],计算结果见表 5-3-5。

表 5-3-5　储气库历次库容复核计算结果

项目	2015 年 2 月	2015 年 11 月	2016 年 3 月	2016 年 11 月	2017 年 3 月	2017 年 11 月
库容($10^8 m^3$)	42.6					
原压降储量公式计算库容($10^8 m^3$)	40.46	39.71	40.87	41.74	42.32	42.01
库容差异(%)	5.29	7.28	4.22	2.06	0.66	1.38
库存量($10^8 m^3$)	20.68	35.98	26.72	38.71	24.95	40.21
原压降储量公式复核库存($10^8 m^3$)	24.12	40.17	29.75	40.87	26.53	42.1
库存差异(%)	-14.27	-10.44	-10.16	-5.29	-5.96	-4.49
平衡期时间(d)	39	14	26	32	20	28

盘库库容量与设计库容量基本吻合,但略有差异,主要原因为:

(1)设计库容量由石炭系气藏开发的压降方程得到。而盘库库容量因储气库注采气量大、速度快,在高强度注采下,压力未完全波及低渗区域、Ⅲ类储层及边部区域,因此存在偏差。

(2)关井时间较短,地层压力没有完全平衡,复核库容偏小。

通过五次库容复核可以看出:库容和库存复核的准确性与平衡期末动态监测资料的完整性和平衡期的长短有密切的关系。

同时,基于相国寺储气库"五注四采"注采运行蜗牛图可以看出储气库的扩容达产状态、各个注采周期的有效工作气量与库容量等。从目前运行状态来看,储气库达到满库容仍需1~2个周期(图5-3-18)。

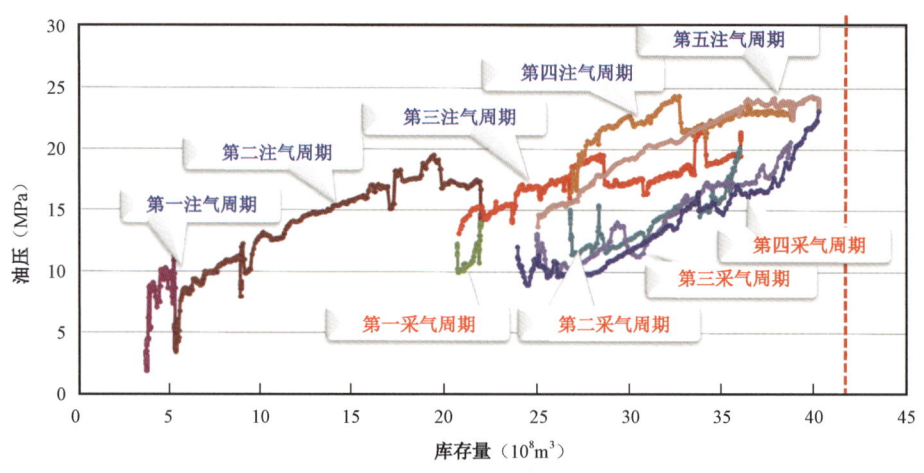

图5-3-18　相国寺储气库"五注四采"注采运行蜗牛图

四、注采井状况分析

在储气库运行过程中,通过开展腐蚀检测、环空压力测试、完整性评价等系统手段,确保了对注采井生产状态的掌握,为储气库安全运行提供了保障。

(一)井口腐蚀检测

相国寺储气库利用超声波相控阵检测仪器对全部投产注采井的分体式采气井口装置进行综合检测,掌握采气树关键部位的内壁腐蚀情况。

测试未发现采气井口装置有明显的腐蚀或冲蚀现象。通过检测记录、存储了被检部位的基础壁厚值,建立了储气库注采井井口检测基线数据库,便于在气库以后的运行中准确掌握采气树的壁厚减薄量及减薄速率,为相国寺储气库注采井完整性管理提供参考。

(二)环空压力测试

相国寺储气库注采井C环空均不带压,部分井出现A环空或B环空带压(表5-3-6)。根据环空气体能量核实、放空泄压温度压力测试数据、环空气质检测情况、井筒温度压力变化趋势、钻井油气显示、固井质量等方面综合分析,B环空带压主要为上部地层气体上窜,带压的A环空或B环空随储气库强注强采,均未出现异常变化,因此相国寺储气库注采井井口带压风险总体可控。

表 5-3-6　注采井环空带压情况统计表

井号	油压	A 环空	B 环空	原因分析
相储 10	10.50	8.71	0	A 环空初步认为油管柱某处密封失效,导致环空带压
相储 7	10.60	9.18	1.91	A 环空压力随油压同步变化,为油管柱某处发生微漏,注入气进入环空。B 环空为浅层气沿水泥环窜入井口起压
相储 1	10.63	0.81	2.04	B 环空为浅层气沿水泥环窜入井口起压
相储 6	10.44	9.05	5.53	A 环空压力随油压同步变化,为油管接箍处(1330~1370m)微漏,注入气进入环空
相储 19	11.15	0.01	6.38	B 环空为上覆浅层气窜入环空起压
相储 22	11.06	3.64	9.07	A 环空保护液受温度变化影响。B 环空为上覆浅层气窜入环空起压

(三)井筒完整性评价

为保障储气库的安全运行,及时掌握井筒完整性状态,相国寺储气库借鉴高温、高压、高含硫气井完整性评价思路,以井屏障单元为基础,结合储气库注采井的特殊井况,对每一口注采井开展井筒完整性评价。

第一井屏障从井下安全阀(压力等级、材质等)、油管(油管材质、油管扣型、油管强度)、完井封隔器(压力等级、材质等级)、封隔器以下油层套管(抗内压强度和抗外挤强度进行校核,套管材质等)、封隔器以下油层套管固井质量等单元逐个评价,评价结果表明:各井第一井屏障完好,处于安全可控状态。

第二井屏障从封隔器以上油层套管(抗内压强度和抗外挤强度进行校核,套管材质等)、封隔器以上油层套管固井质量(油层套管悬挂段固井质量合格率,油层套管回接段固井质量合格率)、套管头(套管头(翼阀)压力等级、材质等)、采气树 1 号阀、2 号阀、3 号阀评价(压力等级、温度级别、材质级别等)等单元逐个评价,评价结果表明:各井第二井屏障完好,处于安全可控状态。

在完整性评价基础上,制定了每一口注采井井筒完整性控制要点图版,有效指导井筒完整性管理。

第四节　适应性优化调整

相国寺储气库投运后,注气系统、采气系统、配套系统先后出现注采橇流速超标、铜相线来气粉尘多、阴保杂散电流干扰、气阀故障频发、压缩缸异常磨损、乙二醇再生尾气恶臭、靶式流量计误差大等不适应性,严重影响储气库安全运行。

一、注气系统

注气系统不适应主要包括注采井无注气流量调节阀、除尘器入口电动球阀无旁通阀、铜相线来气粉尘多造成过滤分离器滤芯使用寿命短、气阀故障频发、压缩缸异常磨损、铜相线直流杂散电流干扰等,通过开展适应性优化调整和电力优化运行,确保了注气系统正常运行和降本增效。

(一)注采井加装注气流量调节阀

1. 存在问题

相国寺储气库注气工艺流程为天然气通过压缩机组后输送至各注采井,各注采井全部采用开关阀,无流量调节功能,各井的注入量只能自然分配注入到各注采井,无法控制具体流量。影响气井注气能力的测试、注气过程中气井及气藏分析、注气过程气井的管柱安全。

2. 适应性改造

对12口注采井注气流程安装DN100PN42MPa电动流量调节阀1只,用于注气流量调节,确保按照合理的配产进行注气。

3. 取得效果

12口注采井加装注气流量调节阀后实现了气库的均衡注气,杜绝了个别注采能力强的注采井的井筒冲蚀,为后期建库达容阶段井底压力和注气量的控制提供了手段。

(二)除尘器入口电动阀加装旁通控制阀

1. 存在问题

集注站内除尘器和过滤分离器进出口DN300球阀无旁通阀,除尘器清掏和滤芯更换只能使用球阀进行操作影响球阀使用寿命。

2. 适应性改造

对集注站内三套除尘器入口DN300电动球阀加装DN50的手动双作用节流截止阀,用于除尘器清掏和滤芯更换后置换和升压验漏。

3. 取得效果

除尘器入口加装旁通控制阀后解决了球阀单边受压密封面损坏事宜,方便检维修操作,对储气库的安全运行提供了保障。

(三)铜相线直流杂散电流干扰治理

1. 铜相线受干扰情况

铜相线采用三层PE外防腐层+强制电流阴极保护,初步设计设置八塘阀室和集注站两座阴极保护站,均为福建畅联生产的HPS-2型,额定输出:30V、5A。

铜相线沿线通电电位波动达到+0.5V到-3.2V,其中电位波动上限近三分之一是正电位,严重超过要求的-0.85V到-1.2V。用Coetalk公司的UDL-2高精度数据记录仪采用试片断电法测得,铜相线50#和58#两个电位测试桩的断电电位未达到《埋地钢质管道直流干扰防护技术标准》(GB 50991—2014)的要求。

2. 整改措施

1)干扰源的确定

为摸清铜相线管道干扰源,对铜相线进行了长时间的同步电位监测等专项调查。

(1)干扰源工作时间和频率。通过对铜相线沿线进行长时间管道电检测,干扰源工作时间集中在凌晨6:50到夜间23:30、干扰源工作频率为30s左右。

(2)干扰流入流出区间检测。为掌握直流干扰电流的沿线分布规律及对管线电位的影响,在关闭阴保的情况下,长时间监测管线的直流电位变化。全线共9个测试桩采集24h电位数据。根据同步监测与拟合分析,可判断铜相线主要干扰流入流出区间是31#测试桩到静观阀室,流入流出区域交换周期在30s左右。

(3)干扰源位置分析。关闭阴保机和开启阴保机后对管道沿线电位进行测试,在土场阀室电位波动幅度最大。根据杂散直流干扰"草帽定律"判断,铜相线的杂散干扰源位于管道中间的土场阀室附近。

根据干扰源工作时间、波动特征、分布区间三方面的分析,轨道交通地铁6号线是铜相线的主要干扰源,且干扰流入流出位置位于土场阀室。

2)干扰应对措施对比

相国寺储气库开展了接地排流、极性排流、强制排流等三种排流现场试验。

(1)接地排流试验。在铜相线临时安置13处交流排流接地网,通过跨接交流耦合器,将管道与接地体进行跨接,通过接地网进行排流。此方式接地管道负向波动抑制效果较好,正向抑制较差。

(2)极性排流试验。在管道上安装有交直流型的固态去耦合器,进行极性排流。此方法对管道波动有一定的抑制效果,抑制距离有限。

(3)强排流试验。根据测试数据拟合的情况表明,干扰最严重的地方位于土场阀室附近,因此,在土场阀室处临时安装智能抗干扰恒电位仪作为主排流点进行强制排流,同时利用八塘阀室阴保间恒电位仪进行辅助排流,两个阴保站联合排流后,对管道电位波动抑制效果明显,八塘阀室恒电位仪在能够恒位运行的情况下,对下游10km内的管道电位正向抑制作用较为明显。

铜相线最终选用强制排流方式进行排流。

3. 实施排流后效果

优化铜相线阴保站的设置,在土场阀室新增阴保站,采用HPS-1E高频开关恒电位仪进行强制排流。保留八塘阀室HPS-2恒电位仪进行辅助排流。在采取措施后,铜相线断电电位达标,通电电位波动幅度得到很好的抑制。

(四)除油器振动超标治理

1. 存在问题

2014年9月26日相储3井连续油管动态监测期间,压缩机组进机压力5.86MPa、排气压力22.15MPa,3、7号机组除油器振动达到45mm/s,在此后的运行过程中,3、7号机均出现不同程度的振动超标现象,压缩机组后除油器在振动过大的情况下长时间运行可能造成焊缝裂纹、设备疲劳损伤,严重影响机组安全运行。

2. 采取的措施

1)振动检测

2015年5月29日至6月1日,加拿大Beta公司工程师对2、3、7、8号机组开展了除油器振动测试。经现场检测,7台机组运行时,在二区压缩机组余隙全开的情况下,7号机组后除油器振动最大值超过 40mm/s；在 1、2 号机组余隙全开，3 号机组 4、6 缸余隙全开的情况下，3 号机组后除油器振动最大值超过 40mm/s，1、2、5、6、8 号机组振动值正常；在 7 台机组余隙全部关闭的情况下，未出现振动超标的现象。7 月，Beta 公司出具振动分析报告，认为造成除油器振动超标的原因为气流经工艺盲管段时产生漩涡脱的频率与除油器固有频率接近而产生共振。

2）现场整改

对 8 台机组后除油器及高压排气管线进行无损检测，未发现异常。

振动治理前集注站和外委单位每周跟踪除油器振动；尽量避免 3、7 号机组长期运行。

2016 年 3 月完成 8 台机组除油器振动变送器安装，实时监控除油器振动值（2016 年 3 月完成）；对 3、7 号除油器安装抱箍，将除油器固有频率从约 6Hz 提高到 8.6～9.6Hz。

3. 取得的效果

经过振动治理后，除油器在排气压力 27MPa 以下振动控制在 2mm/s 以内，确保了压缩机组的安全平稳运行。

（五）过滤分离器精密滤芯研制

1. 存在问题

因川渝地区高山陡坡地段多且嘉陵江定向钻穿越失败，储气库投运时，铜相线无法开展全面清洁，造成管线存留水、泥土等杂质，在输气过程中，管道内的粉尘随着气流进入集注站内过滤分离器，折叠纸滤料型滤芯使用时间不到 100h（使用 24h 压差就超过 50kPa）被天然气中携带的固体颗粒（粒径大于 5μm）击穿，随后，固体颗粒进入后端管线和设备。粉尘与高黏度的壳牌 680 压缩机组气缸润滑油混合形成研磨膏，造成压缩缸快速磨损。

过滤分离器滤芯快速失效影响压缩机组安全运行、增大更换滤芯作业带来的安全风险，因此需研制新型精密滤芯保障后端电驱压缩机组安全平稳运行。

1）滤芯滤料选择不合理

过滤分离器厂家配备的滤芯为折叠纸滤料型滤芯，只适用于过滤干的固体颗粒，且耐压差较低，单层折叠滤纸滤料的多孔性、抗涨强度、湿强度均需要非常严格的质量检查。折叠纸滤料过滤精度仅对粒径大于 10 滤分的颗粒过滤效果较好，在遇到过滤介质中水颗粒、油颗粒的工况下，其滤孔发生形变，在高压过滤分离器中折叠纸滤料被击穿的可能性较大。

2）骨架耐压差能力较差

滤芯采用普通内承压金属骨架，耐压差能力低于 100kPa（压差达到 100kPa 时滤芯变形损坏），运行过程中易变形破损造成过滤失效。

3）端面密封不好

滤芯采用分体盖板式的端头结构，使用过程中可能存在端盖不平整或端盖松动，造成滤芯端盖部分短路。

2. 采取的措施

通过开展技术攻关，以聚酯纤维滤料型、厚层过滤结构滤芯为基础。研制采用由外向内，由粗纤维到细纤维的 7 种梯度结构型精密滤芯产品。

1) 骨架改良

研制的新型精密滤芯产品使用了加厚的不锈钢内承压骨架,耐压差能力为 0.18MPa(新滤芯的破坏压差达到 0.3MPa),大大提高了滤芯的抗形变能力。

2) 端面密封优化

新型精密滤芯产品的端面密封改良为一体粘接式的端盖结构,对每一根滤芯的密封性进行优化,避免了老式滤芯端面压盖处密封易短路的情况,并缩短了检修时间。

3. 取得的效果

新型精密滤芯主要对滤芯滤料、骨架和端面密封等进行了优化,纳污能力提高到 3.5kg/根,更加适合储气库投运初期粉尘较多的运行工况。新滤芯产品不仅对天然气中的 $1\mu m$ 以上固体颗粒的过滤效率达到 99.9%,而且对天然气中的水、油颗粒 $0.3\mu m$ 精度的过滤效率达到 99%。30 层粗细不同的纤维过滤材料贴合卷在内承压金属骨架上,能有效地过滤掉介质中不同粒径大小的杂质,且多层滤料结构避免过滤层被击穿的风险。滤芯使用寿命能从 2015 年初的 24h 延长到 5000h 以上,为国内其余滤芯产品的 1~3 倍。

原厂滤芯单价约为 950 元/根,单台过滤分离器滤芯更换操作时间约 6h;新型滤芯单价约为 500 元/根,单台过滤分离器滤芯更换操作时间约 2h。滤芯采购成本和更换施工费用大大降低,每年节约运行成本 6 万元以上。

(六)压缩机气阀国产化试验

1. 存在问题

1) 气阀故障情况统计分析

储气库压缩机组气阀在 2015 年开始大面积损坏,2015 年共计发生气阀故障 150 次,其中国产化气阀发生故障 2 次,原厂气阀故障 148 次,累计更换气阀备品、备件 126.56 万元。原厂气阀故障主要表现为阀片、缓冲片破裂、弹簧断裂以及气阀阀座磨损等方面,造成压缩机组频繁停机检修,维护人力物力消耗较大,国产化气阀运行相对而言比较平稳。

2) 气阀使用寿命短原因分析

(1) 储气库原厂配备的气阀不适用目前储气库压缩机组运行的工况,机组进机压力约为 6MPa,偏离机组设计进机压力(7~9.5MPa),气阀原设计结构适应性差,弹簧和阀片严重颤振或开关不及时,造成气阀大量非正常损坏。

(2) 高黏度润滑油和原料气中携带粉尘附着在气阀上,进一步造成阀片黏滞或打开延后的现象。气阀状态监测数据证实了一级进气阀(2 缸、4 缸、6 缸)存在明显颤振和打开延时特征。

2. 气阀改进情况

为根本上解决气阀故障频发的现象,从 2015 年 3 月起组织国内两家气阀厂家生产新型气阀及维修包试用,新型气阀针对储气库较低进机压力的工况设计,气阀的设计进气压力为 5~8.5MPa,排气压力设计为 9~30MPa,5 号机组试用甲厂家气阀,8 号机组试用乙厂家气阀。

国产化气阀阀片原材均采用 Peek 的单机处理量,比安装原厂贺尔碧格气阀的处理量略有增加,能耗略低。国产气阀做了如下改进:

（1）为加强阀片的强度，将阀片厚度提高至10mm；

（2）为降低阀片的冲击力，国产气阀增加了关闭弹簧及缓冲弹簧的数量，并且在弹簧上增加减振帽，去除了缓冲片的设计方式，以增加弹簧的使用寿命；

（3）国产气阀的升程较贺尔碧格气阀有所降低，为保证气阀的通过性，在阀体上采取蜂窝状孔开口，增大流通面积。

3. 使用效果

国产气阀在使用寿命、处理能力、能耗率等参数都比原厂气阀更适应现场运行工况，最长无故障运行时间为4504h。使用国产气阀，按照压缩机组每年运行3000h计算，只需每两年更换一次维修包（厂家质保6000h），每年节约气阀维护费用110余万元。

（七）国产化压缩缸试验

1. 压缩缸磨损情况

2015年3月底，年保发现4台压缩机组6只一级压缩缸活塞全行程缸壁均异常磨损，磨损量1.04~2.63mm。磨损现象为内径扩大呈腰鼓状，气缸两端最严重，而活塞环未见明显磨损。

按照要求每运行720h对压缩机组一级、二级压缩缸进行磨损量检查，至2015年11月底，共开展压缩缸内径检查116台/次。按照Ariel公司提供的参考标准，压缩缸正常磨损范围要控制1/1000mm以内，一、二级压缩缸极限磨损量控制在1.12mm以内，椭圆度控制在1/1000mm以内。而Ariel公司制造的压缩缸耐磨层（渗氮层）只有0.16mm，即压缩缸耐磨层已磨损，超过正常磨损范围的压缩缸为32个（未包括已更换的15个压缩缸）。

2. 压缩缸磨损原因分析

压缩缸为机组配件中非易损件，在短期内异常磨损很少见，经分析认为是壳牌S1W680高黏度润滑油与天然气中极细粉尘混合，形成了类似机械"研磨膏"的混合物，在压缩机组994r/min的转速下，高频次研磨造成了短期内压缩缸全行程异常磨损。因注气以来压缩缸为双作用，活塞行程两端压力均更高，使活塞环与缸壁间作用力更大，造成两端磨损更严重。

3. 国产压缩缸现场应用

1）加工工艺

结合工厂压缩缸体材质应用的经验，选42CrMoA作为替代进口压缩缸体材质。针对缸孔不耐磨的现象，工厂对42CrMoA材质的表面处理进行了三种处理工艺研究：一是表面氮化处理（Ariel处理工艺）；二是表面激光淬火处理；三是表面氮化处理+激光淬火处理。通过对以上三种处理工艺后的材料表面硬度、硬度层深度、硬度梯度的检测，优选了表面氮化处理+激光淬火工艺作为国产化压缩缸体的表面处理工艺。

2）使用情况

2015—2017年共计采购压缩缸15个，其中进口压缩缸1个，国产压缩缸14个，压缩缸于2015年6月开始到货安装，截至2017年注气期结束最长使用时间超过6000h，通过现场检测，国产压缩缸磨损速率低于同期更换进口压缩缸。

3) 经济性分析

进口压缩缸采购周期为 5 个月，一、二级压缩缸费用分别为 85、83.2 万元，而国产压缩缸采购周期为 3 个月，一、二级压缩缸费用分别为 52.8 万元、49.8 万元。如更换的压缩缸全部为国产压缩缸则费用将大大降低，预计节约费用 1541 万元，采购周期将缩短。

(八) 空冷器和空压机房整改

1. 存在问题

压缩机组降噪厂房内虽然安装矩阵消声器满足了降噪和进风需求，但是空冷器排出的热风在厂房内形成紊流，热空气吸入空冷器，造成夏季空冷器排温高机组连锁保护停机。

空压机厂原设计为砖混结构，进风通道仅安装一个轴流风机、排风通道仅安装两个小排量轴流风机，夏季时空压机散发的热量无法全部排出室外，造成空压机排温高保护停机。

2. 整改措施

对 8 台压缩机组空冷器出口安装镀锌铁板导流罩至厂房顶部，确保空冷器排出的热空气全部引出厂房外排放，杜绝冷热空气对流。

对空压机房进行整改，空压机房与维修房连通，空压机房后墙拆除，改为降噪矩阵消声器，空压机出口安装 $12000 \times 10^4 m^3/h$ 的轴流风机和导流风道，解决了空压机通风散热问题。

3. 应用效果

整改后集注站厂家噪声达标，空压机和空冷器运行问题控制在允许范围内，确保了夏季高温天气关键设备的安全平稳运行。

(九) 电力优化运行

1. 注气期用电成本及影响因素

相国寺储气库注气期外购动力费主要为外购电支出，占外购动力费的 99.85%。集注站用电占总耗电量的 99.93%，主要用电设备为相国寺储气库 DTY4000 天然气压缩机（电驱式压缩机）。尤其在注气高峰期，需 8 台压缩机全开，日均耗电达到 $(43 \sim 48) \times 10^4 kW$ 时，按储气库电费平均单价 0.62 元$/(kW \cdot h)$ 计算，日均电费支出为 26~30 万元，即注气高峰期月均电费支出 800~900 万元；在注气低峰阶段（开 2~4 台压缩机），月均电费支出 100~150 万元。

按照储气库原有的全天连续 24h 启用相同数量机组注气，由于开机台数相同，高峰时段与平谷、低谷时段耗电量持平，而所需电费是低谷时段的 3 倍。如在注气高峰期，注气量 $900 \times 10^4 m^3/d$，储气库压缩机组按设计工况计算出设计点单机处理量为 $166 \times 10^4 m^3/d$，全天需连续开启 6 台机组，连续日均耗电达到 43~48 万度，日均电费支出为 26~30 万元。其中高峰时段与平谷、低谷时段耗电量相同，而高峰期电费占每日电费的 50%。

2. 经济运行措施及取得的效果

1) 错峰用电

用电成本影响因素为功率和电价，经济运行措施采用合理利用电价政策，采取分时段开启不同数量压缩机的注气方式，夜间多运行 1~2 台机组节约电费。

2016 年 7—10 月，在相国寺储气库注气期试验 78 天，处理气量 $3.59 \times 10^8 m^3$，累计节约用电170万度,节约费用86.95万元,预计全注气周期可节约电费300万元。

2)电力直接交易

2017年3月与华能重庆能源销售有限责任公司签订了《大用户电力直接交易代理(打捆)购电意向性协议》,平均电费单价较2015年降低0.05元/(kW·h),每年节约电费开支300余万元。

二、采气系统

采气系统不适应主要包括集注站"8"字盲板倒换困难、燃料气运行压力不稳、注采橇流速超标、乙二醇再生恶臭等,通过开展适应性优化调整,确保了采气系统正常运行。

(一)清管分离区"8"字盲板和燃料系统适应性改造

1. 存在问题

(1)集注站清管分离计量区"8"字盲板。集注站清管分离区汇管出口手动球阀(Class2500 12")连接着"8"字盲板,主要作用是在设计压力分界点(30MPa/14MPa)双切断作用;当储气库在应急采气状态时,该阀门和"8"字盲板都应处于打开状态;正常采气时,该阀门和8字盲板都处于关闭状态。由于Class2500 12" RJ面的"8"字盲板密封面凹槽较深,法兰片较厚,集注站运行人员无法调整"8"字盲板的状态。

冬季采气时,当脱水装置来高压气直接返输至铜梁线,当脱水装置来中压气,需增压后再返输至铜梁线;汇管出口往压缩机方向的管线无切断阀;在采气压力较高时,不增压外输时,高压外输气通过管道输往压缩机的气体中可能含有大量的液体影响压缩机组安全运行。

(2)集注站燃料气系统。集注站燃料气和生活用气高峰时气量达200m^3/h,燃料气入口压力6.9~9.3MPa,出口压力0.2~0.4MPa,燃料气管线入口温度为-15℃~-10℃,燃料气管线冬季发生冻堵。去导热油方向的燃料气管线为DN25流通能力受限。

集注站的燃料气用量不平稳,瞬间流量10~200m^3/h,燃料气系统选用的是自力式调压阀,自力式调节阀的灵敏度不够且后端无缓冲罐,大量用气时调节阀的开启速度缓慢,调压阀后端管线压力迅速下降,造成导热油炉停炉影响正常生产。

2. 适应性改造

(1)集注站清管分离计量区"8"字盲板改造。对集注站清管分离区汇管出口手动球阀(Class 2500 12")处的"8"字盲板改造,利用采气端预留阀,改变"8"字盲板的安装方式,以便调整"8"字盲板。

集注站清管分离区汇管出口,去压缩机组厂房的管线增加电动球阀(DN600 PN10MPa)1套。在不使用压缩机时,关闭该气源,以防止液体进入压缩机区。

(2)集注站燃料气系统改造。燃料气系统需要增10kW电加热器一台,满足燃料气加热需求;更换去导热油方向的燃料气管线,即将DN25管线改为DN50。为保证下游平稳用气,增加DN450燃料气储气管道20m(储气容约3m^3,能保证2min的用气)。

3. 取得效果

对集注站开展冬季保供适应性改造后消除了地面系统瓶颈,储气库采气能力得到充分发挥。

(二)注采橇适应性改造

1. 存在问题

(1)相储6井和相储7井注采橇超流速。相储7井采用定向井井口节流橇Ⅱ型,节流后采气管道为DN100,管道流速22.7m/s,超经济流速,管线存在冲刷风险。相储1、7井合并采气管线为DN200,管道流速为20.7m/s,超经济流速,管线存在冲刷风险。相储6井采用定向井井口节流橇Ⅱ型,节流后采气管道为DN100,管道流速22.8m/s,超经济流速,管线存在冲刷风险。

(2)9号注采站冻堵。9号注采站的水平井井口节流橇和进出站阀组橇之间的连接管汇,由于放大管径、且安装位置较低,气流速度减缓,大量液体汇集在管汇中。

2. 适应性改造

(1)相储6井和相储7井注采橇改造。改造相储7井的定向井井口节流橇Ⅱ型,将节流阀后的管线改为DN150,以适应该井的采气生产。将管汇200-PG-1040501-14-L360的管汇拆除,并增加1路DN200的出站阀组,用于相储1井的出气。改造相储6井的定向井井口节流橇Ⅱ型,将节流阀后的管线改为DN150,以适应该井的采气生产。

(2)9号注采站改造。增加管汇的低点排液功能,即在管汇底部增加DN50 PN10MPa平板闸阀1套,阀套式节流截止阀1套;同时排污接到排污池。

3. 取得效果

对注采站开展适应性改造后消除了地面系统瓶颈,储气库采气能力得到充分发挥。

(三)脱水装置BDV放空阀加装控制阀

1. 存在问题

集注站4套脱水装置原料气分离器、出装置管线安装的BDV放空阀前端无控制阀,在脱水装置BDV放空阀检修时,无法有效切断放空,需要对整套脱水装置进行放空。

2. 整改措施

在4套脱水装置BDV放空阀前端加装8只手动控制阀,以备检修时能有效切断脱水装置放空流程,保障生产正常进行。

3. 取得效果

整改完成后新安装的8只手动阀处于锁开状态,装置检修需时关闭该阀门,确保了装置检修的安全。

(四)乙二醇再生系统加装尾气焚烧炉

1. 存在问题

乙二醇再生时,在120℃的高温下,分解为乙酸、草酸等刺激性气体随水蒸气排放至污水池(尾气pH值为3.3~3.4),再从污水池排放至站场大气中,产生严重的恶臭,影响员工身体健康并造成环境污染。

2. 整改情况

在集注站内安装尾气分液罐、乙二醇尾气焚烧炉、点火控制系统一套,实现乙二醇再生尾气的焚烧排放。

3. 取得效果

集注站加装乙二醇尾气焚烧装置后再生尾气经过焚烧后排放,恶臭得到了一定缓解,但因集注站乙二醇再生尾气排放量的不均衡性导致大量排气时燃烧不充分,恶臭现象依然存在。

(五)乙二醇注入泵更换

1. 存在问题

相国寺储气库集注站安装有4台EG贫液注入泵,2014年乙二醇注入泵调试期间,膜片最短使用寿命仅为0.5h,经厂家多次维修和改型,2015年冬季采气期3号泵膜片仅使用21.5h出现损坏,2号泵膜片仅使用312h出现损坏,乙二醇泵膜片质量差、使用寿命短、维修工作量大,无法保障储气库$1400×10^4m^3/d$及以上规模的采气调峰。

2. 整改情况

经过前期调研并结合新疆呼图壁储气库乙二醇注入泵使用状况,综合采购费用、运行参数、电费等因素,将集注站内4台370L/h的国产宁波合力乙二醇计量泵更换成3台600L/h进口泵,提高乙二醇泵可靠性。

3. 取得效果

2016年11月更换3台600L/h的米顿罗乙二醇注入泵后,两个采气期未发生一起膜片损坏故障,新泵故障率低、维修工作量少、排量满足储气库$2000×10^4m^3/d$应急调峰采气要求。

三、配套系统

配套系统不适应主要包括靶式流量计计量误差大、井口安全系统故障率高、仪控间无温湿度控制等,通过开展适应性优化调整,确保了采气系统正常运行。

(一)注采站双向流量计量试验

1. 存在问题

各注采站由于考虑注气、采气两种工况下都能进行计量,采用了靶式流量计进行双向计量,但在实际运行过程中,发现靶式流量计靶板容易被气流或杂质损坏,造成计量不准确,同时由于靶式流量计计量精确度较超声波流量计差,各注采井靶式流量计数据之和与超声波流量计误差在12%~20%变化,误差值较大,影响气藏动态分析。

2. 整改措施

利用采购了一套外夹式超声波流量计,集注站定期开展各注采井注采气量对比、校核,对各注采站靶式流量计计量数据进行修正。2017年联合上海一诺开展国产超声波流量计先导试验,将相储6井靶式流量计更换为超声波流量计并增加降噪设备。

3. 取得效果

因采气初期噪声高达100dB,超声波流量计效果不佳。采气电动调节阀开度超过35%后超声波流量计无流量显示,下步将联合厂家继续开展管道和设备降噪,确保超声波流量计计量准确性,为储气库科学注采提供大数据支撑。

(二)注采站、给水泵房和阀室仪控间温湿度控制

1. 存在问题

储气库各注采站、给水泵房和阀室均有仪控间,其内部安装有 PLC、避雷器、隔离器等众多电器设备,仪控间温度应控制在 15~30℃,湿度应控制在 40%~85%。各注采站和给水泵房仪控间虽然安装有空调,但由于只能现场启动,增加了巡检人员的工作量,同时不能根据仪控间的实际温湿度情况进行调节,不利于节能。另外阀室内仪控间只安装有 1 个轴流风机用于通风,不能很好地对温湿度进行控制。

2. 整改措施

在阀室仪控间安装空调,同时在阀室、给水泵房和各注采站仪控间安装空调的远程监控系统,达到远程、自动控制调节温湿度的功能。

3. 取得效果

各注采站、给水泵站和阀室仪控间均实现远程、自动控制调节温湿度的功能,集注站能实时查看仪控间的温湿度,实现数字化管理。

(三)井口安全系统适应性改造

1. 井口安全系统运行异常的原因

(1)异常关断。截止到 2017 年 12 月,储气库各注采井井口安全系统多次出现异常,造成 SCSSV 和 SSV 切断,带来较大的安全隐患,影响了注采井的正常运行。以 2016 年为例,分析注气期(4—10 月)和采气期(1—3 月,11—12 月)井口安全系统故障的原因,井口安全系统异常关断主要出现在采气期,原因为:① 储层内残酸液、油污、杂质被带出,同时调压节流形成低温,造成管线内大量水合物产生,引起管线冻堵压力升高,造成高导阀动作;② 井口安全系统配件损坏。

(2)液压油外泄污染。高低导阀动作会出现将控制柜油箱液压油泄完,液压油就地排完引起环境污染,同时关闭 SCSSV、SSV,原因主要为:① 高低导阀泄放口是就地排放,未接回控制柜油箱;② 高低导阀因压力超限导致感应活塞微动作,使阀芯轻微移动,造成泄放口和进油口连通,液压油泄放导致 SCSSV 和 SSV 关闭。

(3)SCSSV 频繁动作。因管线冻堵压力升高造成高导阀动作,从而引起 SCSSV 和 SSV 动作的故障次数有 4 次,占总故障数的 50%。原因主要为:高导阀和易熔塞为统一液压控制回路,因此会造成 SCSSV 关闭。

2. 适应性改造

对工艺流程进行分析并结合现场实际工况,采取以下措施:

(1)加装伴热带。由于采气时注采井调压阀要对天然气进行调压,后端温度低,为避免产生水合物,可在高低导阀组后端管线以及埋地管汇上加装伴热带,对天然气进行加热,减少水合物形成的条件。

(2)建立维护保养制度。根据厂家提供的配件说明书和设备维护保养手册,并结合现场实际情况,建立井口安全系统的维护保养制度,确保各项设备和配件的完整性。

(3)导阀泄放口改造。计算高低导阀泄放液压油时的扬程,用不锈钢管和卡套接头将高低导阀泄放口接回控制柜内油箱,保证高低导阀在泄放时液压油回收至油箱内。在安装时应减少接头数量,避免漏点。

(4)高导阀联锁控制改造。对现有液压控制回路进行改造,将高导阀供油管线断开,在低导阀与SSV电磁阀之间的管路上加装0.5mm限流孔板,当高导阀动作时,会泄放SSV中继阀背压液压,引起中继阀动作,从而只关闭SSV。

3. 取得效果

通过优化调整,井安系统运行平稳,紧急和远程关断功能可靠,有力地保障了储气库注采的顺利进行。

通过一系列的适应性优化调整确保了相国寺储气库的安全平稳运行。随着储气库建库达容的推进,还将暴露出新的制约储气库安全运行的瓶颈问题,生产过程中需要不断地总结并开展适应性改造。

参 考 文 献

[1] 何轶果,张芳芳,王威林,等. 连续油管动态监测技术在相国寺储气库中的应用[J]. 石油钻采工艺,2014,36(5).

[2] 胥洪成,王皆明,李春. 水淹枯竭气藏型地下储气库盘库方法[J]. 天然气工业,2010,30(8):79-82.

第六章 全生命周期运行风险管控

地下储气库在运行过程中可能受地质灾害、地层应力、盖层或封闭断层失效、井下管串腐蚀、固井质量差、井下及地面设施遭破坏等因素影响,存在稳定性和安全可靠性降低的风险,一旦发生天然气泄漏,极易引发火灾和爆炸,并可能造成灾难性后果。2007年英国地质调查机构(Britsh Geological Survey,BGS)对地下储气库发生过的事故进行了分析研究[1],地下储气库一共发生事故64例,其中岩穴型储气库27例(其中7例是由储层原因引起的、11例是由储气库注采井失效引起的、7例是由地上装置引起的),含水层储气库16例,枯竭油气藏储气库16例(其中6例是由储层原因引起的、5例是由储气库注采井失效引起的、3例是由地上装置引起的),因事故引起8人死亡,61人受伤,6700人撤离。因此,如何确保储气库全生命周期安全运行,降低储气库运行管理成本,已成为储气库运行管理中面临的重要问题。

第一节 风险管控技术体系

借鉴输油气管道完整性管理的实践,基于风险的完整性管理是储气库安全管理的有效手段。风险防控是指在危害因素辨识和风险评估的基础上,预先采取措施消除或者控制生产安全风险的过程。危害因素辨识是指按照《生产过程危险和有害因素分类与代码》(GB13861)中的有害因素分类,运用HSE工具方法,对生产过程中"人、物、环、管"四大类有害因素进行识别。风险评估是指针对危害因素辨识清单,运用《风险评估矩阵》,基于对以往发生的事故事件的经验总结,通过解释事故事件发生的可能性和后果严重性来预测风险大小,确定风险等级。相国寺储气库致力于打造"百年储气库",从最初的规划设计、项目建设、生产运行、检修维护等储气库生产作业活动到生产管理活动全生命周期中,始终坚持以安全生产风险防控为核心,运用HSE工具方法,开展危害因素辨识,认真做实风险评价,做细隐患排查,制定完善预防和整治措施,实现了储气库安全平稳运行。

一、储气库完整性管理概念

储气库完整性(Underground Gas Storage Integrity,UGSI),是指储气库井(含储层、盖层等封闭层及井工程)始终处于安全可靠的服役状态,主要包括以下内涵:储气库井在物理上和功能上是完整的;储气库井处于受控状态;储气库运营商已经并仍将不断采取行动防止事故的发生。储气库井完整性与储气库的设计、施工、运行、维护、检修和管理等各个过程密切相关[1]。

储气库完整性管理(Underground Gas Storage Integrity Management,UGSIM),是指对所有影响储气库井完整性的因素进行综合的、一体化的管理。包括以下内容:拟定工作计划,制定工作流程和工作程序文件;进行安全分析,了解事故发生的可能性和将导致的后果,制定预防和应急措施;定期进行储气库井完整性检测与评价,了解地面设备设施及管道可能发生事故的原因和部位;采取修复或减轻失效威胁的措施[1]。

储气库完整性管理是一种全新的技术和生产管理理念,既是贯穿于储气库整个全生命周期的过程管理,又是应用技术、操作和组织措施的全方位综合管理。其不仅仅是一个技术范畴的问题,更重要的是要持续不断地提高整体管理水平以及自上而下对管理理念的认同和积极参与,其实施需要遵循以下原则:(1)储气库完整性管理的理念是防患于未然;(2)在进行管理系统设计、建设和运行时,应融入储气库完整性管理的理念;(3)要对所有与储气库完整性相关的信息进行分析整合;(4)要明确负责储气库完整性管理的机构,配备必要的管理手段;(5)结合每一个储气库井的具体情况,进行动态的完整性管理;(6)在储气库完整性管理过程中不断采用各种新技术。

储气库完整性管理技术包括储气库风险评估技术、储气库检测技术和储气库完整性评价技术。储气库检测与评价技术就是利用现代化的检测手段,如井下光纤连续测温测压、井下测井、地面设备设施压力、温度、流量等参数监测,跟踪录取相关参数,进行对比分析,识别出可能使储气库失效的主要危害因素,据此评价储气库的完整性,并制定针对性的控制与应急措施。开展储气库完整性管理,安全工作由原来的被动应急变为主动防护,始终保证在储气库发生事故之前,将各种风险因素消除或降低到可接受的范围之内,从而使储气库平稳安全运行。相国寺储气库的完整性管理主要包括地质完整性管理、注采井完整性管理及地面设施(管道和站场)完整性管理三大部分,见图6-1-1。

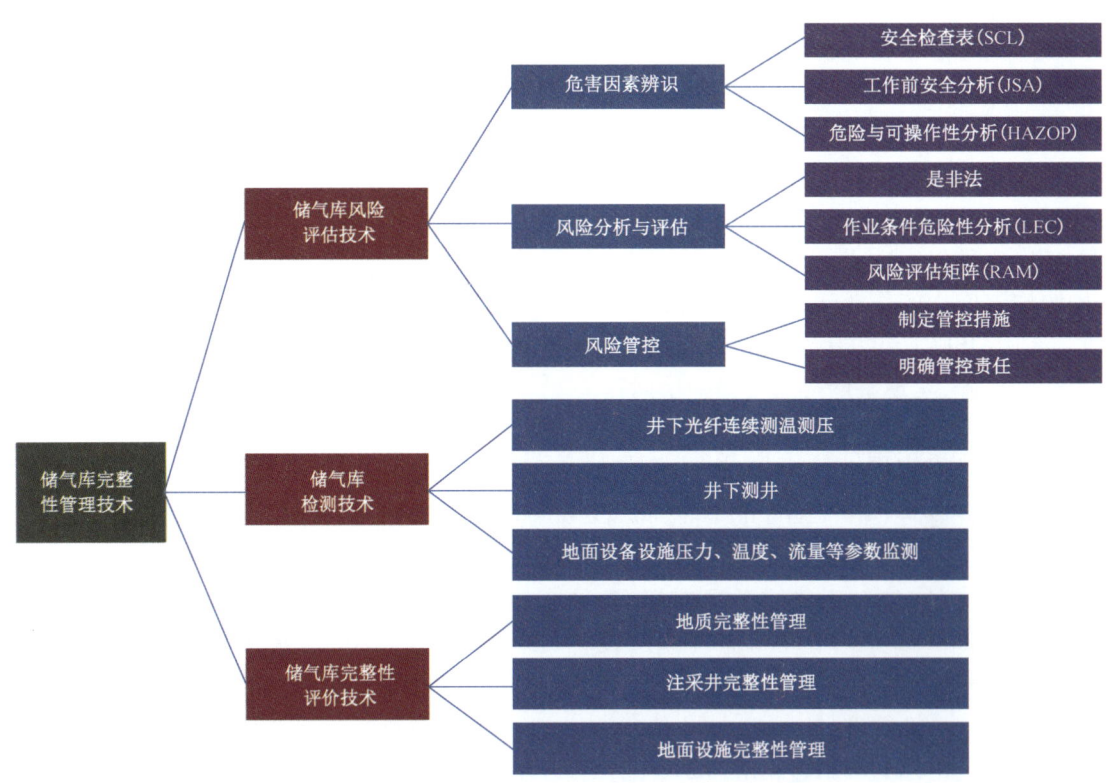

图6-1-1 储气库完整性管理技术示意图

二、危害因素辨识及风险评估方法

(一)危害因素辨识的目的

对工艺设备在设计、建造生产、停用、拆除和报废过程中以及日常各类作业活动中可能影响员工健康和引起人身伤害、财产损失或环境破坏的各类危害因素开展风险辨识,并对其风险大小进行评价,确定各种风险对健康、安全、环境的影响程度和人们对危害的可接受程度,据此制定相应的消除、削减和控制措施。

(二)危害因素辨识方法

危害因素辨识是识别健康、安全与环境危害因素的存在并确定其特性的过程。辨识范围包括对作业人员及活动、设备设施、物料、工艺技术、作业环境、环境风险受体等。危害因素辨识方法包括:

(1)询问、交谈。通过与工作经验丰富的人询问与交谈,初步分析出工作中存在的危害因素。

(2)查阅资料。通过查阅本单位或本行业的事故和职业病的记录和台账,查阅外部文献资料,分析发现本单位或本行业存在的危害因素。

(3)现场观察。通过对厂区所处地理环境、周边自然条件、场内功能区划分、设施布局、作业环境的现场观察,发现存在的危害因素。

(4)类比法。获取具有相同性质或类似单位的危害因素辨识材料,与其自身情况对照可以快捷地辨识本单位存在的危害因素。

(5)安全检查表(SCL)。通过系统制定出的安全检查表,确定检查的项目和要点,以提问方式对规定项目进行检查和评价,逐项进行评判来辨识危害因素。

(6)工作前安全分析(JSA)。为保障作业人员的健康与安全,在作业前识别出作业过程中的所有危害因素,制定和实施相应的控制措施,达到最大限度消除或控制风险的方法。

(7)危险与可操作性分析(HAZOP)。运用于工艺危害分析工作中,通过使用"引导词"分析工作过程中偏离正常工况的各种情形,从而发现危害因素和操作问题的一种系统性方法。

(三)风险评估方法

在危害因素辨识的基础上,依据风险评判准则,综合考虑风险后果和发生的可能性,进行风险评估分级。常用的风险评估方法包括是非法、作业条件危险性分析(LEC)、风险评估矩阵(RAM)等。

1. 是非法

是非法主要是由管理人员、技术人员和现场操作人员组成的评估小组,把事故、隐患、违章、事件作为风险评估的重要依据,通过经验直接判定的一种方法。该方法是经过现场所有参与人员的集思广益,依靠团队的智慧,共同讨论形成的结果,不适合某一专业或某一工种人员单独使用,更适合由各类参与者组成的团队使用,用于初步、简单、直接的进行评估。

使用是非法进行风险评估时,凡达到以下条件且能够直接导致 A 级生产安全事故、一般环境污染事故发生的判定为重要危害因素:

(1)相关方合理抱怨或要求的;

(2)直接可以观察到可能导致事故的危险且无控制措施;

(3)不符合法律、法规及其他要求的;

(4)曾经发生过人员伤亡事故仍未采取有效控制措施;

(5)原料、能源消耗方面超过设计值,有节能降耗潜力,并在短期内有能力实现的;

(6)废水、废气、噪声等污染物的排放不符合法律、法规、标准及其他要求的(包括内控指标);

(7)有毒有害废弃物(危险废物)处理不符合有关要求或未找到好的处置办法的;

(8)含有贵金属的废弃物有能力回收而没有回收的;

(9)有毒有害易燃易爆等物品在采购、运输、储存、废弃过程中可能有重大环境影响的;

(10)有放射性物质的;

(11)国家控制或禁止使用的物质,如氟里昂、石棉等;

(12)一旦发生,其环境影响可能造成相关方投诉或触犯法律的;

(13)可能发生重大人身伤亡、财产损害、环境破坏的事故隐患。

2. 作业条件危险性分析(LEC)

作业条件危险性分析(LEC),是一种评价人们在具有潜在危险性环境中作业时的危险性的半定量评价方法。该方法一般用于技术人员对现场危害因素进行量化打分,来判定该危害因素的风险等级,是较为精确但相对复杂的一种风险评估方法。

LEC 法是用与系统风险有关的三种因素之积来评价操作人员伤亡风险大小,这三种因素是 E(人员暴露与危险环境中的频繁程度)、C(一旦发生事故可能造成的后果的严重性)和 L(事故发生的可能性)。其赋值标准见表6-1-1。

表6-1-1 作业条件危险分析表

事故发生的可能性(L)		暴露于危险环境的频繁程度(E)		发生事故产生的后果(C)	
分数值	事故发生的可能性	分数值	频繁程度	分数值	发生事故产生的后果
10	完全可以预料	10	连续暴露	500	特大灾难性后果
6	相当可能	6	每天工作时间内暴露	100	大灾难,许多人死亡,或造成重大财产损失
3	可能,但不经常	3	每周一次,或偶尔暴露	40	灾难,数人死亡,或造成很大财产损失
1	可能性小,完全意外	2	每月一次暴露	15	非常严重,一人死亡,或造成一定的财产损失
0.5	很不可能,可以设想	1	每年几次暴露	7	严重,重伤,或较小的财产损失
0.2	极不可能	0.5	非常罕见地暴露	4	重大,致残,或较小的财产损失
0.1	实际不可能			1	需要救护的轻微伤害,或较小财产损失
				0~1	伤害很小

首先共同确定每一危害因素的 LEC 各项分数值,然后再以三个分值的乘积来评价作业条件危险性的大小,即:$D = L \times E \times C$。将 D 值与危险性等级划分标准中的分值比较,进行风险等级划分,若 D 值大于 70 分,则应定为重要危害因素。具体划分情况见表6-1-2。

表 6-1-2　等级划分表

分数值	风险级别	是否需进一步分析
>320	5	极其危险,不能继续作业(立即停止作业)
160~320	4	高度危险,需立即整改(制定管理方案及应急预案)
70~159	3	显著危险,需要整改(编制管理方案)
20~69	2	一般危险,需要注意
<20	1	稍有危险,可以接受

3. 风险评估矩阵(RAM)

风险评估矩阵(RAM),是基于以往发生的事故事件总结出来的经验并用于预测将来风险,通过对产生后果的严重性解释、后果的可能性解释,按照风险级别确定事故在人员、资产、环境、声誉方面的等级。该方法是一种较为简单直观且等级划分也较为精确的判定方法,现场班组使用较多。具体的风险评估矩阵见表 6-1-3。

表 6-1-3　风险评估矩阵表

序号	后果的严重性				后果的可能				
					A	B	C	D	E
	人员	资产	环境	声誉	全球石油化工行业从未听说过	全球石油化工行业内曾经有所闻	中石油企业内曾经发生过类似事件	西南油气田分公司一年发生过一起类似事件	西南油气田分公司一年发生过多起类似事件
0	没有受伤或健康影响	没有损失	没有影响	没有影响	L	L	L	L	L
1	微伤或影响健康	轻微损失	微少影响	轻微影响	L	L	L	L	L
2	较小受伤或影响健康	少量损失	轻度影响	轻度影响	L	L	L	M	M
3	较大受伤或影响健康	一般损失	一般影响	一般影响	L	L	M	M	H
4	伤残或死亡少于3人	大量损失	严重影响	严重影响	M	M	M	H	H
5	死亡人数超过3人	重大损失	重大影响	重大影响	M	M	H	H	H

(1)L级为可承受风险(低);M级为需关注风险(中度);H级为不可承受风险(高度)。
(2)评价结果 M、H 为重要危害因素。

三、生产作业活动风险防控

储气库管理处的生产作业活动是指在相国寺储气库生产运营过程中,任何有组织、有计划、有目的的生产活动。生产作业活动包括常规生产活动(气井开关、压缩机启停及工艺流程倒换等)、非常规生产活动(现场施工改造中的动火、高处、临时用电等危险作业)和辅助活动(后勤保障开展的所有活动,包括车辆、清洁、保安等)三大类。

（一）工作流程

储气库管理处的生产作业活动风险防控工作包括信息调查、危害辨识、风险分析与评估和应用改进4个主体流程。具体工作程序为:首先,梳理储气库所有岗位设置,明确岗位职责,清理岗位职责内涉及的工艺流程、设备设施及属地范围等工作内容信息;然后,根据清理出的工作内容信息划分管理单元,按照每个管理单元采用科学方法辨识危害因素;接着,对所有识别的危害因素运用是非法、作业条件危险性分析(LEC)、风险评估矩阵(RAM)等方法进行风险评估,同时,分析现有风险管控措施的完善性,找出现有风险管控措施的不足,完善风险管控措施;最后,将完善的风险管控措施融入生产各个环节。具体流程见图6-1-2。

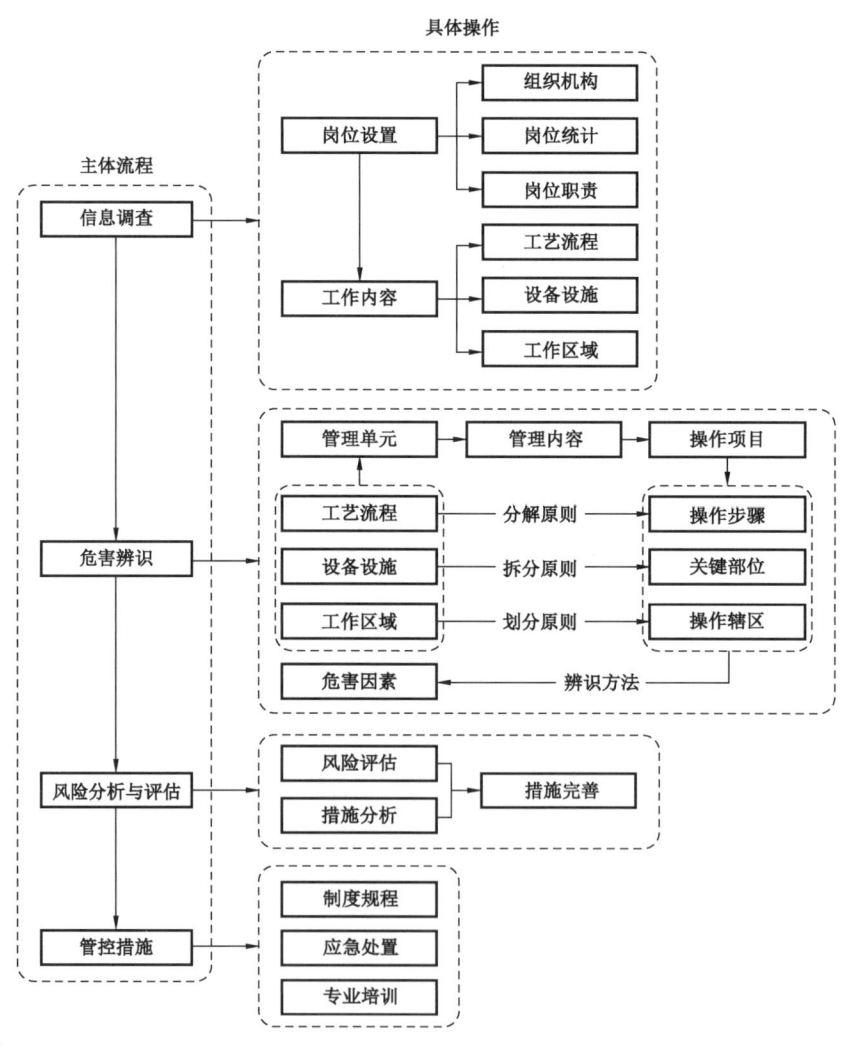

图6-1-2 生产作业活动风险防控工作流程图

(二)具体工作

1. 信息调查

在开展辨识与评估工作前,收集相国寺储气库组织结构图、岗位设置清单及岗位职责要求、储气库属地区域划分及区域位置图、集注站和注采井工艺流程图、主要设备设施清单、主要管理制度、操作规程、两书一卡一表、应急预案、储气库危害因素台账、风险评估报告、安全评价报告、HAZOP分析报告等资料。根据岗位设置清单及岗位职责,清理岗位职责内涉及的工艺流程、设备设施和工作区域,即明确危害因素辨识单元的属地、直线管理岗位,为后续的风险管控措施的落实明确职责。

2. 危害辨识

1)梳理、分解生产操作活动和设备设施

(1)划分工作区域。明确生产操作活动区域,有针对性地划分岗位操作活动辖区单元,可结合设备设施位置、操作活动范围、区块功能、岗位属地责任等划分操作活动辖区单元。相国寺储气库根据工作区域首先分为集注站、注采站、给水泵站、阀室、集输管线和电力线路,集注站按照功能分区划分为办公区、集输区、增压区、脱水区、乙二醇回收装置区、变电站、消防给水装置区等重要区域,按照岗位划分为巡检组、巡线组、电力组、调度组及各技术管理岗位。

(2)梳理、分解操作活动。对每个管理内容,进行工作任务细分,最后分解到可开展危害因素辨识与风险评估的基本单元,即为操作项目。各岗位最终划分的全部操作项目按照一定逻辑进行排序,按照工艺流程顺序,先排列常规生产活动,再排列辅助活动,然后排列非常规作业和相关方配合作业。相国寺储气库的常规生产活动包括气井开关、压缩机启停及工艺流程倒换等;辅助活动是指后勤保障开展的所有活动,包括车辆、清洁、保安等;非常规作业包括现场施工改造中的动火、高处、临时用电等危险作业。

储气库通过生产作业活动的梳理、分解,再应用工作前安全分析(JSA)分解操作步骤,将每个操作项目分解成若干操作步骤,最后对每个操作步骤进行危害辨识。其中储气库的常规作业编制了19个一般操作卡和28个关键操作卡,并每年组织开展工作循环分析(JCA),对操作卡的操作步骤、流程、危害因素及控制措施等进行验证和修改。

(3)梳理、拆分设备设施。明确各岗位所涉及的设备设施,建立岗位设备设施台账。设备设施关键部位拆分按照由外到里、由上至下,先设备本体再附件的顺序进行。

储气库应用了安全检查表法(SCL)拆分设备部件,将每台重要设备拆分成若干部件,按每个部件可能出现的缺陷或偏差辨识危害。

2)危害因素辨识

相国寺储气库现场的危害因素辨识采用了询问交谈、现场观察、工作前安全分析(JSA)、安全检查表(SCL)、危险与可操作性分析(HAZOP)等方法。

(1)应用工作前安全分析(JSA)对操作项目开展危害因素辨识,包括储气库日常所有的常规作业和非常规作业;

(2)应用安全检查表法(SCL)对重要设备设施及工作区域开展危害因素辨识;

(3)重点运用了危险与可操作分析(HAZOP)对大功率压缩机组开展了工艺安全分析;

(4)集注站岗位员工主要通过询问、交谈、现场观察等方法开展岗位的危害因素辨识;

(5)技术管理人员结合安全观察与沟通,现场观察员工实际操作,验证所分析的危害因素是否与实际相符,是否存在遗漏。

3. 风险分析与评估

相国寺储气库对所有识别出的危害因素从导致后果的严重程度和引发危害的可能性两个方面,采用了是非法、作业条件危险性分析(LEC)、风险评估矩阵(RAM)三种评价方法进行风险评估。

(1)操作活动现场主要采用是非法进行风险评估;

(2)专业技术人员和安全管理人员在系统开展风险评估时,采用 LEC 法和矩阵法两种评价法;

(3)现场通过是非法评估出的高风险需采用 LEC 法和矩阵法进行二次评价;

(4)通过三种风险评价法评价为高风险的危害,评估人员必须到作业现场对相应的操作和设备设施进行确认和查证;

(5)储气库工艺设备 HAZOP 分析、安全、环保现状评价等风险评估的结果直接作为风险评估的结果使用;

(6)最终确定的储气库高风险危害因素,组织技术专家、相关技术管理人员、操作技能专家等一并讨论审定。

4. 风险管控措施

辨识危害、评估风险的目的是控制风险。为此相国寺储气库对每项识别出的危害因素,从管理和技术两方面制定风险控制措施,把控制措施应用到制度标准、教育培训、警示提示、监督检查、业绩考核、属地管理等方面。

(1)建立完善储气库风险管控文件,包括建立各项管理制度,常规生产活动编制操作规程、两书一卡一表,采用作业许可对非常规生产活动进行管控,编制储气库各类应急预案等;

(2)建设并投用各类安全防护设备设施,现场按照要求安装有安全警示标志标示,岗位人员根据岗位实际情况配备齐全个人防护用品;

(3)储气库将识别出的危害因素纳入班组日常巡检工作,并纳入定期的 QHSE 监督检查中;

(4)将风险管控成果导入到 HSE 培训矩阵,将涉及各岗位的危害因素、危害、风险控制措施和应急流程等信息纳入班组培训及各类集中培训。

四、生产管理活动风险防控

相国寺储气库生产管理活动是全生命周期运行中涉及的所有业务管理活动。包括设计、施工建设、试运行、生产运行、装置设备报废等各阶段、全过程,并包括检维修和非常规作业中,与生产安全相关的管理活动。

储气库生产管理风险防控工作的总体思路是以风险控制为核心,从行为安全、工艺安全、系统安全入手,应用工作前安全分析(JSA)、安全检查表(SCL)等工具,按照每个操作步骤、单台设备辨识危害,运用简捷方法评估风险,建立融操作、设备设施和管理风险于一体的 HSE 风险管控体系,实现 HSE 风险可控受控。具体技术路线见图 6-1-3。

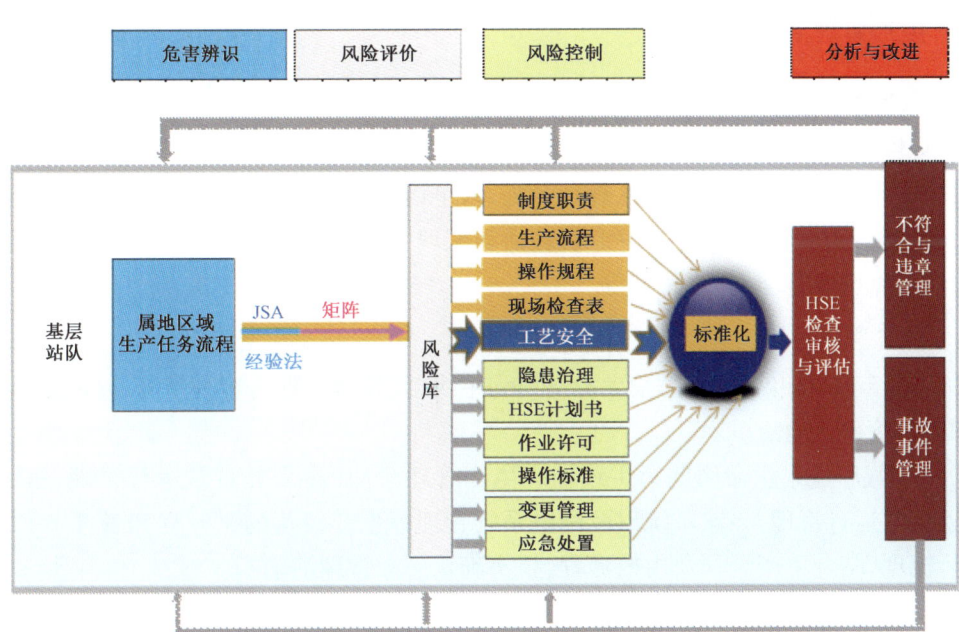

图 6-1-3　生产管理风险防控技术路线

生产管理风险防控工作的流程主要包括：梳理生产管理活动，分析存在的管理风险，确定风险等级、责任分级及管控措施，明确风险管控的责任主体（图 6-1-4）。

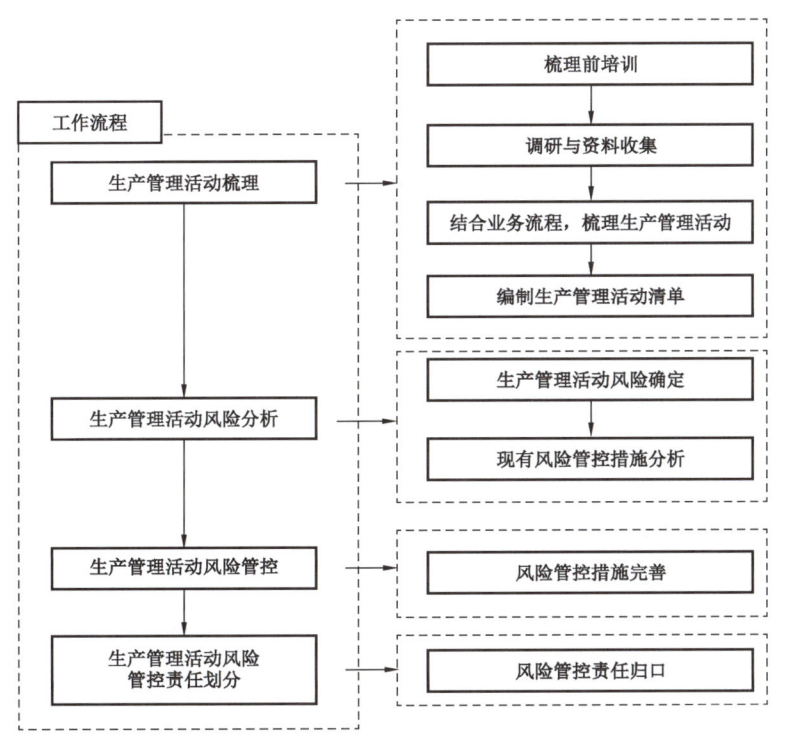

图 6-1-4　生产管理风险防控工作流程图

(一)生产管理活动的梳理

1. 生产管理活动梳理原则

生产管理活动覆盖储气库所有的管理活动,从设计、施工、投产、运行等生产经营全过程和各环节,按照业务流程、部门职责,从规划计划、人事培训、生产组织、工艺技术、设备设施、物资采购、工程建设等方面进行梳理。生产管理活动梳理应明确重点关注的、存在安全风险的管理活动,比如重点设备管理,应急管理等。

2. 生产管理活动的梳理过程

相国寺储气库采用储气库注采生命周期为主线、以具体管理内容为基准、紧密结合工作流程,梳理生产管理活动清单。

(1)以储气库注采生命周期为主线梳理生产管理活动(注采井日常运行管理、压缩机组、脱水装置日常运行管理,集输系统以及配电系统管理等生产经营的全过程和各环节),对每项职能进行梳理,结合生产流程及内控流程,核实确认一级管理活动。

(2)针对每个一级管理活动内容,按照工作流程及管理内容细化出二级、三级生产管理活动内容。

(3)合并相同生产管理活动内容,规范术语,落实直线责任部门及责任人,确定生产管理活动清单。

(4)根据梳理确认的生产管理活动内容进行具体业务描述。

(二)风险分析与管控措施

对照储气库梳理出的生产管理活动结果,分析生产管理活动存在的管理风险,分析确认现有管控措施的有效性;在生产管理活动风险分析的基础上,制定、完善和落实风险分级管控措施。

(1)完善管理人员QHSE职责,把生产活动中存在的风险纳入管理人员QHSE职责中,落实风险管控责任。

(2)修订补充各项规章制度,将风险管控制度化、日常化,并建立检查考核机制。

(3)建立非常规作业名录,非常规作业严格落实危害因素辨识并制定防控措施。

(4)根据培训矩阵对管理岗位进行相关安全培训,掌握风险控制措施。

(5)对进入储气库的承包商进行选择,对参加施工人员进行风险管控能力培训。

(6)编制《储气库管理处安全生产综合应急预案》和《储气库管理处突发环境事件应急预案》并进行地方备案,编制各专项应急预案并进行发布。并定期开展应急预案演练,组织应急响应与救援,开展现场应急处置。

(7)设备设施风险管控措施与采购、安装、操作、检查、维护及保养等环节结合,对关键设备设施进行监测和检验,及时发现并消除隐患。

(8)开展重大危险源辨识,经辨识储气库现场存放的天然气的临界量47t,低于《危险化学品重大危险源辨识》(GB 18218)中50t的临界量,所以储气库不属于重大危险源。

五、相国寺储气库风险防控效果

相国寺储气库通过建立与实际生产相符合的风险防控体系,不断开展和完善风险防控工作,使相国寺储气库全生命周期的运行风险得到很好的管控,目前储气库已历经"五注四采",实现了安全平稳运行。经总结储气库风险防控工作主要取得以下几点效果。

(一)风险底数清晰

通过各级危害因素辨识,风险全面分析评估,共辨识出重要危害因素12项,一般危害因素145项。每条危害因素均安排责任部门和责任人员并落实管控措施,其中重要危害因素还制定有专项管理方案。

(二)防控能力增强

储气库各层级管理人员和所有的操作人员每年对自身岗位内的危害因素进行辨识,通过该项工作的开展,熟练掌握危害因素辨识方法,有效运用"五位一体"、HSE工具方法、制度和方案等风险控制措施,落实管控责任,削减各级风险,消除违章,控制事故发生。

(三)防控责任明确

建成一套完整的风险防控体系,对各级操作活动和管理活动风险防控责任明确,实现各级风险防控的有效对接,横向到边、纵向到底。避免了关键环节和节点风险防控措施缺位,交叉环节责任落实错位。以业务为主导,推动风险分级防控,发布《风险作业管理目录及风险作业到现场的人员矩阵》,明确各类风险作业到现场人员。多方位加强"两个现场"的风险管控,集合各级监督力量,紧盯关键领域的重大风险,规范作业现场。

(四)防控方法完善

进一步完善各岗位的QHSE责任、生产作业活动的操作规程、QHSE监督检查手册、储气库应急预案体系、HSE培训的"五位一体"风险防控方法,修订完善规章制度、应急预案,重大风险落实专项风险管控方案,保证各层级风险可控、受控。储气库共制定31项操作规程;编制的QHSE监督检查手册包括25张生产过程检查表、14张地面建设检查表和8张钻井试修检查表;储气库应急预案体系的建立共完成生产安全事故综合预案编制发布,15项专项应急预案的编制发布,36张应急处置卡的编制发布;HSE培训方面组织机关科室、集注站技术、管理人员、操作人员开展应急管理知识培训,包括应急预案、风险评估报告、储气库动态安全风险分析与应急处置、应急体系建设与预案解读。

(五)安全意识提升

让岗位员工和各级管理人员深刻理解风险和事故的因果关系,充分认识"风险不能有效防控就会转变成危险,甚至引发事故"的理念。任何操作和管理行为事先辨识危害因素、评估风险,落实防范措施,避免事故发生,员工安全意识明显增强。为持续提高储气库整体安全意识,储气库还邀请第三方单位通过访谈、考试、现场实做等方式,对114名员工开展QHSE履职能力评估。

第二节 地质完整性管理

相国寺气田石炭系气藏改建为地下储气库,地质与气藏工程从方案可行性研究到初步设计,及后期设计优化,逐步提高认识,形成优化方案。通过对相国寺石炭系气藏静、动态资料分析,认为储气库受到强注强采、交变载荷影响,存在地层或井壁岩石松散、断层漏失、盖层及底托层漏失、老井井工程封堵失效、水体入侵等风险,影响储气库安全运行。为确保储气库地质安全及高效运行,需要合理部署监测系统,并做好储气库封堵老井管理、监测井管理、注采运行过程中地质安全预警等管理工作。

一、地质风险点分析

(一)储层出砂及井壁垮塌风险

本书第三章第四节完井方式中介绍了储层出砂预测及井壁稳定性分析,生产压差为10MPa 和 15MPa 时,在井周任何方位上,岩石抗剪强度始终大于井壁上的最大剪应力,即裸眼状态下保持该生产压差生产,不会出现井壁垮塌的情况;生产压差为 20MPa 时,井壁上的最大剪应力大于岩石抗剪强度,裸眼状态下会发生井壁不稳定的状况。通过计算,裸眼状态下,保持井壁稳定的最高生产压差为 15.4MPa。

注采井在最大合理产量生产时的生产压差均小于临界出砂生产压差,此时井壁稳定;当注采井超过最大合理产量进行生产时,其生产压差与临界出砂生产压差非常接近,可能会出现生产压差大于临界生产压差的情况,存在井壁不稳的风险。因此,在储气库应急调峰时,可能出现突然增大天然气产量的情况,引起井下压力大范围波动,出现生产压差大于临界出砂生产压差,造成井壁不稳定,出现垮塌的风险。

(二)断层密封性失效风险

断层密封性是指断层上下盘岩石或断裂带与上下盘岩石由于岩性、物性等差异导致排替压力的差异,从而阻止流体继续通过断裂带或对应上下盘的性质,在地质空间上表现为垂向密封性和侧向密封性。如果断层的密封性差,就会存在断层漏失。断层漏失也相应地分为垂向漏失和侧向漏失,漏失机理如图 6-2-1 所示。漏失准则:一是正应力小于填充物抗压强度;二是断层附近发育渗透层。

1. 垂向漏失

根据漏失准则计算①②③④⑤号断层(图 6-2-2)在储气库上限压力 28MPa 和气藏枯竭压力 2.4MPa 两种状态下的断面正应力,并与填充物抗压强度 35MPa 进行对比(表 6-2-1),结果显示,建库目的层黄龙组在满库容和压力枯竭两种状态,断面正应力都大于填充物抗压

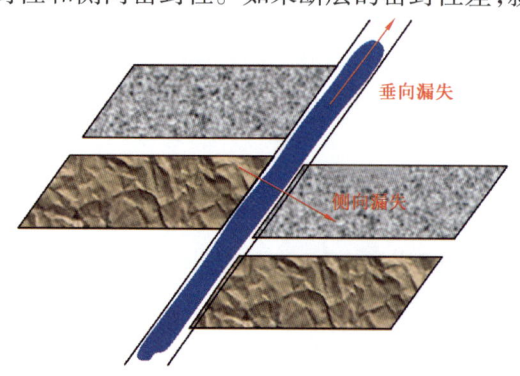

图 6-2-1 断层漏失机理示意图

强度,断层垂向均处于密封状态。且断层垂向漏失风险与断面正应力相似,即从浅至深依次增大,相对于深部底层,需要更加密切关注浅部断层的密封性。

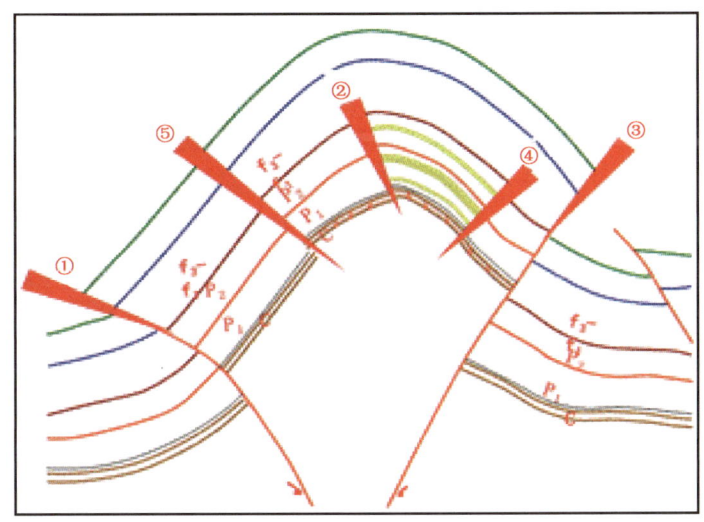

图 6-2-2　相国寺气藏断层垂向泄露风险示意图

表 6-2-1　相国寺气藏断层垂向泄漏风险计算结果

断层	C_2hl 枯竭时 断面正应力(MPa)	C_2hl 注满气时 断面正应力(MPa)	抗压强度 (MPa)	垂向漏失风险 相对较大埋深(m)	垂向漏失风险 相对较大层位
①	45.1	47.7	35	0~1985	T_3x
⑤	47.6	50.3		0~1985	T_1f、T_1j
②	44.1	46.6		0~1985	T_1f、T_1j
④	84.5	86.2		0~1117	T_1f、T_1j
③	88.2	90.0		0~1117	T_1f、T_1j

将抗压强度35MPa代入断面正应力计算公式,反求可能发生断层垂向漏失的断面埋深,结果显示,①⑤②号断层可能在埋深浅于1985m处发生垂向漏失,④③号两条断层可能在埋深浅于1117m处发生垂向漏失。

鉴于当前储气库注采井都在②④号断层之间,这两条断层在注采过程中受压力变化最为敏感,断面正应力变化较迅速,垂向漏失风险相对其他三条也最大,需要密切注意。

2. 侧向漏失

鉴于侧向漏失与两盘渗透层落差有关,采用断层两盘岩性对接分析法,并将两盘渗透层对接关系作为断层侧向漏失的判断准则。

地层层序研究结果显示,相国寺构造纵向上发育4个气藏,即建库目的层 C_2hl、P_1q、P_1m、P_2ch,其中 P_1q 展布及发育程度有待于进一步落实,但相1井在该层有过采气历史。统计多口井地层实钻结果,4套渗透层距离关系如图 6-2-3 所示。

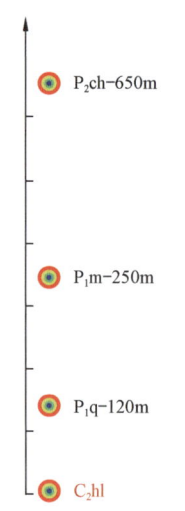

图6-2-3 相国寺构造渗透层间隔关系示意图

结合前述断层发育结果,对比断层落差和渗透层关系(图6-2-4),目的层与上覆渗透层存在对接的可能,主要表现为:

② 号断层落差80~570m,最小落差小于目的层与第一渗透层距离120m,最大落差没有超过目的层与第三渗透层距离650m,则建库目的层 C_2hl 与上覆第一渗透层 P_1q 和第二渗透层 P_1m 存在对接的可能。

③ 号断层落差200~1200m,最小落差大于目的层与第一渗透层距离120m,最大落差超过目的层与第三渗透层距离650m,则建库目的层 C_2hl 与上覆第二渗透层 P_1m 和第三渗透层 P_2ch 存在对接的可能较大。

④ 号断层落差120~400m,最小落差基本等于目的层与第一渗透层距离120m,最大落差没有超过目的层与第三渗透层的距离650m,则建库目的层 C_2hl 与上覆第一渗透层 P_1q 和第二渗透层 P_1m 存在对接可能较大。

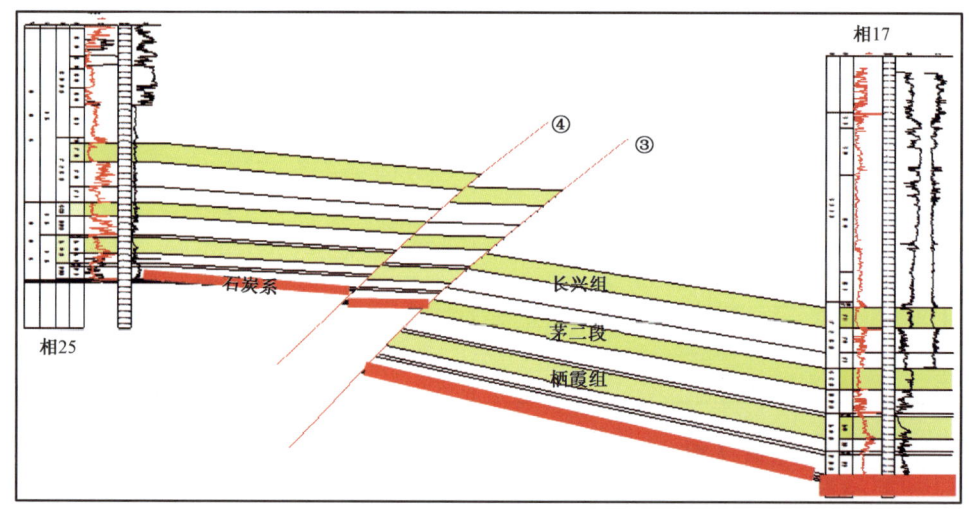

图6-2-4 相国寺构造断层岩性对接关系示意图(以③④号断层为例)

⑤ 号断层落差60~150m,最小落差小于目的层与第一渗透层距离120m,最大落差没有超过目的层与第三渗透层距离650m,则建库目的层 C_2hl 与上覆第一渗透层 P_1q 和第二渗透层 P_1m 存在对接可能较大。

断层侧向漏失分析结果显示,建库目的层 C_2hl 与上覆第一渗透层 P_1q、第二渗透层 P_1m 以及第三渗透层 P_2ch 都存在对接可能,根据断层侧向漏失判断准则,目的层有穿过断层向三套渗透率层漏失的风险,需要密切监测。其中第一渗透层和第二渗透层距离渗透层的距离较近,最先感知建库目的层 C_2hl 的漏失,需要密切监测。

(三)盖层及底托层密封性失效风险

宏观上盖层及底托层要有一定的厚度,在原地应力状态下,最大主应力小于岩石抗压强度时,岩石不会发生机械破坏,而当最大主应力超过岩石强度时,岩石发生机械破坏,产生裂缝或者滑移,为流体运移提供通道,即机械漏失机理。在岩石不发生机械破坏情况下,流体也有可能穿过颗粒之间最大的孔喉,仅需要克服界面张力的阻挠,也会为流体运移提供通道,即微观漏失机理(图6-2-5)。机械破坏与否,主要取决于储层压力和盖层及底托层岩石力学性质,而微观突破则主要取决于盖层及底托层岩石中最大孔喉半径的影响。

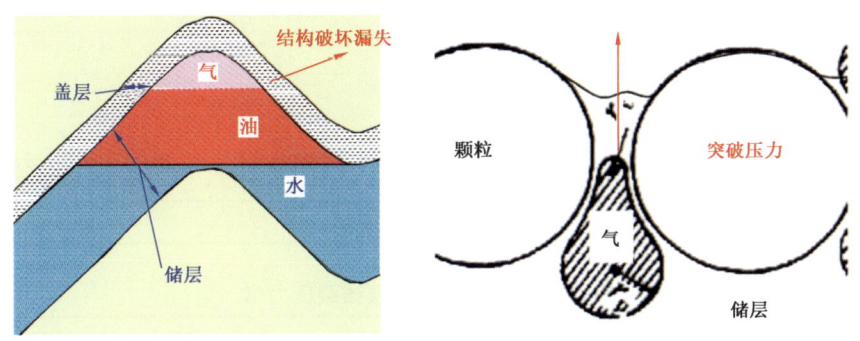

图6-2-5 盖层漏失机理示意图

主要从宏观地质条件、微观封堵能力、力学性质对盖层封存有效性的影响3个方面进行盖层及底托层封存条件评价。

盖层、底托层的地质条件评价包括岩性、厚度、空间展布范围等。以二叠系底部梁山组广泛分布的厚度约10m的致密泥页岩为直接盖层,下伏志留系为底托层,沉积厚度数百至上千米,空间展布连续。三叠系嘉陵江组厚达100m的膏盐层是良好的区域盖层。盖层及底托层整体地质封存条件好。

泥岩对天然气的封盖机理起主要作用的是毛管压力封闭。评价天然气盖层封闭能力的参数主要有孔隙度、渗透率、比表面积以及突破压力等,其中突破压力是决定泥岩盖层封闭游离相天然气能力的重要参数。梁山组的微孔径分布特征为,孔隙半径分布在1.0~100.0nm,主频孔径以2~4nm孔为主。志留系的微孔径分布特征为,孔隙半径分布在0.5~60.0nm,主频孔径和平均孔径为2nm孔。志留系岩石成岩与压实程度更加稳定,测定的微孔径值差异小。采用驱替法实验,开展了相储4、15井盖层梁山组岩样突破压力测定(表6-2-2),测试结果表明泥岩盖层属于优质盖层。

表6-2-2 梁山组岩样突破压力测定结果

井号	井深(m)	岩性	孔隙度(%)	气测渗透率(mD)	束缚水饱和度(%)	最大毛管半径(μm)	突破压力(MPa)	突破时间(Ma)
相储4	2556.04	粉砂岩	0.92	0.3	36.5	0.03	26.83	3.89
	2561.43	粉砂岩	0.48	0.003	49.5	0.03	未突破	
相储15	2717.71	泥岩	5.33	0.038	46	0.03	18.67	1.51
	2717.75	泥岩	5.33	0.002	43.5	0.03	27.67	4.6

盖层及底托层最重要的评价指标是岩石的破裂压力,通过三轴实验、地应力测试、抗张强度实验,对相国寺储气库南(相储22井)、中(相储4井)、北(相储15井)段3口取心井(相开展测试,结果见表6-2-3及表6-2-4。通过应力实验计算得到盖层、底托层破裂压力均在60MPa以上,高于储气库运行上限压力28MPa,分析认为注采过程中的交变应力对盖层封闭性影响小。

表6-2-3　梁山组地层破裂压力表

井号	井深(m)	破裂压力(MPa)	破裂压力梯度(MPa/100m)
相储15	2716.85	62.88	2.314
	2717.00	64.78	2.384
相储4	2556.30	60.77	2.377
	2560.54	61.18	2.389
相储22	2568.30	61.21	2.383
	2568.30	60.05	2.338

表6-2-4　志留系地层破裂压力表

井号	井深(m)	破裂压力(MPa)	破裂压力梯度(MPa/100m)
相储4	2605.56	62.24	2.389
相储22	2577.03	61.56	2.389
	2579.55	62.46	2.421

(四)封堵井密封性失效风险

相国寺气田共钻井38口,这些老井使用年限长,井况条件复杂,需要分析其完整性,特别是建库目的层的老井。老井评价主要分为油层套管评价和固井质量评价两部分。套管评价主要是油层套管是否变形、破裂、腐蚀情况等。固井质量评价主要是评价储层上部是否有可以有效封堵的优质固井段。依据第三章第一节介绍的老井评价原则、内容及评价技术,完成封堵老井21口。依据实际封堵情况,部分老井目的层与第1渗透层栖霞组之间水泥胶结不合格,存在沿着井眼的泄漏风险,需要监测第1渗透层栖霞组。部分老井套铣渗透层附近套管,只做了短时间的试压测试,无法保证局部的封堵质量,存在沿着井眼的泄漏风险,需要监测第1、2渗透层。

(五)水体侵入风险

相国寺石炭系气藏为边水气藏,受构造和岩性的复合控制,边水与外界不连通,动态上表现出水体不活跃。气藏压降储量图上视地层压力与累计产量基本呈直线关系,后期无明显上翘,表现出边水能量不大,水侵弱,对气藏开采无明显影响的特征,气藏驱动类型以弹性气驱为主。

相国寺石炭系气藏自1977年投产以来,除相10、12井因见地层水未投产,相13井为水井,其余5口气井生产一直稳定,至2011年底未见地层水。井区月产水最高24m³,历年累计产水1903m³,井区各井产水水性均为凝析水,从2004年开始,井区没有产水。说明边水未进入气藏内部,表现出均匀推进的动态特征。

随着储气库强注强采,流体渗流速度相对于气藏开发阶段高,进一步加剧储层渗透率的非均质性,可能使底水沿优势通道侵入储层内部,影响构造低部位气井的产能,影响储气库的瞬时调峰能力,需要监测南北端气水界面变化。

二、地质完整性管理措施

根据上述地质风险点分析,地质完整性管理工作要求贯穿储气库全生命周期,注采运行期间要求加强监测,跟踪对比压力、气质变化情况,分析监测效果,实时评估风险,制定防控措施,保证储气库安全平稳运行。

(一)圈闭密封性监测管理

借鉴国外储气库监测体系经验,考虑国内储气库监测体系现状,结合相国寺构造地质特点和风险分析结果,部署相国寺储气库监测体系。目的是监控相国寺储气库圈闭密封性。

盖层监测系统:监测直接盖层梁山组泥页岩的密封情况,通过部署监测井来实现。断层监测系统:重点监测②④号断层垂向和侧向密封情况。上覆浅层监测系统:监测上覆煤层及膏岩上方渗透层的含气性,并将浅层含水层作为最后一道安全防线。圈闭周边监测系统:重点监测⑤③号断层下盘渗透层的含气性,确保两条断层侧向处于密封状态。气水界面监测系统:监测储气库注采运行过程中南北两端边水运移情况。气库内部温度压力监测系统:监测储气库运行过程中狭长构造长轴方向的压力和温度场分布。

通过已部署的6口监测井,基本满足盖层、水体、断层和气库储层等圈闭密封性监测功能。

(二)储层出砂预防管理

相国寺储气库注采运行中,最大生产压差在3~5MPa,低于裸眼状态下井壁失稳的生产压差15.4MPa。同时各注采井完井设计均安装防砂筛管,目前储气库无储层出砂情况。

为避免发生储层出砂及地层垮塌,注采运行中的主要控制措施是合理控制生产压差。目前依据注采井注采能力研究成果,已形成了各注采井不同地层压力下合理及最大注采气量。不同周期注采运行配产时,要求控制各注采井产量在合理范围内。

(三)断层、盖层及底托层完整性管理

目前断层及盖层监测井井口及井底数据变化情况表明(表6-2-5及图6-2-6~图6-2-9),储气库各周期注采运行期间,未出现压力、温度异常现象。表明储气库上覆盖层、第1和第2渗透层、③号断层均无异常风险,也说明目前储气库断层、盖层及底托层密封性好。

表6-2-5 储气库作业区在运行监测井压力统计表(2017.10.31 数据)

序号	井号	井口		井下	
		油压(MPa)	套压(MPa)	压力(MPa)	温度(℃)
1	相监1	22.36	18.05	25.42	72.99
2	相监2	0	0	—	—
3	相监3	3.35	3.79	5.09	56.83

续表

序号	井号	井口		井下	
		油压(MPa)	套压(MPa)	压力(MPa)	温度(℃)
4	相监4	3.24	3.22	3.83	52.52
5	相监5	2.07	—	2.49	47.66
6	相储10	23.41	23.16	—	—

图 6-2-6 相监2井数据变化曲线图

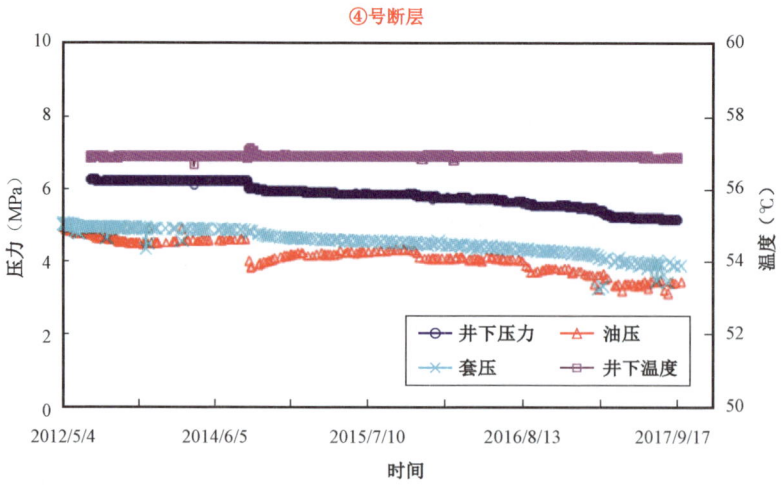

图 6-2-7 相监3井数据变化曲线图

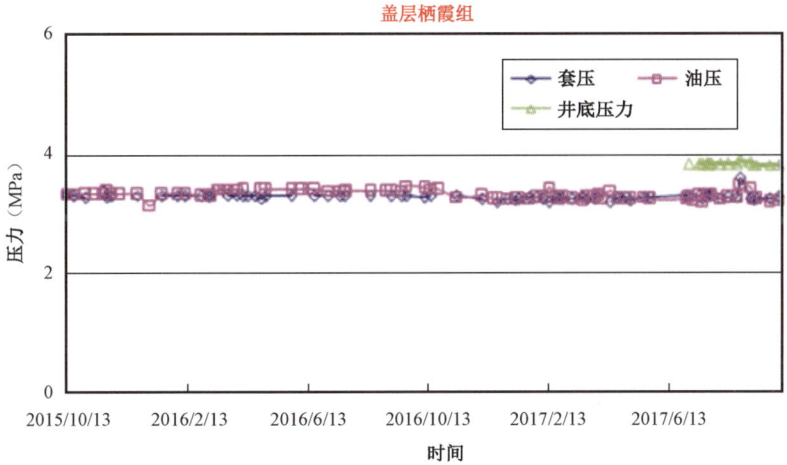

图6-2-8 相监4井数据变化曲线图

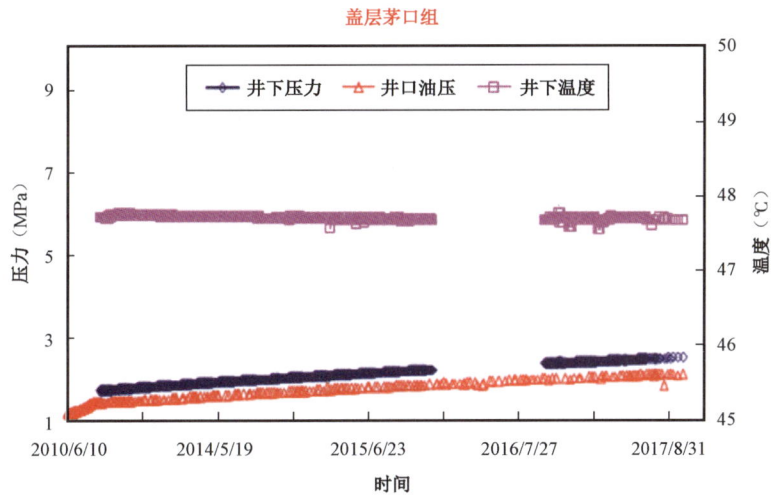

图6-2-9 相监5井数据变化曲线图

为保证储气库断层、盖层及底托层的完整性,控制风险,采取管控措施为:

(1)建立老井修复利用建立监测井及新完钻监测井修井报告、试油报告等静态资料台账,为监测井带压等风险分析提供基础资料。

(2)制定监测井巡检工作质量标准。强化监测,压力与气质的监测与分析是重点。制定监测制度,巡检周期为1次/周。每半年进行一次气质组分分析,跟踪气质变化情况。形成压力、气质分析数据库。

(3)对比分析油压、各环空压力、气质组分变化情况,当监测井发现压力、温度值异常时,加密巡检周期,需及时分析异常原因,落实风险控制措施。

(4)利用数值模拟技术跟踪预警各注采井井底注气压力(图6-2-10),设置相国寺储气库压力预警红线28MPa(图6-2-11),避免压力超高,有效防止盖层及断层压力突破。根据注采井压力跟踪情况,及时调整各井注气量,必要时关井,确保不超压,实现合理配产,保障气藏安全。

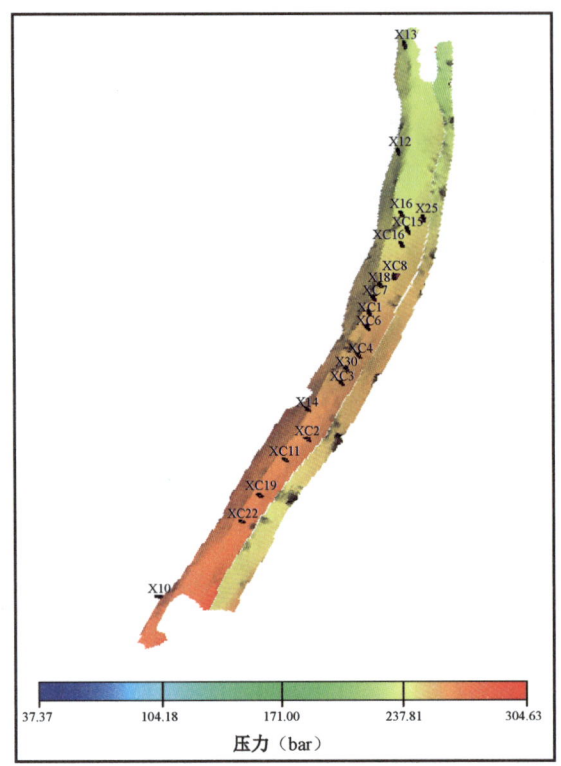

图6-2-10 数值模拟压力分布图

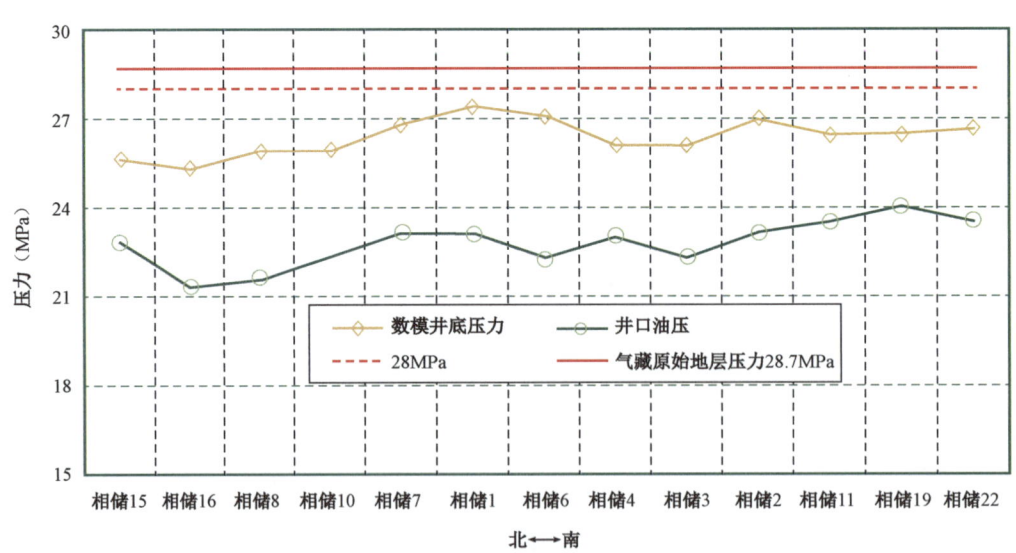

图6-2-11 注气期压力跟踪计算图

(四)封堵老井完整性管理

封堵井带压情况见表6-2-6。茅口组4口封堵井压力全部为0MPa,表明茅口组层位封堵效果好;长兴组1口封堵井压力为0MPa,表明长兴组封堵效果好;相23井压力为0MPa,表明该井封堵效果好;石炭系8口封堵井中相18井和相12井井口有压力,其余6口封堵井井口油压均为0MPa。相12、18井虽然井口起压,经过气质分析可知,井筒内天然气不是来自石炭系。因此可以判断,石炭系封堵效果较好。以上分析表明目前封堵老井无异常,未发现储气库注采气窜漏的风险,老井完整性很好。

表6-2-6 相国寺储气库封堵井压力统计表(2017.10.31数据)

封堵层位	井号	套压(MPa)	油压(MPa)
石炭系	相25	0	0
	相16	0	0
	相18	8.375	8.468
	相12	—	0.474
	相13	0	0
	相14	0	0
	相30	—	0
	相10	0	0
茅口	相1	—	0
	相5	—	0
	相7	—	0
	相浅15	—	0
长兴	相6	—	0
其他	相23	—	0

为保证储气库封堵老井的完整性,控制风险,采取管控措施为:

(1)相国寺储气库库区内共有封堵井14口。建立封堵井修井静态资料台账,为封堵井带压等风险分析提供基础资料。

(2)建立监测方案与制度,并对监测结果进行分析,尤其是压力与气质的监测与分析。制定封堵井巡检工作质量标准,巡检周期为带压封堵井1次/周,未带压封堵井为1次/15天。带压封堵井每半年进行一次气质组分分析,并形成压力、温度数据库。

(3)通过测井手段,定期开展井内套管腐蚀及固井水泥环屏障评价,判定屏障是否失效,分析可能风险,制定应对措施。

(4)开展地表检测,主要包括断层露头流体对比监控,井周500m地表油、气、水监控及封堵前后淡水水质变化监控,形成检测资料台账。监测在储气库一个运行周期内,地表淡水水质是否发生明显变化,判断是否封堵失效。目前未发现异常。

(五)水体侵入预防管理

北部水体监测井相监1井井口及井底数据变化情况表明(图6-2-12),储气库各周期注采运行期间,压力计温度无异常,北部水体无侵入。数值模拟预测气藏边水向气藏侵入水体能力无明显变化(图6-2-13),未对气藏造成影响。同时,历次采气期对采出水样进行水体性质分析结果接表明,储气库未产地层水。

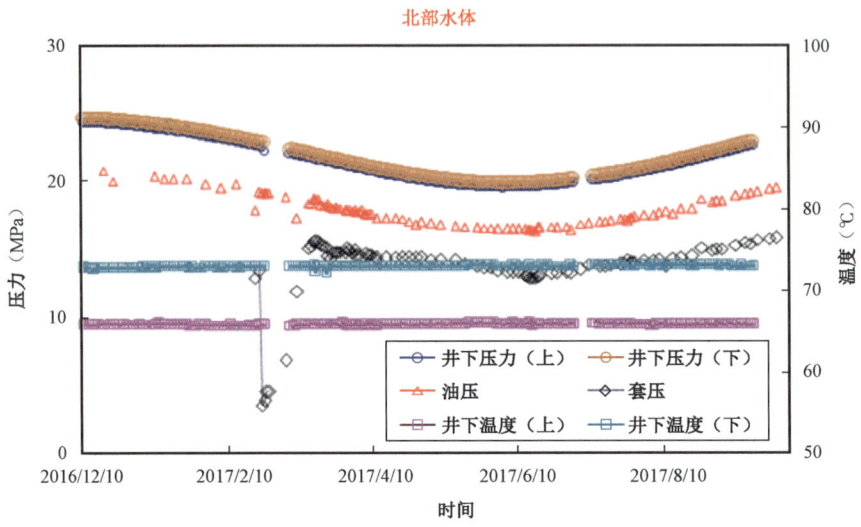

图6-2-12 相监1井数据变化曲线图

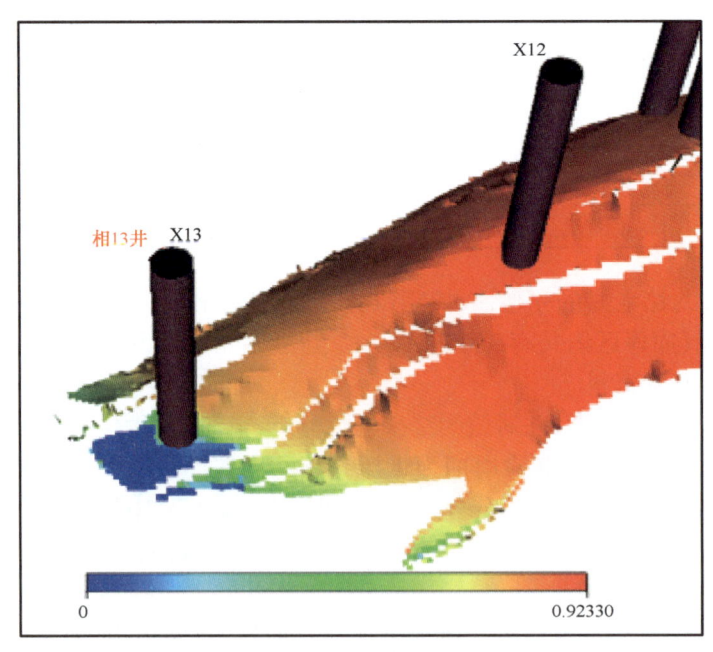

图6-2-13 含气饱和度分布图

为预防水体侵入对储气库注采运行的造成影响,控制风险,采取管控措施为:

(1)严格控制储气库注采气量在合理范围内,避免强注强采,加剧储层渗透率的非均质性,引起水体侵入储层内部。

(2)数值模拟预测,实时跟踪边水能量变化情况。

(3)建立水体监测井监测制度,每日分析压力、温度等数据变化情况,并形成压力、温度数据库。发现异常,及时分析,制定应对措施。同时,需通过测井手段,定期开展监测井水体界面变化情况。

(4)持续开展储气库产水水质分析,采气期每半个月取一次水样开展分析,建立水质变化数据库。

(六)库容复核评价地质完整性

为整体评价储气库密闭性,各注采周期均开展库容复核,利用库存量与地层压力的关系综合评价地质完整性,进一步验证储气库是否存在漏失。储气库注采转换平衡期末,均开展注采井及储层监测井动态监测,录取平衡期末各井井底压力、温度值。根据实测地层压力和注采量,形成相国寺储气库达容过程中地层拟压力—库存量关系曲线,如图6-2-14,表6-2-7所示。

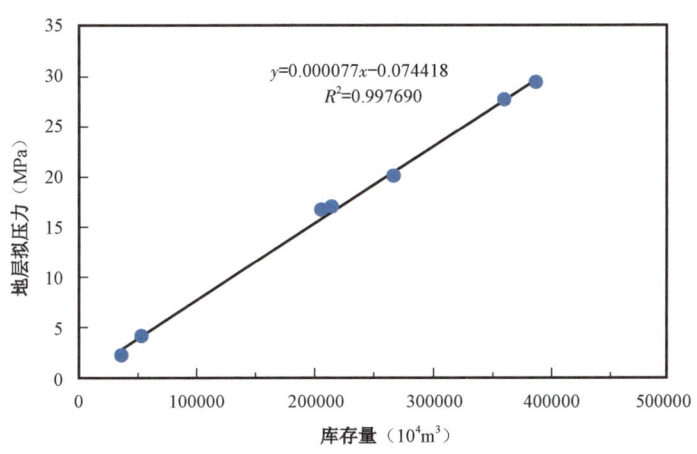

图6-2-14 相国寺储气库地层拟压力—库存量关系曲线

表6-2-7 相国寺储气库地层平衡期地层压力与库存量、复核库容量对应表

时间	平衡时间(d)	地层压力(MPa)	地层拟压力(MPa)	库存量($10^8 m^3$)	复核库容量($10^8 m^3$)
注气前		2.270	2.32	3.66	—
2014年3月平衡期	138	3.930	4.1	5.3	—
2014年11月平衡期	15	14.850	17.04	21.9	
2015年2月平衡期	40	14.530	16.68	20.68	40.46
2015年11月平衡期	15	25.200	27.78	35.98	39.72
2016年3月平衡期	26	17.460	20.07	26.72	40.87
2016年11月平衡期	33	26.568	28.26	38.71	41.74
2017年3月平衡期	20	16.050	18.35	24.95	42.69

近5次平衡期库容复核与设计库容量 $42.6\times10^8m^3$ 基本吻合,库容未发生明显变化,进一步说明储气库地质完整性好。但略有差异,原因为:(1)设计库容量由石炭系气藏开发的压降方程得到,而盘库库容量因储气库注采气量大、速度快,在高强度注采下,压力未完全波及低渗区域、Ⅲ类储层及边部区域,因此存在偏差。(2)关井时间较短,地层压力没有完全平衡,复核库容偏小。

第三节 井筒完整性管理

注采井全生命周期井完整性管理应遵循如下原则:在井设计、建设和生产中都应纳入完整性管理的理念和做法,与注采井钻井、试油、完井、生产等各阶段的设计、施工、运行密切相关。由于本书第三章介绍了在注采井设计和建设阶段的井完整性相关做法,因此本章着重介绍注采井运行期间的井完整性管理,结合注采井的特点,对其实施动态的完整性管理。建立专门的完整性管理部门,编制管理流程,持续不断地对井完整性评价和风险评估,开展隐患排查,制定预防和治理措施,实现井完整性有效管理[2]。

一、井完整性管理技术思路

运行期间井完整性管理主要对环空压力连续监控,如发生环空压力异常变化(图6-3-1),则开展环空压力诊断测试、环空流体分析、环空液面高度检测等工作,判定环空异常带压原因。辅以井口腐蚀/冲蚀检测、油套管腐蚀检测、井下漏点检测等手段,集成和整合井屏障部件信息,进行井完整性评价,并对可能导致屏障失效的危害因素进行风险评估,制定防控措施,从而达到减少和预防事故发生、经济合理地保障储气库安全运行的目的。

二、井口装置完整性管理

(1)注采井投产以前,对井口装置进行一次全面检查、保养,初期注采气量不宜太大,提高注采气量应本着缓慢操作,按台阶提高的原则。

(2)注采井生产过程中,应对井口装置进行测温记录、标高测量、阀门维护,并进行详细记录。若发现异常情况及时报告相关主管部门,对异常情况开展二次评估,制定相应处理方案。

(3)针对注采井"强注强采"的特点,着重开展井口装置腐蚀/冲蚀检测,建立基准数据库,每一个注采周期结束后进行一次测厚检测,检测的重点部位为井口装置的变径处以及弯头处。检测到井口装置出现明显腐蚀/冲蚀时,应对井口装置进行安全风险评估,并制定相应措施。检测记录要说明井号、井口装置型号、厂家、投产时间、检测时间、检测位置、注采气量、腐蚀性介质含量、压力等。

(4)阀门内漏/外漏检测。在注采平衡期时,注采井处于关井状态下,对阀门内漏/外漏进行检测。检测到阀门出现内漏/外漏时,应制定应对措施,确保安全。检测记录要说明井号、井口装置型号、厂家、投产时间、检测时间、检测位置、注采气量、腐蚀性介质含量、压力等,并出具检测报告。

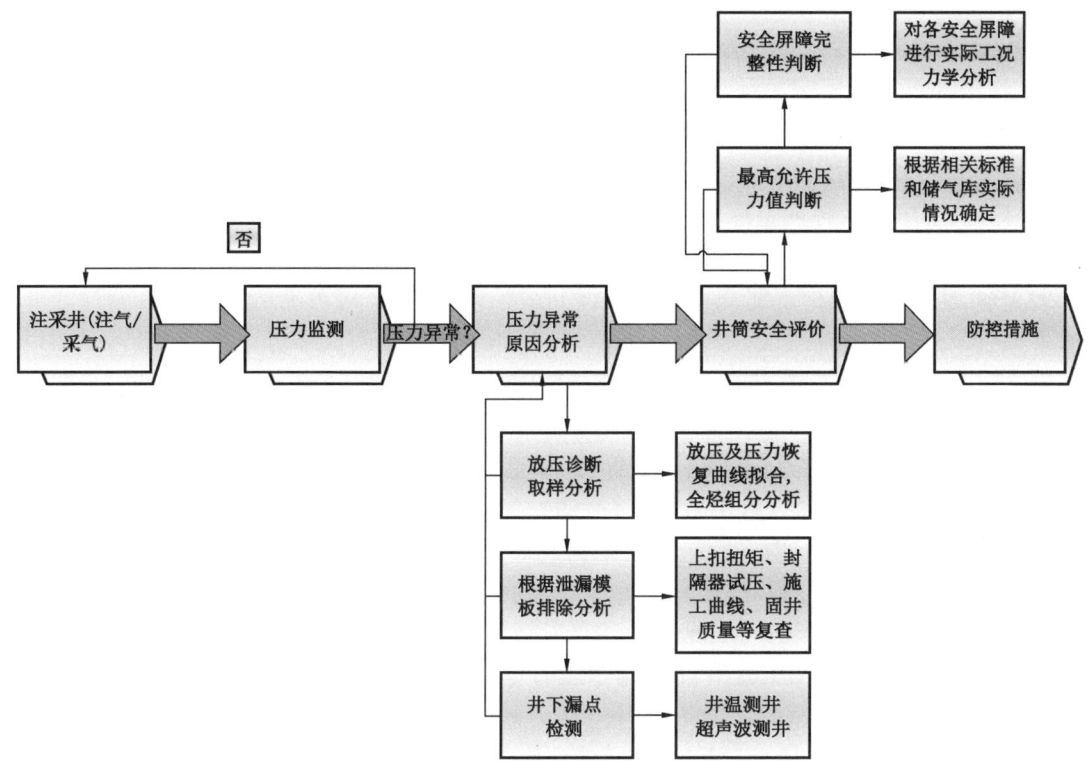

图 6-3-1 相国寺储气库井完整性管理技术思路

（5）加强注采井井口装置维护工作，确保井口装置完好，操作灵活，安全可控。井口装置应由具有专业资质的公司进行维护。维护记录要说明井号、井口装置型号、厂家、时间、注采气量、腐蚀性介质含量、温度、压力、维护时间、维护效果等信息。

三、注采管柱完整性管理

（1）油管柱完整性管理。利用多臂井径仪等手段在注采转换期适时开展油管内壁腐蚀检测工作；利用电感探针等手段在注采期间适时开展油管腐蚀监测工作。根据初次检测/监测结果，结合注采井生产状态，制定检测/监测计划和频次。

（2）环空保护液管理。择机对注采井进行环空液面高度探测，根据探测结果，制定环空保护液补加方案。补加作业应在泄压后进行，加满油套环空为止。若现场取样分析环空保护液中缓蚀剂浓度降低，则在补加的环空保护液追加缓蚀剂。

（3）井下安全阀完整性管理。井下安全阀包括地面控制系统和井下安全阀组件，定期查看井下安全阀地面控制管线压力，注采井应每天进行询查，如发现压力异常，应及时查明原因，并采取措施。地面控制系统和井下安全阀应至少每六个月进行一次开关试验，确保井下安全阀可正常开关。

（4）完井封隔器完整性管理。控制封隔器承受压差在额定工作压差 80% 范围内及时对环空压力进行泄压或补压。

四、环空压力管理

(1) 注采井投运以后应对环空压力进行连续监测,当发现由非生产条件变化引起的环空压力以及环空流体性质异常变化时,及时上报并开展分析,制定下步处理方案。

(2) 若初判为环空压力异常变化,则进行环空压力泄压/恢复测试,记录测试时间、注采气量、温度变化、泄压前后各环空压力(每两分钟记录一次)、泄压时间、压力恢复时间等,开展环空带压原因分析。

① 井筒泄漏途径分析。建立单井井筒泄漏途径分析模板,对可能的泄漏通道进行分析。

② 环空流体取样分析。注采井投运前对各个环空及油管内流体进行取样分析;投运以后每个注采周期进行一次流体取样分析。分析内容包括气组分和同位素分析,同时记录取样时间、环空压力。

③ 压力源分析。通过井筒泄漏途径分析、环空压力泄压/恢复测试分析、环空流体成分分析、井下漏点检测等方面综合对压力源进行判断。

(3) 环空最大允许压力值确定。环空最高允许压力值应分别考虑注采两种工况下各屏障部件试压值、各级套管头参数、注采期间的油管强度校核、井下工具校核、各层套管校核、循环滑套密封压力等,据此计算不同工况下的环空最高允许压力值。

(4) 基于环空最高允许压力值设定操作压力范围。下限值的设定应考虑管柱力学性能、井下工具额定工作压力、流体性质变化、环空压力监测需求等,建议低不能低于 0.7MPa。上限值的确定应考虑确保有足够的时间去进行维护作业以保持压力低于注采井最高允许环空压力,推荐取环空最高允许压力值的 80%。

(5) 环空压力分级管理。各环空压力小于完井预留压力 +5MPa 范围时,表明环空压力基本上没有风险,仅需要进行常规监测;各环空压力在完井预留压力 +5MPa < 环空压力 < 最高允许环空压力 80% 范围时,表明环空压力已经出现了一定的风险,需要组织技术人员初步进行诊断测试分析,寻找环空压力源,确定该压力对于安全生产是否可以接受;各环空压力 > 最高允许环空压力范围时,应将现场详细资料报送相关部门,由相关部门组织或委托相关单位进行安全生产风险评估,制定相关应对措施。

五、井筒完整性评价与资料管理

(1) 注采井投运后,应对注采井投产前的井筒完整性进行分析,划分井筒完整性风险等级,并根据井筒完整性分析结论制定相应的处理措施和应急预案。当注采井在生产过程中出现异常情况,应重新组织相关部门对井筒完整性进行复评估。

(2) 注采井井筒完整性评价包括井屏障分析、静态分析、动态分析、完整性等级划分、风险评估,最后形成注采井井完整性控制要点卡片。

① 井屏障分析。根据注采井完井后井身结构,将其划分为两级完整性屏障:第一井屏障由井下安全阀 + 油管(井下安全阀以下) + 循环滑套 + 封隔器 + 封隔器以下套管及水泥环组成。第二井屏障由封隔器以上油层套管及固井水泥环 + 套管头 + 油管头 + 采气树 1 号阀、2 号阀、3 号阀组成。形成完整性屏障示意图,对两级屏障单元参数和工作状态进行详细说明。

② 静态分析。根据钻井期间油气显示(流体性质),潜在的危险地层(盐层或活性黏土

层)、高压地层等资料;试油完井期间的产气量、产水量、气体性质、流体性质等资料;综合对井身结构、固井质量、完井管柱、井下工具及井口装置等屏障部件开展分析。

③ 动态分析。结合注采井静态分析结果,根据注采井生产过程中的井口温度、压力、环空压力、环空流体性质,开展环空压力测试、井口装置腐蚀/冲蚀(着重冲蚀)、油管腐蚀与冲蚀、生产套管的磨损与腐蚀等现场检测工作,开展生产条件下注采井井筒完整性动态分析。

④ 井筒完整性等级划分。利用注采井静态和动态分析结果,对井筒完整性进行评级或分类,将井筒完整性等级划分为"红、橙、黄、绿"四个等级,并提出控制措施和管理原则,提供井现状的总体概貌,见图6-3-2。

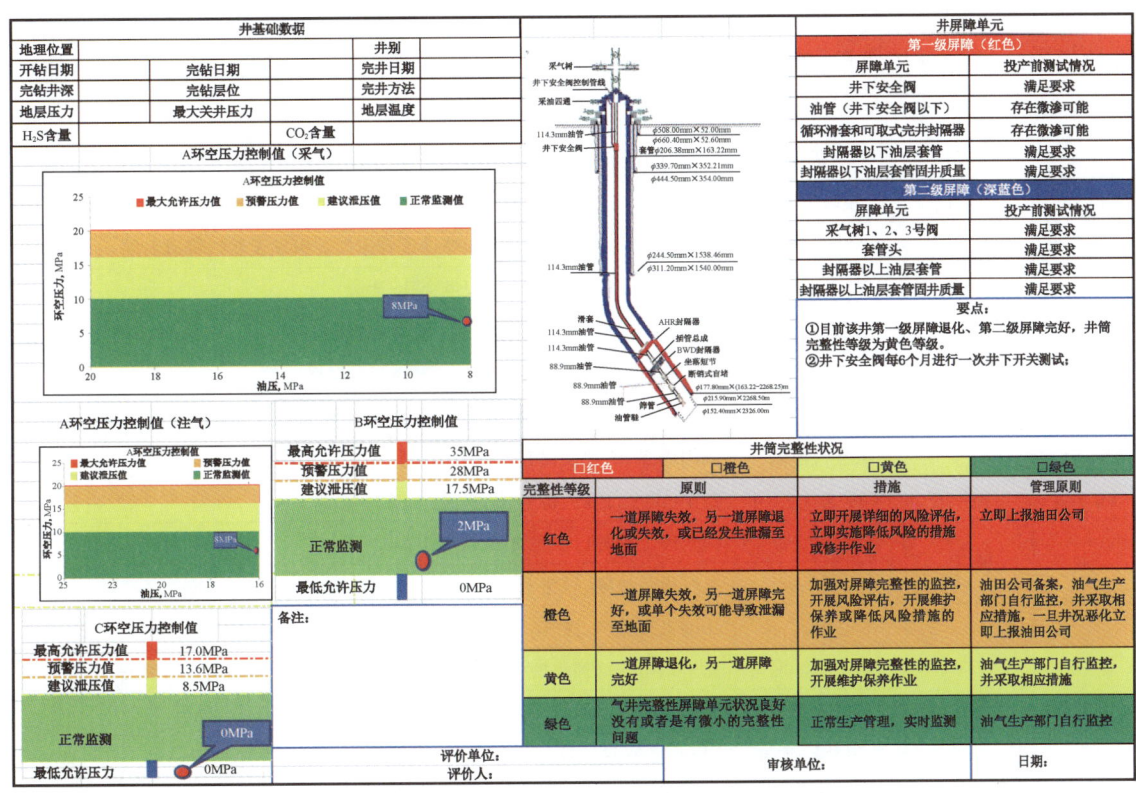

图6-3-2 井筒完整性控制要点图版

⑤ 风险评估。对于井完整性分级为橙色和红色两类井,进一步开展井风险评估,其主要包括注采井泄漏或失控等相关事件可能产生的后果(人员健康、周边环境、企业声誉、财产损失等的影响)以及事件发生的可能性,根据后果和发生可能性的综合影响,确定每一种失效事件的风险等级。通过风险评估矩阵,对风险进行分类或评级,并制定注采井监控、维护频率以及应急管理预案。

(3)建立并保存完整的记录档案,以便管理者可以快速、准确的掌握注采井完整性现状。注采井完整性档案宜包括,但不仅限于以下内容:注采井基础信息、井屏障部件信息、井维护记录、环空压力诊断测试记录、环空流体分析资料、环空液面检测资料、注采井管柱冲蚀、腐蚀监测/检测资料、井口冲蚀检测数据、注采井井筒完整性分析报告。

第四节 地面完整性管理

储气库地面完整性管理包括站场完整性管理和管道完整性管理两部分。地面设施主要存在管道失效、设备失效、自然灾害、火灾、环境污染等风险,储气库地面完整性管理主要按照管道和站场完整性管理技术体系进行全生命周期风险管控。

一、地面系统风险分析

通过对相国寺储气库地面系统各单元工作过程进行系统分析,结合国内外储气库失效和事故原因的统计分析成果,确定了相国寺储气库的风险因素,其中管道失效、设备失效、自然灾害、火灾、环境污染等6大类19个子类风险因素(表6-4-1)。

表6-4-1 相国寺储气库地面系统风险因素表

序号	类别	风险因素	具体表现
1	管道失效	本质不安全	腐蚀、阴保不到位、应力集中等导致管道失效引发天然气管道泄漏
		第三方破坏	第三方破坏引发的天然气管道穿孔、泄漏
2	设备失效	制造缺陷	压力容器、阀门缺陷、法兰缺陷、井口装置缺陷
		施工缺陷	施工缺陷、管内壁皱褶变形
		设备失效	动设备故障、控制/泄放阀失效、密封失效、仪器或仪表的失准
		天然气泄漏	阀门内漏、法兰及仪表连接部位外漏引发人员中毒、爆炸着火等
3	自然灾害	气候/外力作用	暴雨、洪水、地震、雷电、滑坡、泥石流
4	火灾	森林火灾	储气库地处林区发生森林火灾概率高
		电气火灾	电气设备故障、短路
5	环境污染	噪音	压缩机组噪声、注气/采气电动调节阀噪声、J-T阀脱水装置噪音
		乙二醇泄漏	注采站防冻剂加注橇泄漏、J-T阀脱水装置泄漏、油品堆放区泄漏
		润滑油泄漏	润滑油罐区泄漏、压缩机组泄漏、机泵用油泄漏
		六氟化硫泄漏	GIS设备密封失效
		气田水外排	清管通球、脱水装置排污、气田水拉运
6	其他	操作相关	注气量超负荷、运行压力超高、运行压力超低、维护操作失误
		物体打击	行车吊运设备、搬运设备
		高温	压缩机组、导热油炉
		触电	电气设备漏电、短路、绝缘防护不到位
		水合物冻堵	防冻剂加注量偏低、清管周期过长

二、地面设施完整性管理

针对地面系统各单元风险,西南油气田公司积极推进管道和站场完整性管理,形成了管道场站完整性管理技术体系,指导储气库地面设施完整性管理(图6-4-1)。

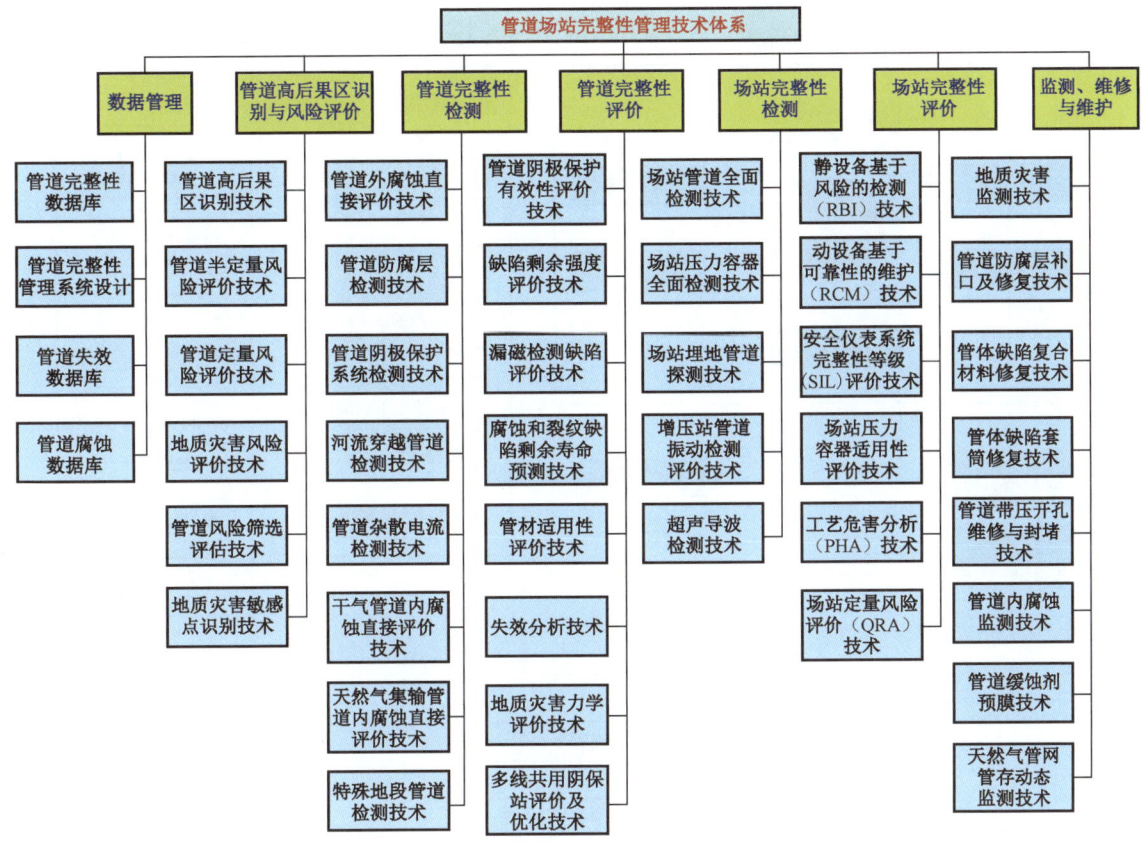

图 6-4-1 管道场站完整性管理技术体系

(一) 管道完整性管理

管道完整管理的实施流程包括数据收集与整理、高后果区识别、风险评价、完整性评价、维修与维护、效能评价 6 个步骤(图 6-4-2)。

1. 数据收集与整理

数据包括管道属性数据、管道环境数据和运行管理数据,所有数据都应按照管道数据模型统一入库。

其中管道属性数据主要包括:管道和设备的设计和施工数据。管道环境数据主要包括:管道周边的地理信息、人文信息等。运行管理数据主要包括:阴极保护数据、巡线数据和维修维护数据等。

2. 高后果区识别

进行管线敷设环境调查,根据《管道完整性管理规范第 2 部分:管道高后果区识别规程》(Q/SY 1180.2—2014)对高后果区进行识别,每年定期对高后果区进行一次更新(图 6-4-3)。

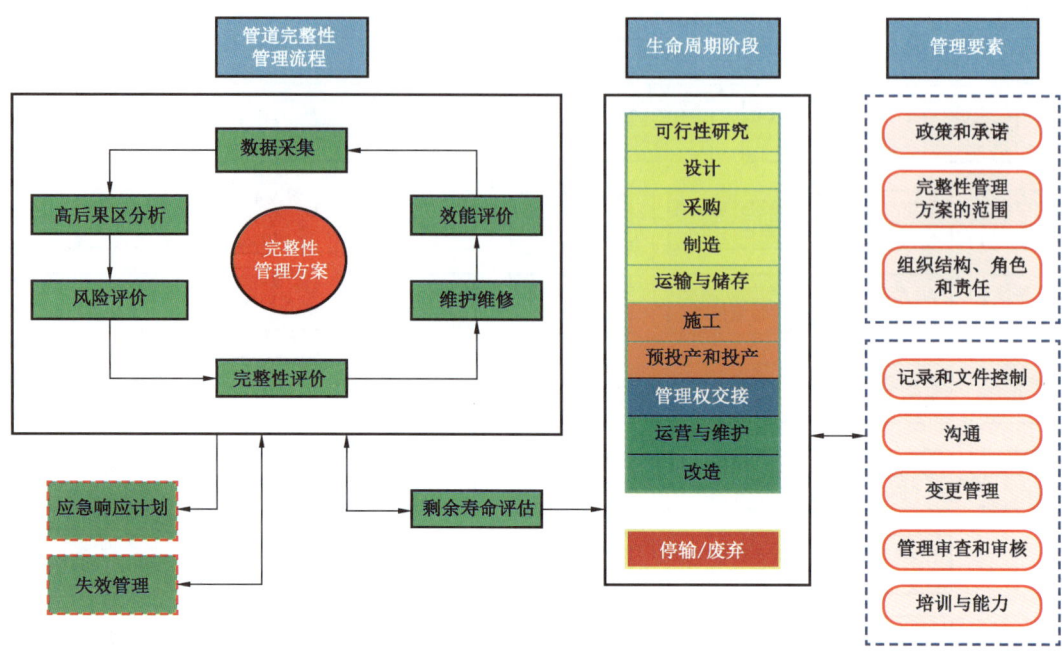

图 6-4-2 管道完整性管理流程图

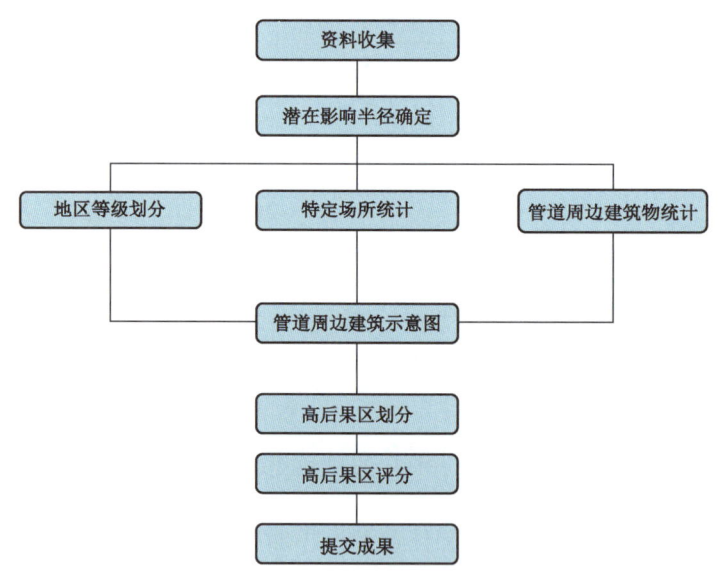

图 6-4-3 高后果区识别流程图

3. 风险评价

管线风险评价总体按照风险识别与评估→筛选重点管段→重点管段专项风险评价→制定缓解与治理措施→风险监控与措施效果评价的流程实施。针对每一风险管段,制定具体的风险缓解措施,包括增设监测装置,加强巡护,实施专项检测评价,立项整改等。

风险评价方法在采用半定量风险评价法（KENT评分法）基础上,根据储气库管道实际情况进行了部分优化,该方法评分时对影响风险的各因素假定为独立的并考虑到最坏状况,将引起管道事故的原因分为第三方破坏、腐蚀、设计、操作、自然与地质灾害五大类,分别对这些因素进行分析评分,结合管输介质的危险性和影响得出相对风险值。

4. 完整性评价

定期对在役管道腐蚀控制系统进行检测和评价,按照评价结果采取必要的补救或修复措施。检测和评价的范围包括:阴极保护系统的效能、涂层的完整性、杂散电流控制、外部管道交叉点绝缘性能、套管与输送管的绝缘性能、内腐蚀控制措施的效能、管道腐蚀状况,以及其他保护措施的效能。完整性评价方法主要包括:

（1）内检测:可检测管道内、外腐蚀,应力腐蚀,第三方损坏和机械损伤。

（2）外检测（ECDA）管道外检测项目主要包括:敷设环境调查,管道埋深检查,穿、跨越管道检查,电性能测试,天然气气质分析,介质腐蚀性检验,杂散电流检测,防腐层检验,阴极保护系统检验,管壁腐蚀检验,对于特殊条件下的管道还应检验下述内容:焊缝无损检验、管道材料理化性能检验。

5. 维修与维护

根据风险评价结果,针对管道存在的危害,制定和执行预防性的风险削减措施;对完整性评价过程中所发现的所有缺陷均应采取措施,首先评估缺陷的严重程度,按照评估结果确定响应计划,对影响管道完整性的缺陷应进行修复,同时制定防止管道失效的预防方法。

缺陷修复技术主要有:打磨维修、焊接维修、换管、A型套筒和B型套筒、复合材料维修、环氧钢壳复合套管技术、夹具、维修管卡。

预防方法,如增加阴极保护、注入缓蚀剂、清管、改变管道的运行条件等。对于减少或消除因第三方损坏、外腐蚀、内腐蚀、应力腐蚀开裂、暴雨洪水以及误操作等造成的管道事故,预防措施起着主要作用。

6. 效能评价

主要关注的是完整性管理程序提高管道安全性的效果,包括:

（1）实施了更为有效的阴极保护后腐蚀速率的变化情况。

（2）实施了预防措施之后第三方损坏的次数。

（3）实施了防腐层检测修复后阴极保护电位和电流的变化。

（4）防腐层漏点数的变化。

（5）根据内检测的结果,已完成的维修数和计划进行的维修数。

（6）高后果区或管道风险等级的数量变化。

（7）针对每一类原因导致的管道泄漏、破裂和设备事故的次数。

（二）站场完整性管理

储气库站场完整性管理与常规气田开发站场完整性管理类似。压缩机是实现储气库注气的关键设备,应关注压缩机可靠性检测。

1. 基础管理

（1）按照分级分类的原则,建立完善站场设备设施基础资料台账,包括但不限于:站内压缩机组、脱水装置压力容器台账、站内管线管段台账、安全阀台账等；绘制工艺流程图，并根据新建和大修情况及时进行更新。

（2）集输设施、设备及产品使用说明书、出厂检验报告、合格证、现场安装测试记录、试车记录、设计文件及设计变更等重要资料应妥善保存。

2. 运行管理

1）人工巡检周期

（1）集注站由于自动化控制及安防系统功能完善且运行正常的场站，推荐巡检周期为4h。

（2）注采站是无人值守站的推荐巡检周期最长不能超过2天。

（3）当场站运行工况变化较大、存在生产异常报警或检维修作业时，应加密巡检。

（4）站内排污池等辅助设施每天巡检一次；放空区每周巡检一次，对传火系统、放空立管及绷绳稳固情况等进行检查，放空火炬每日要进行排水，如遇暴雨需加密排水次数，确保放空火炬底部无积液。

2）维护保养

（1）应指定日、周、月、季度、半年、年度维护保养计划。

（2）应按照维护保养计划开展维护保养并做好记录，维护保养记录应录入储气库数字化管理平台便于查询。

（3）维护保养过程中发现的隐患应建卡登记并制定整改措施，按期完成销项管理。注

3）测厚点检测周期

（1）每年进行一次站内进出站管道的定点测厚。

（2）压力容器定点测厚按照《压力容器》（GB 150）开展定期检验测厚。

（3）站内管道原则上每年定点测厚一次，如果测试中有壁厚明显减薄处应加密测试周期。

4）参数管理

站场工艺及设备设计参数、运行工况，设置合理的工艺控制参数和安全报警参数，编制运行与工艺控制卡，要求至少每月复核、更新一次。

（1）只涉及单个输气站或单台设备的工艺控制参数和安全报警参数设置或变更，由集注站负责审核后进行修改；

（2）涉及SIS系统连锁关断的报警值的设定修改（如气液联动球阀压降速率关断值、压缩机组振动、井安系统高低导阀关断等）、上下游管网或气田、跨单位的输气站的工艺控制参数和安全报警参数设置或变更。

（3）报警参数修改时需做到DCS和SIS系统、现场RTU等各类控制系统的参数一致。

5）压缩机组可靠性检测

储气库所使用的往复式压缩机系统具有典型的非平稳特性，同时由于各部件之间的激励和响应的相互耦合而具有非线性的特点，应强化压缩机组可靠性检测。压缩机故障诊断主要包括：（1）参数监测；（2）振动信号分析；（3）温度监测；（4）介质金属法；（5）示功图法。

每年应开展压缩机组故障诊断和分析（图6-4-4、图6-4-5），提前预判机组运行状况，开展预防性维护保养，确保机组安全平稳运行。

3. 检维修管理

（1）主要设备（装置）和主要生产操作，编制相应的操作规程和操作卡，并按要求定期开展

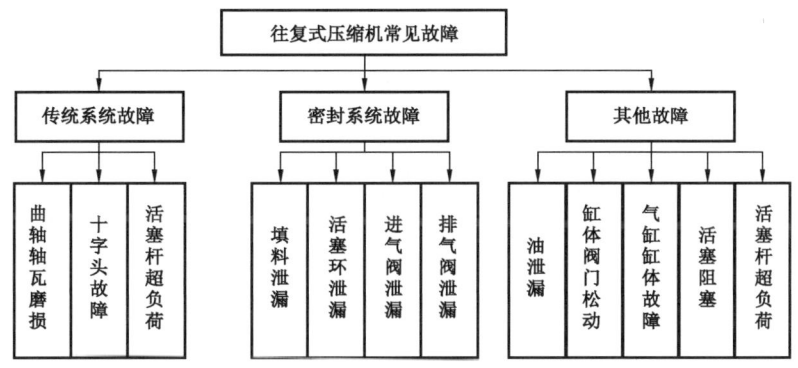

图 6-4-4 往复式压缩机诊断的主要内容

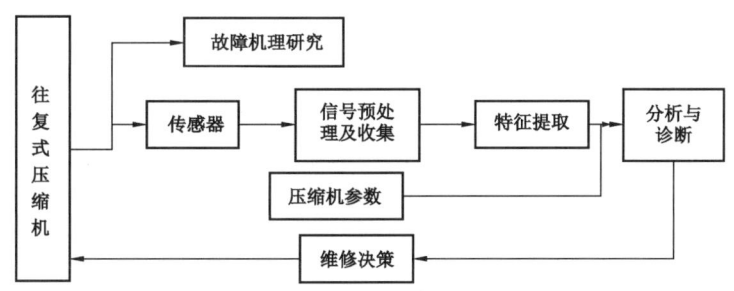

图 6-4-5 往复式压缩机诊断流程图

工作循环分析。

(2) 对经常性、程序化的风险作业,用操作卡进行风险控制。

(3) 对设备(装置)常规、程序化的维保作业,用操作规程进行风险控制。

(4) 对于非常规风险作业,采取作业方案和作业许可进行针对性的风险控制。

(5) 操作维护人员应清楚设备性能、结构、原理、操作规程、维护保养及故障排除;清楚工艺流程及其走向、运行许可参数及安全控制参数等关键技术指标;开展操作维护前的风险识别,掌握风险控制措施并落实;特殊作业还需取得调度指令和作业许可。

(6) 严禁对输气站内 ESD 或安全仪表系统进行功能屏蔽,系统调试或故障维修时应向管理处报告,并做好系统功能屏蔽期间的安全保障和监控措施,要限期恢复。

(7) 开展工艺管道、压力容器和安全仪表系统的完整性评价和定期检验。

参 考 文 献

[1] 吴婧,张来斌,梁伟,等. 天然气储气库完整性管理与评价[C]. Cipc 中国国际石油天然气管道会议,2011.

[2] 吴奇,郑新权,邱金平,等. 高温高压及高含硫井完整性指南[M]. 北京:石油工业出版社,2017.9.

第七章 建设运行成果

相国寺储气库的建设和运行,对深化我国储气库建设理论及实践、提高区域天然气保供能力、保障国家能源安全都具有重要的意义。建设地域跨度大、涉及专业多,通过组织到位的团队管理、制度先行的规范管理,实现了高效建库,并形成了相国寺储气库特色管理模式和高效运行模式,实现了储气库建设与运行技术指标达国内领先,增产保供、应急调峰发挥重要作用,社会经济效益显著。

第一节 建设运行管理模式

相国寺储气库建设涉及重庆市铜梁区、璧山区、合川区、北碚区、渝北区等5个行政区,共19个镇及街道、58个村,与安全、环保、国土、林业、规划、矿产、电信、电力、交通、路政、铁路、高速公路、通信、国防光缆等部门及单位有关联,主要施工区域为重庆市主城区,地方经济发达,地方协调难度及工作量大。通过科学组织、规范运作,保证了三维地震、老井封堵、钻完井工程、地面工程各个阶段的施工进度和质量,建设百年工程。

一、建设管理

(一)团队管理、组织到位

西南油气田公司高度重视相国寺储气库建设工作,为有序、高效、优质推进相国寺储气库工程建设,2011年储气库建设之初便成立了储气库建设领导小组,由分管开发的副总经理担任组长,组员由开发、运行、计划、工程技术、地面建设、物资采购、研究院所和建设单位的主管领导组成。同年,成立四川石油管理局相国寺储气库项目建设管理部,成员由西南油气田公司重庆气矿领导及相关科室、单位人员组成,分设气藏与钻采工程项目组、地面建设项目组、财务资产管理组、HSE及科技信息管理组、效能监察工作组、规划计划与造价管理组和综合管理组等七个专业项目组开展工作。各级领导高度重视质量安全工作,多次到相国寺储气库工程施工现场检查指导,并对工程建设的质量安全提出了宝贵的意见。

(二)规范管理、制度先行

相国寺储气库项目建设形成了三级(股份公司、西南油气田分公司、项目部)质量保障制度系统,用相关的储气库规范、标准和管理办法来指导储气库的建设。七个专业项目组按各专业建立了《相国寺储气库注采井钻完井质量控制与管理要求(试行)》《相国寺储气库项目地面建设工程质量管理》《物资采购质量控制措施》《相国寺储气库质量控制方案》等100余项制度。制度齐全规范,管理职责明晰,确保相国寺储气库安全、规范、高效建库。

(三)安全第一、质量至上

编制了《相国寺储气库全过程受控管理QHSE监督手册》,分析潜在作业风险,针对风险提出针对性的管控措施。各承包商严格按手册组织施工,各级管理单位严格按手册对标检查,确保项目建设过程中安全、质量处于受控状态。

1. 钻采工程

(1)注采井钻井派驻钻井、地质双监督。

(2)对相国寺储气库固井进行管理升级。升级现场办公及设计审批,对储气库所有井油层悬挂按一类井进行现场办公及报批,对设计暴露出的问题经修改后及时通知相关单位;升级施工现场管理,油层套管固井由公司派技术人员上井把关,作业前详细讨论施工计划,确保施工成功,施工完成后及时确认固井工作量,便于结算管理。

2. 地面工程

(1)加强设计质量审查把关。组织有关专家、设计单位、施工单位、监理单位、检测单位对项目施工图集中设计审查4次,形成意见297条,逐条进行整改落实,有效地保证了设计质量。

(2)采购质量控制端口前移。加强技术规格书和非标制造图审查,采购部门按照技术规格书和非标制造图进行招标选商,保证采购的设备材料质量;组织供方质量审核及中间检查,发现问题及时纠偏。

(3)实施驻厂监造。对储气库国内组橇的压缩机组、管线、非标设备、弯管、油气输送管防腐、锅炉等进行驻厂监造,确保物资质量及可追溯性。

(4)发挥"四位一体"质量管理机制,有效确保工程施工质量。

(5)应用新技术攻克难点。在高陡斜坡、穿越林区地段、中小型河流、高速公路等施工难点,应用旋挖钻孔灌注桩技术消除了山区缺水对项目建设的不利影响;机械开孔钻孔至基岩后,将预制好的钢筋笼下至钻孔桩内,利用商品砼进行浇筑,减少安全风险,节约施工周期,加快建设进度;应用大口径管道冷切割技术,消除了热影响对管道材质的影响,确保了管道焊接质量;应用热煨弯管 PE 防腐技术,提高了阴极保护效果,降低了管道外腐蚀。

二、高效运行

(一)生产管理团队早期介入

相国寺储气库在建设初期便组建生产管理团队,2011年5月项目启动第二年,即成立相国寺储气库作业区,实行"集团总部—油气田公司—重庆气矿—作业区"四级管理模式,参加项目建设管理。相国寺储气库作业区总定员80人,设置四室一站,其中机关定员30人,设有作业区办公室、生产技术办公室、HSE办公室、财务经营办公室等四个办公室,一线井站定员50人,与常规作业区相比,减少工艺维修站及行政事务站,定员编制精简。作业区出色地完成了相国寺储气库投产试运、"四注二采"运行和储气库专业人才培养等工作。

2016年11月实施储气库业务专业化管理,成立储气库管理处,由四级管理变为"集团总部—油气田公司—储气库管理处"的三级管理模式,按照储气库生产运行特性,组建高效的组织管理机构,持续推进储气库建库达容和安全平稳运行。

(二)组织机构扁平化

1. 减少管理层级,实现扁平化管理

机构设置不再采用传统的直线型职能制,降低领导职数,提高技术人员比例,促进员工队伍结构调整,提高执行效率。管理、专业技术人员岗位比例达到50%以上,操作岗位人员中,技师比例达到20%,其中集团公司技能专家2名。

集注站的职能定位为注采生产单元(科级井站),突出其生产职能和执行职能,弱化其管理职能,通过建立矩阵结构实现专业对口技术力量集成。设置综合组、生产调度组、生产技术组、生产运行组、巡检维护组和管道巡护组等6个班组,以集注站为核心,将生产指挥机构、生产受控中心整合到一线,把专业技术人员定员到集注站,全程参与班组跟班作业,为班组开展生产动态分析提供技术支撑。

2. 推行"一岗多能",实现队伍精干

建立"全员竞聘、一岗多能"的人才培养模式,控制用工总量,提高管控能力。从科室副科职、集注站副站长、机关科室人员到集注站班组长、班组成员等各层级岗位通过"全员竞聘"的方式,选拔优秀人才。

设立"大岗位",建立员工多工种取证激励机制,实现"一岗多能、一人多责"。将员工多工种取证激励机制写入了《薪酬与绩效管理办法》,对取得电工、焊工、锅炉操作、内部准驾等多工种操作证的员工,经本人申请、班组推荐、管理处审定后,正式发文聘用,每月给予绩效奖励,以鼓励员工多工种取证,培养复合型员工。

(三)受控管理智能化、精细化

(1)强化新机制,生产全面受控。建立了"分级负责+层层受控"相结合的运行管理机制,"常态跟踪+专题研讨"相结合的动态分析机制,"自主管理+专业外委"相结合的维护维修机制,"三道防线+三级联系"相结合的管道保护机制,各层级责任落实,各环节层层受控。

(2)强化信息共享,提升管理效率。建立"三套"基础管理数据库——相国寺气田基础资料数据库、储气库项目建设基础资料数据库、隐蔽工程图片影像数据库,应用数字化信息系统、自动控制系统和数值模拟系统等3套先进数字化管理系统,促进业务管理模式、生产组织方式变革,全面提升生产管理效率效益。

(3)强化技术支撑,提高保障能力。依托西南油气田公司勘探开发研究院、天然气研究院、工程技术研究院、安全环保与监督研究院、天然气经济研究所,支撑技术研发、方案的制定与优化;委托重庆气矿地质研究所、工艺研究所、抢险中心、计量检测中心,定期跟踪分析储气库运行状况,指导储气库科学注采。

(4)强化精细管理,构建高效管库体系。相国寺储气库推行"精细化"管理理念,建立了一套先进集成技术标准、一套生产管理制度体系、一套生产运行管理机制、一套安全风险管控网络,致力于将相国寺储气库建设成为中国石油储气库开发生产管理的技术引领和创新典范,确保储气库"注得进、存得住、采得出"。

(四)发挥党组织战斗堡垒作用

(1)政治领导。把支部建在集注站,党小组划分在班组里;党支部书记由站长担任,支委

会由站领导班子成员组成;"一体化"执行"三会一课"制度,即先召开党小组会、接着召开支委扩大会(吸收党小组组长参加),最后召开支部大会。

(2)思想引导。从"目标"宣教、思想引导着手,组建"人文关怀、知识传播、工程突击"三支党员志愿服务队,围绕安全、生产管理主线,同频共振,步调一致,将思想教育延伸至班组,群团活动组织在一线,着力构建服务型党组织。

(3)企业文化建设。通过开展丰富的活动加强文化引领,先后拍摄制作了《气壮西南》《川东"宝库"耀中华——中国石油相国寺储气库》宣传专题片,制作了《气壮西南》《相国寺储气库》宣传画册等特色文化品牌,有力助推了储气库安全清洁、稳健和谐发展,为储气库高效运营发挥了。

三、特色管理

(一)注采井目标"个性化"管理

储气库注采井井工程是储气库建设的龙头和基础,有别于油气勘探领域井工程发现油气层目标不明确的特征,储气库注采井井工程是以达到地质目标为前提,以减少潜在风险,用最小和最优的投入获得最佳质量来保证储气库长期高强度的有效运行。

1. 管理架构

依托相国寺储气库项目建设管理部下设的气藏与钻采工程项目组,对储气库注采井建设目标进行管理,其管理模式见图7-1-1,主要职责为:

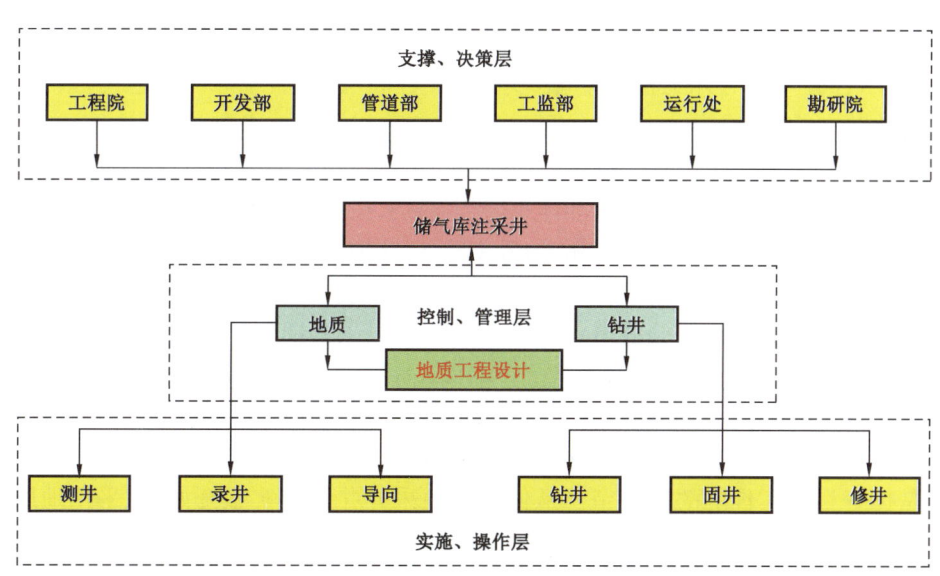

图7-1-1 气藏与钻采工程项目组管理模式图

(1)负责组织注采井井位论证、申报、部署(包括野外选址及勘定)、井位地质设计及初审;
(2)负责组织注采井钻井工程设计审查及钻井单项工程实施过程管理;
(3)负责组织注采井钻井工程实施过程跟踪管理及实施效果后评价。

2. 管理与实践

1)设计

设计总结为:地质目标靶区为基础,地质工程一体化设计为主线。

注采井井工程以地质设计为主线,以地质目标靶区为基础,地质牵头,采取地质、工程相结合;地面、地下地质目标相结合;采取一体化的设计理念,达到注采井合理部署,均匀注采,避开断层,不碰顶的目标,满足单井最大注采能力,确保井筒工程完整性,实现强注强采的要求。

地质设计以三维地震成果为依托,采用高陡构造区全三维地震勘探技术,充分利用气藏钻探成果,从地层分层,岩石学特征,结合测井电性资料,利用合成记录和VSP资料准确标定层位。建立合理的速度场模型,井震结合,直观还原地下构造真实形态、断层展布,形成了精细叠前时间偏移处理技术和高陡复杂构造精细地震地质综合解释和三维立体空间雕刻技术。充分利用已钻井的岩性、储层厚度、物性及测井响应特征分析,通过已钻井进行精细标定,总结出不同石炭系厚度对应的地震响应特征进行全气藏的储层厚度、物性精细刻画。提供了包括构造特征、断层展布、地层厚度及储层横向分布的细节刻画,形成了物探三维高陡复杂构造精细解释与描述及薄储层反演预测技术,对高陡狭长型构造及10m左右薄储层进行精细刻画,为优选注采井地质目标、井位优化、个性化的靶区目标地质井轨迹设计与实施过程跟踪奠定了基础。

2)实施

实施总结为:做好顶层设计;严格质量标准;选好施工队伍。

储气库注采井实施按照统一部署,分步实施的原则。先期以先导性试验井为基础,针对相国寺构造纵向上多套压力系统,茅口组采空区与栖霞组高压裂缝系统相交错,形成井漏与复杂并存的特点,结合储气库对井工程完整性要求,要避开断层,克服绕障的难题,探索、总结、选用有针对性的钻井方式,形成安全、快速、更经济钻井参数和钻井技术措施,到达地质目的。

对参与储气库注采井井工程实施的各专业施工队伍,在合规化管理条件下,以规范、以行业质量标准、以中石油各专业建设标准体系,严格要求按照储气库注采井设计执行。除此之外,在注采井实施过程中,严格施工队伍选拔,对所有参加储气库建设的施工单位,统一招标、统一选拔、材料统一选购。做到队伍资质与队伍施工经验相结合,选择既有合格资质,又具备川东地区高陡复杂构造钻探经验的队伍。

3)控制

控制总结为:完善职责,强化过程控制,做好现场跟踪。

储气库注采井井工程实施是一种多工种、多专业的协同作业,完善施工队伍和施工人员的岗位职责是抓好目标实现的关键环节。从储气库注采井井工程实施开始,就采用地质、工程双监督体制。代表项目建设方在钻井现场对施工作业单位实施现场检查、监督管理工作。监督工作以施工设计、施工合同和有关技术规范及操作规程为准则,维护甲方利益,监督设计的执行,确保地质任务的完成和钻探目标的实现。

目标建设过程控制应做好"三落实",抓好"三汇报",强化"三交接"。"落实人员"保证队伍的完整性;"落实岗位"保证职责的严密性;"落实指令"保证设计的有效性。抓好现场动态"日汇报",监督钻井作业全过程;抓好项目节点"月汇报",把控施工进度;抓好项目实施"专题汇报",解决地质目标异常、井下事故复杂、重要显示等异常情况。强化"开钻交接",了解设备、队伍准备状况,明确全井技术难点,落实交代地质目标,针对个性化设计的注采井,开展关键技术点及特别注意事项技术交底;强化"钻开气层交接",落实施工进度,检查施工质量,核对数据报表;强化"进入目的层交接",开展现场安全检查,进行多方施工单位衔接,交代进入目的层技术措施。

注采井实施全过程跟踪,是现场控制的基础,实现地质目标的重要手段。现场跟踪包括:现场地层跟踪,构造特征跟踪,工程实施过程跟踪,实钻轨迹及地质目标跟踪。

地层跟踪:现场地层卡层,采用人工鉴定、识别和碳酸盐半定量分析相结合的方法,再根据岩性组合和区域地质情况,对岩性进行定名,及时划分地层界面。

构造特征跟踪:在地层跟踪的基础上,通过地层层位识别与设计的对比分析,再结合地震、测井、邻井录井资料,及时发现地层构造异常,并分析原因。

工程实施过程跟踪:严格按设计要求录取立压、套压、大钩负荷、钻压、泵冲等工程参数,并判断、分析所录取参数的可靠性。保证提供完整、准确的钻井工程参数曲线,实时资料及相关的成果报告。

实钻轨迹及地质目标跟踪:在地层、构造、钻井过程及参数跟踪的基础上,跟踪控制钻井轨迹,以确保地质目标靶区的实现。每日跟踪实钻轨迹、方位、井底闭合距等钻井参数,落实井轨迹是否在设计的分层系目标靶区内。发现地层、构造或轨迹有异常时,及时分析是否能够钻达地质目标靶区,提出下步钻达地质目标的建议措施,提交实钻跟踪专报,为完成地质目标任务做重要支撑。例如相储8井场是利用相7井老井场扩建而成,该井位于相7井井口213.51°方向,与相7井井口中心距离为6.91m。为防止实钻过程中两井相碰,必须控制好井眼轨迹,加强井斜、方位监测,每钻进50m左右测得可靠的井眼轨迹参数并与相7井进行防碰计算,确保两井安全距离满足要求。

4)调整

当注采井钻遇地质复杂,发生工程事故,或井轨迹偏差地质目标等情况,设计目标难以实现,需进行目标调整。

相储8井钻井过程中共两次调整目标轨迹,正眼实钻与设计轨迹见图7-1-2至图7-1-4。第一次因钻遇茅口组低压裂缝性气藏,发生恶性井漏,多次堵漏无效后强钻,发生轨迹偏差被迫停止定向作业,调整轨迹修改设计侧钻。更改设计后目标靶区A点与相储10井井距379.00m,B点与相储10井井距675.00m,达到要求。相储8井侧眼1设计见图7-1-5。

2013年1月3日侧眼1在侧钻窗口位置出现复杂,工具面通过窗口困难,经多次处理复杂未解除。经研究决定,填井后再次从井深2150.00m开始侧钻。为确保下步钻进安全,要求侧钻形成新井眼后稳方位增斜钻进,再考虑进行扭方位作业,避免后续作业对侧钻喇叭口造成破坏。设计石炭系顶垂深2375.00m,海拔-1410.00m,要求井斜控制在65°~68°,闭合方位70°±2°,闭合距600m±50m。侧眼2设计见图7-1-6、图7-1-7,设计靶体参数见表7-1-1。

表7-1-1 第二次侧钻设计靶体参数表

设计目的层			靶区设计					
层位	靶点垂深(m)	靶点海拔(m)	靶点名称	三维测线	靶心坐标(m)		闭合方位(°)	水平位移(m)
					X	Y		
石炭系	2375	-1410	顶界点P	—	—	—	70.0±2	600±50

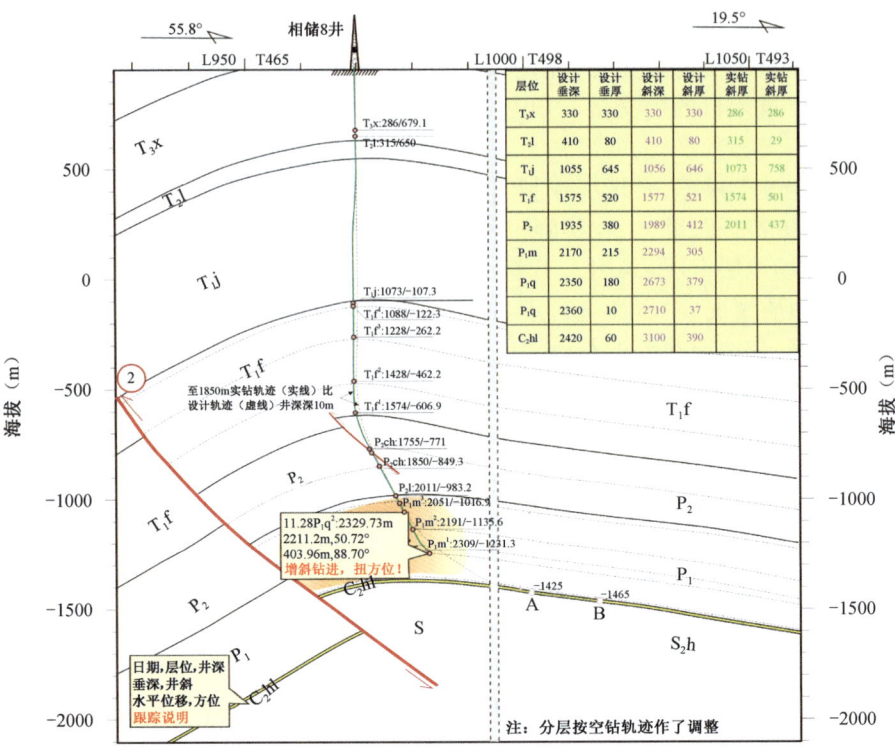

图 7-1-2 正眼实钻与设计跟踪剖面图

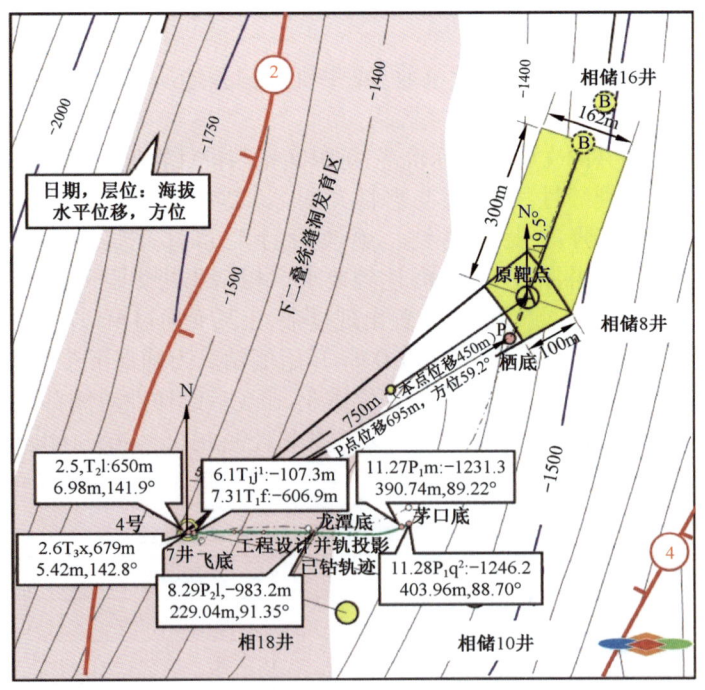

图 7-1-3 正眼实钻与设计跟踪平面图

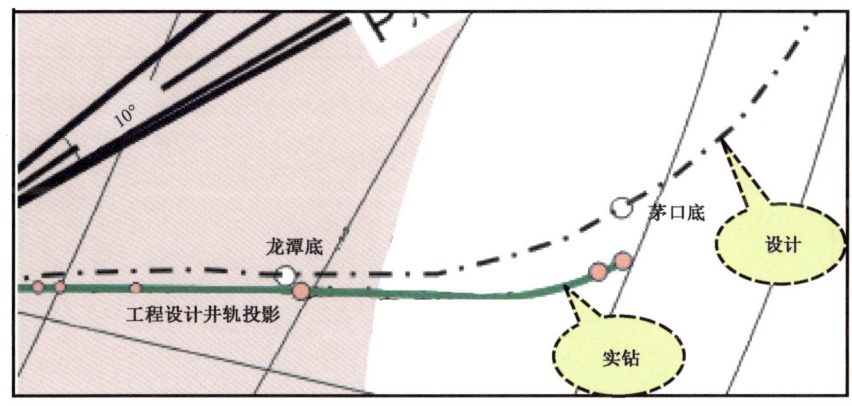

图7-1-4 正眼实钻与设计跟踪放大平面图

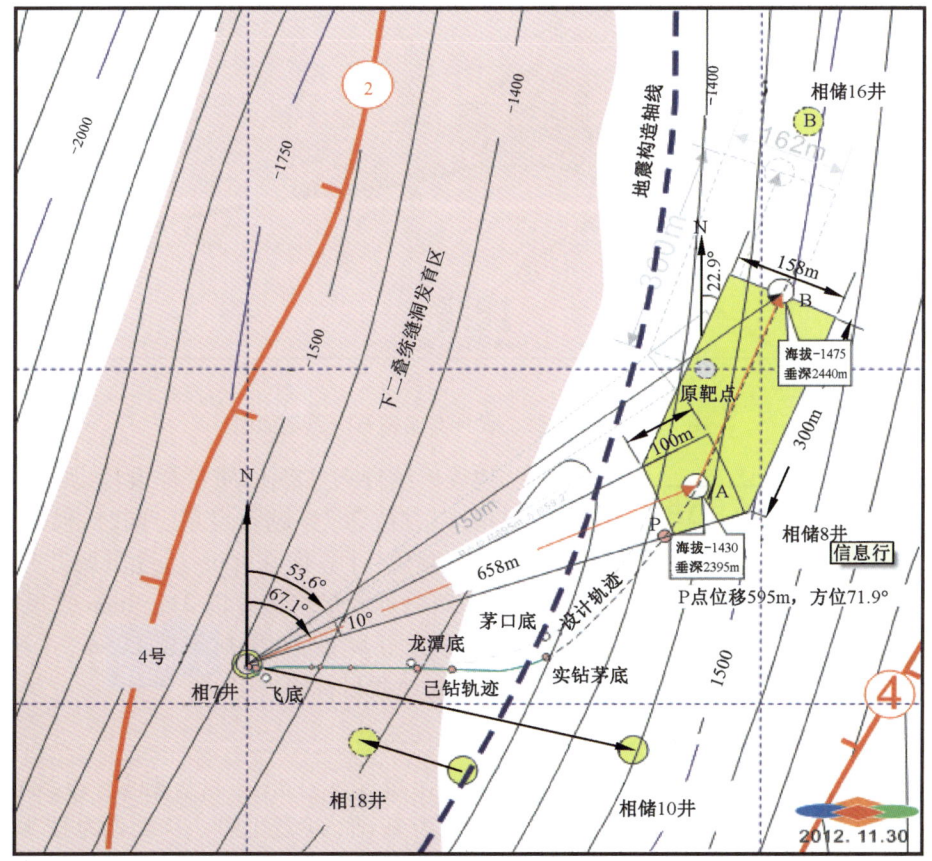

图7-1-5 相储8井侧眼1设计平面图

相储8井侧眼2跟踪过程中,在目标轨迹进入石炭系3m,梁山组实钻井斜64.3°、方位36.3°,据实钻模型(图7-1-8)和地层真厚公式计算得梁山组视真厚7.20m,真厚6.60m。

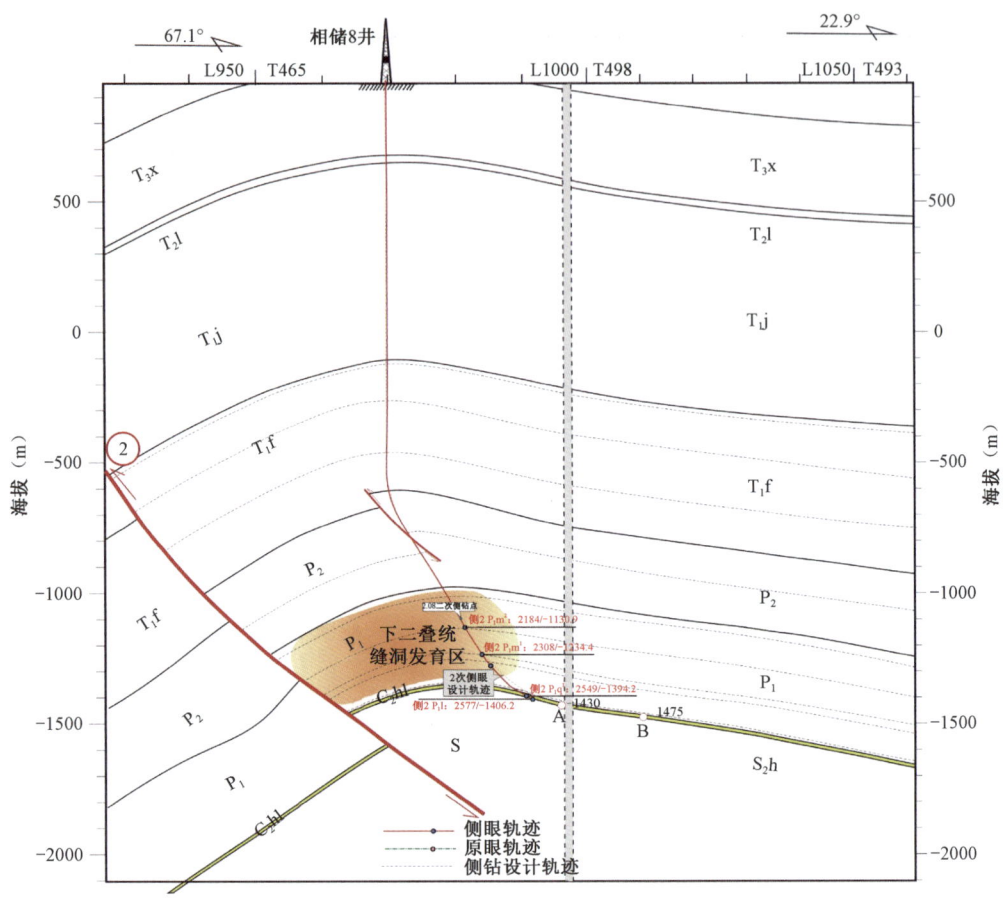

图 7-1-6 侧眼 2 设计与实钻石炭系剖面图

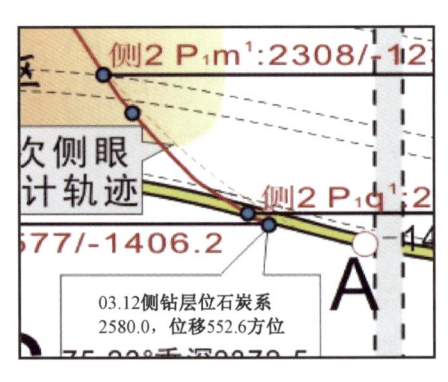

图 7-1-7 侧眼 2 设计与
实钻石炭系放大剖面

建议后续导向实现地质目标设计,则要求需调整井斜角,以方位 36°穿越石炭系。同时,根据地层真厚和地层视倾角,计算出在 45m 后逐步调升井斜至 78°左右,稳斜钻进。最终该井以 215.9mm 大尺寸钻头在 10m 左右的石炭系地层中穿越 205m,水平段达到 202m,完成地质目标。

3. 成果总结

相国寺储气库注采井目标建设,以现代的目标管理模式为基础,以多工种、多专业为技术支撑,以个性化目标设计为龙头,共成功实施 13 口井,其中有大井眼水平井 2 口,定向井 11 口。主要成果体现为,在 7~10m 厚度的石炭系地层中完成了 1154.5m 钻井进尺,最大位移 1800m;最大水平段长 216m,有效利用水平段 213m,做到了钻井轨迹在储层钻进"上不碰顶、下不触底"的密封性要求;创造了用 φ215.9mm 钻头在 10m 厚的地层中水平穿越 205m 的纪录;创造了大位移、迎层

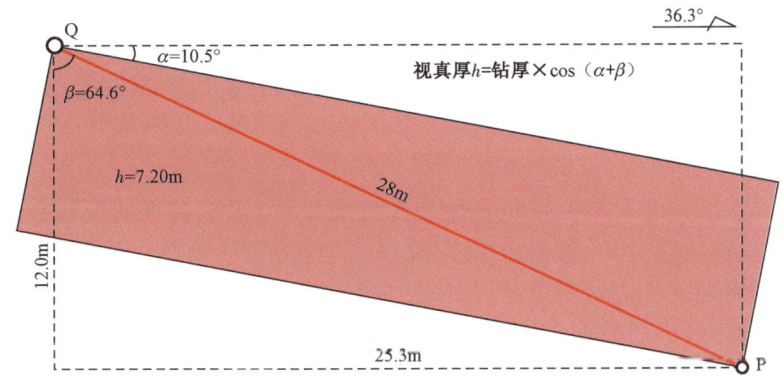

图 7-1-8 相储 8 井侧眼 2 梁山组实钻模型

面在 35°~40°的地层倾角条件下,在 10m 薄储层中沿上倾方向用 91°~93°的井斜角成功穿越 152m 水平段的钻井纪录;创造了国内井深 70m 实施了 ϕ444.5mm 大井眼实施定向绕障钻井的纪录。

总体说来:

(1)枯竭性碳酸盐岩薄储层气藏精细描述技术,为储气库的库容构建、注采能力评估奠定了良好基础。

(2)高陡构造全三维地震对储气库区构造特征的精细刻画技术,为储气库井位优化部署、调整及目的层靶区落实提供了强力支撑。

(3)个性化的地质目标设计、目标动态跟踪和井身质量控制相结合的井眼轨迹控制技术,是保障储气库注采井质量的有效手段。

(4)高陡构造薄储层水平段地质导向综合技术,是有效提高单井注采能力的重要举措。

(5)开拓性的设计和实施了在高陡构造、薄储层区、大位移井和正向储层层面钻探水平井,有效地提高了储气库单井注采能力。

(二)技术支撑团队"专一化"管理

1. 全专业技术团队建立需求

气藏型储气库业务范畴与气田开发有本质上的区别,包含建库评价、工程建设、优化运行、风险管控等,需要开展库址筛选(含可行性研究)、先导试验(提交工程建设方案)、建库达容(摸清气库规律,开展适应性调整)、生产运行(全生命周期完整性管理和优化运行)等系列工作。同时,建库达容需要 8~10 年时间,使用寿命 50~100 年,全生命周期和的安全管理尤为重要。

储气库业务涵盖了天然气工业的每个专业领域,建库达容周期较长,因此,必须建立一支专业的技术团队。

2. 全专业团队构建与"专一化"管理模式

根据国外公司成功的经验,建立了一支涉及地下、井、地面及风险管理多专业的储气库建库达容技术团队。其职责是全面负责储气库的动态监测与跟踪评价,分析运行技术参数变化特征,评估储气库各系统的安全运行状态;及时提出方案调整、运行优化指标和灾害预防建议,确保储气库安全高效运行。

全专业团队由油气田公司主管储气库业务的管理部门负责,涉及相关技术人员100余人,其主要构建如下:

"专业化管理"实施单位:重庆气矿;

技术支撑单位:勘探开发研究院负责地质及气藏工程;工程技术研究院负责井工程;安全环保监督研究院负责风险分析;天然气研究院参与地面工程;天然气经济研究所负责经济评价;川庆钻探地质研究院负责地质录井;川庆钻探物探公司负责三维地震;川庆钻探公司钻井院负责钻井工程设计及地质导向;CPECC西南分公司负责地面工程设计;成都压缩机厂负责压缩机组成橇。

"专一化"管理模式:由油气田公司负责储气库业务的部门牵头,建立涵盖各专业的技术人员专职团队,在储气库建库达容阶段,开展科研项目攻关、技术方案筛选与评价,全程跟踪项目建设与安全运行,制定优化调整方案,科学高效解决储气库建设与运行中的技术难题。

3. 管理成效

相国寺储气库组建全专业技术团队,并实施"专一化"高效管理模式,面对新业务特点认识不足、井的注采能力认识不清、注采井建井标准理解不透、全生命周期风险管控无经验可借鉴等挑战时,在较短的时间内完成了5次大的方案制定与调整,以及无数次的单项工程的方案制定与调整,高质量建成国内注采能力最强的储气库,各项建设指标达到设计要求。5次大的方案调整如下:

2011年1月24日完成"中卫—贵阳联络线配套相国寺储气库项目可行性研究",获股份公司批复。

2011年5月30日完成"中卫—贵阳联络线配套相国寺储气库工程初步设计",获股份公司批复。

2011年9月30日完成"中卫—贵阳联络线配套相国寺储气库工程初步设计优化报告",获股份公司批复。

2013年1月21日完成"中卫—贵阳联络线配套相国寺储气库项目可行性研究优化调整报告",获股份公司批复。

2014年5月4日完成"中卫—贵阳联络线配套相国寺储气库工程注采井及监测井调整方案",获股份公司批复。

第二节　技术集成与创新

针对相国寺构造狭长高陡复杂构造、薄储层、碳酸盐岩、枯竭气藏、复杂山地(有煤矿采空区和巷道)、超大流量和高效安全运行等技术难题,以建设运行为主线,创新了薄储层精细刻画及评价等6项专有技术,集成了枯竭气藏改建储气库库址优选与气藏工程设计等6项特色技术,形成了一套枯竭碳酸盐岩气藏型储气库建库达容技术系列(图7-2-1),有力支撑了储气库的建设和运行[1]。

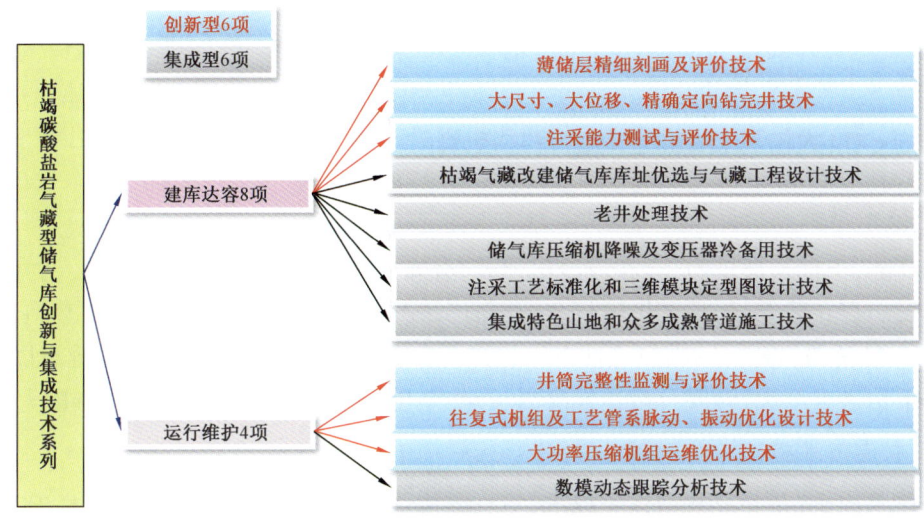

图 7-2-1 相国寺储气库建容达容技术创新与集成技术系列构成图

一、薄储层精细刻画及评价技术

（一）技术难点

狭长梳状背斜构造：长轴22.51km，短轴1.24km，闭合面积25.2km^2；高陡构造：高点海拔-1140m，最低圈闭线海拔-1950m，闭合高度810m，石炭系地层倾角30°；薄储层：石炭系主体厚度10~12m。

（二）主要技术及方法

山地宽方位三维地震采集技术（面元20m×20m，满覆盖面积160.88km^2，控制面积32.7km^2），精细叠前时间偏移处理技术，高陡复杂构造精细地震地质综合解释及三维立体空间雕刻技术，高陡狭长型构造薄储层岩性、物性精细刻画描述技术，薄储层地震反演预测技术，注采井个性化设计、井眼轨迹及随钻地质目标评价跟踪技术。

（三）主要解决方案及效果

（1）充分利用气藏钻探成果，从地层分层、岩石学特征，结合测井电性资料，利用合成记录和VSP资料准确标定层位。建立合理的速度场模型，井震结合，直观还原地下构造真实形态、断层展布。

（2）充分利用已钻井的岩性、储层厚度、物性及测井响应特征分析，通过已钻井进行精细标定，总结出不同石炭系厚度对应的地震响应特征进行全气藏的储层厚度、物性精细刻画。

（3）物探三维构造精细解释及储层反演技术，对高陡狭长型构造及10m左右薄储层进行精细刻画，为优选注采井地质目标、个性化的靶区目标地质设计与实施过程跟踪奠定了基础。

（4）物探三维构造精细解释，使得在构造主体、翼部以及圈闭以外不同部位，针对性地进行大斜度、水平、大位移井个性化的靶区目标地质设计得以成功实施。

(5)目的层深度精确预测及有效的入靶视倾角设计,对地质目标靶区的过程跟踪保证了高陡狭长型碳酸盐岩储气库的钻探需求,在地层倾角变化大、构造形变强烈、厚度仅10m的地层成功的实施了水平井钻探。

二、大尺寸、大位移、精确定向钻完井技术

(一)技术难点

构造高陡,上部地层破脆,存在流沙层、暗河分布,恶性井漏、井塌十分严重,钻井难度大;库区南部煤矿存在采空区,采矿坑道较多,分布广,安全通过风险高;北段个别井茅口组压力系数仅0.2,一旦钻遇,将恶性井漏;飞仙关-长兴组含H_2S,井控风险高,固井质量难以保证;高陡构造水平钻进难度大,触底及碰顶风险高;石炭系压力系数仅0.1,储层保护难度大。[2]

(二)主要技术构成[3-7]

主要技术构成:布井及井型优化技术、井身结构优化技术、完井简化优化技术、PDC+螺杆快速钻进技术、井眼轨迹控制技术、气体快速钻井技术、储层防漏与油层保护技术、固井前承压堵漏技术、提高环空顶替效率技术、技术套管和油层套管管外封隔器技术、引进斯伦贝谢弹性水泥浆及国产自应力水泥浆技术、常规CBL+VDL及超声波成像测井综合评价固井质量技术。

(三)应用效果

(1)单井平均漏失较邻井减少约2000m^3,同比提高机械钻速134%;首次在ϕ444.5mm井眼定向,避开采空区,南部煤矿采空区域大位移定向井相储22井水平位移达1800m;在高陡构造薄储层石炭系(仅8~10m)水平段穿行200m以上。

(2)顺利完成2口大尺寸水平井钻完井,相储8、相储1井井身结构增大一级,即ϕ508mm表层套管+ϕ339.7mm技术套管+ϕ244.5mm油层套管+ϕ177.8mm筛管,油管由常规ϕ114.3mm增大至ϕ177.8mm,通过注采能力测试和生产运行验证,大尺寸水平井注采气能力是常规尺寸定向井的3倍以上,填补了中国储气库大尺寸注采井的空白。

(3)基于井筒完整性的固井配套技术现场实施15口井,综合评价固井合格率100%;单层套管测井评价比同区开发井固井质量合格率、优质率分别提高了21%、34%,满足储气库注采井设计要求。

三、注采能力测试与评价技术

(一)技术难点

普遍采用水平井、注采气量大,常规测试技术难以适应;储层温度、压力、表皮系数、注入采出能力变化,高速非达西渗流等因素使常规方法不能满足评价要求。

(二)关键技术

连续油管注采能力测试技术[8],注采井非等温、非对称注采能力定量计算技术和评价技术,注采井非等温、非对称注采能力定量计算技术和评价技术。

(三)应用效果

(1)开展 8 口井 11 井次的注采能力测试,其中相储 1 井最高测试注气量 $260 \times 10^4 \mathrm{m}^3/\mathrm{d}$,最高测试采气量 $225 \times 10^4 \mathrm{m}^3/\mathrm{d}$,是国内最高强度的井下测试,为注采能力评价提供了依据。

(2)针对注、采气过程温度及表皮系数变化,建立非等温、非对称注采能力定量计算和评价方法;静态参数与动态数据相结合,采用静动态类比方法,考虑井身结构差异和临界冲蚀的影响,分析与评价储气库的注采能力。

(3)相储 1 井测试发现注气时储层温度降低,注采井注气能力升高,温度从 60℃降低到 30℃,注气能力提高 7.98%;采气时表皮系数降低,注采井采气能力升高,表皮系数从 10 降低到 -10,采气能力提高 26.3%。通过对注采井进行非等温、非对称注采能力定量评价,形成不同注采阶段和地层压力下的注采能力图版,有效地指导注采井网部署。

四、枯竭气藏改建储气库库址优选与气藏工程设计技术

(一)枯竭气藏改建储气库库址优选技术[9]

建立了枯竭气藏改建储气库库址优选技术,形成了"6+4"技术指标体系,明确了首选指标与参考指标,为西南油气田储气库库址选择提供了指导性意见。对西南油气田 110 余个气田,370 个气藏,纵向 24 个层系开展地质目标综合评价,筛选出地质目标 9 个,并进行了优选排序。

(二)枯竭气藏改建储气库气藏工程设计技术[10]

主要包括气藏工程评价技术、库容量评价技术、工作气量设计技术和调峰量预测技术。

五、老井处理技术

(一)技术难点

完井时间超过 30 年、含酸性气体、固井质量差、地层压力仅 $2 \sim 3 \mathrm{MPa}$(压力系数 $0.08 \sim 0.19$)。

(二)主要技术组成[11-13]

智能凝胶暂堵工艺压井技术,超细水泥套管射孔孔眼的封堵技术,测井精密评价老井井筒质量技术,$\phi 127 \mathrm{mm}$ 套管锻铣封堵技术,批混工艺及优质材料注塞技术。

(三)应用效果

(1)采用智能凝胶暂堵剂对储层进行暂闭,下入完井管柱后破胶解除暂堵,解决低压储层压井难题。

(2)完成 4 种类型 21 口老井处理,通过井筒压力监测,表明封隔处理有效。

六、储气库压缩机降噪及变压器冷备用技术

(一)技术难点

压缩机组噪声:由电动机噪声和压缩机本体噪声组成,电动机噪声主要为电磁噪声,在

50Hz 处出现峰值;压缩机噪声主要为空气动力噪声和设备碰撞、摩擦噪声,噪声在频率分布上无明显峰值。空冷器噪声:空冷器本体噪声主要为空气动力噪声,噪声峰值出现在 40Hz、125Hz;单一容量变压器适应性差,运行成本偏高。

(二)解决方案和应用效果

(1)根据压缩机组、空冷器噪声特性,采用环境噪声声场模拟软件,计算噪声设备对厂界及敏感点的噪声贡献值,根据噪声贡献值确定噪声治理方案。

(2)压缩机房采用降噪型轻钢机房。采用双层隔声墙体+隔层空气通道+墙体成型模块化拼装等工艺,墙体构造为吸声体+复合隔声板+保温夹芯板,压缩机组噪声值下降约 35dB(A)。

(3)空冷器房采取侧向进气矩阵消声器+顶部隔离型排气消声器+利用空冷气侧向进气、顶部排气工艺,空冷器噪声值下降约 25dB(A)。

(4)在注气和采气阶段采用不同容量变压器"冷备用"(注气阶段:40000kV·A,采气阶段:1600kV·A),有效降低了运行成本。

七、注采工艺标准化和三维模块定型图设计技术

(一)井口注采工艺标准化

井场标准化设计定型图以模块或橇装的方式体现,共形成 6 种类型的模块。井场采用标准化设计、规模化采购、工厂化预制 33 套,缩短了 20% 注采井场的设计周期和建设周期,关键是保障了施工质量、提升了设备的可靠性和使用寿命。

(二)防止水合物形成工艺标准化

井口注醇系统,整体橇装结构统一化,注入泵橇在工厂进行预制,保证了橇的质量,同时该橇还可以进行批量采购,降低了 10% 的建设成本。

(三)注采集输方案优化设计

注采气管道采用注采异管方案;应急调峰时采用注采同管和异管相结合的方案,大幅提升了应急保障能力。

八、集成特色山地和成熟管道施工技术

(一)特色山地施工技术

陡坡设置钢丝网防护栏、钢架管配竹跳板防护栏、人工袋装土挡土墙等措施,确保施工安全;采用挖掘机开挖、机械凿打、机械切石等技术措施开挖线路管沟;陡坡段采取机械修建绕行便道、修建临时稳管平台、机械抬布管、预制联装管道吊装就位等技术措施施工,确保施工安全和质量;首次采用无水成孔灌注桩工艺,消除山区缺水对建设组织的不利影响。

(二)成熟管道施工技术

嘉陵江定向钻穿越管道采用改性环氧玻璃钢防腐技术,绝缘层电流衰减小于 70mA,达到《埋地钢质管道腐蚀防护工程检验》(GB/T 19285—2014)1 级标准;采用热煨弯管三层 PE 防

腐、河流水田段聚乙烯粘胶带封口等技术,提高防腐质量;30MPa 注气首次采用 L450 高强度、大壁厚钢材、氩电焊接工艺,焊口一次性合格率达 95% 以上,提升管道焊接质量;首次应用大口径管道冷切割技术,消除了热影响对管道材质的影响,确保管道焊接质量。

九、井筒完整性监测与评价技术[14-16]

充分借鉴"三高"气井井筒完整性评价研究成果,配套形成储气库注采井井筒完整性监测与评价技术系列。主要有:注采井井筒完整性评价技术、环空异常压力诊断与分析技术、井下漏点检测技术、注采井口腐蚀/冲蚀检测与监测技术、井下油管腐蚀/冲蚀检测与监测技术、井下油管腐蚀/冲蚀检测与监测技术。并在现场推广应用,有力支撑储气库安全高效运行。

十、往复式机组及工艺管系脉动、振动优化设计技术

(一)技术难题

(1)后除油器系统振动:注气超过 23MPa,$3^{\#}$、$7^{\#}$ 机组后除油器振动达 45mm/s,远超过《容积式压缩机机械振动测量与评价》(GB/T 7777)规定振动烈度上限,影响生产。

(2)机组及工艺管系脉动:超过 18mm/s。

(二)技术攻关及效果

(1)经固有频率、气流脉动和振动测试,诊断为工艺气流经排气系统盲管段产生漩涡脱流,脉动频率与除油器固有频率接近 6Hz 处共振。经对除油器安装支撑,提高固有频率,排压 27MPa 内实测振动小于 2mm/s,远低于标准要求。

(2)按 API618 标准开展橇内外管道系统声学(脉动控制)和力学研究,优化调整机组、管道、汇管、支撑等设计。减小压力脉动,避免机械固有频率与主要激振力发生重合产生共振,降低振动,在 9~23MPa 范围运行平稳。

十一、大功率压缩机组运维优化技术

(一)技术难题

(1)多台机组气阀故障率高,单一气阀使用寿命远低于 4000h;气缸磨损严重,已更换多只气缸。

(2)无油流停机故障频繁;2016 年连续出现 7 次多台机组联锁停机,严重影响正常注气。

(二)技术攻关及效果

(1)联合厂家开展技术攻关,改进气阀结构并按照当前运行工况重新设计气阀,机组处理量略增,气阀使用寿命 4000h 以上,单价降低 1/4,故障停机率降低 95%;联合厂家开展压缩缸测绘和国产化试制,每只缸节约费用 30 余万元,采购周期缩短 1 个半月,且试用效果较好。

(2)在 $1^{\#}$、$5^{\#}$ 机组开展 460 和 320 低黏度矿物油攻关试验,压缩缸的磨损速率降低 40%,基本解决了低温启机无油流停机故障;对完善 PLC 程序、通道浮空线路改线、排除电磁干扰等,全面消除了连锁停机故障。

十二、数模动态跟踪分析技术

利用三维地震资料处理解释成果,结合钻完井资料,建立精确的三维地质模型;通过对气藏30多年开发过程及储气库四注两采历史拟合,构建储气库数值模拟模型,建立了相国寺储气库数模动态跟踪分析系统。利用数值模拟技术实时掌握气库运行压力,优化配产配注,确保储气库安全运行。主要技术有:科学配产技术(注采气模板),红线预警技术(顶板压力控制),均衡注采技术(盖层、储层应力均衡)。

综上,通过相国寺储气库建库达容实践,基本掌握了储气库业务的客观规律,形成的一套建库达容技术系列,有力支撑了枯竭碳酸盐岩气藏型储气库的建设和运行。四川盆地天然气勘探开发历史悠久,枯竭气藏较多,除碳酸盐岩以外的气藏类型也较多,随着天然气业务的快速发展,后续储气库建设需求旺盛,相国寺储气库技术创新与集成、形成的技术系列将为川渝地区天然气业务大发展奠定坚实的基础。

第三节 建设运行成效

一、建设与运行技术指标国内领先

储气库大尺寸注采井2口,采气管柱达$\phi 177.8mm$,注采能力是常规井的3倍以上。其中,相储1井是中国气藏型储气库中单井注采能力最强的井,最大日注气能力$585\times 10^4 m^3$,最大日采气能力$472\times 10^4 m^3$。

单位工作气量建设投资仅1.60元$/m^3$,远小于同类型储气库。储气库当前调峰运行最高达$2196\times 10^4 m^3/d$,调峰能力已接近$2400\times 10^4 m^3/d$。

通过多周期注采运行检验,地质与气藏、井工程和地面系统相关指标均符合地下储气库建设质量标准。

二、运行安全与高效

国内首次使用连续油管开展注采能力测试,解决了注采井超大流量测试和评价方法的难题,为评价气库关键参数,优化投资提供重要决策依据。

国内首次完成注气压缩机组气阀、气缸国产化研制,气阀使用寿命超过4000h、故障率下降95%、单价降低25%,每只气缸节约费用近30万元;建立了润滑油不同环境温度下运行的指标参数使用模式,成功解决了低温启机无油流停机故障,压缩缸的磨损速率降低40%。

国内首次开展储气库注采井井筒完整性检测,建立了管理图板,确保注采井的安全。

仅2016年1个注采周期,利用低电价期间压缩机错峰运行节约用电量406万度,节约成本248万元,压缩机配件国产化节约成本182万元。

三、增产保供、应急调峰发挥重要作用

相国寺储气库累计注气$61.29\times 10^8 m^3$,采气$40.4\times 10^8 m^3$,为川渝地区乃至全国的天然气

保供作出了巨大的贡献。

改善能源结构：川渝市场 2016 年消费天然气 $285 \times 10^8 \mathrm{m}^3$，天然气在一次能源消费中占比 15%，其中西南油气田销售 $204.6 \times 10^8 \mathrm{m}^3$，占川渝市场的 71.8%。相国寺储气 2016 年向川渝市场调峰采气 $4.05 \times 10^8 \mathrm{m}^3$，占市场消费总量的 1.42%。

西南油气田分公司供应的川渝市场 2016 年仅城市燃气季节峰谷差约 $2200 \times 10^4 \mathrm{m}^3/\mathrm{d}$，供气格局具多源性特点，有了储气库调峰后，压减工业保民用、加大气田开发负荷和极端天气供应不足等保供问题得到了有效的解决。

成功解决 2016 年、2017 年重大应急事件。中亚天然气供应国因极端天然气和装置故障等原因，减少供应量 $(3000 \sim 4000) \times 10^4 \mathrm{m}^3/\mathrm{d}$，为此，立即启动相国寺储气库应急采气，日采气量从 $800 \times 10^4 \mathrm{m}^3$ 迅速提升至 $2000 \times 10^4 \mathrm{m}^3$，最高达到 $2196 \times 10^4 \mathrm{m}^3$，有效地保障了北方地区的供气安全。

四、社会经济效益贡献显著

（一）区域经济贡献

采用国家统计局经济景气中心的方法计算[17]。从天然气产业链角度测算天然气对地区 GDP 的贡献，天然气产业链是指为天然气产业提供勘探、管道建设、技术服务等以及以天然气为原料、燃料、动力等的用户企业从事的相关活动形成的上下关联衔接的产业集合。

带动相关产业链对地区 GDP 的贡献，用天然气产业链创造的增加值占地区生产总值的比重来表示，即：

$$Q_{\mathrm{ad}}^{\mathrm{g}} = \frac{P_{\mathrm{ad}}(L_{\mathrm{q}} + L_{\mathrm{h}})}{y_{\mathrm{t}}} \times 100\% \qquad (7-3-1)$$

式中　$Q_{\mathrm{ad}}^{\mathrm{g}}$——天然气产业链创造的增加值占地区生产总值的比重；

　　　y_{t}——地区生产总值，亿元；

　　　P_{ad}——地区天然气主营业务链创造的增加值，亿元；

　　　L_{q}——前向联系；

　　　L_{h}——后向联系。

前向联系是指天然气作为原材料燃料投入到其他行业所产生的完全影响，用川渝地区 42 部门投入产出表石油和天然气开采业 $(I-H)^{-1}$ 的横向加和计算，其中 I 是单位矩阵，H 为分配系数矩阵。后向联系是指天然气的生产经营活动所需要其他行业的支持影响，即天然气产业 1 单位最终需求带来的各产业直接和间接的产出合计，用 $(I-A)^{-1}$ 的纵向加和计算，其中 $(I-A)^{-1}$ 是列昂惕夫逆矩阵，A 为直接消耗系数矩阵。根据 2012 年国家统计局公布的川渝地区投入产出表（每 5 年发布一次）计算可得，四川地区前向联系为：4.25，后向联系为 2.53，两项联系的加和为 6.78。重庆地区前向联系：1.86，后向联系：2.09，两项联系的加和为 3.95。

根据国家统计局中国经济景气中心按照上述方法对川渝地区实证分析结果，西南油气田每供应 $1 \mathrm{m}^3$ 天然气带动相关产业链对地区 GDP 的贡献约为 6.7 元。截至 2018 年 3 月，相国寺储气库累计采气量 $40 \times 10^8 \mathrm{m}^3$，对国民经济的社会贡献 268 亿元。

(二)综合减排贡献

截至2018年3月,相国寺储气库累计采气$40 \times 10^4 m^3$。等热值条件下,每立方米天然气可这算成标煤1.33kg,因此,相国寺储气库调峰采气量相当于替代标煤$532 \times 10^4 t$。

参 考 文 献

[1] 肖学兰. 地下储气库建设技术研究现状及建议[J]. 天然气工业,2012,32(2):79-82.
[2] 孙海芳. 相国寺地下储气库钻井难点及技术对策[J]. 钻采工艺,2011,34(5):1-5.
[3] 濮强,刘文忠,范兴亮,等. 相国寺储气库低压地层安全快速钻完井配套技术[J]. 天然气工业,2015,35(3):93-97.
[4] 刘德平. 相国寺枯竭气藏储气库钻井工程关键技术[J]. 钻采工艺,2016,39(5):8-10.
[5] 何轶果,谢南星,白璐,等. 相国寺地下储气库注采井完井工艺技术研究[J]. 天然气工业,2013,33(增刊2):5-7.
[6] 赵常青,曾凡坤,刘世彬,等. 相国寺储气库注采井固井技术[J]. 天然气勘探与开发,2012,35(2):65-69.
[7] 范伟华,符自明,曹权,等. 相国寺储气库低压易漏失井固井技术[J]. 断块油气田,2014,21(5):675-677.
[8] 何轶果,张芳芳,王威林,等. 连续油管动态监测技术在相国寺储气库中的应用[J]. 石油钻采工艺,2014,36(5):138-140.
[9] 毛川勤,郑州宇. 川渝地区相国寺地下储气库库址选择[J]. 天然气工业,2010,30(8):72-75.
[10] 吴建发,钟兵,冯曦,等. 相国寺石炭系气藏改建地下储气库运行参数设计[J]. 天然气工业,2012,32(2):91-94.
[11] 卢亚锋,郑友志,佘朝毅,等. 基于水泥石实验数据的水泥环力学完整性分析[J]. 天然气工业,2013,33(5):77-81.
[12] 黎洪珍,刘畅,张健,等. 老井封堵技术在川东地区储气库建设中的应用[J]. 天然气工业,2013,33(7):63-67.
[13] 黎洪珍,梁兵,刘畅,等. 储气层老井封堵水泥浆体系优选及应用前景[J]. 天然气工业,2014,34(增刊2):138-142.
[14] 钟海峰,谢南星,刘祥康,等. 四川盆地相国寺储气库监测技术优选与应用[J]. 天然气工业,2013,33(增刊2):69-72.
[15] 刘坤,何娜,张毅,等. 相国寺储气库注采气井的安全风险及对策建议[J]. 天然气工业,2013,33(9):131-135.
[16] 范伟华,冯彬,刘世彬,等. 相国寺储气库固井井筒密封完整性技术[J]. 断块油气田,2014,21(1):104-106.
[17] 姚景源,周志斌. 经济景气与天然气市场研究[M]. 北京:中国统计出版社,2006.